U0221367

财政部和农业农村部国家现代农业（蚕桑）
产业技术体系（CARS-Sericultrue）资助

养蚕简史

鲁兴萌 著

ZHEJIANG UNIVERSITY PRESS
浙江大学出版社
·杭州·

图书在版编目（CIP）数据

养蚕简史 / 鲁兴萌著. -- 杭州 ：浙江大学出版社，2024. 11. -- ISBN 978-7-308-25454-0

Ⅰ. S88-092

中国国家版本馆CIP数据核字第2024KG0533号

养蚕简史

鲁兴萌　著

责任编辑　潘晶晶
责任校对　金佩雯
封面设计　周　灵
出版发行　浙江大学出版社
（杭州市天目山路148号　邮政编码310007）
（网址：http：//www.zjupress.com）
排　　版　杭州晨特广告有限公司
印　　刷　浙江省邮电印刷股份有限公司
开　　本　710mm×1000mm　1/16
印　　张　23.5
字　　数　349千
版 印 次　2024年11月第1版　2024年11月第1次印刷
书　　号　ISBN 978-7-308-25454-0
定　　价　160.00元

前　言

栽桑养蚕是五千年中华文明史的重要组成部分，起始于中华大地的栽桑养蚕及缫丝织绸也是中华文明的重要特色之一，且延续至今。1868年至1872年间，出生于普鲁士的德国地理学家李希霍芬（Ferdinand von Richthofen，1833—1905年）在对中国14个行省的地理地质进行考察后，将公元前114年至公元127年间中国与中亚和印度等地交流的“凿空之旅”称为“丝绸之路”（silk road，简称丝路）；其后，诸多学者将“丝绸之路”泛化为中国与亚洲、欧洲及其他国家或地域间文明交流的代名词。中国的栽桑养蚕在此期间开始向世界传播，并成为“丝绸之路”的重要内涵。在今天，“丝绸之路”依然是中西文明交汇的典型符号。

五千多年来中国的栽桑养蚕在特定历史时期的社会、政治、战争、经济、文化和自然等因素的综合影响下不断演变，形成了一个丰富多彩的多维世界。留存至今的神话传说、诗文传记等多不胜数。蚕茧、桑和蚕的实物或饰物，丝绸织物及纺织用具等大量相关文物的考古发现，不断印证着栽桑养蚕历史的恢宏和灿烂。大量从社会、政治、战争、经济、文化和自然等维度研究栽桑养蚕历史的文献，为后来者了解或研究悠久的栽桑养蚕历史，以及从中汲取精神营养提供了沃土，尤其是赵丰先生的《中国丝绸通史》（2005年）、蒋猷龙先生的《浙江认知的中国蚕丝业文化》（2007年）和浙江大学组织编著的《中国蚕业史》（上、下册）（2020年）三部系统性巨作，不仅为后来者展示了栽桑养蚕在中华及世界文明中的独特魅力，也为后继者提供了描摹或提炼历史精髓的基础。

栽桑养蚕的总体规模，在时间维度上，从起始到20世纪末是一个持续增长的过程，其后则处于徘徊波动状态；在空间维度上，欧洲部分国家或区域曾占有相当比重（19世纪中叶），日本曾超越中国并占据世界首位（19世纪后叶到20世纪中叶），在中国则有“北桑南移”（从隋唐到南宋）和“东桑西移”（21世纪）的地域大流变及大量较小范围的区域间转移。综合时间和空间两个维度，世界五千年栽桑养蚕区域分布的流变，可以概括为中国“一枝独秀”，中国、欧洲和日本“三分天下”，以及今天中国“踽踽独行”三个历史性地理分布特征。该流变特征无疑与不同历史时期和不同区域的社会、政治、战争、经济、文化和自然等因素有着密切的关联。基于文明和认知演化的科学技术演变，对栽桑养蚕生产能力和技术水平有着更为直接的影响。从社会、政治、战争、经济、文化和自然等不同的视角观察栽桑养蚕的历史，会有不同的精彩发现。本书从不同文明的诞生和交流、认知和思维、科学和技术等角度，梳理栽桑养蚕相关科学与技术的演变，探寻五千年栽桑养蚕历史演变中不同区域兴衰的内在规律，分析中国长期处于栽桑养蚕历史舞台主角地位、欧洲部分国家或区域短暂崛起、日本冲顶世界首位后陨落，以及在中国区域内“北桑南移”和“东桑西移”等现象的本质，以期有新的发现。

思考中国或世界栽桑养蚕业的未来之路，无疑是推动当今产业持续发展的必然要求。基于中国栽桑养蚕业发展至20世纪90年代中期后稳定或徘徊发展的现状，从不同视角以科学和技术为主要维度，认知思维或哲学思想流变为次要维度，社会、政治、战争、经济、文化和自然等为多维度审视栽桑养蚕的历史，思考法国印象派画家高更（1848—1903年）“我们从何处来？我们是谁？我们向何处去？”（Where do we come from? What are we? Where are we going?）作品蕴含的千古问题，也许可以发现栽桑养蚕演化历史尘埃中的不灭火花和永续发展的核心基因，为产业走上新的发展方向提供思路。

作为自然科学工作者，笔者力图探索栽桑养蚕业的未来，学习并梳理栽桑养蚕科学和技术史，故不揣谫陋，编写本书。本书将从家蚕和桑树的生物学起源（神木天虫）、中国栽桑养蚕业在国内的发展和向世界的传播（漫漫丝路）、世界栽桑养蚕业分布的大流变（丝道天演），以及世界栽桑养蚕业区域分布流变中科学和技术的演进（凤凰涅槃）四个方面展开论述。

鲁兴萌谨识
己亥夏于启真湖畔

目　录

第一篇　神木天虫

第二篇　漫漫丝路

第三篇　丝道天演

第四篇 凤凰涅槃

第一篇　神木天虫

在绵延不断的五千年中华文明和丰富灿烂的栽桑养蚕文化中，“桑”和“蚕”被描述为“神木天虫”。栽桑养蚕的生物主体包括人、蚕、桑及微生物等。这些与栽桑养蚕相关的生物源头问题则可穷追到世界或宇宙的起源。伴随人类和文明的诞生，人类不断观察地球、宇宙及生命（生物），对它们的模样和起源的认知也不断演化。不论是“元始天尊”“盘古开天地”，还是“道生一，一生二，二生三，三生万物”“人法地，地法天，天法道，道法自然”，还是“万事万物皆有缘起，相生相连”，还是上帝创世等，都是人类在神学或哲学领域对生命、宇宙和地球的认知的不同描述。宇宙、地球、生命和人类的起源是人类不断追寻的亘古之谜，也是人类哲学或自然科学探索中永恒的命题。

第1章 生命与人类

在人类文明的长河中，四大古文明各有对宇宙和地球的不同认知与大量描述。波兰天文学家哥白尼（Mikołaj Kopernik，1473—1543年）在1543年出版的《天体运行论》开启了从"地心说"（天圆地平）向"日心说"（日心地动）的演化。随着科学技术的发展，特别是数学、物理学和天文学等的发展，以及望远镜等仪器设备和研究方法的不断进步，人类观察世界的能力不断提升，对宇宙和地球的认知也不断发生新的变化[1-3]。

1.1 宇宙与地球

1.1.1 认知宇宙

牛顿（Isaac Newton，1643—1727年）撰写的《自然哲学的数学原理》（1687年出版），从物理学、数学、天文学和哲学的维度开启了科学宇宙论的探索。俄国数学家、气象学家、宇宙学家弗里德曼（Александр Александрович Фридман，1888—1925年）和比利时天文学家、宇宙学家勒梅特（Georges Henri Joseph Éduard Lemaître，1894—1966年）认为宇宙起源于"原始原子"的爆炸，并根据爱因斯坦（Albert Einstein，1879—1955年）的广义相对论，分别在1924年和1927年，用数学方式提出宇宙模型和膨胀宇宙的创想。1929年，美国天文学家哈勃（Edwin Powell Hubble，1889—1953年）在观察遥远星系

(宇宙边界)时,发现电磁辐射波长增加的红移现象,认为速度和距离均是间接观测得到的量,并提出哈勃定律——星系的红移量与星系间的距离成正比,远处的星系正在急速地远离地球,或宇宙正在不断地膨胀。

美籍俄裔的伽莫夫(George Gamow,1904—1968年),1948年在美国《物理评论》杂志发表"化学元素的起源",提出了宇宙起源于"大爆炸"的理论,并据此预测存在宇宙微波背景(cosmic microwave background)。1964年美国诺贝尔物理学奖获得者彭齐亚斯(Arno Penzias)和威尔逊(Robert Wilson)证实了上述理论,后续又有大量科学家对此理论进行了不断的解释和完善。"大爆炸宇宙论"(The Big Bang Theory)认为:宇宙在体积无限小、密度无限大、温度无限高和时空曲率无限大的"奇点"(量子真空的超时空)发生大爆炸而诞生;在不断冷却和经历普朗克时间后,出现引力,夸克、玻色子和轻子形成,并经历急剧膨胀的暴涨期;在经历氢和氦类稳定原子核(化学元素)形成的"核时期",以及物质密度大于辐射密度的"物质期"后,宇宙以气态物质为主要成分,并逐步在自引力作用下凝聚成密度较高的气体云块,直至恒星和恒星系统形成。即宇宙的诞生是一个由密到稀、由热到冷的演化过程。由此模型推测宇宙的年龄为138.2亿年。

随着黑洞(black hole)、虫洞(wormhole)、暗物质(dark matter)和暗能量(dark energy)等物理学、天文学和宇宙学相关新概念的不断提出和发现证实,宇宙的概念也许会更大或更为久远。

1.1.2 认知地球

地球是太阳系八大行星之一。1755年,德国哲学家和自然科学家康德(Immanuel Kant,1724—1804年)在《自然通史和天体理论》中提出了"星云说"。拉普拉斯(Pierre-Simon Laplace,1749—1827年)、魏札克(Karl von Weizsacher)和霍伊尔(Sir Fred Hoyle)等后续学者的研究不断修正或完善了该假说,结合宇宙的形成理论提出了地球的形成或起源假说:太阳系及地球是由散布在宇宙中的微粒状弥漫物质(原始物质)形成的。在万有引力作用下,较大的微粒吸引较小的微粒,逐渐聚集加速,形成灼热的星云后逐渐冷却收缩，自转速度加快，演变成巨大的球体状太阳；在离心力作用下，被分离的气态物质又形成一个旋转的气环，并逐渐聚集形成各种行星及卫星，从而组成太阳系。行星在引力和斥力的共同作用下绕太阳旋转。

地球初始表面炎热，没有岩石，没有地壳，呈"岩浆海"的高温状态。在不断旋转过程中，地球的物质发生分异，重的元素下沉到中心，凝聚为地核，较轻的物质构成地幔、地壳和岩石，逐渐形成了今天具有圈层结构的地球。1956年，美国地球化学家帕特森（Clair Cameron Patterson）对包括亚利桑那州代阿布洛峡谷"魔鬼陨石"在内的5个陨石样本进行铅同位素测定，并在《地球化学与宇宙化学学报》发表论文，认为地球年龄约45.5亿年。2019年，科林（David A. Kring）等科学家对1971年"阿波罗14号"从月球表面取回的陨石进行分析，发现该陨石的化学组成与地球常见的岩石相同，在月球岩石中极为罕见，由此推测该陨石在40亿年前地球形成初期（太古宙）被抛向宇宙并登陆月球。至今，地球上发现的最古老的岩石位于加拿大西北领地阿卡斯塔（Acasta）河的小岛上，其片麻岩的测定年龄为40亿年。

基于铅（U-Pb）同位素法、钾/氩（K-Ar）同位素法、钐/钕（Sm-Nd）和铷/锶（Rb-Sr）等时线法同位素技术的绝对年代测定，与基于地层层序律、生物层序律和切割律等演化规律，地球形成后的演化历史或地质年代被划分为冥古宙（Hadean Eon）、太古宙（Archean Eon）、元古宙（Proterozoic Eon）和显生宙（Phanerozoic Eon）四个时期，其中，显生宙又分为古生代（寒武纪、奥陶纪、志留纪、泥盆纪、石炭纪和二叠纪）、中生代（三叠纪、侏罗纪和白垩纪）和新生代（古近纪、新近纪和第四纪）三个时期。

1.2　生命起源

定义生命的概念是一件十分困难的事，也是人类不断试图定义的最为重要的概念。恩格斯将生命定义为：生命是蛋白体的存在形式，这个存在形式的基本因素在于和它周围外部自然界不断地新陈代谢，而且这种新陈代谢一旦停止，生命就随之停止，结果便是蛋白质的分解。自然科学的发展，特别是现代分子生物学技术的快速成长，使得新的生命现象和内涵不断被发现，生命所涵盖的范围、存在形式和相互关系显得更为复杂，更加难以定义[4-9]。

生命的起源有神造说、自生论、生源论、化学起源说和宙生论等。"万物神造"的神造说和"肉腐出虫、鱼枯生蠹和腐草化萤"的自生论，都是神学、哲学或描述性生物学的概念。以"鹅颈瓶实验"为代表的大量实验生物学结论，有效支撑了生源论的科学基础。"米勒实验"从模拟或重演生命诞生的视角，追溯了生命的起源，成为化学起源说的发展起点。"地上生命，天外飞来"的宙生论，涉及地球以外的行星或卫星等星球是否存在生命的问题，虽有不少的探索和发现，但目前还缺乏有力的证据。

生命起源的基本问题包括物质基础和时间的问题，生物作为生命存在的主要形式而成为生命起源探寻的主体，例如生物如何从其组成的基本化学元素，到有机小分子和大分子，再到具有复杂结构的细胞，以及如何具备自我复制、选择和组织等涉及物质和能量等复杂代谢的功能。

生物的主要化学组成元素有：碳、氢、氧、氮、磷、硫、钾、钙和镁等主要元素，以及铁、锰、锌、铜和硼等微量元素。大部分的化学元素在具有40亿年以上历史的地球岩石中，以及火星、木星和月球等太阳系星球上发现。在陨石中也发现了氨基酸和核糖，这些有机分子则是生物的基本物质——蛋白质和遗传物质核酸的重要组成物质。

1953年，美国科学家米勒(Stanley Lloyd Miller)基于原始地球的大气没有具有还原性的游离氧，以及存在紫外线和宇宙射线的推测，在一个玻璃容器中放入甲烷、氨和氢，在另一玻璃容器中放入水并煮沸，并使水蒸气通入存放混合气体的容器，对混合气体进行火花放电(模拟电闪雷鸣)，在混合气体容器中出现了多种氨基酸及有机物，证实了无机小分子可以合成有机分子。也有科学家在现存地球环境中，探寻类似原始地球状态生命存在的可能。1960年，在美国黄石公园的热泉中发现了大量能耐受高温的古细菌。在高温、高压和富含还原性物质的多个"海底黑烟囱"附近，发现了大量的古细菌和生物。2003年，甚至发现了可以耐受高压灭菌锅24小时作用的"菌株121"古细菌。这些发现不仅推动了对生物"三域系统"中古细菌域和极端环境微生物的深入研究，也证实了在地球形成初期出现生物或生命的可能。

生命起源的时间问题是多数古生物学家研究的重要课题，他们根据同位素测定技术和古生物学理论等推测和判断生命/生物起源的时间。在加拿大魁北克省北部哈德森湾的Nuvvuagittuq绿岩带上，发现了一些距今42.8亿—37.7亿年的细菌化石，即显示了在太古宙（38亿—25亿年前）或冥古宙（46亿—38亿年前）已有生物出现。在澳洲西部顶燧石岩层的丝状微化石中，发现了距今35亿—33亿年（太古宙）的蓝绿藻，单细胞蓝绿藻的产氧功能在生物演化中具有非常重要的意义。在加蓬弗朗斯维尔发现的距今21亿年的扇贝状多细胞化石，则是元古宙生物复杂演化少有的重要证据之一。显生宙古生代的寒武纪（5.4亿—4.9亿年前）被称为“生命大爆发”的时期，埃迪卡拉动物群（5.7亿—5.4亿年前）、云南玉溪澄江生物群（5.2亿年前）、贵州黔东南凯里生物群（5.2亿年前）和加拿大布尔吉斯生物群（5.1亿年前）都有大量无脊椎动物化石被发现。其后，奥陶纪的海生藻类、志留纪的裸蕨植物、泥盆纪的昆虫、石炭纪的裸子植物、三叠纪的哺乳动物和侏罗纪的被子植物等各种生物化石被不断发现。

1.3　人类演化

在地球形成约5亿年后出现了细菌，再过20亿年后演化出真菌、藻类、植物和动物等复杂形态的生物。达尔文（Charles Robert Darwin，1809—1882年）提出的自然选择（natural selection）机制和马古利斯（Lynn Margulis，1938—2011年）提出的内共生（endosymbiosis）机制，是对生物演化历程在不同视角和维度上进行阐述的理论。不论是原核生物还是真核生物，至今尚未发现并证实从一个物种演化成另一个物种的案例，但复杂性嵌合起源、突变熔毁（mutational meltdown）学说和基因的水平传播（horizontal gene transfer）等细胞和生物复杂化的演化新学说不断涌现，不仅丰富了生物演化的学术理论，也有助于提高人类对生物的认知。

在人的种类区别上，虽然有以肤色为主的黄色人种、白色人种、黑色人种和棕色人种之分，还有综合更多生物学等特征的亚洲人、高加索人、非洲人和大洋洲人之分，但在生物分类学中则都是哺乳纲、灵长目、人形科、人属的人种（*Homo sapiens*），又称智人种。拉马克（Jean-Baptiste Lamarck，1744—1829年）、达尔文和赫胥黎（Thomas Henry Huxley，1825—1895年）通过比较解剖学、胚胎学，以及古生物学和返祖现象等，提出人类起源于猿的学说。人类经过拉玛古猿、南猿、猿人、古人（早期智人）、新人（晚期智人，5万—1万年前）等阶段演化而来。从生物分类学的定义理解，新人（晚期智人）应该是人类开始加快演化的阶段。随着古生物学研究新发现的不断涌现，以及基于基因等分子生物学研究和比较组学的发展，对人类演化过程的描述被不断修正和完善。

人类出现的最早可能迹象是在美国犹他州羚羊泉（Antelope Springs）发现的1个距今5.4亿—2.5亿年（古生代）的小孩脚印。在东非大裂谷的坦桑尼亚与肯尼亚交界处，发现了距今已经有350万年的新生代早期猿人（能人）遗骨，以及与现代人十分类似的脚印。在众多化石遗址发现中，还伴有石器或铁器的发现。在西班牙的直布罗陀、德国的杜塞尔多夫（尼安德特人）、法国的圣沙拜尔、赞比亚的罗得西亚、巴勒斯坦的斯虎尔洞穴，以及我国广东的马坝等多地，都有古人的头骨或骨化石发现。在发现遗址的同时也发现古人在石器等工具的制作、火和兽皮的利用上已有相当的水平。新人种骨骼化石，则在法国多尔多涅省莱塞济附近的克罗马农山洞、南非德兰士瓦省西南部的博斯科普、肯尼亚的甘布勒洞、加里曼丹岛（婆罗洲）的尼阿洞、印度尼西亚爪哇岛的梭罗瓦贾克、我国北京周口店的山顶洞（2万年前）、澳大利亚新南威尔士州的蒙戈湖和科阿沼泽、秘鲁的古塔利洛洞和皮基马采洞、美国得克萨斯州的米德兰、加拿大育空地区北部的旧克罗、委内瑞拉的塔伊马-塔伊马等世界各地都有发现。在无意中，人类在各自限定的分散区域内无限繁衍，从而遍布全球。

在古生物学领域的骨骼与化石发现中，人的直立、手脚长短比例的变化、脑容量的增加等解剖学结构的演变过程显然是人类演化的重要依据。旧石器时代是人在生物学概念上与动物明显分离，演化成今天生物分类学定义中的人（*Homo sapiens*）的重要时期。在东非肯尼亚的科比福拉、埃塞俄比亚的奥莫和哈达尔、法国的阿布维利和阿舍利、缅甸的安雅辛、泰国的芬诺伊，以及我国的西侯度、周口店和元谋上那蚌等地大量旧石器时代文化遗址相继被发现。相关考古发现，旧石器时代（5万—1万年前），人在利用工具的同时开始制作工具。随着考古学的发展，人类演化过程的细节被不断发现，人类出现思维或发生认知革命而显著不同于其他动物的演化过程被描绘。虽然我们可以获得更多遗存并进一步细化这种描绘，但今天我们依然无法理解在生物学人形成后的时间深渊中，行为方式、语言形成、内心情感和精神世界等非生物学特征的内涵。

1.4　文明诞生

认知和工具使用能力的提高，使人类生存状态和繁衍条件不断改善，逐渐从采摘、狩猎向种植和养殖的方向发展，农业革命因此出现。种植业和养殖业的发展使人类生存状态和繁衍条件更为优越，人类开始了固定地点的生活方式，并逐渐出现明显的群居或种族。人类为了更好地生存和繁衍，一方面不断主动迁徙和寻找更好的自然环境，另一方面受气候变化或自然灾害的影响而被迫迁徙，这种迁徙也使人类遍布世界。

新石器时代（10000—5000年前）的三大重要标志是农业、陶器和磨制石器。从我国湖南道县的玉蟾岩遗址中出土的陶片基质的放射性碳同位素（^{14}C）测定年代为距今14810年±230年。在遗址中不仅发现了大量的陶器，还发现了栽培水稻的谷壳标本（世界上发现最早的人工栽培稻标本）。此外，还发现了大量的石器、棒状器具和各种动物骨头残骸等。该新石器时代陶器遗址的发现，揭示了人类从旧石器时代演化到新石器时代的过程中，工具的利用和制作及农业革命的发生是一个渐进和漫长的过程。

在西亚的黎凡特（以色列、黎巴嫩和叙利亚）、安纳托利亚（土耳其）和扎格罗斯山（伊拉克）的遗址中，发现了小麦、大麦、扁豆和豌豆的种植，绵羊、山羊和猪的饲养。在哲通文化遗址（土库曼斯坦）中，发现了小麦和大麦的种植及山羊的饲养。在非洲东北部尼罗河三角洲吉萨高原附近发掘的古村落中，发现了大量陶器和石器的碎片及动物骨骼和动物残骸等。在欧洲、美洲、东亚的朝鲜和日本，都有新石器时代的各种类型的陶器、磨制石器、纺轮、灌溉设施、土屋和石屋，以及铜器的发掘。在我国，大量的新石器时代遗址，包括湖南澧县的彭头山遗址（公元前7000—前6300年）、山东淄博的后李遗址（距今约8500—7500年）、浙江余姚的河姆渡遗址（距今约7000—5000年）、江苏高邮的龙虬庄遗址（距今约7000—5000年）、河南三门峡的仰韶文化遗址（距今约7000—5000年）、浙江余杭的良渚文化遗址（距今约5300—4300年）和陕西神木的石峁遗址（距今约4000年）等都出土了大量陶器和与农耕文化相关的文物。更多的新石器时代的遗址正在世界各地被不断发现。

随着农业革命的发展，生活物资日渐丰盛，人类集聚程度也不断增加，各种文化元素不断出现，人与人之间频繁的交流孕育了语言和文字，城市化、阶级分化和社会分裂等社会学的多维度级联反应促进了人类的演化。

古巴比伦文明（又称两河文明或美索不达米亚文明）诞生于公元前3500年前的底格里斯河和幼发拉底河流域。其城市建筑（埃萨吉纳大庙、空中花园、大型城墙和水利设施等）和文字记载（刻写楔形文字的泥版书——广泛流行于中东区域、《汉穆拉比法典》、史诗、神话、药典、农人历书等）都显示其人类文明摇篮的地位。种植的植物包括小麦、大麦、蚕豆、豌豆、大蒜、韭菜、洋葱、萝卜、莴苣、黄瓜、甜瓜、椰枣、石榴、无花果和苹果等，饲养的动物有牛、山羊和绵羊等。在农业技术上，建筑沟渠（用于疏导洪水和灌溉农田）、抽水风车和车轮的应用，以及役畜和犁的利用，显示了其已具有较高的农业生产水平。

古埃及文明诞生于公元前3100年前的尼罗河中下游流域。在希拉康坡里、涅伽达、奥玛里和马阿狄等大量古城、古村落和墓穴中，发掘了涅伽达文化时期（阿姆拉特和格尔塞时期）的大量陶器（包括刻有各种符号及画有鹰神荷鲁斯的陶器碎片）、纳尔迈石板、王权标头、彩色墓室壁画等。开罗吉萨区的胡夫金字塔和斯芬克司狮身人面像（公元前2690年）、开罗东北郊赫利奥波利斯太阳神庙前刻有象形文字的方尖碑（公元前1971—前1928年）和阿斯旺的阿布辛贝神庙（公元前1300—前1233年）等遗址都显示了古埃及文明的灿烂。古埃及文明既有美索不达米亚地区苏尔美文化等元素的输入迹象，也有向其他地域输出文明的案例。种植植物有小麦、大麦、亚麻、洋葱、韭菜、大蒜、生菜、扁豆、卷心菜、萝卜、葡萄、无花果、李子和甜瓜等。饲养动物有牛、山羊、绵羊、猪和鸭等。人类也进行捕鱼活动。在农业技术上，除了筑坝挖渠以利用尼罗河水的农业灌溉技术外，还有用石或木制作犁、镰刀、锄头、叉子、铲子、篮子、小船和筛子等技术，利用牛、驴、羊等动物来耕作的技术，以及用牛或驴拉磨研磨麦子来分离麦壳，养蜂取蜜，养畜取奶和制作皮革，制作亚麻布，利用芦苇制作鞋子、垫子、船和纸等用具用品的技术。

中华文明诞生于公元前3000年前的黄河、长江和西辽河流域。在黄河流域的陕西、河南、山西、河北、甘肃、内蒙古、湖北、青海和宁夏等地已发现200多个仰韶文化时期的遗址，如甘肃天水秦安大地湾遗址（距今约8000—4800年）、河南三门峡仰韶文化遗址（距今约7000—5000年）。长江流域有四川广汉三星堆遗址（距今约4500年）、四川成都青羊区金沙遗址（距今约3000年）、湖北天门石家河遗址（距今约5000—4600年）、湖北京山屈家岭文化遗址（距今约5000年）、浙江余杭良渚文化遗址（距今约5300—4300年）和浙江余姚河姆渡遗址（距今约7000—5000年）。此外，还有内蒙古赤峰市郊的牛河梁红山文化遗址（距今约5500—5000年）。在这些遗址中发现了大量的陶器（包括彩陶）、石器（农具和武器）、玉器、石砌围墙和木结构建筑、大型神庙和大规模墓葬等。在大地湾和红山文化遗址的陶片上已有朱彩和刻画符号。山东济南章丘龙山镇出土的600多个龙山文化骨刻文（距今4000年前）更显汉字雏形。这些遗址中发现的种植植物包括水稻、小米（粟和黍）、小麦、豆类（大豆、黑豆、蚕豆）、高粱、油菜、芝麻、芥菜、白菜和麻等；饲养动物包括猪、羊（绵羊和山羊）、牛（水牛和黄牛）、狗和鸡等。同时，遗址中出土石（陶）刀、石镰、石犁、骨耜、木耜、石磨盘等大量各种类型的农具，发现田埂、水塘、蓄水井和水沟等灌溉水利遗迹。如果说内蒙古巴林右旗那斯台遗址（红山文化）出土的4件玉蚕、浙江余姚河姆渡遗址（河姆渡文化）出土的蚕纹牙雕和河南巩义双槐树遗址（仰韶文化）出土的牙雕蚕是间接证据，浙江吴兴钱山漾遗址（良渚文化）出土的丝带、丝线和绸片（显微结构观察），以及相同发掘地层的稻壳的同位素碳14测年结果（公元前2750年±100年），则为养蚕、制丝和织绸等蚕丝相关农业和加工业起源的重要实证[10-13]。

古印度文明在公元前2500年前的印度河和恒河流域兴起和发展。有“青铜时代的曼哈顿”之誉的摩亨佐·达罗(今巴基斯坦信德省拉尔卡纳城及旁遮普省)城市遗址及周围的村落遗址,范围十分广泛而被统称为哈拉巴文化遗址。该遗址由卫城和下城组成,可见到大街小巷、大粮仓、大浴池、完整的排水系统、精致的汲水井、宽敞的会议厅以及其他许多公共建筑,大量石器及铜器和青铜器等金属的农具,素陶和彩陶用具,武器和首饰,纺锤和染缸等文物。同时该遗址出土了公元前3000年的2500多个皂石、黏土、象牙或铜等制成的印章文物,其上雕刻有铭文及画,文字符号有400~500个。种植植物有棉花、大麦、小麦、豌豆、椰枣、胡椒、瓜果(甜瓜、葡萄、石榴、柑橘和芒果等)等。养殖动物有水牛、耕牛、绵羊、骆驼、狗、马、鸡和鸭等。畜耕及重犁、人工灌溉及畦沟、粪肥利用等农业技术都有文物和古文献记载。

在四大文明之外,尚有大量派生的文明,这些文明在不同时期不同程度上,接受了四大文明之一或更多文明的影响,同时也在不同时期对四大文明产生了不同程度的影响。在不同文明间的相互影响和共同演化中,游牧部落也是一股重要的力量。

人类从生物学的物种演化,发展到现代的人种(*Homo sapiens*),从旧石器和新石器时代到青铜器时代,经历了认知和农业革命而诞生文明并不断演化。考古遗址的发现,就如信息宝库或网络节点的发现,如何将这些宝库或网络节点有效地链接,使这些信息孤岛成为网络化信息结构中的重要节点,正是人类不断努力进行的工作。考古遗址的不断发现,使网络节点的密度不断增加,节点间的链接相对更为容易。放射性同位素技术、化学分析技术,特别是基因和基因组技术在考古领域的应用和不断发展,使人类在时空概念上认知遗址这座信息宝库更为有效,也为网络节点间连线提供基础。遗址(网络节点)间的连线(链接),不仅需要考古学和古生物学的研究,更需要人类学和社会学等研究的介入。随着人类科技的发展和认知能力的提高,节点分布有秩、连线丰富畅通的人类文明演化网络,一定会更加清晰地展现在世人面前,其中也包括栽桑养蚕的演化历程。

第2章　桑树与家蚕

栽桑和养蚕是获取蚕茧以抽丝的基本前提，桑树和家蚕是其中的两个生物主角。在桑树和家蚕的起源和演化过程中，在“野生桑”成为“栽培桑”，“野生蚕”成为“家蚕”的过程中，人类的驯化作用十分重要。

2.1　桑的起源

人工栽培的桑树或养蚕用的桑树是一种落叶乔木或灌木，在生物学分类系统中属于种子植物门（Spermatophyta）、被子植物亚门（Angiospermae）、双子叶植物纲（Dicotyledoneae）、荨麻目（Urticales）、桑科（Moraceae）、桑亚科（Moroideae）、桑属（*Morus*），由多个种（species）组成。各类植物的起源（祖先、时间和地点）是植物学、古生物学和进化生物学等领域关注的焦点。

在地球上最早出现的植物被认为是真核细胞藻类植物，起源于距今15亿—5.7亿年的元古宙。在寒武纪（距今5.4亿—4.9亿年）和奥陶纪（距今4.9亿—4.4亿年），生活在海洋中的藻类开始登陆而发生演化飞跃，植物营养摄取方式发生质的变化，同时对地球生态演化产生重要影响。奥陶纪晚期至志留纪晚期出现维管植物（蕨类），经历蕨类植物和裸子植物等阶段，被子植物才出现。基于化石发现，一般认为被子植物（有花植物）起源于白垩纪，但基于分子钟估算，其起源时间则是在更早的侏罗纪，甚至是三叠纪，而双子叶植物则爆发于白垩纪[9,14-15]。

桑属（*Morus*）在林奈的《植物种志》（1753年）中被分为5个种（白桑、黑桑、赤桑、鞑靼桑和印度桑）。1931年小泉源一将桑属分为30个种和10个变种。至今，桑属仍有各种分类，栽培品种则更为丰富[14,16]。种（species）是一个或多个、相对孤立或相对连续、规模可大可小的遗传群体。随着收集和保存的桑属资源不断丰富，其自然杂交（异花和风媒）、芽变和枝变频率较高的特征被发现。加之长期的人工选择，以及生物系统分类体系的不断演变，桑属中的种或变种（var）分类及数量众多。随着基因组和转录组等分子生物学和生物信息学技术的发展，有关桑属内不同种的分类和演化规律必将得到进一步的阐明（图2-1）[17-18]。

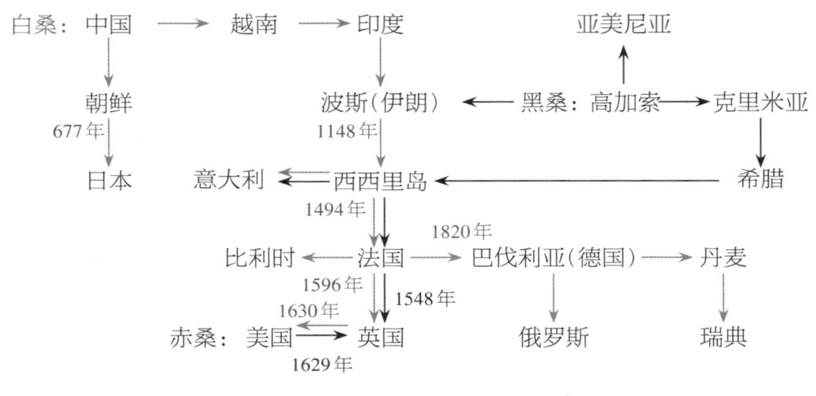

图2-1　桑属植物传入欧洲路线[16]

野生桑（原产地）在亚欧大陆的亚洲区域、大洋洲岛屿、非洲大陆和美洲大陆等地都有自然分布。在中国（白桑、蒙古桑、鞑靼桑、川桑、山桑、滇桑、华桑、鲁桑、鬼桑、岛桑和广东桑等）、印度（绿桑和长果桑）、朝鲜（白桑和鞑靼桑）、日本（山桑、八丈桑和毛桑等）、泰国（暹罗桑和马陆桑），以及喜马拉雅地区（印度桑、岛桑）、西亚地区（黑桑和阿拉伯桑）、非洲西部地区（非洲桑）、美洲地区（赤桑、柔桑和朴桑等）、马来群岛和爪哇地区（马来桑）等都有野生桑的分布。从桑属植物在不同大陆板块的间断分布，可以推测桑属植物可能在地球盘古大陆分裂和漂移成六大板块期间（距今3亿—1.5亿年）出现。桑属植物原产地分布的广泛性，显示了其多地域起源的可能性较大，同一桑种或变种（如山桑）在不同地域的发现则涉及起源与迁移等问题。中国和日本甚至整个亚洲大陆分布有较多的野生桑，由此可以推测桑属植物较早起源于这些区域的可能性较大。这些区域桑属植物丰富的遗传多样性，也为人类驯化“野生蚕”以养蚕和大量栽培桑提供了良好的条件[14,16-20]。

桑属植物具有良好的环境适应能力，在南纬10°和北纬50°区间都有分布，但尤其喜好温暖湿润的区域。欧洲位于东半球的西北部，分布于欧洲的栽培桑是在较迟的时期从其他大陆传入的[14,16-20]。

2.2 家蚕起源

家蚕在生物学系统分类中属于节肢动物门（Arthropoda）、昆虫纲（Insecta）、鳞翅目（Lepidoptera）、蛾亚目（Heterocera）、蚕蛾科（Bombycidae）、蚕蛾属（*Bombyx*）。家蚕（*Bombyx mori*）是种（species）水平的遗传群体[21]。

节肢动物起源于5.7亿—5.4亿年前的埃迪卡拉动物群（澳大利亚、纽芬兰和纳米比亚等地的化石），三叶虫、水熊虫和天鹅绒虫等节肢动物及其近亲的化石在生物大爆发的寒武纪地层中被发现。最早的昆虫纲化石是泥盆纪的无翅弹尾目化石和石炭纪的缨尾虫化石。孤证化石（伦敦自然历史博物馆标本）表明最古老且可能为鳞翅目的昆虫出现在奥陶纪（4.07亿—3.96亿年）。鳞翅目昆虫的化石最早发现于欧洲，已知最早的鳞翅目化石是发现于英国的蛾类化石（*Archaeolepis mane*），地质年代为侏罗纪（距今1.9亿年）。中国最早的鳞翅目昆虫化石记录年代为中侏罗纪。古近纪是鳞翅目昆虫发生大规模辐射演化的时期。蚕蛾科最早的化石（瑞典）记录年代为新近纪，新近纪的蚕蛾科化石在中国、美国和德国等国家和地区都有大量发现。全世界已发现的化石或琥珀揭示有250多种鳞翅目昆虫，但在中国的发现不足10%[9,21-24]。

至今尚未发现家蚕化石，因此对其起源时间、地点和祖先（古家蚕）进行推测或判断的直接证据尚未获得。对家蚕起源的研究，主要从生物系统分类学领域开展。化性（在自然条件下一年发生的世代数）是家蚕易受环境影响的重要表征，现今桑园广泛存在的另一种鳞翅目昆虫——野桑蚕（*Bombyx mandarina*)(图2-2)也有类似特征。日本学者吉武成美对日本一化性和二化性、中国一化性和二化性、欧洲一化性和印度多化性的约250个家蚕品种的3种酶(对应3个基因)的同工酶型进行了比较,根据不同同工酶型的出现频率,发现实验家蚕的3种酶都有遗传学基因变异的连续性,结合前人研究推测现有家蚕的起源为中国一化性蚕,再分歧演化为中国二化性蚕和日本蚕,并推测家蚕与野桑蚕为"同一祖先的2个不同后嗣"。对25个不同地理家蚕品种和在11个不同区域采集的野桑蚕样本的DNA多态性分析显示,在以柞蚕(*Antheraea pernyi*)为外群(参照系)的状态下,家蚕与野桑蚕各自聚为类群,并具有较高的同源关系,其中一化性家蚕品种具有更为丰富的遗传多样性特征,暗示其可能更为原始。根据聚类的程度推测,家蚕可能由多种生态类型(包括一化性、二化性和多化性)混杂的古家蚕驯化而来,在其驯化之初就已拥有一化性、二化性和多化性的遗传背景[21,25-30]。

图2-2 野桑蚕(左)和家蚕(右)

随着分子系统学的兴起与发展,分子钟逐渐成为物种亲缘关系分析、分歧演化和起源时间推测的有效手段。线粒体在真核生物中广泛存在,基因组相对较小(一万到数十万个碱基对)且在演化过程中相对稳定,因此其基因组或部分基因作为分子钟被研究的案例已有不少。家蚕、中国野桑蚕和日本野桑蚕的线粒体部分DNA序列和序列特征的比较研究发现,家蚕与中国野桑蚕的亲缘关系更近。通过研究58条不同种鳞翅目昆虫线粒体基因组参考序列(NCBI)发现,家蚕与野桑蚕亲缘关系较近,同属一个演化系群,与天蛾科(Sphingidae)的柞蚕和樟蚕(*Eriogyna pyretorum*)等属于不同的系群。根据分子钟技术推测,鳞翅目昆虫起源的时间为1.5亿年前(侏罗纪),蚕蛾科起源距今0.93亿—0.74亿年。家蚕-中国野桑蚕、家蚕-日本野桑蚕和中国野桑蚕-日本野桑蚕的分歧演化时间分别距今141万—108万年、201万—153万年和145万—111万年。也有研究根据分子钟技术推测,家蚕的分歧演化时间为4100万年前,中国野桑蚕-日本野桑蚕的分歧时间为2.36万年前。对137个不同血统或地域来源的家蚕品种及7个中国来源的野桑蚕进行全基因组测序(平均13倍覆盖率),分子进化遗传分析(MEGA6)显示:与野桑蚕亲缘关系最近的是中国三眠蚕品种,其次为印度多化性品种、中国四眠蚕品种及中国南方多化性血统蚕品种,最远的是改良后的中国蚕品种、日本蚕品种及欧洲血统蚕品种。该结果暗示了中国家蚕与野桑蚕具有较近的血缘和遗传关系,或家蚕起源于中国的可能性最大,也表明了人工驯化对分歧演化的影响。根据分歧时间(MSMC分析结果)推测,从野桑蚕演化到家蚕约需100万年,有两个分歧演化阶段:中国三眠蚕品种演化到印度多化性蚕品种需5万—15万年,印度多化性蚕品种演化到中国四眠蚕品种及中国南方多化性血统蚕品种需15万—32万年。"1000种(现生)昆虫转录组项目"的海量数据研究结果显示:昆虫的起源在4.78亿年前的奥陶纪,家蚕和野桑蚕的分歧时间在4000万年前。目前,基于分子钟技术的推测数据偏差比较大,往往高估分歧时间,比较确切的认定需要结合化石鉴定和同位素测年等工作成果。随着基因组高通量测序技术的快速发展,基因和基因组数据将日趋丰富并形成宏大的数据库,加之生物信息学分析技术的同步发展,必将为探索生物,特别是难以获得化石证据的生物演化历史提供更好支持[31-38]。

生殖隔离是物种形成的基本特征(必要条件),也是区别不同物种的重要依据(物种定名的标志)。家蚕(*Bombyx mori*)和野桑蚕(*Bombyx mandarina*)为不同的物种,家蚕和中国野桑蚕的染色体数为56(2n),日本野桑蚕的染色体数为54(2n),三者间能相互杂交及产生后代[39-42]。动物的科(family)间杂交尚未发现,但属(genus)内杂交还是存在的,如马属内的马(*Equus caballus*)与驴(*Equus asinus*)交配后的骡,豹属内的狮(*Panthera leo*)与虎(*Panthera tigris*)交配后的狮虎兽,前者明确没有繁殖力,后者具有一定的繁殖力。家蚕和不同野桑蚕之间生殖隔离的程度和机制,涉及"种"的分类定位与起源顺序关系，不仅是复杂演化关系的研究课题，也是分类学的研究课题。

对于家蚕的"祖先"是不是中国野桑蚕，家蚕是否由不同化性的中国野桑蚕演化而来，以及现在不同化性的家蚕是否由（中国）一化性家蚕演化而来等问题，不同生物学研究方法得出的结论不同。这种不同与家蚕或野桑蚕的化性易受环境（气候、温度和光照等）的影响有关。家蚕和野桑蚕有"相似遗传背景"或"最近的亲缘关系"，可以肯定是分歧演化的重要节点，但并不等同于"起源"或"祖先"关系。家蚕是"*Bombyx* 祖先"经历中国野桑蚕（包括一化性和多化性）演化而来的，还是"*Bombyx* 祖先"经历如今或已灭绝的"古家蚕"演化而来的；或"原始型野蚕"分歧演化出家蚕和中国野桑蚕等（图 2-3），相关问题仍有待解答。虽然在地域上，缺乏家蚕和桑树植物化石证据，但从现存野生桑树植物的分布和家蚕化性及其他多样性的丰富程度，推测中国是家蚕起源地的可能性最大。随着分子钟技术的发展，特别是高通量测序技术、生物信息学及大数据技术的发展，家蚕起源的演化路线一定能绘制得更加精细。

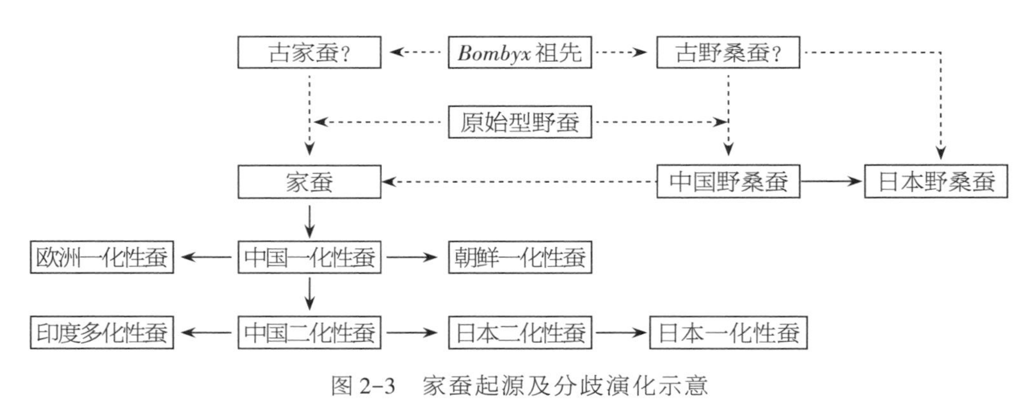

图 2-3　家蚕起源及分歧演化示意

注：虚线箭头表示未有证据的推测，实线箭头为有证据的推测。

2.3　协同演化

协同演化是生物个体或群体在环境选择压力下进行的演化过程，其核心选择压力来自生物间，但地质地理和气候变化等非生物因素的选择压力同步存在。栽桑养蚕的协同演化可以分成两个层次,“家蚕-桑属植物”两者的协同演化和两者协同演化到一定程度后的人类介入(即“家蚕-桑属植物-人”协同演化)。

在“家蚕-桑属植物”的协同演化中,根据耶尔米(Jermy)的顺序演化理论,桑属植物的出现或起源应该早于家蚕及中国野桑蚕或古家蚕。桑属植物为了躲避家蚕(中国野桑蚕或古家蚕)的摄食或危害(选择压力),种群中部分个体发生基因突变和重组,产生可避免被摄食的次生物质,形成新的生态位或适应域。家蚕(中国野桑蚕或古家蚕)种群中部分个体随之发生适应该种变化的基因突变和重组,形成新的适应域。两者构成协同演化的关系。植物次生代谢产物对昆虫的食性有重要影响,次生代谢产物在防御害虫中的机制已有大量研究和发现。对于专性演化为寡食性昆虫的家蚕,青叶醇、青叶醛、黄酮类和绿原酸等植物中常见的次生代谢产物对其摄食性都有影响。另外,桑属植物中可能存在的影响家蚕摄食(嗅觉和味觉)的关键性化学物质,或家蚕中嗅觉和味觉相关基因决定了家蚕对食物的专化特性。因此,桑属植物次生代谢产物的不同组合或某些关键性化学物质影响家蚕摄食性,家蚕的嗅觉和味觉相关基因及调控网络决定家蚕对食物的适应性,构成了“家蚕-桑属植物”协同演化的主体机制。这种机制的解明,不仅可使两者的协同演化关系更为清晰,而且对家蚕人工饲料育的产业化具有重要价值[43-49]。

现有家蚕以摄食桑属(*Morus*)植物为主,但也可以摄食柘树(*Cudrania tricuspidata*)叶和莴苣(*Lactuca sativa*)叶等。柘树是桑科(Moraceae)柘树属植物,早在《齐民要术》《农政全书》和《天工开物》中就有“柘叶饲蚕,丝好”“柘叶多丛生……春蚕食之”和“有柘叶三种,以济桑叶之穷,柘叶浙中不经见,川中最多”的记载。柘树喂饲的家蚕可以完成生活史,但生长发育、生产性能(蚕茧产量等)及抗病能力不如桑叶育家蚕[50-57]。莴苣是菊科(Asteraceae)莴苣属的植物。全程使用莴苣叶饲养的家蚕不能完成生活史,但在后期使用莴苣叶或交替使用莴苣叶与桑叶饲养的家蚕可以完成生活史[58-60]。此外也有榆树(*Ulmus pumila*)叶、无花果叶和木兰花叶喂蚕的报道[61]。在系统分类学中,家蚕的天然饲料是桑属植物,柘树与桑属植物同科(桑科),莴苣与之同纲(双子叶植物纲)不同目(桔梗目),榆树叶与之同目(荨麻目)不同科(榆科)。家蚕(中国野桑蚕或古家蚕)从上述或更多的植物中,选择演化成以桑属植物为最佳天然食物的寡食性昆虫或物种,必然与植物的协同演化密切相关,也包括了自身的小演化(microevolution)和涉及更多外界因素的大演化(macroevolution)。桑属植物和家蚕(中国野桑蚕或古家蚕)在演化进程中并非简单的两者协同演化,与各自的寄生物(其他昆虫和微生物等)之间也会存在复杂的协同演化关系[62]。微生态在协同演化中的作用越来越被重视,网络化的协同演化也将被解析。

蚕蛾科昆虫和桑属植物出现于新生代后期。新生代是第五次生物大灭绝后(距今约6500万年)至今的时期,该时期的地质地貌结构和气候相对稳定,是哺乳动物和被子植物高度繁盛的时期。新生代发生了喜马拉雅山、阿尔卑斯山和落基山的耸起,莱茵地堑和柴达木等大规模盆地的形成,古北美洲和古欧亚大陆的分离,印度和亚洲大陆的连接等事件,地表各个陆块的升降、分裂、漂移、相撞和接合渐渐形成今天的海陆分布格局和地貌。不同类型地理隔绝的出现,为新的物种形成提供了特定的环境条件,同时也影响了物种迁移和物种在不同地理环境中的演化。新生代的气候总体上(构造和轨道尺度时间)是由暖变冷的过程,但其间也曾发生古新世—始新世极热事件(Paleocene Eocene Thermal Maximum),渐新世初大冰期(First Oligocene Glacial)、中新世初大冰期(First Miocene Glacial)及第四纪大冰期和间冰期等对地球气候产生重大影响的事件。此外,在大冰期和间冰期,不同地域发生的小冰期和小间冰期,对区域内生物演化同样有着重要的影响[63-67]。家蚕和桑属植物都是在此期间出现的,虽然两者在特定地理地貌和气候环境中分歧演化,但桑属植物的出现早于家蚕的可能性更大(图2-4)。

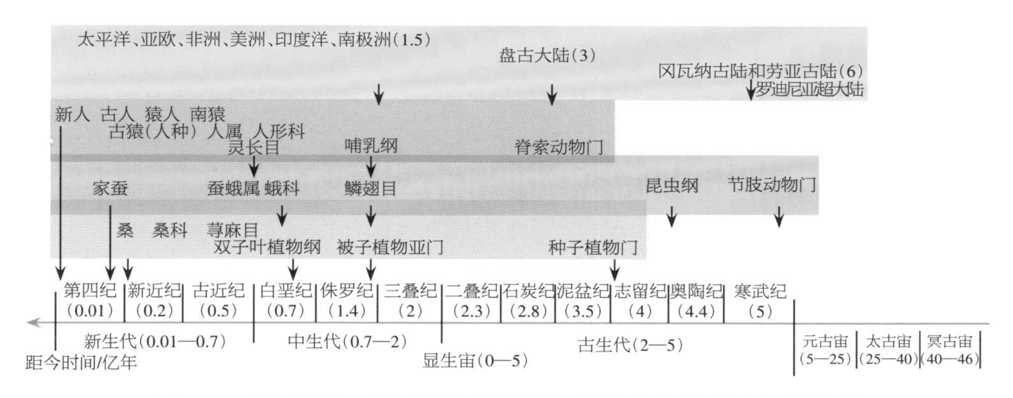

图2-4　桑属植物、家蚕和人的起源与演化及大陆形成年代简图

家蚕、桑属植物和人的起源，以及人类文明的诞生，都是在新生代特定的地质地貌和气候环境下发生的事件。根据生物（植物、昆虫和哺乳动物）起源和演化的一般规律，分歧演化的先后次序应该是桑属植物、家蚕和人。人类介入"家蚕-桑属植物"演化系统有两种可能：①人类在特定自然环境中，将古家蚕驯化为家蚕，即在"家蚕-桑属植物"演化系统中人工选择（驯化）发挥了重要作用。②在自然选择和协同演化的作用下，古家蚕演化出家蚕，再被人类发现和利用。前者缺乏对应的证据或依据，从一般规律推测，后者的可能性更大。此外，在摄食桑属植物的吐丝结茧鳞翅目昆虫中，还有螟蛾科绢野螟属（*Diaphania*）的桑螟（*D. pyloalis*）、毒蛾科盗毒蛾属（*Porthesia*）的桑毛虫（*P. xanthocampa*）、尺蠖蛾科的桑尺蠖（*Phthonandria atrilineata*）、蚕蛾科桑蟥属（*Rondotia*）的桑蟥（*R.menciana*）及被称为"印度野桑蚕"或"喜马拉雅野蚕"的野蚕蛾属（*Theophila*）直线野蚕蛾（*T. religiosae*，或称白线野蚕蛾）等[68-69]。自然界存在着多种"虫（茧）-桑属植物"演化系统，人类选择了"家蚕-桑属植物"演化系统进行人工驯化和参与协同演化而发明了栽桑养蚕业。此外，人类还参与了柞蚕（*Antherea pernyi*）、蓖麻蚕（eri-silkworm）和天蚕（*Antheraea yamamai*）等"虫（茧）-植物"的协同演化。

在20世纪80年代，中日学者对栽桑养蚕起源问题曾展开了热烈的学术讨论。以日本吉武成美教授为代表的学者认为：家蚕单一起源于中国野桑蚕或一化性家蚕品种，单一起源说符合生物演化的普遍规律。以蒋猷龙先生为代表的学者认为：养蚕是多中心起源，符合文化与产业演化的一般规律。细品两种观点的相关文献可以发现，他们是在两个不同维度上的问题讨论，前者重点关注的是家蚕的生物学起源问题；后者重点关注的是人类如何认识自然和介入"家蚕-桑属植物"演化系统，以及栽桑养蚕业发展的起始等问题[26-29,70-75]。

第3章　栽桑养蚕业起始

人类介入“家蚕-桑属植物”演化系统，开启“家蚕-桑属植物-人”的更大协同演化系统的精确时间，目前尚无确切的证据。从考古学、文字学和文献学等视角看世界四大文明古国（古巴比伦、古埃及、中国和古印度），只有中国有对人类在公元前利用家蚕、发展栽桑养蚕业的相关发现和记载，栽桑养蚕业起始于中国是公认的结论。

3.1　考古发现

3.1.1　最早的文字

金石学家王懿荣于1899年首次发现和收藏甲骨文，并将其断代为商代遗物，把汉字成文的起源推前到公元前1700多年的殷商时代。1928—1937年，著名考古学家董作宾、李济和梁思永等人主持，在河南安阳市洹河流域开展了长达10年的殷墟遗址发掘，考古实物发现与历史文献记载中从公元前1387年（盘庚十五年）商朝建都到公元前1046年帝辛亡国的描述高度吻合。因此，殷墟遗址甲骨文是迄今为止发现时间最早（1899年）的汉字考古发现[76-79]。

经过历代考古工作者100多年的努力，洹河流域内武官村的殷墟王陵遗址、小屯村的殷墟宫殿宗庙遗址和洹北商城遗址共同形成了较为完整的历史都城遗址——殷墟遗址。殷墟遗址中宫殿、王陵、祭祀坑和甲骨坑的发现，以及从中挖掘出的大量青铜器、甲骨片、玉器、骨角牙器和陶器等，都是验证《史记·殷本纪》中“帝盘庚之时，殷已都河北，盘庚渡河南，复居成汤之故居，乃五迁，无定处”的考古学实物。殷墟遗址也由此成为“中华文明第一都”的考古实证地。甲骨文既是殷墟遗址发掘的重要缘起，也是其考古发现的重要内容。至今，已有16万余片甲骨和4500多个单字（符）被挖掘发现和收集。甲骨学对卜辞和刻辞的识字、考辨和源流进行释文，使文字与历史（包括天文地貌、历法礼制、社会经济、农耕水利及建筑和器具等）紧密结合。在甲骨学发展过程中，涌现了“甲骨四堂”（罗振玉、王国维、董作宾和郭沫若）、“甲骨五老”（陈家梦、唐兰、商承祚、于省吾和胡厚宣），以及“甲骨三斌”（严志斌、蒋玉斌和周忠兵）等一大批学者专家。考古发现不断积累、文献日趋丰富，多数甲骨文字符的释义取得了很好的共识，但对于个别字符，不同的学者持有不同的释义，其中包括一些与栽桑养蚕可能相关的字符[79-82]。

在殷墟遗址挖掘发现和从各地收集的甲骨文字符中，考古学家释义了“桑”“蚕”“丝”和“帛”四个与栽桑养蚕相关的字符，并收集到有“糸”部首的字符50～100个，由此可推测栽桑养蚕起始时间为3700多年前。养蚕业或丝绸业人士对这四个字的释义认可度较高[21,83-87]，但对栽桑养蚕是否已是商代农业生产中的主要内容存在较大的疑问。部分学者认为“桑”“蚕”“丝”和“帛”四个字符的释义，主要是指商代祭祀、占卜或巫术的场所或用具[68,88-89]。与已被释义的其他农业（包括水利和施肥等）相关的甲骨文字符相比，与栽桑或养蚕相关的甲骨文字符的数量是非常有限的；从蚕丝的服用功能而言，麻和葛（纤维植物）的种植及服用起源更早，人类对蚕丝服用功能的利用应在其后，完全排除“丝”“帛”和“糸”部首字符与麻和葛的相关性是件不容易的事情；四个字符的栽桑养蚕相关释义都是象形字，“桑”和“蚕”象形为“树”和“虫”的释义未见有明显的疑义，但确定为“桑”和“蚕”而排除果树、茶树及其他植物和昆虫，显然有点勉强。在金文和小篆中“桑”（叒木）和“蚕”（朁虫虫）都已变成会意字，其中变迁的奥秘也是非常值得研究的问题[90-99]。因此推测，商代栽桑养蚕生产尚未形成一定规模。

3.1.2 最早的实物

中国“考古学之父”李济和地质学家袁复礼，根据古史记载（“尧都平阳，舜都蒲坂，禹都安邑”）和传说（夏朝王都在夏县）中有关尧舜建都等的描述，在1926年2月，前往山西南部汾河流域进行田野考古与地质调查，发现了山西运城夏县西阴新石器遗址（公元前10000—前2000年）。在挖掘中发现了石锤、石斧、石杵、石臼和石箭头等大量与农业生产相关的石器和陶片（其中彩陶片就有1300多片），在未见土色受搅的探方下部还发现了“半颗茧壳”。这不仅成为人类利用石器切割蚕茧的佐证，也成为“五千年养蚕历史”的第一个考古发现[100-104]。“半颗茧壳”是考古野外挖掘发现的最早的养蚕相关实物，但对“半颗茧壳”的考古学或养蚕起始问题争议并未终结。李济先生对“半颗茧壳”的推断始终非常严谨，仅提出了推论和思考，并未给予肯定。

在肯定性观点方面，昆虫学家刘崇乐将“半颗茧壳”描述为：虽然不敢断定这就是蚕茧，然而也没有找到必不是蚕茧的证据。美国华盛顿史密森研究院（Smithsonian Institution）的博物学家也认为那是家蚕的茧。日本学者池田宪司认为那是家蚕茧，但由于进化不够，茧的形状偏小。蒋猷龙先生根据李济先生的描述，加上布目顺郎先生复原“半颗茧壳”后得出的茧长与茧幅，而现代蚕茧也有与之类似尺寸的事实，以及与野桑蚕茧和桑蟥茧的疏松程度和交织状态进行对比等依据，给予了肯定是家蚕茧的推论[71,105-107]。

在质疑或否定观点方面，夏鼐先生则根据蚕茧不易保存、“极平直”切口和“孤证”等理由，认为“半颗茧壳”是后世混入之物而持否定观点。日本学者布目顺郎先生在1967年拍摄“半颗茧壳”实物，通过实验室形状复原测得其茧长和茧幅（15.2mm和7.1mm）。他根据茧的尺寸（茧长和茧幅）、茧色和用途（纺织或食用）等，以及纺织发展的历史记载旁证，认为该物为桑蟥茧的可能性较大（茧长和茧幅小于野桑蚕茧，但在桑蟥茧范围内），在用途上则推测其为食蛹或用于纺织[88,108-109]。

除了“半颗茧壳”，考古发掘尚未发现其他茧壳或与养蚕、纺丝相关的实物。在西阴村遗址中“半颗茧壳”的发现无疑是一个孤证。至于此物乃“后世混入"的观点并非毫无依据，也可能存在"后岗三叠层"（仰韶、龙山和商文化层，梁思永先生于1931年在安阳高楼庄后岗发现）的类似现象。因此，对"半颗茧壳"可以有无尽的猜测，这是一个无法证实的问题[106-109]。从茧壳尺寸分析，仅以茧长和茧幅在桑蟥茧范围而认定它是桑蟥茧，或因家蚕茧也有小于20mm的情况而将其确定为家蚕茧，都是不够严谨的，在概率上讲也是小概率事件。

对26个包括中系和日系品种的原种及杂交蚕种的一化性或二化性蚕品种，以及家蚕微粒子虫感染病蚕的1108颗蚕茧进行实验室测定，茧长范围在19.85～39.44mm，平均31.53mm，中位数为33.59mm；茧幅范围在10.86～23.88mm，平均17.87mm，中位数为19.53mm；全茧量平均值和中位数分别为1.536g和2.324g。已有报道，野桑蚕茧的全茧量为0.197～1.025g，平均0.532g[110]。2021年从山东烟台桑园田间采集野桑蚕幼虫，实验室饲养获得122颗茧，全茧量范围为0.120～0.810g，平均0.376g，中位数为0.340g；茧长范围为19.68～27.12mm，平均20.35mm，中位数为20.24mm；茧幅范围为6.92～14.60mm，平均9.06mm，中位数为8.88mm（表3-1）。

表3-1　不同家蚕品系和野桑蚕的茧长、茧幅和全茧量

参数	杂交蚕种	日系品种原种	中系品种原种	野桑蚕	三眠蚕品种
茧长/mm	25.88～37.39	26.58～36.00	19.85～39.44	19.68～27.12	21.86～28.23
茧幅/mm	10.86～21.40	13.92～21.32	11.94～23.88	6.92～14.60	12.44～16.02
全茧量/g	1.068～2.419	0.853～2.008	0.503～2.23	0.120～0.810	0.525～0.993

注：杂交蚕种数据中包括家蚕微粒子虫感染病蚕的数据。

"半颗茧壳"在形状（茧幅率）上，与日系品种原种相似；在茧形大小上，茧长-茧幅与中系品种原种的相似。野桑蚕的全茧量与三眠蚕品种及中系品种原种相对较近。以野桑蚕为基准，仅从全茧量、茧长和茧幅数据推测，"半颗茧壳"的种属归类为野桑蚕更合理。但4000多年人类驯化的作用，人工驯化起点蚕的多样性（现存不同血统、眠性和化性等蚕品种，以及可能消失的蚕品种）等，都会影响种属归类推测的结果（表3-1和图3-1）。

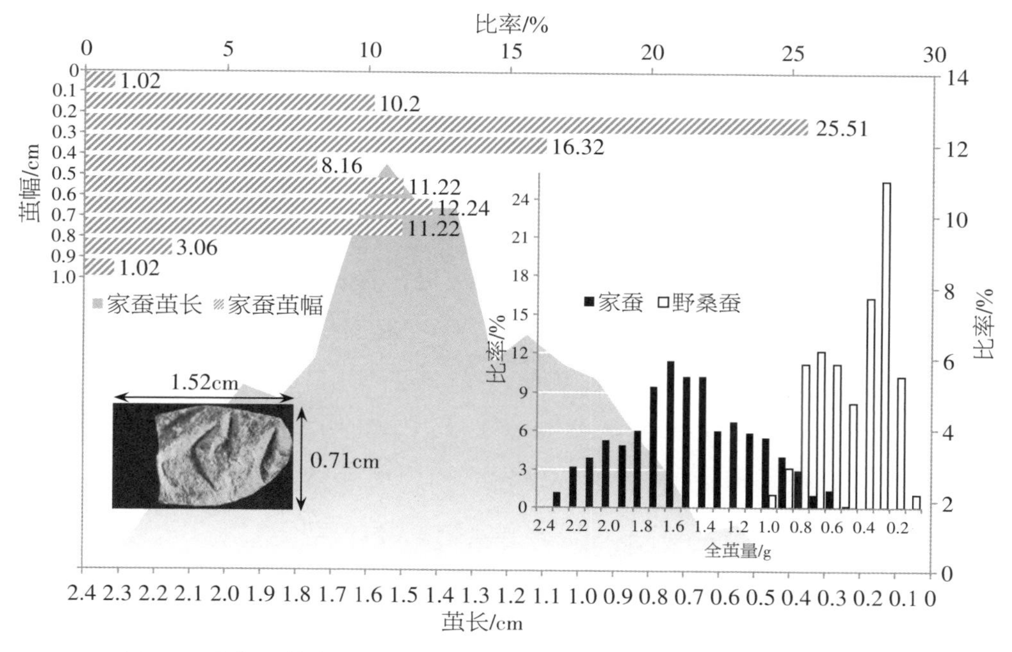

图3-1　“半颗茧壳”与现有家蚕和野桑蚕的茧长、茧幅及全茧量比较

注:全茧量为1108个家蚕茧和98个野桑蚕茧样本数据。

有限数据的比较暗示了茧长、茧幅和全茧量等性状与遗传基础有密切关系。实验室调查发现,蚕品种全茧量的变异明显小于野桑蚕,暗示了现存蚕品种有较高水平的遗传一致性,即使家蚕微粒子虫感染杂交蚕种,之后蚕茧的茧长、茧幅和全茧量也仍然明显高于野桑蚕或三眠蚕品种,或环境因素对茧长、茧幅和全茧量的影响相对较小。野桑蚕虽然不同于室内人工饲养的家蚕,但由于田间栽培桑的普遍存在,也间接受到了人工驯化的影响。因此,不论是利用形态学表征,还是利用核酸等分子特征(如分子钟等),推测4000年前“半颗茧壳”的种属定位或家蚕和野桑蚕的演化历程,都是非常有趣但又十分艰难的事情。更广泛地采集现存的各类蚕品种或野桑蚕,在充分考虑人工驯化因素影响的前提下,采用更为现代的分析和测试技术,也许会有更加接近真相的结果。

“半颗茧壳”是家蚕、野桑蚕、桑蟥及其他营茧昆虫的可能性都是存在的。从西阴村“半颗茧壳”,结合后述的其他考古发现和文献记载推测:那时人类已与家蚕相遇，或正在发现、利用和驯化家蚕的途中，这是可以肯定的，但已有较大规模的栽桑养蚕生产应该是小概率事件。

3.1.3 养蚕起始的考古发现

浙江省文物管理委员会与浙江省博物馆于1956年3月7日共同对地处太湖南岸的浙江省湖州市吴兴区钱山漾遗址进行考古发掘。在自1958年2月20日起的1个月挖掘中，在22号探坑第四层（根据挖掘的陶器分析，该层属于新石器时代晚期龙山文化层）发现了丝麻织品[其中，丝织品有绢片（绸片）、丝带和丝线]，以及纺轮等养蚕或缫丝相关的物品。浙江省纺织科学研究所将未碳化绢片鉴定为“家蚕丝织物”，织物密度为120根/英寸，但未能鉴定捻方[111-112]。中国科学院考古研究所实验室将22号探坑第四层碳化稻谷同位素鉴定为公元前2750年±100年[113]，浙江丝绸工学院对绸片的组织（平纹）、经纬线直径（平均167μm，＞20根）、茧丝直径（12.6～19.3μm，平均15.6μm）、捻度和密度（经134根/英寸，纬122根/英寸）等进行显微镜观察和测定，对丝带和丝线的组织（平纹和辫结）、直径（16μm）、捻向和茧丝截面（三角形，面积与现代茧丝相近）石蜡切片等进行显微镜观察和测定，同时对出土的麻片进行类似的观察和测定[13]，由此推测4700年前人类已能利用家蚕丝制成绸片。尽管也有学者对茧、丝、绸是否能保存如此之久，以及考古发现不同文化的次序提出一些疑问[114-115]，但至今为止，钱山漾遗址考古发掘中发现的丝织品或养蚕相关实物及其断代结果，依然是相对最为可靠的养蚕起始发现。

3.1.4 丰富的史前考古发现

在中国，大量与史前蚕桑文化、养蚕或纺丝织绸等相关的文物被发现，其中最多的是与蚕桑文化相关的物品。中国是世界养蚕或蚕桑文化考古发现最多的国家，在其他古文明国家至今少见与养蚕或蚕桑文化相关的史前考古发现（表3-2）[116-141]。

表3–2　蚕桑丝绸史前考古发现简表

发掘时间	地点	文物	测定时间	推测时间	资料来源
1921年	辽宁葫芦岛沙锅屯	石制蚕形饰		红山文化（8000—7000年前）	[116–118]
1926年	山西夏县西阴村	半颗茧壳		4070—3600年前	[100–104]
1928年	河南安阳殷墟	龙骨和兽骨（甲骨文）		3700年前	[83–87]
1953年	河南安阳大司空	蚕形玉		殷代	[119]
1958年	浙江湖州钱山漾	绢片（绸片）、丝带、丝线和纺轮等	（4750±100）年前		[113]
1959年	江苏吴江梅堰	黑陶器的蚕纹		良渚文化同期（3300—2300年前）	[120]
1960年	山西芮城西王村	蛹形陶饰		仰韶文化（5000—3000年前）晚期	[121]
1973年	河北藁城台西村	青铜器和武器的丝织物痕迹	（3285±90）年前	商代	[122–124]
1974年	江西清江筑卫城	蚕印纹陶饰		商周文化	[125]
1975年	陕西宝鸡茹家庄	玉蚕		西周	[126]
1976年	陕西岐山	玉蚕、丝织物残迹		西周	[127]
1977年	浙江余姚河姆渡	牙雕小盅（外壁雕刻编织纹和蚕纹图案）		5000—3000年前	[128–129]
1978年	福建武夷山白岩崖	平纹烟色丝绢		西周	[130–131]
1979年	山东济阳刘台子	蚕（装饰品）		西周	[132]
1981年	河南荥阳青台村	浅绛色罗	（5225±130）—（5160±120）年前		[133–134]
1983年	内蒙古巴林右旗那斯台	玉蚕		红山文化后期	[135]

续表

发掘时间	地点	文物	测定时间	推测时间	资料来源
2006年	江西靖安 李洲坳	300多件纺织品 （织锦等蚕丝及麻类）		东周	[136-137]
2013年	河南舞阳 贾湖村	蚕丝蛋白残留物		9000—7500年前	[138-140]
1993年	埃及阿布辛贝 库什图	丝织物（蛋白）		3000年前	[141]

考古发掘的文物主要是与蚕桑相关的物件（饰物或饰纹）和丝织物。玉（或陶和石）蚕、陶蛹和刻有形似家蚕图案的器物（主要为陶器）出土数量非常丰富，且在中国多地被发掘，推测或断代时间最早的要数辽宁葫芦岛沙锅屯遗址发现的石制蚕形饰，距今8000—7000年[116-118]。丝织物（残留丝蛋白）推测或断代时间最早的要数河南舞阳贾湖遗址发现的蚕丝蛋白残留物，距今9000—7500年[138-140]。

在发掘文物的断代考证方面，主要依据出土地层分布、史书记载和实验室分析测试等。在20世纪30年代梁思永先生发现"后岗三叠层"以后，出土地层分析的技术和水平不断提高，且认可度不断增加。在文献记载方面，虽然存在一定的出入或偏差，但多数出土文物在古籍中能找到较好的对应性记载或描述。在实验室分析测试方面，碳14测年方法是目前公认的一种方法，出土的蚕桑相关物件和丝织物的断代多数根据相同出土地层的植物种子或木质材料的测定结果。基于蚕丝蛋白的测定方法中，尽管出现了质谱等现代化学分析技术手段，但目前尚未得到考古界的公认，据此做出的断代时间结论在学界的认可度也较低。除"半颗茧壳"是与养蚕直接相关的考古发现外，其他直接相关物品的考古发现至今尚未出现。

在丰富的史前考古发现中，河南安阳殷墟遗址的甲骨文、山西夏县西阴村遗址的"半颗茧壳"和浙江湖州钱山漾遗址的丝织品及其相关物品在养蚕起始事件中是目前可靠性、代表性和典型性较好的考古发现。河南荥阳青台遗址发现的浅绛色罗的断代时间为5000多年前，但钱山漾遗址（略晚于5000年前）的栽桑养蚕相关发现更为直接和丰富，相关考证研究也更为充分。

蚕桑相关的物件和丝织物(蛋白质)长久保存的艰难是可以充分理解的，上述或更多相关考古发掘在解析养蚕起始事件过程中，在积累证物和丰富依据等方面做出了重要的贡献。随着考古技术的不断发展，新的考古发现一定能解答养蚕事件发生起始时间或地点证据尚不精确的问题。

3.2　文献记载

根据历史文献记载，中华文明史前的主要年代有：处于原始社会形态的五帝(黄帝、颛顼、帝喾、尧和舜，公元前3077—前2037年)；处于奴隶社会的夏朝(公元前2037—前1599年)、商朝(公元前1559—前1046年)、西周王朝(公元前1046—前771年)和东周春秋(公元前770—前476年)；进入封建社会的东周战国(公元前475—前254年)、秦朝(公元前221—前206年)、西楚王朝(公元前206—前202年)、西汉(公元前202—8年)等。在浩瀚的中国史前历史文献记载中，已有大量有关桑、蚕和养蚕纺丝等蚕业起始和发展状态的记载，其中有官方的史书记载，也有民间或神话传说。

3.2.1　栽桑记载

成书于东周战国的《管子·地员》中“……黄唐……其木宜櫄、扰、桑……”等描述了桑树适宜栽培的土壤条件[142]。中国最早的农书是西汉晚期的《氾胜之书》，该书较为详细地描述了黄河中游区域农业耕作原则、栽培和选种等农业技术，也是第一部记载桑树栽培相关技术的农书。该书涉及桑种子处理、土壤要求、直播育苗、黍桑混栽、密度控制、除草通风和叶蚕平衡等技术方法，也是最早反映人工栽培桑树和用桑饲蚕的养蚕业已有相当规模或技术水平的历史记载。从后继蚕业相关技术典籍(如《四民月令》《齐民要术》《王祯农书》《农桑辑要》和《农政全书》等[50-51,143-145])引录该书内容的记载中未见养蚕相关作业或技术的描述，结合栽桑技术的发展水平推测该书有关养蚕内容的记载可能已散佚。

春秋时代的《诗经》是最早记载与栽桑养蚕相关事件的文献，其中有关桑树的篇数较多，桑树主要作为自然、人文和宗教等的物象或意象出现。例如：描述自然景观的有“鸤鸠在桑，其子七兮”（《曹风·鸤鸠》）、“菀彼桑柔”（《小雅·南山有台》）和“南山有桑，北山有杨”（《大雅·桑柔》）；描述男女情感的有“爰采唐矣？沫之乡矣。云谁之思？美孟姜矣。期我乎桑中，要我乎上宫，送我乎淇之上矣”（《鄘风·桑中》）、“将仲子兮，无逾我墙，无折我树桑。岂敢爱之？畏我诸兄”（《郑风·将仲子》）、“隰桑有阿，其叶有沃。……心乎爱矣，遐不谓矣？”（《小雅·隰桑》）、“桑之未落，其叶沃若。吁嗟鸠兮，无食桑葚！……桑之落矣，其黄而陨”（《卫风·氓》）和“樵彼桑薪，卬烘于煁。……鼓钟于宫，声闻于外”（《小雅·白华》）；描述家庭关系的有“维桑与梓，必恭敬止”（《小雅·小弁》）；描述社交场景的有“阪有桑，隰有杨。既见君子，并坐鼓簧。今者不乐，逝者其亡”（《秦风·车邻》）、“食我桑黮，怀我好音”（《鲁颂·泮水》）；赞颂王公的有“降观于桑。卜云其吉，终然允臧。灵雨既零，命彼倌人，星言夙驾，说于桑田”（《鄘风·定之方中》）；描述劳动场景的有“十亩之间兮，桑者闲闲兮，行与子还兮。十亩之外兮，桑者泄泄兮，行与子逝兮”（《魏风·十亩之间》）、“七月流火，九月授衣。春日载阳，有鸣仓庚。女执懿筐，遵彼微行，爰求柔桑。春日迟迟，采蘩祁祁。女心伤悲，殆及公子同归。七月流火，八月萑苇。蚕月条桑，取彼斧斨。以伐远扬，猗彼女桑。七月鸣䴗，八月载绩。载玄载黄，我朱孔阳，为公子裳”（《豳风·七月》）；描述桑树物用的有“迨天之未阴雨，彻彼桑土，绸缪牖户”（《豳风·鸱鸮》）[142]。从《诗经》意象上而言，后继不同社会历史背景下的学者或读者，对作者在特定历史背景下的意象表述有更为丰富多彩的演绎。以现有自然科学认知思维对桑属植物物象的理解，可以推测：桑树在作者描述场景的时代（东周春秋）和地域（今陕西、山西、河南、河北、山东和湖北等为主的黄河流域）中具有广泛的分布且有一定的规模，或已出现人工栽培桑树的现象；桑树在社会生活和祭祀求神中具有较大的影响；当时的政府或王公对栽桑已有一定程度的关注。

在世界各大文明的神话中，大树都被奉为天地间的灵物。与桑树相关的神话传说主要有：“赤松子者（炎帝），神农时雨师也。……能入火自焚。……随风雨上下。炎帝少女追之，亦得仙俱去”（《列仙传》，成书于西汉至魏晋期间)、“南方赤帝女学到得仙,居南阳愕山桑树上……或女人。赤帝见之悲恸,诱之不得,以火焚之,女即升天,因名帝女桑”(《广异记》,唐朝志怪传奇小说集)、“商汤祷雨”(商朝开国君主为解干旱之苦,躬身求雨)、“空桑生人”(商朝重臣伊尹和圣人孔子)等。虽然神话传说是民智尚未开化所滋生的巫文化和神学思想,但也反映了当时历史背景下,人类关注桑树及在社会生活中对桑树认知的历史侧影,由此“桑为神木”的意象更加凸显[142]。

3.2.2 养蚕记载

西汉晚期的《氾胜之书》中记载与养蚕技术相关的文字仅有“一亩食三箔蚕”和“卫尉前上蚕法”。第一部现有留存的记载养蚕相关技术的历史典籍是东汉崔寔的《四民月令》[143]。该典籍是将西周王朝《尚书·尧典》的“观象授时,以时系事”(即“乃命羲和,钦若昊天,历象日月星辰,敬授民时”)的理念用于养蚕的始端,也是东周战国《礼记·月令》[(季春之月)是月也,命野虞无伐桑柘,鸣鸠拂其羽,戴胜降于桑。具曲植籧筐,后妃齐戒,亲东乡躬桑。禁妇女毋观,省妇使以劝蚕事。蚕事既登,分茧称丝,效功,以共郊庙之服,毋有敢惰。……孟夏之月,……是月也,以立夏。……蚕事毕,后妃献茧。乃收茧税,以桑为均,贵贱长幼如一,以给郊庙之服。]等王官时令下行农家的重要转型或栽桑养蚕技术从王公贵族向普通农家的普及。《四民月令》中记载了与养蚕抽丝技术相关的内容,如:“清明节,命蚕妾治蚕室,涂隙、穴,具槌(蚕架立柱)、持(放蚕箔架上的横木)、薄、笼。”“谷雨中,蚕毕生,乃同妇子,以勤其事,无或务地,以乱本业。”“桑葚赤,可种大豆……”“四月立夏节后,蚕大食……”“蚕入蔟,时雨降,……”“茧既入蔟,趣缲,剖绵,具机杼,敬经络。”“六月……命女红织缣缚……收缣缚……”《管子》中有关重视或教喻养蚕生产的描述,暗示了养蚕或病害防治的重要地位,如“民之能明于农事者,置之黄金一斤,直食八石。……民之通于蚕桑,使蚕不疾病者,皆置之黄金一斤,直食八石”(《管子·山权数》)、“使五谷桑麻皆安其处,司田之事也。……刑余戮民,不敢服丝……”(《管子·立政》)和“女贡织帛,苟合于国奉者,皆置而券之”(《管子·山国轨》)[142]。养蚕病害大规模的流行往往在大规模饲养情况下才会出现。

在《诗经》中，与养蚕用途相关的记载有“衣锦褧衣，裳锦褧裳。叔兮伯兮，驾予与行。裳锦褧裳，衣锦褧衣。叔兮伯兮，驾予与归”（《鄘风·丰》）与“载玄载黄，我朱孔阳，为公子裳”（《豳风·七月》），但总体上描述的篇幅和出现频次少于桑树。“淳化鸟兽虫蛾，……黄帝居轩辕之丘，而娶于西陵之女，是为嫘祖。嫘祖为黄帝正妃……”（《史记·五帝本纪》，成书于西汉）是对养蚕起始的文学描述，也是较早的史文记载。《山海经·海外北经》中也有“欧丝之野在反踵东，一女子跪据树欧丝。三桑无枝，在欧丝东，其木长百仞，无枝。范林方三百里，在三桑东，洲环其下”的描述，似乎开始对家蚕进行神化描述，但公元前的历史文献中未见更为详尽的神话。有关蚕神的描述多见于公元后，包括“伏羲化蚕”（《皇图要览》）、“嫘祖始蚕”（唐朝的《隋书》、宋朝的《资治通鉴外纪》和《路史》等）和“马头娘佑蚕”（东晋的《搜神记》和宋朝的《太平广记》等）。先蚕、菀窳妇人、寓氏公主、蚕母和三姑等众神，以及“蚕为龙精”“西施浣纱”“神木天虫”等蚕文化意象都产生于后世。

3.2.3 文史辨析

在栽桑养蚕起始的时间上，公元前的历史文献中有关桑树的描述较之家蚕更多。“桑”作为地名、用途和故事背景而多有描述；“蚕”的直接描述很少，多数以丝织物的形式出现在礼仪和祭祀等饰品中。有关祭祀、礼仪和宗教等活动中桑树和家蚕的描述，早于栽桑和养蚕生产或技术文献记载，可以推测人类与桑树的相遇较之家蚕更早。桑树、家蚕和养蚕文化的起始早于栽桑养蚕业的起始。

在区域分布上，成书于先秦的区域地理历史文献《尚书·禹贡》记有：“济河惟兖州……桑土既蚕……厥篚织文。”“海、岱惟青州……厥篚檿丝。”“海、岱及淮惟徐州……厥篚玄纤缟。”“淮海惟扬州……厥篚织贝……”“荆及衡阳惟荆州……厥篚玄纁玑组……”“荆、河惟豫州……厥贡漆、枲，絺、纻，厥篚纤、纩……”表明当时黄河与长江流域的多个地域已有养蚕、纺丝及贡赋的相关规定，或在这些地域养蚕已经达到一定的规模，这也是栽桑养蚕业多中心起始的重要佐证[75,84,142]。

在技术上，文献中与桑树种植(土壤选择、种子处理、种植密度和田间管理等)相关的描述，显示当时人工栽培技术已有一定的水平。其中与养蚕相关的描述虽然很少，但已有"叶蚕平衡"的概念，以及在室内搭架框内饲养家蚕、保持蚕室密闭(为了保持温湿度或防鼠虫等危害)和制绵纺织等描述。但因养蚕入室的描述而认为当时已经具备催青技术，则显得有点勉强。

在社会经济地位上，与其他农作、养殖或纺织品相较，秦汉前文献对栽桑和养蚕及制绵纺织的描述并没有更多一些，或突出之处。有关丝织物的描述更多地出现在祭祀、礼仪和装饰之中，这或许与其服用功能尚未发达有关。"五亩之宅，树墙下以桑，匹妇蚕之，则老者足以衣帛矣。……五十非帛不暖……"(《孟子·尽心章句上》)，既显示了丝织物用途的局限性，也表明当时的丝纺织水平较之麻欠发达，或丝织物只能用于重要场合。从贡赋、教喻和奖励的描述得知，养蚕业在部分区域受到的重视程度与农作、养殖和水利等相当。《史记·货殖列传》描述的"齐鲁千亩桑麻……"大规模栽桑场景，则暗示此期养蚕功能的扩展[142]。

中华五千年文明遗存了大量文献，也散佚了不少典籍，现在能够看到的文献占实际总量的比例是我们解读和理解早期栽桑养蚕业状况可能出现偏差的重要因素。大量现存文献对散佚的较早时期(包括公元前)典籍中有关栽桑养蚕内容的摘录或引用十分频繁和丰富，为佐证各类考古发现提供了坚实的文献基础。另一方面，由于不同历史时期的社会变迁，栽桑养蚕的社会经济地位变化，现存文献作者或群体(不同地域、不同历史时期和社会阶层)在对散佚典籍摘录、引用及经验陈述时难免被信仰快乐、期待关注、集体意识(社会阶层和地域文化等)和群体性愚昧(主动、被动及潜意识等)等社会心理学因素所影响，演绎或归纳，夸张或忽视，臆断或辩证，导致意象与物象在演变中偏离和异化。这种意象和物象间的偏离和异化对与栽桑养蚕技术相关的文献影响相对较小。因此，文史辨析不仅需要对文献的成文年代和不同版本有所知悉，同时必须结合考古学的发现和发展，以及充分利用新兴的科学技术。

3.3 起始刍议

桑或家蚕的起源，与蚕桑文化或栽桑养蚕业的起始是两个不同的概念，前者属于生物学范畴，后者属于社会学范畴。在宇宙与地球、生命与人类，以及文明诞生与发展的大背景下，应用综合生物学和社会学的发现或研究成果，理解桑和家蚕的生物学起源，认知蚕桑文化或栽桑养蚕业的社会学，才能更好地了解栽桑养蚕技术或产业发展的起点和趋势。

3.3.1 生物学起源

生物起源的基本问题是时间、地点和祖先。

细菌化石是至今发现诞生最早的生命，可追溯至冥古宙或太古宙（42.8亿—37.7亿年前）。植物起源于元古宙的真核细胞藻类（15亿—5.7亿年前），种子植物起源于志留纪（4亿年前，分子钟估算的时间更早），在白垩纪（距今0.7亿年）双子叶植物数量爆发式增长；桑属植物可能出现的时间，被推测在地球盘古大陆分裂和漂移为六大板块期间（距今3亿—1.5亿年前）。节肢动物起源的化石记录年代是距今5.7亿—5.4亿年的前寒武纪（埃迪卡拉动物群化石）。最早的鳞翅目化石是侏罗纪（距今1.9亿年）的蛾类化石。古近纪（距今0.5亿年）是鳞翅目昆虫发生大规模辐射演化的时期。蚕蛾科最早的化石记录年代是新近纪（距今0.2亿年）；利用分子钟技术推测，鳞翅目昆虫分歧时间距今1.5亿年（侏罗纪），蚕蛾科起源时间距今0.93亿—0.74亿年，家蚕（*Bombyx mori*）和野桑蚕（*Bombyx mandarina*）分歧时间约为4000万年前[38-39]。

桑属植物和家蚕至今尚未有化石发现，这不仅给两者起源的时间判断带来困难，也使得起源地点不容易确定。根据中国现存野生桑树种类最多和分布最为广泛的事实，推测其最为可靠的起源地点应该是中国。家蚕的起源地点则是与养蚕起始的时间、地点和祖先混合在一起的学术研究论题，问题焦点在于“单中心”和“多中心”，但中国是“中心”这一点没有疑义[26-29,70-75]。

桑树起源的研究相对较少、祖先问题的研究罕见。相反，家蚕祖先相关的研究则非常丰富。大量有关家蚕与野桑蚕的遗传背景、生理生化特征和其他生物学表征显示两者非常相似，或两者具有很高的同源性和亲缘关系。这类研究还细化到不同地域（中国和日本等）的野桑蚕，以及不同化性（一化、二化和多化性）、种系（中国、日本和欧洲，原种和杂交蚕种）及地域来源的家蚕。但生物界大量高度同源和亲缘相近的物种间没有祖孙关系，因此仅凭高度同源和亲缘相近无法判断野桑蚕与家蚕之间为祖孙关系，家蚕由野桑蚕演化而来这种结论显然是不严谨的。从桑属植物和家蚕遗传资源的多样性、丰富度，以及家蚕寡食性特征来看，家蚕大概率起源于中国。

桑属植物与家蚕相遇的时间和地点则是更为复杂和难解的问题，但桑属植物与家蚕协同演化而发展至今，这一点可以肯定。在两者协同演化过程中，气候和土壤、环境和生态、微生物和其他物种，特别是人类的介入等都对其产生了重要的影响。

生物学起源应该是一个自然科学问题，但桑属植物和家蚕的起源以及两者如何相遇并协同演化的规律至今尚未被完全解析，其更似一个“道可道，非常道。名可名，非常名……万物始于无名”的哲学问题。科学和技术的发展可在阐释该问题中发挥更大的作用。

3.3.2　社会学起始

栽桑养蚕业和桑蚕文化的起始问题属于社会学范畴，是文明演化问题之一，是人类何时何地与桑属植物和家蚕相遇的问题。该问题的难度和复杂性可想而知，我们只能从考古学发现和文献记载中，寻找人类与之相遇并协同演化的痕迹。

考古学发现和文献记载是相互映衬的两个方面。文献记载是考证或辨析遗留古迹及文物的重要依据，解析文献是高效发现历史遗留古迹及文物的有效途径；遗留古迹及文物则是文献记载的实物证明，实物的断代测定为文献记载的历史提供了更为精确的时间概念。李济先生对安阳殷墟遗址的考古发掘就是一个典型的案例[100-104]。

在考古学发现和文献记载中，已释义的“蚕”“桑”和“丝”等甲骨文字符与祭祀文化的相关性较强，各种类似蚕纹的陶器或骨器、蚕或蛹形饰物及丝织饰品出土数量较多，桑和丝织物在社交礼仪、祭祀求神等社会生活的不同场景中频繁出现。栽桑养蚕相关技术及蚕丝服用的文献记载和考古发现的记录时间明显较迟，由此可以推测蚕桑文化的起始早于栽桑养蚕业的起始。

与栽桑养蚕起始相关的考古发现非常多，但最为典型的代表还是甲骨文字符、"半颗茧壳"和钱山漾遗址三个重要的考古发现。虽然甲骨文字符未能明示栽桑与养蚕起始相关，但毋庸置疑此期人类已与桑和蚕相遇，这也暗示了蚕桑文化的起始与文字起始同步或比之更早。出土于新石器时代的"半颗茧壳"，是第一个考证养蚕的历史文物。钱山漾遗址出土的绢片（绸片）、丝带和丝线等丝织物虽是养蚕相关的间接物证，但足以证实养蚕起始时间为4750年±100年前。从蚕茧养成到抽丝纺织，即使在今天也不是一个简单的技术过程，5000年前的人类处于知识、工具及材料等贫乏条件下，从蚕茧到纺织花费的时间远远长于今天。钱山漾遗址的绢片（绸片）、福建武夷山白岩崖的平纹烟色丝绢、河南荥阳青台遗址的浅绛色罗和江西靖安李洲坳300多件纺织品（织锦等蚕丝及麻类）等考古发现，以及文献中对祭祀等各种仪式中不同类型丝织物的大量描述和与丝织物相关的官府贡赋要求等都印证：栽桑养蚕起始于5000年前黄河流域和长江流域等中华大地的不同区域，或栽桑养蚕为多中心起始。

《管子·山权数》《尚书·禹贡》和《孟子·尽心章句上》等古文中，有关官府重视养蚕技术和教喻百姓养蚕，以及各地不同丝织物的贡赋要求等的记载，则反映了栽桑养蚕在当时社会生活中的普及程度和重要地位。

3.3.3 栽桑养蚕技术

栽桑养蚕技术的发展是在社会经济结构变迁、自然环境与气候演变，以及自然科学与人文思想萌发中形成和进步的，也是栽桑养蚕业发展的基础。

在社会经济结构方面，大约1万年前，人类从旧石器时代跨入新石器时代，农业革命让人类的生产方式从"采集-游牧"逐渐转变为"种植-畜养"模式，获取的食物等资源种类更加丰富，劳动更加高效。人类社会从原始社会进入奴隶社会。伴随着农业革命，人类生产力水平大幅提高，生活方式从流浪迁徙转为定居安生。随着人口的大量增加而出现种族和新的经济文化单元，手工业和加工业等非农产业形成。5000年前，农业革命持续发展，人口不断增加，村落向城镇或邦国演变，阶级分化、社会分裂，令人无限神往的平等社会消失，人的社会关系从血缘关系转为纳贡关系或统治者与被统治者关系。群落社会边界的扩张和资源欲望的膨胀导致战争发生频率不断增加，社会制度进入封建社会。人类通过认知革命从动物群体中脱颖而出，在经历新石器时代晚期的繁荣后进入青铜器时代，犁、轮车、畜力、风力、冶金和舟船制作等技术得到发展。在古典文明（公元前1000—500年）后期（轴心时代），希腊、罗马、印度和中华文明成为世界文明的核心，不仅农业得到了很好的发展，手工业和商业也日趋发达，不同地域文明间的商业贸易和文化交流日趋频繁，社会经济和制度结构日趋复杂，技术、经济和社会制度等文明要素间的相互作用和影响日趋明显。在中华文明中，记载大量农业及栽桑养蚕技术相关内容的文献较早成文于西周，并在其后不断繁荣。

在自然环境及气候方面，约1万年前，第四纪大冰期结束并进入间冰期。间冰期的基本特征是气候总体向暖，但在较大时间尺度上冷暖波动依然存在，具有不同地理、地质和地貌特征的区域在小时间尺度上存在明显差异。各区域原始农业发展的至高境界和较好自然环境的形成，为农业革命的发生提供了基础条件。距今8500—4500年的大西洋期（Atlantic）是全新世期间温度最高、海平面最高、降雨量最多的时期，四大古文明也诞生于此时期，该时期也被称为“黄金时代”[8,146]。在大西洋期后，多次降温和季风减弱，大暖期结束而进入亚北方期（Sub-Boreal，距今4500—2000年）。持续干旱，暴雨和洪水泛滥，各文明都举行祈雨的祭祀仪式，给人类带来毁灭性打击和不可泯灭记忆的大洪水就发生在该时期。中国的“大禹治水”和“女娲补天”、西方的“诺亚方舟”及印度的“摩奴之舟”，从不同侧面反映了该时期气候和自然环境对人类文明和农业生产的影响，中国的历史文献中也记载了大量持续干旱和洪水泛滥等自然灾害。因此，亚北方期也被称为人类文明的灾害期。亚大西洋期（Sub-Atlantic，2000年前至今），气候以温暖潮湿为主要特征，人类从四大古文明演变为古典文明，并在公元元年前后达到新的繁荣，农业技术和生产力达到更高的水平。自然环境及气候的演变，对人类文明的繁荣和衰落，以及王朝更迭的影响是显而易见的。在人类认识、适应和改造自然的能力十分有限的古代，特别是对至今依然严重受制于自然环境的农业生产而言，自然环境及气候演变对农业生产和技术发展具有重大的影响。根据文献记载进行的物候学研究表明：春秋和秦汉时期黄河流域的气候比现在更为温和。成文于西汉初的《淮南子·天文训》记载了“二十四节气”适宜区域从黄河流域演变为长江流域，也是一个很好的例证。在公元后，中国不同区域都经历了冷暖交替的气候演变，但总体趋冷[147-148]。在辨析文献中记载的栽桑养蚕区域变化和技术发展时，充分考虑自然环境及气候演变的大背景也是十分必要的基础。

与公元前栽桑养蚕技术相关的证据主要来自文献记载（不包括成文于公元后典籍的记载或描述），直接描述栽桑养蚕技术的文献更为稀少。在东周战国时期，人们根据年度气候变化确定栽桑养蚕相关农事作业（《礼记·月令》），对不同栽培作物或果树的适宜土壤及栽培收益等做出评价，给出了适宜桑树栽培的土壤建议（《管子·地员》）。在西汉晚期，人们采用种子进行桑树繁育，对桑树种子获取与筛选、土壤选择、栽培密度和田间管理等技术过程已有原则性描述，并提出了叶蚕平衡的技术性概念（《氾胜之书》）。东汉时期的史书较为完整地描述了在不同气候条件下，蚕室蚕具准备、家蚕孵化、桑椹成熟、大蚕盛食、上蔟和抽丝纺织的技术过程。这些描述直接表明，桑树人工栽培、桑树有性繁殖、家蚕室内饲养和蚕丝服用等技术在当时已经形成。此外，“卫尉前上蚕法”的定义性描述暗示了多种养蚕法的存在，叶蚕平衡等技术的存在暗示了在区域内蚕种的供应处于充足状态，《管子·山权数》对养蚕病害控制重要性的描述暗示了病害防控意识和技术的存在[142]，但都未见明确或详细的文献记载。

蚕桑文化同步于中华文明诞生或比之更早出现，在其演变出栽桑养蚕业的过程中，社会经济结构和制度、自然环境和气候，以及自然科学与人文思想等影响必然十分重要。从考古学和文献记载辨析，依据养蚕直接相关事物推测,5000年前栽桑养蚕业已经形成的概率并不高;从丝织物的发现推测,栽桑养蚕的历史不止5000年,可能在更早的时期已经出现。但在秦汉时期,中国的栽桑养蚕业已有广泛的地域分布、相当的社会经济地位和技术发展水平。

第4章　认知演化

人类古文明诞生于新石器时代。在经历青铜器时代和进入铁器时代后，由于游牧民部落不断地军事入侵，古巴比伦、古埃及和古印度文明相继崩溃和隐匿，中华文明则在华夏大地生生不息而延续繁荣。在人类普遍进入铁器时代后，农业生产效率和生产力水平得到进一步提高，人类认识和利用自然的能力逐渐提高，并形成了以希腊-罗马文明、印度文明和中华文明为代表的古典文明。虽然在不断演化中人类认识和利用自然的能力逐步提高，但在面对自身的生老病死和各种自然现象，特别是灾害时，显得非常的柔弱和无奈。面对未知世界，人类求知自身和自然规律的欲望生生不息。正是由于这种内生求知动力，经过商业贸易、文化交流等过程，欧亚大陆出现整体化发展的社会趋势，人类进入认知思维和各种文化思想灿若星辰的古典文明时代。人类在认知不断演化的过程中，对自然和世界的利用能力不断增强，栽桑养蚕业的起始及发展也是这种演化的一种表征。

4.1　早期认知

人类在史前已经遍布全球，我们对史前的认知主要来源于考古学的发现，西班牙阿尔塔米拉和法国拉斯科岩洞中的壁画（公元前2万—前1万年）、中国河南舞阳贾湖遗址的观象台（公元前6000年）、英国伦敦的巨石阵（公元前4000—前2000年），以及各种遗址和墓葬中大量出土的工具、器皿或装饰物等都显示了人类使用和制作工具、维持群居的社会关系及编制神话等认知世界的能力。我们也可以从考古发现的遗存物中推测人类的行为方式，但无法深刻理解人类除生物学以外的传承脉络，只能获得一些支离破碎的具象或带有神话色彩的意象。

从旧石器时代到新石器时代，人类制作和使用工具、维持社会关系及认知世界的能力进一步提高，出现了古巴比伦、古埃及、古印度和中国四大文明古国（公元前 3500—前 1000 年）。大量考古发现表明，除了人类制作工具的能力和生产力水平大幅提高外，可传承的各种社会关系、秩序或制度等也大量出现。文字及其书写作为人类文明的重要特征，在推动生产力和社会发展中发挥了重要作用，是人类思想演化的载体。古埃及的埃伯斯草纸书（约公元前 1500 年）是与医学相关的考古发现；大量的水利灌溉遗迹和生产工具遗物与农业生产直接相关；巨石阵和金字塔等大型遗迹与建筑工程和天文观察有关，甲骨文也记载有日食和月食、殷末周初的二十八星宿等天文知识；古巴比伦的《汉穆拉比法典》（约公元前 1700 年）则记载了大量农业生产、医学、建筑学和社会关系与秩序的综合性知识。人类在面对自然灾害和发生的不确定事件时感到无力，对自然、物体和鬼神的崇拜逐渐形成；在维持群体秩序方面，则出现了图腾和祖先崇拜等形而上的意识。在古文明时代，人类出于好奇，对“物之本质”的探求进程明显加快，人类与动物的生物学差异（直立、大脑重量、头盖骨形状等形态学和生理学的不同）持续扩大。人类在从本能到技能的能力提升过程和从群体到联合体、共同体或统一体的社会关系形成过程中，展现出相关思想和精神的独特性。古文明时代也是人类认知演化中的第一次飞跃。

4.2　自然哲学

从史前到古代文明，再进入古典文明（公元前 1000—500 年）时代，在工具制作和使用方面则从新石器时代经历青铜器时代，再逐渐进入铁器时代，在欧亚大陆 3 个不同的地域出现了以希腊–罗马文明、印度文明和中华文明三大文明为代表的古典文明。

在古希腊，泰勒斯（约公元前624—前546年）不仅在天文和数学观察中取得大量的成就，而且提出了“水生万物，万物复归于水”的思考性认识。毕达哥拉斯（约公元前580—前500年）提出“万物皆数”和“理念与共相”的宇宙观及人之存在的论述，并开创了演绎逻辑思维。赫拉克利特（约公元前540—前480年）在《论自然》中阐述了“万物生自火，复归于火”“万物皆流”的物之本质、对立统一和变化规律的逻各斯思想。苏格拉底（公元前469—前399年）以逻辑辩论的方式启发思想、揭露矛盾，以辩证思维的方法深入事物的本质，将精神与物质分化，唯心论与唯物论分离，对“人之存在”和社会伦理与秩序的认知更加深刻，将神界定为完美与至善的化身。柏拉图（公元前427—前347年）在组成万物的四元素（水、火、气和土）基础上增加了“以太”元素，并以几何的形式进行表述，认为世界万物的不同在于元素的数量差异，有一个灵魂充溢在万物所处的宇宙之中，世界由人类感官所及的现实世界与真实永恒的理念世界组成。柏拉图创建了客观唯心主义体系，在理念论和逻辑学方面也做出了重要贡献。亚里士多德（公元前384—前322年）对自然本质和人类认知等问题进行了广泛的研究和论述，因“三段论”成为形式逻辑学的奠基人，而逻辑学作为重要的方法论在人类认知世界及自然科学研究中被广泛应用和不断改进。在形而上、客观唯心、理性和逻辑等思想繁荣时，通过巴门尼德的“不变的基本粒子”、留基伯和德谟克利特的“原子论”，欧几里得的《几何原本》及阿基米德的百科式研究成果等可知，大量数学、天文学、生物学和物理学的“胚胎”逐渐形成[3,8,146,149-152]。

在中国，老子（公元前571—前471年）将“道”作为天地万物存在的本原与本体，是“道”缔造、成就了天地万物，并提出“道法自然”和“无为而无不为”的天道理论（人类应该尊重自然并与之和谐相处）和辩证思想。孔子（公元前551—前479年）虽然自称“述而不作”，但后人对其“游文于六经之中，留意于仁义之际”的评价，表明了孔子不仅在传承古人的思想上被后世称颂，在对自然（天道）、人际关系（人道）和认识论等方面都有自己的观点和论述，但其主体和核心思想还是关于社会秩序和个人的仁义忠恕与知命，集其思想之大成的《论语》也成为儒家的经典。墨翟(约公元前468—前376年)师从儒者,反对儒家维护传统文化的思想,提出“非命”“兼爱”和“非攻”等观点,在认识论和逻辑学方面虽然与儒学相似,但在“名和实”“知和故”和“效和法”等领域的发展形成了系统的自然哲学思想,并显示了朴素的唯物主义观点,其“辩学”与古希腊的逻辑学和古印度的“因明学”并列为“三大逻辑体系”。《墨经》(《墨子》中的六篇)论述了大量有关数学、天文学、物理学和光学等的认知,孕育了自然科学的重要“胚胎”。杨朱(公元前395—前335年)和庄子(公元前369—前286年)、孟子(公元前372—前289年)和荀子(公元前313—前238年)等分别传承先知的思想,形成了影响世界的道家、儒家和墨家思想体系,成为特定历史时期的显学。此外,名家的惠子(约公元前370—前310年)和公孙龙(约公元前320—前250年)、阴阳家邹衍(约公元前305—前240年,提出“五行”“易传”和“月令”等宇宙论相关思想),以及集法家之大成者韩非(约公元前280—前233年)等一大批思想家的理论,形成了中国独特且丰富灿烂的哲学思想体系[8,146,152-154]。

在古印度,雅利安人入侵印度河流域并集中定居,对该区域社会发展和文明演进产生了重要的影响。吠陀时代(约公元前700年)结束后,印度教在综合区域内各种宗教、民间信仰、风俗习惯和哲学思想的基础上形成了庞杂的思想体系,与印度多数社会人群的社会制度、宇宙观、宗教和人际关系息息相关的“种姓制度”也同期成形。在抵御住波斯和马其顿(亚历山大大帝)的入侵后,印度出现了第一个帝国——孔雀王朝(约公元前324—前185年),帝国在阿育王时期(公元前303—前232年)达到顶峰,印度教得到弘扬,但孔雀王朝溃灭后的500年内印度社会一片混乱。在古印度区域,外族侵略频繁,受西方影响较大。宗教的多样化和“诸法无我、诸行无常、诸行是苦、涅槃寂静、以戒为归”的自然与人的认识论,以及“因明学”的逻辑方法论,对社会和科技的发展及文明的演化,都产生了独特的影响[8,146,152]。

在世界人口流动和文化交流十分有限的状态下,不同地域在同期(古典文明时期)独立出现大量堪称圣贤和智者的哲学家或思想家,因此这个时代也被称为“轴心时代”。不少学者对思想高度繁荣的“轴心时代”的起因有过大量研究，结论无疑与古文明诞生与发展的基础性、生产力发展水平的有限性，以及人类对“物之存在”和“人之存在”迫切认知的共同性有关。“轴心时代”形成的自然哲学思想不仅影响了国家建成、政治起源和经济发展等与社会秩序相关的发展，也直接影响了科学和技术发展的路径和状态。不同地域产生的自然哲学思想的差异性，在文明演化的多样性中同样产生了深刻的影响[8,146,154]。

4.3 科技胚芽

在今天，虽然哲学、自然科学和技术都有基本范畴，但三者之间并无清晰的界限，三者间的紧密相关更是文明演化的精神脉络。在古典文明时期，人类自身生物学演化、不同区域生产力发展水平和社会秩序基本相似的背景下，对“物之存在”和“人之存在”的迫切求知，物质与精神、现象与本质、知识与认知、因与果、善与恶、真与假及和谐与冲突等问题的提出与思辨，以及对空间、时间和运动等现象的关注与思考，使得人类的辩证思维也得到了很大的发展。哲学逐渐演化成思考人与自然关系的自然哲学、人与人关系的社会哲学，以及个人或人类在宇宙中位置的人生哲学。在不同的时间和空间尺度上，不同哲学思想对科学和技术的影响是不同的，其中自然哲学对科学和技术的影响更为直接或作用更大；社会哲学和人生哲学对科学和技术的影响相对间接，但作用更为深刻和久远。

古典文明时期出现的自然哲学或精神思想，虽然有许多相似性，但三个不同地域的地理、气候和土壤等农业生产基础条件不同，或有自然资源差异，不同地域的手工业、商贸的类别和方式等生产力发展及经济发展状态也有所不同，由此导致的生产力发展、人口增加、部落或城邦建设等社会秩序方面的差异性，决定了三个不同地域出现的自然哲学思想的差异性。这种差异性主要体现在对“人与自然”“人与人”和“人与神”三种关系关注的执着程度。国家的成长、政治的演变和经济的发展等与社会秩序相关的演变结果或形态，对思想的演变同样有重要甚至决定性的影响。例如，柏拉图的阿卡米德学院和孔子的私塾等教育据点都是传播思想的重要途径。希腊-罗马(西方)的教育据点在相当长的历史时期以私学为主的形式存在;而中国秦始皇的“焚书坑儒”和汉武帝的“罢黜百家,独尊儒术”的国家行为和官学的兴起,使思想的多元化程度明显下降。在中国,“人与人”关系等与社会秩序相关的思想突出发展,也促使秦始皇建立了世界上第一个统一的中央集权制国家。哲学思想、生产力和经济发展、社会秩序与自然环境是一个相互作用、相互影响和互为因果的混合体。不同地域自然哲学的演化方式和形态差异,对科技胚芽的形成和发展也产生了不同的影响。人们也许很难发现这种影响在早期栽桑养蚕业技术上留下的痕迹。但在科技革命发生后,自然哲学对栽桑养蚕业技术的影响显然是巨大的。

古典文明时期既是自然哲学繁荣发达的时期,也是自然哲学与自然科学出现分离的起始阶段,在不同地域形成了自然哲学及后续发展的差异,这种差异对不同区域自然科学的发展也产生了不同的影响。此外,印度教、琐罗亚斯德教(祆教)、佛教和基督教等宗教体系逐渐产生,商贸和人文交流日趋频繁,不同区域的哲学和人文思想差异更为明显,形成了自身独特的文化内核和文明特征,科技的发展道路和形态也呈现了明显的差异。

第二篇　漫漫丝路

德国地质地理学家费迪南德·冯·李希霍芬（Ferdinand von Richthofen）在1868—1872年，对中国进行了7次地质考察，涉足中国14个行省。在经历漫长的游历和考察后，他对中国的山脉、气候、人口、经济、交通和矿产等有了深入了解，除了提出著名的"黄土成因说"之外，还将公元前114年到公元127年间，中国与中亚（乌兹别克斯坦的撒马尔罕等）、欧洲间以丝绸商贸为主的西域交通路线称为丝绸之路（The Silk Road）。如果说李希霍芬命名的丝绸之路是西方最初了解中华文明的主要路径，那么以丝绸命名这条商贸和文明交流的路径，不仅反映了栽桑养蚕业在中国社会经济中的地位与规模，也反映了西方世界对丝绸产品的喜好与需求。

在中国清朝以前的封建王朝时期，欧亚大陆相继出现过早期的罗马帝国（公元前27—284年）、孔雀王朝（公元前324—前187年）、安息帝国（公元前247—224年）、西罗马帝国（公元前27—395年）、东罗马帝国（395—1453年）、笈多王朝（320—540年）、萨珊王朝（224—651年）、阿拉伯帝国（632—1258年）、萨非王朝（1502—1736年）、莫卧儿帝国（1526—1857年）、奥地利帝国（1804—1918年）、奥斯曼帝国（1299—1923年）等多个国家。不同王朝或帝国在时间和地理界线等方面存在复杂的交叉重叠，同时其文明（宗教、民族和技术等）冲突和交流也十分广泛和复杂。在这种复杂的社会变迁和演变中，商贸交流成为一种重要的文明交流方式，香料、瓷器、茶叶、工艺品、玉石及战马等商品一直具有相当大的贸易规模，甚至包括农作物和畜禽品种等的相互引进和扩繁。丝绸贸易是其中最有中国特色的贸易品类。在商贸过程中，语言和文化等的交流，对世界的影响则更为广泛和深远。即使在国际化和全球化发展的今天，丝绸之路依然具有深刻的影响。

第5章　秦汉栽桑养蚕业

公元前221年至公元220年是中国的秦汉时期。在世界大背景下，该时期正是人类从古代文明向古典文明转变与快速发展的时期，欧亚大陆向整体化方向发展，希腊-罗马文明、印度文明和中华文明三大文明组成了古典文明的主体。秦孝公时期的商鞅变法（公元前356—前350年），实施废井田、重农桑、奖军功、统一度量衡和建立去人格化的区域治理制度等措施，使秦国逐渐演变和发展为世界上首个具有现代意义的国家雏形，并在公元前221年建成中国历史上第一个大一统国家。

在技术方面，公元前2000多年的小亚细亚发明了冶铁技术，欧洲和中国分别在公元前600年和公元前500年左右出现冶铁和工具制作技术。铁器在农具或农业生产中的广泛应用，使生产率得到大幅度提高，粮食等农产品产生剩余，各类工具获得发展，人类活动和文明核心区域的范围不断扩大，更适合于农业生产的区域被不断发现，也为不同区域文明间的贸易和交流提供了基础。

春秋战国时期，中国社会由奴隶制发展到封建制，经历思想和学术繁荣后，天文学、数学、农学、医学和哲学等领域的成果为技术发展奠定了重要的基础。秦朝在高度集权和专制的统治机制下，推行了文字、度量衡等一系列制度的统一，进一步促进了技术的快速发展、广泛传播和深度交流。战国末期建造的都江堰水利工程，开凿的大量运河和水渠，秦汉时期冶铁技术的快速发展和铁器在农业上的广泛应用，这些都极大地促进了中国社会经济和农业生产的高速发展。

5.1 丝路起始与发展

最早记载丝路的典籍成书于先秦。西晋时期，河南汲县战国魏襄王墓葬被盗，一大批重要文化典籍(竹简)被发现。其中《穆天子传》记载了周穆王(约公元前1000年)率七萃之士，从宗周(洛阳)出发，过黄河，越太行山，经河套，向西穿越甘肃和青海等，达西王母之邦。"吉日甲子，天子宾于西王母。乃执白圭玄璧以见西王母。好献锦组百纯，□组三百纯。西王母再拜受之。"这表明在周穆王西行之旅中丝绸作为华贵的礼品被用于与西域之邦的交换。《穆天子传》记载的相关地名、人物和故事，在《左传》和《史记》等重要史书中都有描述。《史记·货殖列传》记载："乌氏倮畜牧，及众，斥卖，求奇缯物，间献遗戎王。戎王什倍其偿，与之畜，畜至用谷量马牛。秦始皇帝令倮比封君，以时与列臣朝请。"不仅体现了秦朝时期政府对贸易的重视，也反映了中原与西域商贸物品中包括了丝绸产品。在新疆阿拉沟和吐鲁番等地的考古发掘中，发现的丝织物及制造技术都佐证了先秦和秦朝中原蚕丝产品在西域交流中的广泛存在[84,155-158]。

经历"文景之治"，汉朝社会和政治制度高度统一和集权，在"轻徭薄赋、与民休息、劝课农桑"等政策实施后，经济文化飞速发展。张骞出使西域正是该背景下发生的事件。在内部安定繁荣的基础上，汉武帝开始向外拓展，其中面对北方匈奴的侵扰问题，从亲和政策转为和平和军事双重推进的政策，由此外交途径成为重要手段，张骞两度出使西域是其重要的代表性事件。张骞在建元二年(公元前139年)第一次出使西域，在前往大月氏国途中，被匈奴俘获并拘押了11年后，逃出匈奴地区继续向西行进，绕过楼兰(现新疆若羌罗布泊的西北角)，经车师(现新疆吐鲁番西北)、焉耆(现新疆塔里木盆地焉耆回族自治县附近)、龟兹(现新疆轮台、库车、沙雅、拜城、阿克苏和新和)、疏勒等地，翻越葱岭(帕米尔高原)，经大宛(现乌兹别克斯坦费尔干纳盆地)和康居(现新疆北部、乌兹别克斯坦和塔吉克斯坦等中亚区域)，到达大月氏(现乌兹别克斯坦南部和阿富汗北部等中亚地域)旅居1年有余；

又从葱岭，沿塔里木盆地南侧，途经莎车、于阗（现新疆和田）、鄯善（现新疆若羌等地），返回长安，其间曾被匈奴再次俘获奴役1年。从出发时的100余人，历经13年回到长安时仅剩张骞和甘父两人。此行是史书记载的首次官方主动性东西交流，也被称为“凿空西域之行”，在东西方交流历史上留下了深远的影响。首次西域之行后，汉武帝派遣张骞协助李广、霍去病和卫青征战匈奴并发挥了重要的作用。元狩四年（公元前119年）张骞再度受命于汉武帝，率300人的使团，携千万金币、丝绸和牛羊等物品出使乌孙（现甘肃敦煌祁连区域），以及与当时的大宛（费尔干纳盆地区域）、康居、大月氏、大夏（现阿富汗阿姆河流域）和安息（现幼发拉底河与阿姆河间地区）等国邦进行了友好的交流，扩大了汉朝在西域的影响。其中，丝绸产品深受西域人民欢迎和爱好，成了文化交流的重要载体。张骞的两度西行，在《史记·大宛列传》《汉书·西域传》《汉书·张骞传》《汉书·地理志》和《后汉书·南蛮西南夷传》中都有描述。“张骞通西域”（巡行丝路）的汉砖和唐朝初年绘制于敦煌莫高窟第323窟的彩色壁画“张骞出使西域图”，则是考古发现的重要代表[142,159-170]。

在世界背景中，古希腊文明从米诺斯文明和迈锡尼文明演化而来。在经历希波战争（公元前5世纪）后，雅典、斯巴达和马其顿等城邦组成古希腊，经济和科技快速发展，文化高度繁荣，最终马其顿城邦的亚历山大大帝荡平波斯帝国（公元前330年）及周边城邦，建立了当时国土面积最大的帝国（西起希腊，东至印度）。在公元前5世纪，波斯王国已修筑了从萨迪斯（现土耳其伊兹密尔）直达尼尼微（现伊拉克摩苏尔对岸），再向南折向抵达巴比伦（现伊拉克巴格达以南），并向东南延伸至波斯波利斯（现伊朗扎格罗斯山区），或折向西北至埃克巴坦那（现伊朗哈马丹）的便利交通网。古希腊在不同时期形成了不同的城邦联盟，但不同城邦间的征战从未停息。公元前9世纪古罗马文明起源于亚平宁半岛（意大利半岛）中部。在经历罗马王政时代（公元前753—前509年）后，罗马人征服和统一了亚平宁半岛，罗马从城邦联盟制转为贵族团体主导的罗马共和国制（公元前509—前27年）。在经历维爱伊战争、萨莫奈战争、希腊战争和三次布匿战争后，罗马共和国形成了恺撒、庞培和克拉苏的“三头同盟”，成为一个环地中海的多元民族，宗教、语言、文化和经济空前繁荣的大国,但区域内的战争依然此起彼伏。在经历斯巴达克的奴隶起义(公元前73—前71年)后,屋大维建立罗马帝国(公元前27年),进入了社会相对稳定、经济繁荣的历史阶段。在疆域上,以地中海为中心,形成了跨越欧亚非三大洲的约500万平方公里的大型帝国。在最后一位“五贤帝”马可·奥勒留(公元121—180年)后,罗马帝国的黄金时代结束。孔雀王朝(公元前324—前185年)鼎盛时期的疆域北起喜马拉雅山南麓,南至迈索尔,东起阿萨姆西界,西至兴都库什山脉的南亚次大陆,共400万平方公里。阿育王后的孔雀王朝由盛至衰,进入了历时约500年的战乱和外族入侵时期。来自欧洲的希腊人、西南亚高原山区的安息人和中亚游牧部族的大月氏相继入侵和统治了孔雀王朝的原有疆域。不同历史时期,不同生态和地理区域的部落、城邦、王国或帝国在自身生产和生活的发展中,人文交流和商贸来往日趋频繁,不断发生的战争也促进了欧亚的整体化发展,人文、商贸和交通等得到快速发展[8,171-173]。

根据考古发现和文献记载,在秦汉期间中国与西域间有多分支路径的贸易路线。该贸易路线由东向西大致可分为东段、中段和西段。东段主要在中国境内,利用渡船和架桥等,穿越黄河等大小河流,翻越六盘山和祁连山等大小山脉和山岭,从长安向西北方向发展。中段以敦煌一带为分支区域,取道塔里木盆地南北两侧,分为南北两道。北道出玉门关,经吐鲁番、龟兹和阿克苏等地,到疏勒后经大宛等地翻越帕米尔高原;南道出玉门关,经楼兰、且末和莎车等地,在疏勒或木鹿城与北道汇合,翻越帕米尔高原向西延伸。西段是在塔里木盆地西或偏西侧多地出现分支,通过亚欧非的多条交通路线大体向西延伸至大秦(古罗马)。在该历史时期,西段区域内部落民族和政治势力错综复杂,政权频繁更迭。在西段,有翻越帕米尔高原后向阿富汗喀布尔方向发展的路线,有南下向印度发展的路线,有经巴格达和大马士革到贝鲁特再向西发展的路线,有经塔什干和撒马尔罕等地向西发展的路线(图5-1)。总之,秦汉时期,尽管人类制作交通工具和开拓交通路线的能力十分有限,但各地域间的交通路线因商贸和战争的需求,已具备了相当的发展水平。蚕丝产品因经济价值和部分人群的热衷,成为国内戍边将士和守土官员的重要奖励物品，也是中国与丝路沿途地域进行物资贸易的优选品类[84,155-156,170-177]。

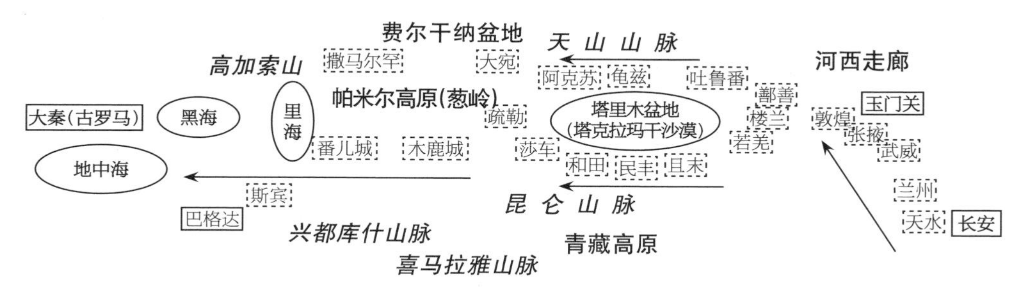

图5-1　秦汉西域丝绸之路路线简图

注：右侧箭头示意东段，中间箭头（分南北两道）示意中段，左侧箭头示意西段。

以丝绸之路冠名的东西方文化交流，在表象上主要体现为交通路线和贸易物品，但内涵则表征了丰富的文化或多彩的意象。在欧亚大陆及部分非洲区域的整体化发展中，交通网络的形成是其基础的物质条件。秦朝开通了以咸阳为中心通往全国的大量驰道（《汉书·贾山传》记载秦“为驰道于天下，东穷燕齐，南极吴楚，江湖之上，濒海之观毕至”）并统一了车道，在邗沟和鸿沟等人工河道的基础上，又开凿了灵渠、阳渠和漕渠等大量人工河道，形成了相当发达的水陆交通网络。汉承秦制，在提高疆域内交通的同时，向西域和南亚方向不断开拓新的交通路线，不仅为扩展疆域的战争，也为商贸业的繁荣提供了有利条件。在贸易物品方面，丝绸、茶叶和瓷器等由中国向西方输出，马匹、玉石、皮毛、珠宝和香料，以及葡萄和胡蒜等农作物品种则输入中国[156,174-178]。

5.2　丝路文物与历史文献

成书于先秦的区域地理历史文献《尚书·禹贡》和在西汉成文的《史记·货殖列传》对我国黄河流域广泛的栽桑养蚕已有记载。有关秦汉时期的栽桑养蚕、丝绸纺织及人物事件的历史文物十分丰富，蒋猷龙先生的《浙江认知的中国蚕丝业文化》和赵丰先生的《中国丝绸通史》不仅进行了详尽的文字描述，还提供了精美的图片实证。秦汉时期的栽桑养蚕相关实物相对较少，但对劳动生产场景描述的汉砖有所遗留和保存。蚕的饰品（鎏金蚕、铜蚕、玉蚕和玉蛹等)、敦煌莫高窟张骞出使西域辞别汉武帝的壁画、各种反映秦汉时期蚕丝文化的石画像和作品等大量遗存。考古发现最为丰富的当属丝织物及纺织相关用具,其中最具影响力的考古发现应该是1972—1974年发掘的湖南长沙马王堆汉墓[84,155,179-183]。

马王堆汉墓是西汉初期长沙王丞相、轪候利苍及其家族的墓葬,除了发现"东方睡美人"的完整古尸外,还出土了葬具、帛画和帛书、蚕丝织物、遗策和医书简牍、兵器、乐器、漆器、木俑、竹笥及各类随葬品等。一号墓出土完整的衣服、鞋袜和手套等40余件,带刺绣的枕头、香囊和包袱等20余件,整幅及不成幅的蚕丝织品50余件,包括了汉代蚕丝织品的大部分种类,其中的"素纱禅衣"更是名闻天下。从出土丝织品的丰富多样和绚丽多彩,以及多种纺织工具或器械的发现,可见汉代的蚕丝纺织、染色、印花等加工技术已经非常发达。西汉临淄(今山东省淄博市临淄区)和东阿(今山东省聊城市东阿县),东汉亢父(今山东省济宁市任城区)、怀县(今河南省焦作市武陟县)、曲阜(今山东省济宁市)、陈留(今河南省开封市祥符区)、襄邑(今河南省睢县)、成都锦江(今四川省成都市锦江区)等地域已逐渐成为我国蚕丝纺织中心[84,155,179-188]。

在新疆的民丰尼雅、且末扎滚鲁克、尉犁营盘和楼兰鄯善,以及甘肃武威磨咀子等西域丝路沿线的多个地域,考古发现大量蚕丝织物和相关文物,不仅证实了栽桑养蚕和蚕丝产品在秦汉时期已具有一定的生产规模和技术水平,也表现了蚕丝织物在东西方商业贸易、文化交流及外交政治中的重要地位[159,161-163]。秦汉时期,与栽桑养蚕直接相关的史书主要包括西汉初司马迁的《史记》、东汉初班固的《汉书》和南朝范晔的《后汉书》等,这些通史或断代史虽然以重要历史人物和事件的描述为主,但其中也涉及了一些历史时期的政权在推动栽桑养蚕业发展方面的政策性举措。通过这些史书记载或文学描述,虽然无法明确当时栽桑养蚕的生产规模和技术水平,但结合蚕丝织物和相关用具的考古发现,可以推测:秦汉时期黄河流域的山东、河南和山西等地及长江上游的四川已是我国栽桑养蚕的主要产区;长江下游的江苏、浙江和安徽,以及河北、甘肃、内蒙古和海南等地也有栽桑养蚕的发展。在部分区域,栽桑养蚕已发展为最重要的经济作物[84,189-190]。

5.3　产业形成与社会发展

在考古发现和文献记载中,秦汉时期蚕丝产品的生产技术水平已经高度发达,蚕丝因服饰用途十分广泛而成为社会的重要需求或经济动力,由此可以推断秦汉时期我国的栽桑养蚕已以重要农业产业的形态出现。栽桑养蚕以产业的形态出现,地理和气候环境是最为基础的条件,除受技术整体发展氛围和国家统治的政经制度等影响外,人类思维方式和人文思想的演进对产业、技术发展的影响更为长远。

5.3.1　古希腊与古罗马的农业与科技

古希腊时代,亚里士多德(公元前384—前322年)等将自然哲学与经验知识融合,基于大量观察的思辨和猜测层出不穷。欧几里得(约公元前330—前275年)将古希腊和古埃及积累的几何知识与土地测量的实践相结合,通过严格的逻辑证明形成《几何原本》,其严密的抽象逻辑体系对后世的自然科学发展产生了深远的影响。阿基米德(公元前287—前212年)将数学研究与力学相结合,发明了行星仪、测角仪、滑轮起重机和螺旋提水器等,对杠杆原理和浮力定律等展开了讨论和实验。在天文学方面,托勒密(约90—168年)将亚里士多德提出的"地心说"体系化,对宇宙科学产生了深远的影响;在医学方面,盖伦(129—199年)对动物解剖学的发展和医学理论体系的构建,使其成为继"医学之父"希波克拉底之后的第二个"医圣"。此外,维特鲁威的《建筑十书》、塞尔苏斯的《医术》和普林尼的《自然史》等都在不同领域的科技发展中做出了重要的历史性贡献。但农业技术方面的文献记载相对较少,加图的《农业志》(公元前160年)是罗马共和国时期的一部描述奴隶制大庄园的综合性农书,内容涉及农业技术、农事管理、农产品加工和贸易、农业生产关系、土地所有制、奴隶制和阶级关系等。在农业技术和农事管理方面,《农业志》描述了葡萄、苹果、石榴和梨等果树,小麦和大麦等粮食作物,豌豆、蚕豆和萝卜等蔬菜,橄榄、橡树和柳树等经济林,以及牛、羊、猪和家禽等畜禽的基本生产过程,不同农作物的土壤选择、间作、轮作、开挖沟渠、除草施肥和苗圃建设,以及部分农作物的品种或种类选择等。其中记载了无花果、苹果、橄榄、梨和葡萄等农作物的嫁接繁殖技术,面包、油饼、酿酒和榨油等食品的加工技术,内容十分丰富。此外,维吉尔的《农事诗》(公元前29年)对田野生产场景、农民生活和工作进行了描述,涉及谷物、葡萄、畜牧和养蜂的一些情况,更多体现了教喻的农业生产[3,191-192]。

5.3.2 秦汉时期的农业与科技

秦汉时期,国家的高度集权和专制体制有利于集中人力、物力和财力以实施大规模道路、水利和建筑工程,大大促进了国家基础建设的科技需求。生铁铸造、柔化退火、多管鼓风、炼钢和淬火等冶炼技术的发展,在大型工程实施和农业生产中发挥了重要的推动作用。从秦朝使用《颛顼历》到西汉《太初历》的完成颁行(公元前104年司马迁倡导并参与制定,施行了189年),历法精度大幅提高,对天文学发展产生重大影响。将二十四节气纳入《太初历》,则为农业生产提供了农事管理的时间基准。张衡(78—139年)发明浑天仪、地动仪和瑞轮蓂荚等结构复杂而精致的机械装置,在算术、天文学和地理学等领域产生了重大影响。公元1世纪左右,张苍和耿寿昌总结前人的数学成就,增补和整理完成了数学专著《九章算术》。《九章算术》是一部综合性著作,在分数、负数和加减运算等方面有着突出贡献,在唐宋时期是国家规定的算术教科书。蔡伦改进造纸术制成的“蔡侯纸”(105年),对人类文化传播和文明进步做出了杰出贡献而被列为中国古代“四大发明”之一。许慎的《说文解字》(100年)通过对汉字演化的系统分析,成为汉语言承前启后的重要基石,不仅在语言学上具有重要价值,在科技和文明的传播中也具有重要作用。在农业生产技术方面,主要有“五谷”(稻、黍、稷、麦和菽)、“六畜”(马、牛、羊、鸡、狗和猪)、桑麻、蔬菜、果树和经济林等的生产技术。大量水利工程的建成,不仅带来交通上的便捷,也为农田的灌溉等农业生产需求提供保障;冶铁技术的发展和铁制农具的广泛应用,为新农田开垦、农田连作和复种等农业发展奠定基础，提高了劳动生产效率。秦汉时期，深耕细作、耕耨结合、合理密植、施肥灌水和用养兼顾等农事管理和高产技术已具相当水平。与同期的罗马共和国和罗马帝国相较，总体上封建制中国的农业生产技术和经济水平更为发达，粮食作物、蔬菜和桑麻等种植业的生产技术相对先进。当然，地理、气候和土壤等条件的不同，对不同地域农业结构的影响也是明显的。在园艺生产技术和农产品加工贸易方面，仍处于奴隶制的古罗马还是具有诸多先进之处。在遗存的成文于秦汉时期的中国历史文献中，尽管与农业技术相关的仅有西汉的《氾胜之书》和东汉的《四民月令》的辑佚本，但许多转述散佚文献的后世典籍中记载了大量当时的农业政策、知识和技术等相关内容，且有不少出土文物的印证[84，189-190，193-197]。

5.3.3 秦汉时期的栽桑养蚕技术

在西汉晚期的《氾胜之书》和东汉崔寔的《四民月令》中已有栽桑养蚕相关技术的记载。《氾胜之书》中记载："种桑法，五月取椹著水中，即以手溃之，以水灌洗，取子阴干。治肥田十亩，荒田久不耕者尤善，好耕治之。每亩以黍、椹子各三升合种之。黍、桑当俱生，锄之，桑令稀疏调适。黍熟获之。桑生正与黍高平，因以利镰摩地刈之，曝令燥；后有风调，放火烧之，常逆风起火。桑至春生。一亩食三箔蚕。"《四民月令》中记载："清明节，命蚕妾治蚕室，涂隙、穴，具槌、杼、箔、笼……谷雨中，蚕毕生，乃同妇子，以勤其事，无或务地，以乱本业。""桑葚赤，可种大豆。""四月立夏节后，蚕大食。""蚕入蔟，时雨降。""茧既入蔟，趣缲，剖绵，具机杼，敬经络。""六月……命女红织缣缚……收缣缚"……这些简短的文字描述表明：从栽桑养蚕到缫丝纺织的生产流程已有明确的时间规定；桑树采用杂交桑，桑树栽培涉及取种、播种、密度、肥培、灌溉和间作等技术方法；养蚕中叶蚕平衡、蚕室和各类蚕具准备、上蔟和后续加工及专注养蚕的重要性等[143]。

秦汉时期栽桑养蚕技术背景中，自然气候、地理和生态条件无疑是产业诞生或发展的基础，但国家在基础建设上的快速发展，无疑为整个农业产业的技术和生产力水平的提高提供了良好的条件。秦汉时期的不同阶段，栽桑养蚕的社会经济地位都有不同程度的呈现，蚕丝织品是贡品及税赋的重要品类之一，甚至在黄金为上币、铜钱为下币的货币大势下，也可作为货币的替代品。除粮食和盐铁等重要物资外，“农桑”的重要经济地位决定了后世留存的栽桑养蚕历史文化非常丰富。在不断改进夏周时期以来税赋制度的基础上，秦朝建立了以全局性上计制度和区域性仓储制度为主，中央集权的财政体系，汉朝基本沿袭了秦朝的体系。但在“君王-官僚-百姓”的利益平衡中，不同时期的财政处于不同状态，“生产-基建-战争”的重点不同对财政的影响也明显不同。总体上秦朝实施了宽松型财政，汉朝采用了紧缩型财政。从财政体系的不同类型而言，汉朝的体系更有利于农业和栽桑养蚕业的发展，栽桑养蚕业的发展则为丝绸之路和贸易奠定了重要的基础[198-199]。

在影响国家治理和经济运行的重要体系中，人文思想体系的主导性具有明显的作用。虽然人文思想体系的演变在短期内对技术的发展不会产生广泛和明显的影响，但对技术体系整体性和系统性演变的影响是非常深刻的，这种影响是更大时间尺度上的影响。先秦时期“诸子百家”各有千秋和侧重，对当时的社会发展和后世都产生了不同的影响。秦孝公重用商鞅实施变法（公元前356—前350年），秦始皇“焚书坑儒”（公元前213—前212年）以法治国，法家思想成为秦朝的主流思想学派。汉初，以儒家为主、法家为辅的“德表法里”与道家的“黄老之学”思想成为主流。汉武帝策问董仲舒后，实施“罢黜百家，独尊儒术”（公元前134年）的治国方略。这种人文思想主导性和多样性的演变，无疑对我国科学技术和栽桑养蚕技术的演变和发展产生了不同程度的影响。与秦汉时期同为“轴心时代”的欧洲，出现了亚里士多德、柏拉图和苏格拉底等一大批哲学家和思想家，并出版了大量的著作。西汉末期，佛教通过丝绸之路传入中国，并逐渐从上层社会扩散到民间[146，149，152，200]。

秦汉时期是世界文化思想达到一个新巅峰的繁荣时代，各种自然哲学和宗教信仰等人文思想诞生和演化，使人类对世界的认知能力得到飞跃性发展，对不同生产技术或产业的发展产生了深远的影响。同时，丝绸之路等贸易活动以及战争的发生与部落的迁移等人类活动，对起源于不同地域的人文思想间的交流和文明演化产生了重要的影响[201-208]。

第6章　汉末唐初栽桑养蚕业

汉末唐初（东汉末年至唐初），中国、希腊-罗马及古印度区域内政体交错、战争不断，是不同文明交叉融合、多元发展的时期，也是希腊-罗马和古印度逐渐从奴隶制向封建制转换的时期。

东汉末年到魏晋南北朝，社会动荡。虽有区域性经济繁荣及民生安定的时期，但维持时间短，以黄河流域为主的各区域战争不断，导致人口向南迁徙。公元581年，隋文帝杨坚定都大兴（今陕西省西安市），建立隋朝，开创了“开皇之治”的良好开端，但社会稳定和经济发展局面为时不久。公元618年，李渊定都长安（今陕西省西安市），建立唐朝。东汉末年到唐初的400多年是中国历史上战乱频繁的时期，各种政体和经济政策交错呈现，经济和产业发展大起大落，社会动荡和民生凋敝是其常态。

公元180年，马可·奥勒留去世，罗马帝国的时代结束，进入纷争不断、内乱频繁的历史时期。戴克里先结束“三世纪危机”（235—284年）而统一罗马，并废除元首制，建立高度集权的君主制政权。君士坦丁一世和李锡尼在公元313年发布“米兰敕令”，确认基督教的合法地位。戴克里先的“四帝共治”在一定程度上给这个庞大的帝国带来了社会稳定、经济繁荣，但好景不长。公元395年，罗马帝国分解为东、西罗马，基督教也随之分裂为西派教会（天主教）和东派教会（东正教），宗教出现繁盛发展趋势。奥古斯丁（354—430年）用新柏拉图主义论证基督教教义，把神学和哲学结合起来，强调信仰之重，忽视了人类认识自然的理性。神学与哲学的逐渐分离，不仅对人类认知自然,而且对中世纪的社会政治也产生了深刻影响。在技术停滞不前、生产率低下和经济衰落等内忧,匈人、汪达尔人和日耳曼人等外患侵扰下,公元476年西罗马帝国分裂消亡,整个欧洲进入史称的中世纪。东罗马帝国虽然以维持疆土、收复失地为基调,但在与波斯人、斯拉夫人和保加尔人等外族的战争中,其疆土除原有的巴尔干半岛、小亚细亚、叙利亚、巴勒斯坦、埃及、美索不达米亚及外高加索的一部分,还曾拓展到北非以西、意大利和西班牙东南部及法兰克王国等。东罗马帝国延续了10个多世纪。

公元320年,旃陀罗笈多一世结束近500年的小国纷争,统一北印度建立了高度中央集权的笈多王朝,笈多王朝在旃陀罗笈多二世时达到极盛。笈多王朝是印度社会制度从奴隶制向封建制转换的时期,种姓制度逐渐固化,印度教兴起,大乘佛教盛行,但宗教的多元化程度很高,文化呈现高度繁荣景象。笈多王朝虽为北印度帝国,但宗教、文化和经济等的影响也覆盖了几乎整个印度半岛及更多的区域。公元567年,在萨珊波斯人和突厥人的入侵下,笈多王朝覆灭,印度再次进入诸多小国不断纷争的时期。

6.1 丝路的多元化发展

在汉末唐初时期,中国和西域都处于纷争不断、战争连绵和政权交替十分频繁的时期,战争对生产、商贸和社会经济发展的破坏性是显而易见的,但在道路和交通路线的开拓,以及民族和文化间的交流方面也有积极的影响。

汉末唐初时期,由于河西走廊区域中原与匈奴或突厥间的战争,西域丝绸之路(图6-1)与秦汉时期(图5-1)略有不同。在丝路东段,出现偏西发展再北上,北上经由吐谷浑或吐鲁番的路线。在丝路中段,出现了沿天山北麓,经乌鲁木齐和伊犁,入俄罗斯和古罗马的交通路线(或称新北道)。新疆吐鲁番阿斯塔那古墓群(273—772年,高昌王国)、昭苏波马古城和尉犁营盘遗址(公元前300—400年,乌孙国)及青海都兰热水墓群(313—842年)的考古发掘中,发现了大量蚕丝织物,如阿斯塔那出土的"共命鸟"红绢刺绣残片等。丝路中段的3条主线中,最早开拓的北道(后也称中道)在汉末唐初时期则相对没落[84,155-156,209-219]。

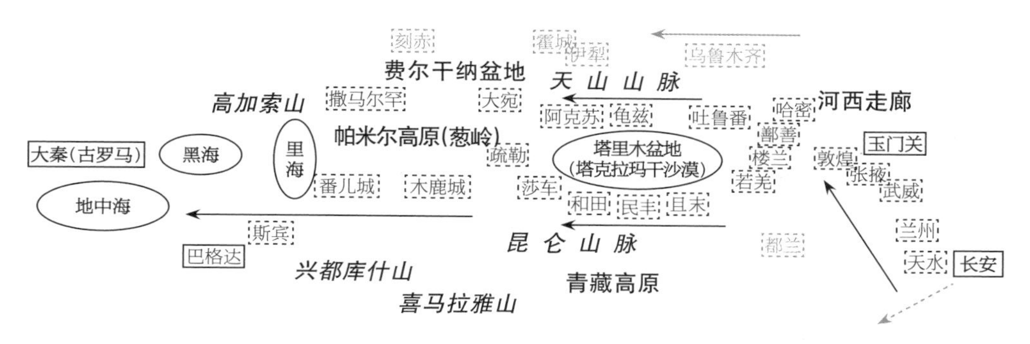

图6-1　汉末唐初期间西域丝绸之路路线简图

注：右侧箭头示意东段，中间箭头（分南北中三道）示意中段，左侧箭头示意西段。

战国时期已有从西安至成都的“秦蜀古道”，由成都再向西南经宜宾、昭通、威宁、曲靖、昆明和大理的五尺道，或经邛崃、雅安、荥经、汉源、西昌、大姚和大理的灵关道，两者在大理汇合，经永平、保山和腾冲（永昌道），入缅甸，经印度（身毒）和阿富汗（大夏），再连通西域或向南发展。张骞在西域发现从我国西南进入西域的商品（邛竹杖和蜀布）而认识该交通路线，在朝廷的重视下该路线得到更好的疏通而成为西南丝路（陕康藏茶马古道或蹚古道）。在西南丝路的大方向中，还有更多不同地域间相对较小的交通路线，它们在贸易和人员交往中发挥作用。西南丝路上的考古发现很少，一方面与该区域的地理气候较之西域丝路更难使史料得到长久保存有关，另一方面该路线的贸易物品中蚕丝产品的数量相对较少，该贸易和人文交流路线的有关描述更多来源于历史文献[84,155-156,220]。

海上丝路形成于秦汉时期。汉朝船队从广西合浦出南海前往东南亚、印度或其他海外国家。三国、两晋时期中国与日本的交往中，互有蚕丝产品的交流及养蚕相关技术和人员的交流。在交通路线上，主要通过陆路进入朝鲜半岛，从半岛西岸离港南行后，再东行登陆日本（东方海上丝路）。黄武五年（226年），吴国孙权派人出使扶南（柬埔寨）和克拉地峡（泰国）等东南亚国家，并开展了印度洋航线的贸易，经非洲东北部的厄立特里亚通往大秦（古罗马），形成南方海上丝路。南北朝到隋朝期间，从广州和交州（今广东、广西大部、越南北部和中部）的港口出发，航向东南亚和印度洋附近国家及古罗马的交通线逐渐发达，蚕丝产品（绢、绫和锦）、漆器和铁器等是商贸交换的主要品类[84，155-156，220-227]。

汉末唐初期间是继西域丝路后，西南丝路和海上丝路都达到较高水平的时期。从丝路沿线的考古发现和文献记载中都可发现中外和各民族间物品的交换和文化的交流，在中国的许多墓葬中都可发现来自西域各地的物品（钱币、珠宝和陶器等）。在新疆尉犁营盘遗址、吐鲁番阿斯塔那古墓群、昭苏波马古城遗址、甘肃敦煌佛爷庙及青海都兰热水墓群等出土的蚕丝织物图案中，除了传统的龙、凤和双角兽等表现中原文化的图案外，还出现了珍禽异兽（孔雀、骆驼和狮等）、异域植物（忍冬、莲花及小团花等）和异域风情场景的各种图案[84，155-156，212，217-228]。大量的出土文物和文献记载体现和证实了在汉末唐初时期中原和西域文化的交流和地域间的民族融合，在这种文化大交流和大融合的背景下，也必然发生了人文思想和生产技术领域的广泛交流。汉末唐初时期的战乱和社会动荡，给民生带来极大困难，主张君臣之道和才德为先的儒家思想在维持社会和政治次序中的作用弱化。“无为而治”和“万物自生”的道家思想得以复兴，但此时的道家与早期的“黄老之学”已有较大的不同，形成了旁通儒家等思想的玄学或“新道家”思想体系。此外，道家思想与输入中国的佛教思想发生融合而形成“中国佛学”，佛教在中国开始大范围传播。这些思想或宗教对慰藉战乱中民众的心灵和维持社会稳定无疑有积极作用。玄学在思维方法学上辨名析理，关注“天人感应”的形而上宇宙观，较之儒家思想对自然与人的关系更为关注[153-154]。

6.2 栽桑养蚕业分布与扩展

汉末唐初是一个战争不断、社会秩序急剧动荡的历史时期，直至隋朝建立大一统国家而取得社会的相对稳定。隋朝将秦汉时期开凿的小运河与大江大河相连接，建成了以洛阳为中心，北达北京（永济渠），南至江苏及杭州（通济渠）的大运河，以及潼关至长安（今西安）的广通渠。当时的水路运输纵贯华北平原，西达西北，东及东南沿海，使交通和物资流动大为便捷，有效促进了流经区域的经济发展。隋朝时全国范围虽然处于动荡时期，但部分区域相对稳定，栽桑养蚕因区域政权的重视而得到很好的发展，总体上栽桑养蚕较之秦汉期间的分布更为广泛。黄淮流域的战争发生次数和激烈程度相对较大，导致人口南迁，栽桑养蚕技术也随之向较低纬度的长江流域等南方区域转移，东南沿海流域的栽桑养蚕业得到了较大的发展[229-232]。

三国时期，曹操统一中国北方地区，实行户调制，兴修水利、奖励农桑发展。从《魏都赋》"锦绣襄邑，罗绮朝歌。绵纩房子，缣总清河"可看出当时栽桑养蚕业的繁荣景象。蜀汉的诸葛亮在云南动员"务农桑"，在云南、贵州和广西分别诞生了"诸葛锦""武侯锦""诸葛侗锦"和"壮锦"等丝绸品类，可见栽桑养蚕及丝织业的发展。吴国地处长江下游，其与日本就蚕丝产品、养蚕人员和技术等方面的交流在有关东方海上丝路的史料中多有记载，左思《吴都赋》中有东吴国"泉室潜织而卷绡"和"乡贡八蚕之锦"等身着蚕丝服饰和使用蚕丝产品的场景描述[84,220]。

西晋时期，晋武帝将丝税纳入户调。河北中山（今定州）、赵郡和常山（今石家庄附近）以蚕丝产品为纳税物品，可见该区域栽桑养蚕业的发展。其余区域桑麻并植，可用布代纳。文献中亦有西晋蜀地"桑梓接连"的栽培场景描述，以及成都王李雄（274—334年）和梁武陵王萧纪（508—553年）在今四川区域发展养蚕业并获取税赋的记载。"八王之乱"（291—306年）和"永嘉之乱"（311年）后，中国北方进入"五胡十六国"的混战时期。司马睿迁都建康（南京，公元311年），开创南方相对稳定的东晋王朝（317—420年）。十六国（304—439年）和南北朝（420—589年）时期，河北和河南区域都有军队和百姓以桑葚充饥，可见此期桑树栽培的广泛程度。北魏（386—534年）采用均田制鼓励栽桑养蚕，在短期内所辖区域的栽桑养蚕业得到了较好的发展，栽桑养蚕区域涉及河北（冀州、定州和相州）、天津、北京、河南省北部、辽宁及内蒙古部分地区。河南和山东等地，尽管战争连绵不断，王朝更迭频繁，但各种王朝对栽桑养蚕业的发展及税赋来源依然十分重视。东晋王朝建立后，中原人口向南方大量迁移，是中国历史上的第一次"衣冠南渡"。南朝

（420—589年）的宋、齐、梁和陈相继以南京为都，在汇聚蚕丝加工业和栽桑养蚕业的人才与技术，以及扩大栽桑养蚕业规模等方面都有积极的影响。当时安徽、湖北、江苏、浙江和江西等地所属政权，大力发展栽桑养蚕和丝织业，以及实行促进养蚕业发展的鼓励性政策[84,233-234]。

隋朝（581—618年）结束了自西晋末年以来中国长达近300年的分裂局面，实现王朝的大一统。在延续北魏均田制的基础上，隋朝前期主要休养生息，大兴水利，发展农桑，广设粮仓，鼓励手工业和商业发展，社会经济一度高度繁荣。与日本交流中，“遣隋使”不仅体现了中国与日本间以佛教为主题的文化交流，还体现了两者在蚕丝产品和栽桑养蚕及丝织技术等方面的交流，以及其他商业贸易的广泛交流。但好景不长，由于内外举措上过度消耗国力及自然灾害的发生，隋朝很快陷入危机和走向灭亡[84,235-236]。

汉末唐初时期，世界各地的战争和政权更迭无疑给社会经济的发展和民生带来的更多的是负面影响，但在促进不同地域间的人员、文化和技术交流等方面也有积极的影响。以古罗马为代表，宗教文化开始兴起。佛教随丝路进入中国后与本地文化融合而进入兴盛发展阶段。中国文学史上也诞生了曹植、阮籍和陶渊明等大家。汉末唐初时期的社会动荡、人口迁移和多政权中心，在一定程度上促进了栽桑养蚕分布的扩散化。虽然该时期中国的栽桑养蚕依然以黄河中下游流域的黄淮平原和长江中上游流域的川蜀为中心，但长江中下游流域的栽桑养蚕注入了诸多有利的发展因素并为后期的发展奠定了重要基础。另一方面，该时期气候的变化[冷（270—350年）—暖—冷（450—530年）—暖]及自然灾害的频繁发生不仅对政权更迭和民生产生影响，也很可能对栽桑养蚕的分布产生影响[147-148,237-240]。

丝绸在公元前通过贸易出现在欧洲，作为奢侈品受到贵族阶层的欢迎，罗马成为蚕丝织品的大宗消费地。通过贸易直接获取蚕丝织品的同时，由于文化和风俗的差异，欧洲本土逐渐发展出丝织业，并在达到一定规模后出现协调商贸的行会，因此蚕丝也成为除蚕丝织品外的重要贸易物品。在交通十分困难和丝路沿途战争不断的状态下，蚕丝和蚕丝织品的稀缺商品特征更加明显。在查士丁尼王朝时期，东罗马帝国对外从陆路和海路两个方向绕过波斯来寻找廉价的生丝供应路线，对内加大丝织业的全面垄断；另一方面，则开始尝试发展纺丝及栽桑养蚕技术。从“丝绸西销导致罗马帝国经济衰落”之说，可见以罗马为中心的欧洲区域在纺纱、织造图案设计和染色等技术领域的发展和生产能力提高的同时，对生产原料（蚕丝或蚕茧）的需求十分迫切，但栽桑养蚕的生产能力及规模十分有限[84,155-156,241-244]。

6.3　栽桑养蚕技术体系

汉末唐初时期，在自然认知和技术发明领域，出现了丢番图（数学家，创立代数）、刘徽（数学家，发明割圆术）、希帕蒂娅（数学家）、祖冲之（数学家）、马钧（机械发明家）和贾思勰（农学家）等众多杰出的科学家和发明家。中国古代最负盛名的机械发明家马钧发明了新式织绫机、指南车、龙骨水车和轮转式发石机等机械，新式织绫机在提高绫（提花丝织品）的生产功能和效率上发挥了巨大的作用，促进了丝织业的发展。汉末唐初时期，锦、绫、绮、纱、罗和縠等丝织品类已十分丰富。不仅织造技术有了很大的发展，练染（异域来源的植物染料、绞缬和蜡缬方法）等后续加工技术也不断提高。贾思勰在收集大量农业相关典籍和农谚歌谣的基础上，结合实际生产经验（包括个人实践经验），通过系统整理和分析总结而著成《齐民要术》（约成书于公元533—544年）。《齐民要术》是我国现存最早的一部完整的综合性农书，是对秦汉以来黄河流域耕田、谷物、蔬菜、果树、养蚕、畜产，以及农产品加工等领域农业科技成果的巨大集成。在10卷92篇中，卷五的种桑柘篇介绍了栽桑养蚕及加工利用等内容，这些描述不仅证实了我国秦汉时期栽桑养蚕业的兴起，也表明东魏时期栽桑养蚕技术体系已经初步形成。该书对顺应自然、主观能动、以粮为基、鼓励加工、经济核算等农业生产和经营的思想也有适当的陈述[50,84,155-156,191,245-247]。

6.3.1　桑树繁育、栽培与管理技术

《齐民要术》记载的桑树品种有山桑、楱桑、地桑、荆桑和鲁桑等，虽然这

些桑品种的名称不等同于现代桑品种的概念，但桑树品种性状间的差别和利用上的差异已被充分发现。桑树（桑苗）的繁育方法有两种：①通过收集桑椹的桑籽进行繁育，包括桑椹种子的选择（五月“收黑鲁椹”）和处理（“即日以水淘取子，晒燥”“以水灌洗，取子阴干”），该方法也是现在收集桑籽的基本方法。②采用压条法，该方法较之取椹繁育的方法更为快捷（“大都种椹，长迟，不如压枝之速”），压条法至今在部分蚕区的桑园补栽或繁桑中仍有使用。作畦栽桑，畦间灌水，时常除草。桑苗成活后，次年春（正月或二月）移栽，并保持一定密度（“五尺一根”）以便犁耕为度。栽后两年不得采叶与截枝，待手臂粗后，在春季定植，密度为“十步一树”，以树冠不相连为度，以便桑株间种植的绿豆等生长。

在桑园肥培管理方面，可以用小锄去除浮根并施与蚕粪；或绕桑树“一步”距离种植芜菁，收获芜菁叶后放猪啃食芜菁根，且可使桑地松软，较之犁耕更佳。桑树间也可间作小米和豆等农作物，调和土地软熟。在桑叶采摘方面，春季采叶要使用足够高的梯子，多人采摘，尽快采毕；采摘时间以清晨和傍晚为佳，避免日中采叶，叶质不佳；采摘要快，枝条上的叶子要采光，避免侧枝太多；枝条要复原，以便保持树型。秋季采叶的采叶量要适度，以采摘枝条叶子较多部位的桑叶为佳，避免过多采摘而损伤枝条。秋季修枝（斫）要避免日中实施，以防枝条枯死；适度增加修枝量，可以提高来年春季的发条数而使桑树茂盛。冬季修枝（剥桑）的时间以十二月为佳，次为一月，二月为下，即以流出树液较少为佳（“白汁出，则损叶”）；修枝程度根据每棵桑树的生长情况而定，多枝多修，少枝少修；一日中全天都可实施修枝。从桑树基本管理的过程可见，当时栽培的桑树为经过一定筛选的杂交品种，树型养成为高干乔木桑，一年中以春秋饲养两季蚕为主，部分地区仅饲养春蚕。此外，《齐民要术》中还描述了柘树叶养蚕，且所养蚕获得的蚕丝可用作琴瑟等乐器之弦。

在桑树利用方面，可采摘桑椹，快速干燥后保存，以备荒年粮食不足之时充饥；桑枝细韧，柘枝挺直，可作为木材，分别用于武器弓臂、牛车和各类家用工具等。根据不同桑枝用途，采用不同的栽培方法。

6.3.2 养蚕及蚕种繁育技术

《齐民要术》记载一年中可饲养的蚕种有蚖珍蚕、柘蚕、蚖蚕、爱珍、爱蚕、寒珍、四出蚕和寒蚕(结茧从三月至十月)。从一年中不同世代的结茧时间推测,蚖珍蚕是全年最早饲养的蚕种,柘蚕应该是柘树(较之桑树发育较迟)叶饲养的一季蚕;"蚖""珍"和"爱"是一年中不同的世代次序,蚖蚕蚕种来自蚖珍蚕,爱珍和爱蚕蚕种也来自蚖珍蚕,但蚕种经过冷藏处理;爱珍的饲养时间为夏、秋季,生产效率较低;寒珍为第三世代,四出蚕和寒蚕为第四代。各类蚕种的孵化期为7~8天,由此可以推测,使用的蚕种为多化性蚕品种,但该描述引自《永嘉记》[永嘉地处南方蚕区温州(北纬27°~28°)]。越南(日南,北纬8°~23°)蚕区,一年则可饲养8次蚕,但茧质不佳("茧软而薄")。在黄河流域蚕区,虽一年可饲养2次,但出于对桑树的保护("王者法禁之,为其残桑也")、第二次养蚕效率较差和宗教迷信("禁再蚕者,为伤马也")等,一般一年饲养一次,即主要饲养一化性蚕品种。种茧应选择营茧于中层的蚕茧("收取种茧,必取居簇中者")。蚕种越冬需要清洗("夫人浴种于川")、冷藏("若外水下卵,则冷气少,不能折其出势"),准备阴暗和适度干燥通气("欲得荫树下。亦有泥器口三七日""二七赤豆安器底,腊月桑柴二七枚,以麻卵纸")的环境条件,否则次年孵化和饲养情况不佳("虽出不成也")。饲养家蚕的眠性有三眠("三变而后消")和四眠("三卧一生蚕,四卧再生蚕"),催青时间为7天,幼虫的龄期经过为21天。

蚕室应修建在河边;蚕室四周墙壁开窗,糊纸;在冬季做好防鼠工作("冬以腊月鼠断尾……制断鼠虫"),养蚕前("三月清明节")应整理蚕室,涂塞缝隙和洞穴;准备养蚕用具,如蚕箔(曲)、蚕架(植或槌)、桑笼(筥)和桑筐(筐)等。收蚁时要使用"毛"而非"荻",避免蚁蚕受伤;对于小蚕,要适当用火炉加温,蚕室加温要均匀("火若在一处,则冷热不均"),但不能过燥而使桑叶干瘪;小蚕用叶要采好叶,不采露水叶("蚕小,不用见露气""蚕,阳物,大恶水"),并具一定温度("著怀中令暖"),切碎后喂饲;喂饲桑叶时应开窗见光("每饲蚕,卷窗帏,饲讫还下。蚕见明则食,食多则生长")。小蚕放在蚕架的中层饲养,待其长大后再扩散到上层和下层饲养。上蔟时,先放一层薄秸秆(“薪”)于蚕箔,将熟蚕散放其上,再覆上一层秸秆,一个蚕架放十个蚕箔。或使用各类秸秆,将其做成各种形态,悬挂于蚕室的栋或梁上,再将熟蚕放于其上,该方法的优点在于死蚕自行坠落,不会污染其他好茧(“死蚕旋坠,无污茧之患;沙叶不住,无瘢痕之疵”)。上蔟时需要适当加温(“薪下微生炭,以暖之……热则去火”)。用盐杀死茧中蚕蛹较之暴晒杀蛹获得的蚕茧更利于缫丝且品质更佳(“易缫而丝肕”)。

6.3.3 与养蚕技术相关的科学观察和发现

从《齐民要术》对栽桑养蚕全过程的描述,可以断定该期的栽桑养蚕业已具备了“桑种—繁苗—定植—用叶—肥培—修枝—蚕种—收蚁—饲养—上蔟”的完整过程。在描述栽桑养蚕的完整生产过程中,获得了诸多的科学发现,如:桑树为雌雄异株(“桑辨有椹”)植物、不同蚕种或蚕的各种生物学表征(“白头蚕、颉石蚕……灰儿蚕……”)、蚕卵产下后有“生种”和“越年种”之分(“七日不复剖生,至明年方生耳”),以及饲料、气候和环境对养蚕的影响(如“小食荆桑,中与鲁桑,则有裂腹之患也”“欲知蚕善恶,常以三月三日,天阴如无日,不见雨,蚕大善”“老时值雨者,则坏茧”)。

从贾思勰《齐民要术》所描述的栽桑养蚕技术体系而言,该时期以杂交桑为主,但已发现了不同桑品种的养蚕结果不同,并开展了一定程度的桑品种筛选;桑树树型养成高干树型,并稀植,利用采叶、修枝、施用蚕粪和套作绿肥植物及犁耕等提高桑叶产量;使用的蚕品种以多化性为主,利用家蚕所产蚕卵具有即刻孵化(无滞育性卵)和越年孵化(滞育性卵)两种类型,以及柘树与桑树生长和采叶时间的不同,进行一年多批次养蚕和蚕种保存;养蚕和上蔟都需要注意温度,养蚕喂叶时适度见光与通风,以及采用以秸秆为蔟具材质的不同上蔟方法。诸多方法或做法,在今天部分中国栽桑养蚕区域仍有沿用[50,245-247]。

第7章　唐宋栽桑养蚕业

公元618—1279年是中国唐朝建立至南宋瓦解的历史时期。该时期也是欧洲君主制东罗马帝国（395—1453年）由强转弱，中东伊斯兰教复兴和阿拉伯半岛统一及阿拔斯王朝灭亡的时期（阿拉伯帝国，632—1258年）。三大区域的疆域边界不断交错变迁，宗教分裂和文化融合同步演变的多元发展十分明显。前半场，社会和经济稳定、繁荣；后半场，都有各自纷乱的困扰。该时期也是欧亚非文明进一步多元化和整体化发展的时期。

隋朝末年，多地发生农民起义，617年太原留守李渊乘机起兵，攻克长安（今陕西西安）。次年隋亡，李渊在关中称帝，国号“唐”，建都长安。唐代前期国势强盛。唐疆域初年南部同隋，北部在7世纪后半叶极盛时北界包有今贝加尔湖和叶尼塞河上游，西北曾到达里海，东北曾到达日本海。其后时有变动，至安史之乱后丧失过半：阴山、燕山以北为回纥控制，陇山、岷山以西为吐蕃所占，大渡河以南为南诏所据。唐末政治腐败，赋役繁重。874年爆发农民大起义，多地藩镇割据，907年为后梁朱温所灭。五代十国的分裂局面直至宋朝才结束。960年赵匡胤代后周称帝，国号“宋”，定都开封（今河南开封）。宋疆域东、南到海，北以今天津海河、河北霸州、山西雁门关一线与辽接界；西北以陕西横山、甘肃东部、青海湟水流域与西夏、吐蕃接界；西南以岷山、大渡河与吐蕃、大理接界；以广西与越南接界。1127年金兵攻入开封，史称此前为“北宋”。1128年赵构在南京（今河南商丘市南）称帝。后建都临安（今浙江杭州），史称此后为“南宋”。南宋时北以淮河、秦岭与金接界，东南、西南同北宋。1276年，南宋为元所灭。宋亡后，端宗、帝昺在闽广建立流亡政权，至1279年，亦为元所灭。

唐朝总体上是一个大一统的国家，虽有“武周代唐”和“安史之乱”，但外患影响较小；宋朝则是一个中原或南方相对稳定的时期，但不断与北方的辽、西夏、金及蒙（或元）等外患进行军事抗争的时期。唐宋时期是区域间思想文化、风俗习惯和生产技术等广泛交融的时期。唐宋两朝都是中央集权、百官分权和等级明晰的官僚社会，经济上以均田制为基本，总体轻徭薄税。宋朝重文轻武的策略是其外患不断、疆域相对较小，而经济远超唐朝的原因。唐朝“投牒自试”和“程文定去留”的科举制度日臻完善，对社会公平、人才培养和选拔产生了积极影响。唐宋时期也是中国人文思想和文化多样性高度发达的时期。唐始至宋，从黄老之学和玄学为主，逐渐转为儒家的礼治伦理为主干，儒佛道多元发展的状态；宋朝的儒家进一步融合了佛家和道教的思想形成了“新儒家”（理学）；伊斯兰教（回教）和基督教（景教）等宗教进入，各种宗教间也发生着不同程度或形式的融合，虽然在不同时期不同宗教的社会地位不同，但其影响绵延久长。此期，日本的大化改新（646年）促进了日本社会由奴隶制向封建制的演变，镰仓幕府（1192年）开启了日本长达近700年的“武家政治”体系。

7世纪初阿拉伯帝国兴起后，东罗马帝国丧失了叙利亚、巴勒斯坦、埃及等地。7—11世纪间，逐渐完成其封建化过程。11世纪的欧洲，城市复兴，家庭手工业（毛纺等）快速发展，并出现了商品生产，应运而生的手工业和商业行会等社会组织在城市经济发展中呈现重要作用。1204年第四次十字军东征时，东罗马帝国为拉丁帝国取代，虽于1261年复国，但帝国领土日削，国势衰落。在交通与贸易上，“波斯湾—叙利亚”“红海—印度洋”和“黑海—里海—咸海”是其主要的交通（包括战争给养）和商贸线路，不同时期由于战争而利用情况不同，但海上交通的发展逐渐显现优势。

在阿拉伯半岛，伊斯兰教创始人穆罕默德统一阿拉伯半岛大部。第一任哈里发艾卜·伯克尔统治时期（632—634年），整个半岛归于统一，随即阿拉伯人开始向外扩张。阿拉伯贵族打着与异教徒进行“圣战”的旗号，迄公元8

世纪中叶，征服了西亚、中亚、印度河流域、北非及伊比利亚半岛等地，形成横跨亚、非、欧三洲的大帝国。伊斯兰教也随之广泛传布。8世纪中叶至9世纪中叶，为阿拉伯帝国鼎盛时期，经济发达，文化繁荣，对东西方文化交流有重要贡献。后阶级矛盾和民族矛盾日益尖锐，地方势力割据称雄，甚至自立朝廷。10世纪中叶后，哈里发的领地只限于巴格达及其近畿一带。1055年塞尔柱突厥人占领巴格达，解除哈里发的世俗权，仅保留其伊斯兰教领袖地位。1258年蒙古人攻陷巴格达，阿拉伯帝国灭亡。

7.1 栽桑养蚕技术的输出

唐宋期间，中国栽桑养蚕业和丝织业已相当发达，蚕丝品类和贡赋名目浩繁[84,155-156]。秦汉时期凿通灵渠，连接了湘江和漓江，实现了南方从水路直通西部；隋朝开凿、唐朝进一步完善的隋唐大运河，以洛阳为中心，北达涿郡（今北京），东及杭州（宁波），连接多条河流和大量的湖泊，贯通黄河、长江、钱塘江、淮河和海河五大水系，形成了东西南北互通的水上交通网络，运输能力日趋增强。唐朝张九龄主持开凿大庾岭道而贯通了江西与广东，由此南北东西的主干水陆运输更为通达。唐朝贾耽的《海内华夷图》则记载了营州入安东道、登州海行入高丽渤海道、夏州塞外通大同云中道、中受降城入回鹘道、安西入西域道、安南通天竺道和广州通海夷道等交通路线。宋朝北部疆域的南移，以及与辽、西夏、吐蕃和回鹘等政权间的交往使贸易更为复杂和多元化。唐宋时期也是交通网络加速嬗变的时期[248-253]。在交通道路和工具的发展方面，同期其他帝国或地域陆路交通不断发展的同时，海运或航运明显快速发展。中国战国时期已有利用磁石极性制作的磁性指向器——指南针（称“司南”），在11世纪末指南针被用于航海[254]。指南针和造船中水密隔舱技术的应用等都大大促进了航海业的发展和海上丝路的兴盛[255]。

在国内交通日趋发达的同时，海外贸易和航海运输日趋频繁，海事管理和对外贸易的税赋征收机构逐渐由地方转变为朝廷直接控制。唐高宗显庆六年（661年），广州设立市舶使，总管海事、征取关税和港口管理。宋朝河港和海港多达百余，市舶使升格为市舶司，登州、明州（宁波）、泉州、杭州、密州和温州等地相继设立市舶司，形成了系统的海事、贸易和征税的管理系统，市舶司成为国家的重要机构。港口及所处城市日趋繁荣，水陆联运的发达交通、贸易集散的繁荣市场，以及开放社会的人文交流等，不仅显示了海上丝路在唐宋时期的重要社会和经济地位，也从交通上暗示了蚕丝产品或栽桑养蚕相关物品向外输出的可能性[84，155-156，256-259]。

怛罗斯战役（751年）中被俘的杜环，在西域12年游历13个古国（今中亚、西亚及非洲），记录了大量有关历史、地理、物产和各民族的习俗，对地中海和波斯湾的商贸场景、医疗技术，以及大量被俘的中国绫绢织工、金银匠和画匠等都有描述。杜环从波斯湾坐商船，途经印度洋回到广州，其游历记载的地域范围远远超过东汉班超属吏甘英出使西域，也显示了唐朝时期的世界交通已经有了很大的发展，丝路密度大幅提高，这种密度的提高影响的不仅是蚕丝织物、瓷器和金银饰品等实物的商贸，更包括宗教和风俗人情等人文思想的交往。广东阳江海域发现的“南海一号”沉船中有19000余套主要产自南方各地的瓷器及大型铁器，海南西沙群岛发现的“华光礁一号”沉船中有主要产自福建和江西民窑的7000余件基本完整的陶瓷器及铁器，其年代考证都为南宋时期。此外，大量南宋时期的古沉船及文物的发现都表明当时海上丝路的高度发达和中国与西域及东南亚的广泛交流[84，155-156，260-262]。

唐宋时期蚕丝产品及工艺技术或艺术风格的东西方交流十分频繁，在东西方不同地域的大量考古中都有蚕丝产品的发现。有关蚕丝产品加工的工匠，以俘虏或商贸中心转移的形式，在杜环的《经行记》及十字军东征的相关文献中都有描述，但有关栽桑养蚕如何从中国向外输出，以及世界其他区域何时开始栽桑养蚕的文献记载相对较少。西域生产蚕丝产品使用的是本地生产的蚕茧，还是从中原输入的蚕茧或蚕丝（再加工），更是不得而知。在一些零星的文字记载中，还是留下了一些栽桑养蚕过程和生产相关的痕迹。较早的栽桑养蚕技术输出可能在公元前10世纪，相关技术传入朝鲜及日本，公元前1世纪经新疆传入印度和阿富汗，公元4世纪左右输出到费尔干纳盆地区域国家、叙利亚、土耳其、伊朗、保加利亚、意大利（罗马帝国）等西亚和欧洲国家，公元7世纪传到阿拉伯和埃及，公元8世纪传入暹罗（泰国）和西班牙，公元9世纪传入瑞典和波兰，公元13世纪经泰国传入柬埔寨等地区，公元15世纪传入法国[84,155-156,241-242,263-266]。

在日本栽桑养蚕的文献记载中，栽桑最早是在公元前600年。养蚕相关记载：公元前218年秦始皇遣徐福到日本蓬莱山教民养蚕，公元110年景行天皇令日本武尊东伐掠农桑人民以兴蚕业，公元195年（仲哀天皇四年）功满王归化献蚕种，仁德天皇时期（313—399年）从中国和朝鲜移居日本的人员将栽桑养蚕技术输入日本等。佐贺县吉野里遗址出土了弥生时期（公元1—2世纪）的绢片。在文武天皇年间（683—707年），日本政府开始鼓励和推广栽桑养蚕。奈良时代，栽桑养蚕从近畿扩展到关东和东北等更为广泛的地区。有关日本朝廷的13至19次遣唐使（630—894年）的史料中，日本蚕丝及织品的技术已具较高水平并不断提高，日本奈良东大寺正仓院内保存了大量中国唐代丝织品。唐宋时期，中日间栽桑养蚕技术交流留下了较为丰富的文献记载和大量的文物，此期中国栽桑养蚕技术输出日本是十分肯定的史实。遣唐使和以“鉴真东渡”为代表的中日交流，主体上是一个“中学东渐”的过程，中国的佛学、医学、天文历法、手工艺、纺织、建筑学等大量传入日本，以唐朝的政治和经济制度为模板开展的大化改新，促进了飞鸟和奈良时代社会和经济的发展与繁荣。但在农业领域，除柑橘和茶外，未见有关栽桑养蚕技术交流的具体记载。中日交往的航海路线由早期延续遣隋使的北路（登州登陆）逐渐变为从明州、杭州、苏州和扬州登陆的南路。北宋时期日本相对锁国，中日交往趋淡，到南宋时期逐渐恢复，但此期多为宋船赴日[16,84,155-156,267-275]。

7.2　栽桑养蚕技术的南迁

南朝（420年）到隋灭陈朝（589年）的“衣冠南渡”、唐朝“安史之乱”（755年）和宋朝“靖康之变”（1127年）的北人南迁，是中国历史上因战争和社会动乱引发的三次人口大迁徙，人口分布由“北多南少”演变为“北少南多”。特别是“靖康之变”后政治中心的南迁，对长江中下游的社会和经济及其在国家总体经济中的地位产生了重要和深刻的影响。国家经济重心由“北重南轻”(西汉司马迁认为关中财富居天下十之六,东汉张衡认为关中地区“地沃野丰,百物殷阜”),演变为“北轻南重”。中唐文人名士萧颖士和宰相裴耀卿分别将当时社会经济状态描述为“兵食所资在东南”和“国家帝业本在京师,万国朝宗,百代不易之所。但为秦中地狭,收粟不多。倘遇水旱,便即匮乏”;中唐诗人白居易认为“虽利称近蜀之饶,犹未能足其用;虽田有上腴之利,犹不得充其费”,“故国家岁漕东南之粟以给焉,时发中都之廪以赈焉”;《宋诗纪事》(清朝厉鹗编辑)摘录了“苏湖熟,天下足”的谚语并对长江中下游农业经济重心的地位进行描述。战乱是人口迁徙的直接原因,生产力发展与社会体制间的矛盾、社会阶层分化与阶级利益间的冲突是战乱发生的内在本质。与人口迁移和政治中心转移同步发生的还有文化的大交融和技术的大转移,对产业结构的演变、产业技术的发展及栽桑养蚕业的经济地位产生了明显的影响[84,155-156,233-234,276-277]。

气候变化是自然灾害发生的基础,自然灾害往往是战乱发生的诱因。气候变化和自然灾害是影响农业生产的普遍性因素,也是影响农业社会历史时期经济及社会发展的基础性因素。在特定气候和社会经济历史阶段,人口、耕地和技术间的矛盾冲突和相互作用对农业结构和分布的影响是不断演化的过程。中国五千年气候变化的总体趋势是逐渐变冷的过程,但唐朝是相对温暖的时期,而宋朝则是气候变冷的时期。从描述梅花的诗词中也可见一斑,如唐朝王适的“忽见寒梅树,花开汉水滨”,宋朝苏轼的“关中幸无梅,赖汝充鼎和”。桑树具有十分强大的环境适应能力,广泛分布于世界各地的多种气候和土壤环境之中,但从桑树的生长特性或生物产量而言,温暖湿润的气候会更加适宜。唐宋时期,由于气候变化,长江中下游区域较黄淮流域应该更适合栽桑养蚕[147-148,278]。

记载公元前1000年的地理及物产等的《尚书·禹贡》中,华夏九州中的六个州有蚕丝产品,分布在山东、河南、江苏、安徽、浙江、江西、湖南和湖北的部分区域。在税赋与纳贡相关的记载中,河南、河北、山东和山西产绢的数量最多,且质量最佳,其次为剑南道,山南道、淮南道、江南东道和岭南道亦有产绢(《唐六典》)。《宋会要》记载各地绢绵增收额中,两浙路191万匹,西川路166万匹,河北东路92万匹,江南东路82万匹,京东东路70万匹,江南西路和河北西路50万匹,其余都在40万匹以下。丝绵超过100万两的有西川路、两浙路、江南东路、河北东路和河北西路。在蚕丝生产方面,唐朝的织、染、绣技艺都达到了极高的境界,品类繁多,宋朝在此基础上还有新的发展。唐朝生产蚕丝产品的作坊分为官营和私营,官营作坊主要位于西京长安(今陕西西安)和东都洛阳(今河南洛阳),地方和私营作坊则生产规模较小且分散各地。宋朝,生产蚕丝产品的中央官营、地方官营(成都上供机院和润州织罗务)和私营作坊逐渐呈现三足鼎立状。中央官营作坊(如绫锦院)随宋朝政治中心南迁而使长江中下游区域的蚕丝产品生产技术水平得到大幅提升,私营作坊和贸易商铺在长江流域得到繁荣发展。唐朝杜牧盛赞越州"机杼耕稼,提封九州,其间茧税鱼盐,衣食半天下",北宋李觏说"愚以为东南之郡……平原沃土,桑柘甚盛……茧簿山立,缫车之声连甍相闻……",北宋欧阳修诗"孤城秋枕水,千室夜鸣机",以及南宋楼璹的《耕织图》和所配诗文等对长江中下游区域(太湖流域、绍兴和杭州临安等)栽桑养蚕及丝织业的生动描述,从文学上佐证了栽桑养蚕中心区域的南迁[84,155-156,233-234,279-280]。

人口迁移、政治中心转移、气候变迁、南方海上丝路的不断扩大、商贸的牵引带动,以及税赋记录(虽然不是很精准)、蚕丝产品品类数量和相关文学描述等间接的记载,都充分地表征了唐宋时期是我国栽桑养蚕重心继续由中原(黄河流域)向长江流域转移的过程,在南宋时期长江中下游已经成为我国栽桑养蚕的主要区域[281-283]。

7.3　栽桑养蚕技术的发展

唐宋时期,欧洲正处于中世纪,基督教、伊斯兰教和佛教三大宗教思想形成并广泛传播;在中国,儒释道则不断冲突,相互交融。唐宋时期,随着水利工程和灌溉技术的不断发展,耕地面积大幅增加。曲辕犁、踏犁和秧马等新农具得到推广,农业生产水平不断提高。瓷器、丝织、造纸和造船等手工业大量出现并蓬勃发展，人口大量增加，其中南方人口的增加尤为明显。社会经济的高度发达，对人文艺术的繁荣及哲学思想和认知思维的演变产生了重要影响。栽桑养蚕技术在历史社会背景下得到了快速的发展，出现了《蚕书》（秦观，1049—1100年）、《陈旉农书》（陈旉，1076—1154年）和《耕织图》（楼璹，1090—1162年）等重要的栽桑养蚕技术书籍，其文脉也充分体现了我国栽桑养蚕技术发展的历程，并对后世产业的发展产生了重要影响[84,144,155-156,284]。

7.3.1 唐宋时期的思想与技术

唐朝柳宗元（773—819年）对“天人之际”的论述表现出明显的唯物主义倾向。刘禹锡（772—842年）有“交相胜，还相用”和“天之所能者，生万物也；人之所能者，治万物也”等观点。他们在王充（27—约97年）有关宇宙组成和认知论（《论衡》）等唯物主义观点，以及认识自然或逻辑思维等方法的基础上有了新的发展，对自然规律的认识和利用具有深远的影响。其后的李翱（772—836年）和林慎思（844—880年）等则对宋朝理学的崛起产生了明显的影响。宋朝邵雍（1011—1077年）、周敦颐（1017—1073年）和张载（1020—1077年）等的宇宙发生论，对万物和宇宙“天生于动者也，地生于静者也，一动一静交而天地之道尽之矣”“阳变阴合而生水火木金土，五气顺布”和“太和所谓道”的描述，成为“理学”（程颐，1033—1107年；朱熹，1130—1200年）和“心学”（程颢，1032—1085年；陆九渊，1139—1193年）的重要基础。王安石（1021—1086年）的“万物一气”是对道学“五行说”的发展，对朴素唯物主义思想的形成也产生了重要影响[153-154,285-286]。

唐宋时期出现了李淳风（602—670年）、一行（张遂，673—727年）、沈括（1031—1095年）和秦九韶（1208—1268年）等天文学、数学和自然科学家。在技术领域，火药与机械结合的军事运用（郑璠的“发机飞火”）、雕版印刷技术的高度发达（868年雕版印刷的《金刚经》）、活字印刷术的发明（毕昇）、复式船闸和营田斗门技术在运河等河道中的运用（《梦溪笔谈》，成书于1086年）、以擒纵器为技术核心的“水运仪象台”的发明（苏颂等于1093年发明）、集建筑设计与施工经验之大成的《营造法式》（李诫于1103年创作），以及水利、冶金、航海、中医药和农业等技术上广泛涌现的新突破与新发展，在推动农业、手工业和社会经济发展到前所未有的世界巅峰中发挥了重要的作用[191,287-291]。

唐宋时期的思想虽然涉及诸多“元气”之源、“天人之际”，以及“宇宙发生论”等自然现象和与科学相关的问题，但思想大家的关注重点依然是统治思想、社会伦理和个人道德方面的思想发展。柳宗元和刘禹锡与同期韩愈（768—824年）的思想分歧，不同“理学”流派的思辨争论，更多是在人与天（神）、人与人的关系或政治上的观点相悖，并未在“思维与存在”的人与自然关系本质研究上形成论辩及思想差异，自然哲学发展相对缓慢，哲学思想未能给自然科学体系的形成和发展提供足够的基础。

7.3.2 唐宋时期欧洲与中东的思想与科学

唐宋时期，“阿拉伯百年翻译运动”进入鼎盛期，希腊、罗马、波斯和印度等区域的大量古典著作或文献资料被翻译成阿拉伯语，在翻译传承和研读解释中，涌现了一大批天文学、医学、数学、光学和化学等领域的科学家，阿拉伯帝国建成了国家级藏书和综合性学术研究的机构——“智慧馆”（Bayt al-Hikmah），各类学校和人才培育蓬勃发展，促进了东西方文明的传承、交融和发展。在“阿拉伯百年翻译运动”中，宇宙论、本体论和认识论等方面更趋唯物主义，逻辑思辨相关的方法论得到发展。阿拉伯帝国在自然科学及哲学思想领域的发展成果，也成了欧洲14—16世纪“文艺复兴”中自然科学崛起的重要知识与思想来源。“加洛林文艺复兴”中大量修道院、坐堂和教区学校的出现，在教化僧侣和民众中发挥了积极作用。古典著作或文献资料，经历了从希腊语到阿拉伯语再到拉丁语的洗练和升华。学苑、学寮和社团等知识集聚和传播群体，逐渐演变为满足人类精神生活（知识和信仰）和社会经济发展（法律、医学及不断专业化的社会分工）需求的中世纪大学。以法学和医学为主的意大利博洛尼亚大学（1088年），以及英国的牛津大学（1167年）、法国的巴黎大学（1200年）和西班牙的萨拉曼卡大学（1218年）等中世纪大学，不仅在教育体系上演化出“七艺”（语法学、修辞学、逻辑学、算术、几何、音乐和天文学）、医学、法学和神学等课程体系，而且形成了现代大学学历学位等系统性人才培养和教育制度框架的雏形，得到了社会的高度认可与尊重，为思想和科学的进一步演化提供了良好基础[3,192]。

“阿拉伯百年翻译运动”和“加洛林文艺复兴”后，“共相与个别”和“信仰与理性”，“一神论”和“三神论”，“思维与存在”等被思考和讨论，思辨哲学的思维方法论等得到广泛运用，在思想和科学演化中产生了重要影响。德国的艾尔伯图斯·麦格努斯（Albertus Magnus，约1200—1280年）的《物理学》巨作，融数学、物理学和天文学等自然科学，以及修辞学、伦理学和逻辑学等社会科学于一体，为自然科学从哲学领域的分离和独立演化奠定了重要的基础。在认识论上，亚里士多德的唯物主义观点及经验论成为主流，形式逻辑学（三段论法）在认知自然中得到应用。在对德性范畴下“宗教”（religio）和“科学”（scientia）两种不同习性的区分中，所定义的“科学”尽管不同于19世纪后所指自然科学的“科学”（science），但为后世自然科学从“宗教”及“自然哲学”中分化独立和持续成长开启了重要的一步。英国哲学家罗吉尔·培根（Roger Bacon，约1214—1293年）断言“只有实验科学才能解决自然之谜”。自然哲学思想的形成和发展，无疑对自然科学和唯物主义思想的发展产生了重要的影响[3.192]。

7.3.3 栽桑养蚕技术发展的古籍解读

沈括（1031—1095年）集过往科技之大成而作《梦溪笔谈》，作品和个人分别被誉为“中国科学史上的里程碑”和“中国整部科学史中最卓越的人物”。《梦溪笔谈》虽未涉及过多的农业技术及栽桑养蚕技术，但反映了科学与技术发展水平及宋朝后期社会经济繁荣的大背景，手工业高度发达的产业牵引力对栽桑养蚕技术发展的作用不言而喻。印刷技术的发展也是唐宋时期的栽桑养蚕古籍大量出现且被留存的重要因素，尽管有多部佚失的蚕桑古籍只能从后世的引用或摘录中知晓。秦观的《蚕书》、楼璹的《耕织图》及配诗文和陈旉的《陈旉农书》是该时期主体部分留存至今最为完整的古籍，也是今天直接解读和会意的三部重要的栽桑养蚕古籍。将三者与贾思勰的《齐民要术》相较，可见唐宋时期栽桑养蚕业仍有诸多明显的技术发展[84,144,155-156,284,292]。

这些古籍陈述了自古以来丰富多彩的蚕丝产品和栽桑养蚕的利之所在（“以一月之劳，贤于终岁勤动”），还流露了劝课农桑和悯农怜蚕（桑）等个人情感。《蚕书》和《耕织图》的配诗文均仅约1000字，《陈旉农书》相对详尽，但叙述的都并非我国广泛区域的栽桑养蚕过程和技术，而是黄淮海流域、杭州临安於潜，以及太湖流域南方区域的栽桑养蚕过程及技术，且内容更多地倾向于缫丝和纺织过程及相关技术。《蚕书》的10个栏目中的5个（化治、钱眼、锁星、添梯和车）描述了缫丝的过程、用具及技术。《耕织图》（45幅，每幅都有五言八句诗文）中的24幅为养蚕丝织图，其中7幅（缫丝、络丝、经、纬、织、攀花和剪帛）内容与缫丝和纺织相关。南宋缫丝纺织及手工业空前发达，我们或可推测产品加工业发展对栽桑养蚕技术发展的牵引。《陈旉农书》23篇内容中，除14篇综合陈述农业产业和技术的篇章多有涉及栽桑养蚕外，又立6篇专门描述栽桑养蚕之事。《蚕书》和《陈旉农书》在对栽桑养蚕过程精细观察的基础上，对栽桑养蚕过程进行了大量的量化描述，也是其技术进步的重要特色之所在。陈旉自称道教徒，号西山隐居全真子，又号如是庵全真子，以儒为主，儒释道兼容并蓄，对养蚕技术有“盖法可以为常，而幸不可以为常也”的描述，充分体现了对“规律”的必然性与偶然性的认识，以及道家“事物变，规律不变”的自然哲学思想[144,284,293-298]。

关于桑树栽培技术，《蚕书》和《耕织图》未有直接描述，《陈旉农书》则对桑种子的选取（“若欲种椹子，则择美桑种椹，每一枚翦去两头”）和处理（“次日以水淘去轻秕不实者，择取坚实者”）、桑苗培育管理（“然后于沙上匀布椹子……即疏爽而子易生，芽蘖不为泥瓮腐”和“即勤剔摘去根干四傍朴蔌小枝叶”）和定植（“乃徙植……每相距二丈许”），以及全年管理都做了详尽的描述。对土壤选择和肥培管理，以及嫁接技术的具体陈述更是独到（“若欲接缚，即别取好桑直上生条，不用横垂生者，三四寸长，截如接果子样接之。其叶倍好……”）[144]。

在蚕种技术上，母蛾产卵时选取整批的盛发蛾期蛾所产的卵和单蛾产卵的中间段进行留种（“蛾出不齐，则放子先后亦不齐矣”“而中间齐者，留以自用”)。“以竹架疏疏垂之，勿见风日”和“送蛾临远水”则描述了小气候调控对蚕种保存处理的益处。“待腊日或腊月大雪，即铺蚕种于雪中，令雪压一日”，反映了利用蚕卵胚胎对低温具有较强抗性，低温解除滞育以促进孵化整齐的技术进步。“……原蚕，谓之两生，言放子后随即再出也，切不可育……其丝且不耐衣着，所损多而为利少”，既描述了非越年蚕种的存在，又说明了该类蚕种所养蚕的蚕茧或蚕丝品质较差的情况[144，279-280]。

在催青、收蚁和养蚕技术上，“腊之日，聚蚕种，沃以牛溲，浴于川”和“至春，候其欲生未生之间，细研朱砂，调温水浴之”，反映了蚕种在孵化前进行洁净和消毒的技术概念。在印度养蚕至今尚存“沃以牛溲”的习惯，是否有其技术功能不得而知；“朱砂”的主要成分为硫化汞，其防腐功能较易理解。催青加温要求（“以糠火温之，如春三月……斯出齐也”）和养蚕期加温的技术方法（“蚕火类也……须别作一小炉，令可抬舁出入……蚕既铺叶喂矣，待其循叶而上，乃始进火……才食了，即退火……若蚕饥而进火，即伤火”），都表明了养蚕人工干预的技术成分不断增加。同时，书中可见从蚁蚕到上蔟，桑叶采用标准（“蚕生明日，桑或柘叶，风戾以食之，寸二十分，昼夜五食”“柔桑摘蝉翼，簌簌才容刀”“蚕儿初饭时，桑叶如钱许。扳条摘鹅黄籍纸观蚁聚”和“必细切叶”）、给桑次数（“……昼夜六食……谓之大眠，食半叶，昼夜八食，又三日，健食，乃食全叶，昼夜十食”），以及在收蚁过程中的“便即以帚刷或以鸡鹅翎扫之”、给桑中的“布叶勿掷，掷则蚕惊，毋食二叶”和“勤勤疏拨，则食叶匀矣”等细节要求。蚕种筛选、催青和整个幼虫期各环节的技术处理都强调群体的发育整齐度，既体现了技术的进步和对提高劳动效率的重视，也反映了对病害控制的关注。此外，三本古籍对叶种平衡（“……有叶看养，宁叶多而蚕少”和“秤种写记轻重于纸背”）、蚕座面积（“种变方尺，及乎将茧，乃方四丈”和“众多旋分箔，早晚磓满屋”）和各种蚕具（“萑苇”“槌”“筐”“�”“筠梯”“箧”和“簟”等）都有描述。三本古籍所述养蚕技术，均为一年一季之养蚕。《耕织图》“轻风归燕日，小雨浴蚕天”和《陈旉农书》“如春三月”描述的催青起始时间与养蚕所在区域的气候是较为一致的，但《蚕书》“始雷，卧之五日，色青，六日白，七日蚕”中的“始雷”是“惊蛰”节气，还是所在区域实际开始有雷或作者记录年度的“始雷”，有待考证[144，279-280，293-298]。

在养蚕防病上，环境清洁和体质均一是《陈旉农书》中多处强调的内容，也是今天养蚕乃至更为广泛领域病害流行控制的基本原则。“最怕湿热及冷风。伤湿即黄肥，伤风即节高，沙蒸即脚肿，伤冷即亮头而白蜇，伤火即焦尾。又伤风亦黄肥，伤冷风即黑白红僵”的短短文字描述，尽管未能明确致病因子及其来源，但把家蚕主要病害的种类、症状和病害流行主要影响因素概括殆尽。储桑室（“必深密凉燥而不蒸湿”）和蚕室的结构、桑叶保存和不同家蚕生长时期蚕室温湿度的控制、蚕沙处理（“粪其叶余，以时去之”和“即下为粪薙所蒸，上为叶蔽，遂有热蒸之患。又须勤去沙薙……沙薙必远放……”），以及根据气候不同进行调控（“若天气郁蒸，即略以火温解之……略疏通窗户以快爽之”）等技术内容，都明确提出了控制病害的技术要求，且对多项技术实施中的尺度（“必”“远”和“略”等）进行了提示。《陈旉农书》通篇（卷下6篇）都提及了养蚕病害的控制，反映了当时对养蚕病害发生严重性的高度重视且已经积累了大量的病害防控经验[144，297]。

在上蔟方面，书中提及放蔟（“撒蔟轻放手，蚕老丝肠软”）和见熟（“旋放蚕其上，初略欹斜，以俟其粪尽”）两种上蔟方式。蔟具为茅草或芦苇等制作而成（“萑叶为篱勿密，屈藁之长二尺者，自后茨之为蔟”和“以箭竹作马眼槅，插茅，疏密得中”），上蔟架子及相关用具在典籍中亦有描述。蔟室或上蔟过程温湿度控制与蚕茧质量的相关性及技术要求都已得到高度重视（“居蚕欲温，居茧欲凉”“峨峨爇薪炭，重重下帘幕。初出结网虫，遽若雪满箔。老媪不胜勤，候火珠汗落”和“微以熟灰火温之，待入网，渐渐加火，不宜中辍，稍冷即游丝亦止，缲之即断绝，多煮烂作絮，不能一绪抽尽矣”）。此外，书中还有对采茧、杀蛹（盐渍或密闭）和后续缫丝纺织等过程的描述[144，279-280，293-298]。

在作品的体例上，《蚕书》和《耕织图》都是简明扼要的范本，虽然都是按照养蚕过程的时间顺序进行描述，但《蚕书》的技术性描述更为明显，特别是对从催青到采茧整个养蚕过程，以及用叶和蚕室等的量化描述，体现了技术发展的重要特征。《耕织图》图文并茂，观察细微（“丝肠映绿叶，练练金色光”），描述生动（“食叶声似雨”），新颖独到，这种体例与宋朝人文艺术高度发达及绘画被奉为最高境界(集绘画、书法、篆刻与诗文于一体的艺术作品)的文化背景有关。《耕织图》在信息的提供量上也更为丰富并在后世被大量模仿,即使在互联网和印刷技术高度发达的今天,也是一种农业技术推广的常用方式。《陈旉农书》是一部系统的专业技术著作,在结构上采用了总论与分篇的体例,在总论(卷上14篇)中综述了农业的社会经济地位、自然资源条件和土水肥栽等综合技术(偏重水稻等,也包括栽桑相关内容),在养蚕相关的分篇(卷下6篇)中则按照栽桑、蚕种、养蚕、防病、上蔟和缫丝等专业技术细分,也可认为是今天"综合养蚕学"的范本。

从《蚕书》《耕织图》及配诗文和《陈旉农书》,唐宋时期栽桑养蚕技术上的发展显而易见。《耕织图》和《陈旉农书》描述的是长江下游或太湖流域栽桑养蚕的技术体系及情况,虽然具有较高的专业性,但较之《齐民要术》(贾思勰)以黄河流域为主详细描述的栽桑养蚕,则有其局限性。

第8章　元明栽桑养蚕业

南宋是农业和手工业高度发达，商品经济和文化艺术极度繁荣，社会稳定和人口激增的时期，虽无明显的内乱，但终因外患而倾覆。1206年蒙古族领袖成吉思汗建立蒙古汗国后，扩张其势力至黄河流域。从成吉思汗到蒙哥汗时，陆续攻灭西辽、西夏、金、大理，并在吐蕃建立行政机构，直接进行统治。1271年，元世祖忽必烈定国号为“元”。其后攻灭南宋，统一全国，建都大都（今北京）。元朝疆域东、南到海，西到今新疆，西南包括西藏、云南，北面包括西伯利亚大部，东北到鄂霍次克海。至1351年，红巾军起义爆发。1368年朱元璋称帝，推翻元朝的统治，建都南京（今属江苏），国号“明”。1421年，成祖迁都北京。明朝疆域东北初年抵日本、鄂霍次克海、乌地河流域，后退缩至辽河流域；北边初年在河套西拉木伦河一线，后退缩至长城；西北初年到新疆哈密，后退缩至嘉峪关；西南包有今西藏、云南；东南到海及海外诸岛。1644年李自成农民军攻破北京，明朝被推翻。此后清兵入关，建立清王朝。明亡后，其宗室曾先后在中国南部建立弘光等政权，史称“南明”。

同期，欧洲、中东及印度半岛的欧亚大陆主要为奥斯曼帝国、萨非王朝和莫卧儿帝国，以伊斯兰教的蓬勃发展为主要特征。欧亚大陆西侧由于封建割据、不断的战争和鼠疫（1347—1353年的黑死病）的流行等，社会依然处于十分黑暗的时期。同时，随着手工业和商业的快速发展和大航海时代的到来，西班牙和葡萄牙等以地中海盆地为核心的经济中心形成，荷兰等西北欧国家通过不断探索新航线，开始向大西洋拓展贸易航线。“黄金之路”和“白银之路"等世界性贸易的蓬勃发展,欧洲部分区域的经济高度繁荣,资产阶级群体逐渐形成,法国、英格兰和西班牙等世俗君主国家出现。发端于意大利的欧洲"文艺复兴"(14—16世纪)思想文化运动蓬勃发展,欧洲逐渐从封建社会向资本主义社会演变,殖民主义相伴而生,并以十分野蛮的方式开启全球化历程。

8.1 疆域扩展与丝路相随

元朝是中国历史上疆域范围最为广阔的时期,主要呈现为西域拓疆,经济恢复发展,区域间不断对抗,疆域扩大与多变、经济上掠夺与贸易、文化上冲突与融合并行的特征,陆上丝路再创辉煌。明朝疆域较之元朝相对缩减,社会经济快速发展,农业和手工业高度发达,西域外族侵扰仍是重要外患,和平外交和陆上丝路贸易依然十分重要。

8.1.1 疆域变迁

在宋朝彻底覆灭之前,北方蒙古部落的成吉思汗及其后嗣"黄金家族"在不断西征中,建立了钦察汗国(或称金帐汗国)、察合台汗国、伊儿汗国和窝阔台汗国等诸侯王国。钦察汗国的疆域最为辽阔,东起额尔齐斯河,西至多瑙河(今匈牙利、波兰)一带,南起高加索山地区,都城萨莱在今俄罗斯阿斯特拉罕以北;察合台汗国地域位于天山南北麓及今阿姆河、锡尔河之间;伊儿汗国东滨阿姆河,西临地中海,北起高加索,南至波斯湾;窝阔台汗国地处额尔齐斯河上游和巴尔喀什湖以东。公元1259年,成吉思汗之孙蒙哥(元宪宗)在征战中病死后,其弟忽必烈和阿里不哥间的汗位之争,导致了同为"黄金家族"不同汗国的分离。忽必烈击败阿里不哥,建号大元。其后,各汗国间虽有边界或领地冲突,但都奉元朝为宗主国。在主要交通干线上大量城市和村镇的发展,支线的开拓,沿线驿站和关隘的设立,使西域丝路的交通保障有了较大的提高。驿路相通,贸易和文化交流十分繁荣,使秦汉后有所弱化的西域丝路在疆域扩展中再次走向新的巅峰[84,155-156,299]。

明成祖朱棣迁都北京后，在永乐年间（1403—1424年）五次北伐，征战鞑靼和瓦剌，疆域东起朝鲜（日本海），西接吐蕃（印度次大陆），南至安南（孟加拉湾），北距大碛（岭北沙漠），东西一万一千七百五十里，南北一万零九百里，范围相当可观，且进入相对稳定的时期。陈诚（1365—1457年）在洪武二十九年（1396年）出使西域（嘉峪关外的甘肃、青海和新疆）撒里畏兀儿（裕固族古称）和安南，永乐年间四次出使西域，直达哈烈（今阿富汗赫拉特）和撒马尔罕及波斯等区域，与该区域中帖木儿帝国间剑拔弩张的紧张关系逐渐趋于缓和。陈诚杰出的外交出使，在建立明朝与周边国家和部族或政治集团间的朝贡贸易关系及相对稳定的疆域关系中发挥了重要的作用。明朝与西域交往的陆上丝路中，和平外交和贸易往来是其明显特征，其中蚕丝织品是政府回赐或贸易的主要物品[84，155-156，300-302]。

8.1.2　蚕丝品类变迁

元朝期间，丝绸产品种类和艺术风格特征与前期相较出现了诸多明显的变化。在品类上，织金锦（金缕或金箔切成的金丝作纬线织制的锦）的消费量明显增加，镂金法织成的“纳石失”成为当时王公贵族的代表性丝织品；纻丝（先染线后织造的丝织品）生产技术得到较大提高，并成为官府作坊的主流产品；缂丝从装饰品再度成为服饰用品，且实用性更为广泛，在御容和佛像中更显技术之高超；此外，彩丝锦和刺绣等品类都有独特的发展[84，155-156，303-306]。在艺术风格上，儒释道等中原文化元素依然作为主流而持续发展，来自西域伊斯兰和印度等文化元素的融入也十分明显。传统的牡丹纹和莲花纹丝织品纹样，在南宋崇尚写实艺术流派的基础上，融入大量“折枝”和“缠枝”等手法，呈现了伊斯兰文化中“满细密”的艺术特征，并有文字的嵌入。“日月龙凤”和“喜上眉梢”等类型的织品纹样多有出现。宫廷服饰图案的“满池娇”在元文宗（1328—1332年）的御衣中也有呈现[84，155-156，307-309]。纹样的演变与织造技术的演变有着密切的联系，纻丝（纳石失）织造和纹样中颜色的应用（白色的使用量增加），染色工艺的进步，以及织机、提花机和纱罗机等纺织器械与技术的发展都是其重要的基础。元朝设有蚕丝织造机构，包括工部、储政院和将作院等部门都有大量的作坊，这些作坊中的工匠虽以汉人为主，但从征战中虏获的异域优秀工匠也被纳入其中，这种人员结构上的交融也是蚕丝织物品类多样化的重要基础。在官府作坊之外，还有大量分散在各地的民营或家庭作坊，且以江浙一带的南方区域为盛。"科差"制度的强化，掠夺性地刺激了蚕丝产品的生产。而"匠户"制度的设立和逐渐完善，对蚕丝织物加工业和整个手工业的发展都有促进和保障作用。元朝虽在个别时期对个别事物（纹样等）有禁忌，但总体上是一个欧亚大陆区域多元文化不断交融相当明显的时期，也从另一个方面证实了元朝疆域扩张中西域丝路的繁荣和发展。此外，元朝的棉织品有了相当的发展，初步形成了以蚕丝和棉纺为主、毛麻织物为辅的服饰消费结构[84，155-156，310]。

明朝期间，缫丝、制线（包括片金线和捻金线）、调丝、络纬、并丝和加捻等工序的不断完善，为加工更为精致的丝绸产品提供了基础条件。整经技术及相关器具（溜眼、掌扇和经耙等）的不断改进，有花楼、送经和提花等复杂结构的花楼织机以及生产罗经织物的经织机等的出现，使传统织造工艺较之前有了更大的发展。植物染料的制作技术发展后印染色谱更为丰富，通过不同色彩及组合，产品的艺术表现能力大幅提高。加工技术水平的大幅提高，特别是妆花工艺和绒类产品加工技术的进步，使丝绸产品的类别（缎、绫、纱、罗和锦等）较之前朝更为丰富，缂丝画和刺绣等装饰性产品层出不穷，艺术风格上以中原文化为主，但也传承了西域等异域风格。明初重农崇俭和其后（嘉靖和万历）的趋于奢靡，明显影响了丝绸产品的类别和风格的演变。洪武十六年（1383年）的"衮服十二章"对不同社会阶层的服饰和纹样给予了规范，上层极尽奢靡和民间世俗化在丝绸产品上留下了十分明显的印记。官方和民间对丝绸产品的大规模和差异化需求，在促进栽桑养蚕及丝织技术进步中形成了强大的推力。中央和地方生产机构的规模更为宏大，分工和管理更为精细；民间作坊的规模和技术水平同样大幅提高。在区域上，蚕丝产品生产机构进一步向长江下游太湖流域的栽桑养蚕地区集聚。明朝御史张瀚的《松窗梦语》中，"余尝总览市利，大都东南之利莫大于罗、绮、绢、纻，而三吴为最"和"然而桑麻遍野，茧丝棉苎之所出，四方咸取给焉，虽秦、晋、燕、周大贾，不远数千里求罗绮缯布者,必走浙之东也"生动描述了当时之景[84,155-156,311-313]。

8.1.3 社会与农业变迁

金朝末期,黄河中下游区域的农业已处十分衰弱之境。元太宗窝阔台(1186—1241 年)灭金后,采用掳掠为主的农业和社会统治政策,河南和山东等区域内,耕地大量被毁,农业生产极度衰败,人口数量大幅下降,社会经济衰退而凋敝。元世祖登基(1260 年)后,经历中原民众抗争和统治策略明显失败的现实教育,其个人思想受儒家文化影响,清楚意识到"国以民为本,民以衣食为本,衣食以农桑为本",开始重视农桑,史称"元之重农政,自世祖始"。在农业生产的管理上,逐渐建立和强化了从中央到地方的机构设置和体系建设,设立司农司(1270 年)("大司农司,秩正二品,凡农桑、水利、学校、饥荒之事,悉掌之"),路府州县各级官员中设置分管农业的官员并规定职责("诏诸路劝课农桑,命中书省采农桑事,列为条目"),以及选拔社长("凡五十家立一社,择高年晓农事者一人为之长")。司农司编撰了第一部现存的官修农书《农桑辑要》(1273 年),不仅体现了对农业的高度重视,也是我国农业技术推广历史上迈出的重要步伐。《农桑辑要》《王祯农书》(1313 年)和《农桑衣食撮要》(1314 年),对蜀黍、棉、莴苣、西瓜、茴香和蜜蜂等大量前代未曾记载的农作物栽培或动物饲养进行了描述。异域农业品类的引进也是丝路贸易繁荣的有力佐证。该时期,农本意识得到强化,耕地面积扩大,农业生产工具革新,粮食增产,人口增加和农业品类更为丰富等。在农业发展中,栽桑养蚕范围在黄河流域和长江中上游虽有恢复性增长,但在全国的占比中进一步弱化,这种演变与栽桑养蚕的相对气候适应性(变冷),以及战乱和棉花栽培的推广等相关。宋元之际,棉花从南(印度)北(西域)两路传播扩散到黄河和长江流域,但在人口增长和消费市场差异背景下,棉花和蚕丝产品并未出现整体性此长彼消的竞争关系[314-318]。

明初,基于战争修复、政权巩固、财政收入和军队控制等的需要,强制百姓从农、大量农官的设置和职责要求、军屯和民屯并举、赈灾救灾或赋税减免等系列农业政策,以及"先农礼"和"亲蚕礼"等劝课农桑的仪式等,在恢复农业生产和发展农业技术中有积极的意义和成效。由于新品种引进和种植区域的扩大,传统粮食作物(水稻和小麦)种植面积和区域农作结构上都有较大的变化。其中,棉花在北方区域的扩大压缩了该区域的栽桑养蚕规模,江南区域栽桑养蚕的进一步发展则与水稻栽培产生矛盾,部分地区的粮食从输出转为输入,从而引发了商品性农业。明末,玉米和甘薯等农业新品种的引进及快速扩大,农业水利灌溉设施的大量建设,促使农业生产力大幅提高,人口大量增加。人口增长与耕地面积有限的矛盾,引发精耕细作农业模式的发展,与之相适应的农业和手工业器具的发展也达到了传统农业的巅峰。有关农业技术和农村社会的综合性农书《农政全书》(1610年)及世界上第一部农业和手工业综合性著作《天工开物》(1637年),对此时期的农业、外来品种和技术等进行了详细的记载与描述。明末,在长江下游的杭州和苏州及珠江三角洲等区域,伴随栽桑养蚕及丝织业的繁荣,以及其他手工业的发展,区域内商品经济萌发,货币在征税和贸易中的作用日趋增强。在生产规模扩大过程中,封建雇佣制应运而生。农本思想的内涵出现了一定的变化,“厚农资商”“厚商利农”及农商并重的思想虽有呈现,但“农桑衣食之本,然弃本逐末,鲜有救其弊者”的重农抑商思想占有更为主导的地位。明朝虽现资本主义萌芽,但未见蓬勃发展之势,国内生产总值(GDP)中农业占90%[319-325]。明朝后期,农业政策由重农减征逐渐向竭农重征转变,加派和苛征等导致社会矛盾激化,对农业及栽桑养蚕业的健康发展也产生了不良影响[326-327]。

8.2 海上丝路的深远影响

从秦汉时期宁波和合浦的海外航运贸易,到唐宋时期海事、贸易和征税机构的设置与完善,出东海或黄海前往日本和朝鲜的东方海上丝路,出南海前往东南亚、印度洋并直达波斯湾的南方海上丝路已经相当发达,承载了大量的海上贸易和人文交流任务[84,155-156,222,275,328]。

8.2.1 水利建设与内陆交通

宋朝南方的农业、手工业和商业已明显发达于北方,成为粮食和经济的重心所在,元朝粮食和税赋等对南方的依赖越趋明显。隋唐大运河及黄河在洪水泛滥等自然灾害影响下,不少河段出现堵塞或改道等,不仅影响农业生产对灌溉的需求,也影响水路交通运输。公元1283年,济宁附近全长约75公里的济州河开通,串联了黄河,南下连南阳湖、独山湖、昭阳湖和微山湖,经邗沟而与淮河相通,是重要的南北水运通道。公元1289年,在副河渠使郭守敬(1231—1316年)主持下,通过清淤和河道船闸建造,解决了“御河”与临清(聊城)间河道极易淤堵的问题,建成临清至东平(泰安境内)的会通河(80公里),并与济州河连接。公元1293年,进一步将会通河与大都(今北京)及周边的运河和水系开凿连接,建成通惠河(80余公里),从而实现了京杭运河的全线贯通(图8-1)。京杭运河不仅形成了从大都到杭州及宁波南北相通的主航道,且与流经领域的大量江河湖泊也形成了广泛的串联,织就了一张四通八达的水路交通和农田灌溉网络[84,155-156,329-330]。明初定都应天(今南京),政治中心和经济重心的重叠使京杭运河的重要性下降,加之北方的战乱影响与自然灾害的破坏等,大运河的实际利用率明显下降,不少河段荒废。公元1414年,陈瑄和宋礼重新开凿疏浚会通河。公元1421年,明成祖(朱棣)迁都北京,政治中心和经济重心再次分离,加之海运频繁失事和外敌侵扰,次年罢黜海运,京杭大运河的重要性再度显现。徐有贞、刘大夏和潘季驯等朝廷重臣相继负责黄河治理、运河疏通及相关水利工程,京杭大运河的运输能力和水平达到了历史新高,其耗费的人力和财力也创历史新高,在水利工程方面创造了大量的新技术和积累了丰富的经验。京杭大运河的畅通运行,需要克服“南低北高”的地理障碍,解决用黄河水与黄泛之患的平衡、流经水系的有效利用,以及科技发展水平的局限性等问题,部分工程的实施也导致了徐淮流域黄泛加重和北方部分区域河流干枯等重大次生灾害,其劳民伤财之过也成为明朝灭亡之患[84,155-156,331-336]。

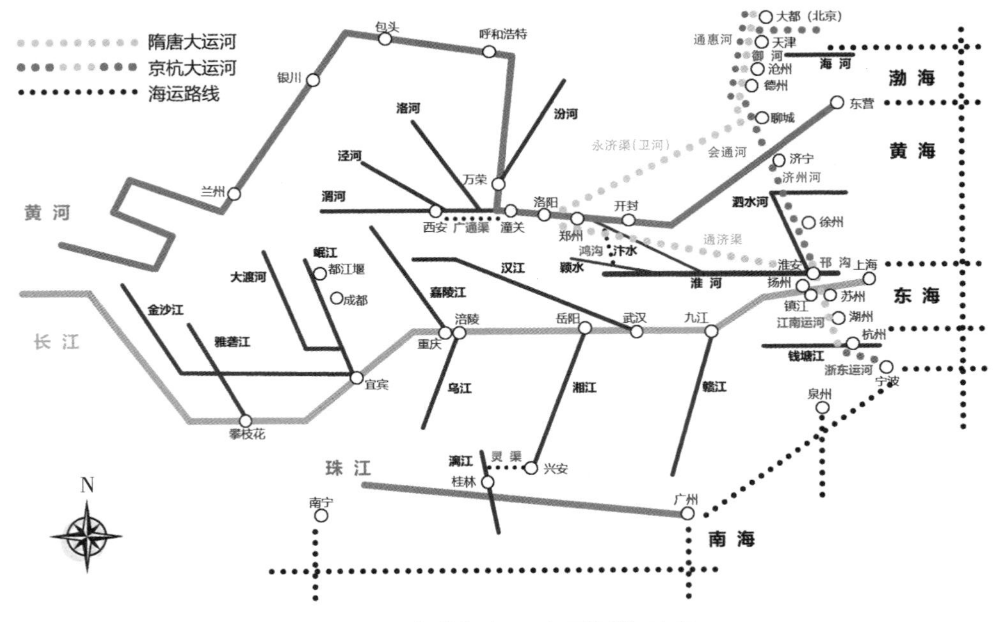

图 8-1　京杭运河及主要河流示意

从元到明，京杭运河全长1747公里，较之隋唐大运河从大都（今北京）到杭州的约4000公里，在距离上大大缩短，且与海运的联络更为紧密，漕运能力大幅提升，在促进南北经济和商贸业发展及沿线城市（扬州、淮安和聊城等）繁荣中具有重要作用，加速了异域文化在中原大地的交流与融合。以京杭大运河为主动脉的水网体系及相关水利工程的建设，在保障流经领域农业生产中也发挥了巨大的作用[229，329，334，337]。

8.2.2　海运与海禁

公元1282年，元朝完成了从刘家港（今江苏太仓浏河镇）出海，循海岸北行，过南通和海门等县海面的“黄连沙头”和“万里长滩”，经盐城县和东海县（今江苏连云港东）、密州（今山东诸城）、胶州湾（山东胶县），过灵山洋（今青岛附近），转向东北至成山角，再从成山（今山东威海）向西北航行到达直沽（今天津）或扬村（今河北武清）的第一次远程海运。航线和航行时间经不断优化后，最大的一次海运船数达3000余艘（1343年）；最大运量达350多万石（1329年）。官府一年组织2次海运，海运粮食占全国产量的30%左右。元朝征战日本和暹罗（泰国），出使马来西亚、柬埔寨、斯里兰卡和索马里等，海外贸易范围已远达东非。1330年和1337年民间航海家汪大渊2次从泉州港出发航海远行，在其《夷岛志略》中记载了波斯离（今伊拉克巴士拉）、阿思里（今埃及）、层摇罗（今埃塞俄比亚）、哩伽塔（今摩洛哥）、麻那里（今肯尼亚的马林迪）等地与中国频繁地进行政治交往与经济往来的相关事件。在港口发展方面，元朝时除分布于长江口以南的广州、泉州、宁波、杭州、秀浦、澉浦和温州等外，上海和天津等北方港口也得到快速发展。上海和天津港口获“江海之通津，东南之都会”和“晓日三岔口，连樯集万艘”的盛誉，在促进港口城市发展和经济繁荣的同时，它们也成了中外经济贸易和文化交流的重要节点。在造船技术方面，在经历秦汉和唐宋两个技术发展高峰之后，元明时期进入我国古代造船技术发展的第三个高峰期，并成为我国古代造船技术的顶峰[254，329，338-342]。

明朝的海运与海禁具有双重性，其一是海运与河运漕粮的问题，海运较之河运及陆运的效率更高，自然风险和倭患也很大，随着朝廷对京杭运河等河道和水利工程的建设，河运能力明显提高，由此转向河运漕粮为主。其二是海上贸易的问题，朝廷官方独揽和民间自由贸易间的矛盾、国内经济发展从小农经济向商品经济转化过程中的各类社会矛盾，以及朝廷政治的内忧与海外侵扰的外患等矛盾在海禁问题上呈现。明太祖建国后，一改元朝四处征战之风，确立“四方诸夷，皆限山隔海，僻在一隅，得其地不足以供给，得其民不足以使令。若其自不揣量，来扰我边，则彼为不祥；彼既不为中国患，而我兴兵轻伐，亦不祥也。吾恐后世子孙，倚中国富强，贪一时战功，无故兴兵，致伤人命，切记不可”之祖训。同时，为笼络周边海外诸国，怀柔远人和四夷宾服，建立“薄来厚往”的朝贡贸易体系，甚至允许他国人员参加本朝科举和学习，在繁荣贸易和文化交流上产生了积极的影响（在回赐的物品中，丝绸是最为主要的物品）。这在建立稳定的国内外关系，发展国内经济中取得了明显的双重效益。方国珍等反明势力及残余和倭寇在海上对海运漕粮和沿海的抢掠，引发了“禁濒海民不得私出海”的海禁诏谕（1371年）。随着朝贡贸易体系不断壮大，朝廷财政负担不断加重，迫使朝廷减薄回赐。另一方面，来使人员携带大量“私物”，在港口集市和朝贡沿途进行互市贸易，走私贸易大量滋生。公元1517年，葡萄牙人强行进入广州，朝廷反葡萄牙侵略的大小战役持续甚久，最终澳门被霸占（1560年）；倭患不断加剧，加之“宁波争贡”等事件的发生，导致海禁政策更加严厉，中日朝贡贸易一度被取消。《嘉靖新例》和嘉靖《问刑条例》再次强化海禁法令，但禁而不绝，民间海上贸易和走私贸易势不可挡，并出现了以经济为目的的海商利益集团及其他民间商贸团体，与朝廷进行了激烈抗争。由于国内经济社会发展需求的驱动、朝贡贸易的局限性和制度性缺陷，以及抵御海外侵扰能力的弱化，朝廷宣布解除海禁（“隆庆开关”，1567年），促使海外贸易迅速发展，广州开始了春秋两季的世界商品交易会（1580年），白银大量流入国内，海外移民人数增加，中国与世界的联系得到加强，科技、文化及农业物种和技术的交流十分广泛[343-348]。

郑和与郑成功分别是明朝中期和末期的重要人物，与海洋贸易或海外关系密切相关。郑和（1371—1433年）在朝贡贸易逐渐弱化的永乐和宣德年间（1402—1435年），受朝廷耀兵异域及对外贸易之命，发起了“七下西洋”的海上远航活动，成为世界大航海时代开启的前奏，在外交、商贸和文化交流中产生了极为深远的影响。郑和下西洋在地理范围上，以印度洋及沿岸为主，涉及36个国家和地区，远至西亚和非洲大陆。在规模上，人数达27000余，船只数200多。《郑和航海图》充分体现了“七下西洋”在开辟海洋新航线和积累海洋科学数据等方面的重大贡献。郑成功（1624—1662年）在东南沿海（今福建、浙江、江苏和广东部分区域），领导了军事抗清，一度北伐直至南京。公元1661年，郑成功率军击败荷兰东印度公司，收复台湾。郑氏政权与东洋（日本）、南洋（东南亚）和西洋（印度洋国家及欧洲）开展了广泛的海上贸易，以维持军队和政治集团的运营。公元1684年，台湾被清朝政府彻底收服[349-353]。

明末清初，中国小农经济高度发达，手工业快速发展，经济社会出现了资本主义萌芽；欧洲在经历“文艺复兴”后经济社会发展，逐渐从封建社会向资本主义社会演变。东西方航海技术的发展，为开展海上国际贸易提供了良好的条件。在海上贸易商品中,蚕丝产品依然是中国输出的主要产品,且在该时期蚕丝从奢侈品贸易逐渐演变为大宗贸易商品,对国内栽桑养蚕的反馈促进作用也显而易见。

8.3　欧洲的文艺复兴与宗教改革

元明时期,欧洲多个帝国兴衰,疆域频繁变迁。同时,城市发展,市民阶层兴起,在社会生产力和商品经济快速发展后资产阶级诞生。市民阶层和资产阶级反对封建贵族和宗教教会在精神上的控制,矛盾加剧。

意大利人但丁(1307—1321年)的《神曲》、彼特拉克(1304—1374年)的《阿非利加》和薄伽丘(1313—1375年)的《十日谈》等文学作品,达·芬奇(1452—1519年)、米开朗琪罗(1475—1564年)和拉斐尔(1483—1520年)等绘画和雕塑作品,对复兴崇尚人性和自然的古希腊人文主义精神产生重要影响。柏拉图主义、亚里士多德主义及其他自然哲学思想也复活并再度兴起。自然哲学及认识宇宙、自然和人的新版古籍,在印刷技术的发展中广泛传播,对欧洲和西方认识人类自身和自然世界产生了极为深远的影响[3,8,146,149,152,191-192,354-356]。

在医学领域,比利时的维萨里(Andreas Vesalius,1514—1564年)在亲历大量人体解剖后发表《解剖图谱》(1538年)和《人体构造》(1543年),被后世誉为"解剖学之父"。在探索新大陆和认识地球过程中,意大利的哥伦布(Christopher Columbus,约1451—1506年)发现美洲大陆(1492年),成为地理大发现的先驱。葡萄牙的达·伽马(Vasco da Gama,约1469—1524年)航行到达印度(1498年)后,葡萄牙取代阿拉伯人成为该区域的贸易主体,并开启了利用坚船利炮殖民他国和掠夺资源的道路。葡萄牙的麦哲伦(Ferdinand Magellan,1480—1521年)在西班牙国王的支持下,率船队穿越太平洋到达东印度。船队中的"维多利亚"号完成人类首次环球航行。大型三桅商船制造技术的发明,使荷兰商船数量激增到1万艘(1600年)。新大陆的发现,不仅超越了托勒密(约90—168年)《地理学》对地球大陆和巨大海洋的认识,也大大超越了普林尼(Plinius Maior,23—79年)《博物志》等早期对地球生物的认知范围。航海技术的发展对社会经济发展和人文交流产生重要影响。同时，西班牙和葡萄牙成为海上强国，开始了对非、亚、美洲等地区的征服、占领和殖民统治[3,8,146,149,152,191-192,354-356]。

在天文学领域，波兰的尼古拉·哥白尼（Nicholaus Copernicus，1473—1543年）在大量观察测量和前人研究成果的基础上，提出"日心说"的天文学体系，并用大量几何图解和观察表陈述了其物理实在。《天体运行论》的发表，加速了天文学和物理学发展，对人类宇宙观产生重要影响。德国的莱因霍尔德（Erasmus Reinhold，1511—1553年）和丹麦的第谷（Tycho Brahe，1546—1601年）等天文学家根据《天体运行论》取得了大量新的天文学发现。德国的约翰内斯·开普勒（Johannes Kepler，1571—1630年）将数学、天文学、物理学和神学融合成一个完整的体系来解释宇宙，发现行星运动三大定律，发表了《宇宙的奥秘》（1596年）、《新天文学》（1609年）和《世界的和谐》（1618年）等著作。天文学领域的革命性发展，为新物理学和新自然哲学的爆发准备了必要的触点[3,8,146,149,152,191-192,354-356]。

英国的弗朗西斯·培根（Francis Bacon，1561—1626年）强调实验对认知的重要性，建立了基于观察和实验的逻辑归纳法，在唯物主义经验论的发展中发挥了巨大的促进作用。意大利的伽利略（Galileo Galilei，1564—1642年）基于对物体运动（钟摆和自由落体）的数学描述，以及天文望远镜的制作和观察，提出了认知自然规律的方法论（"在观察基础上假设，实验后数学演绎和推理"），在力学、天文学和自然哲学的发展历史中做出了巨大贡献，成为欧洲近代自然科学的创始人和科学革命的先驱。法国的笛卡儿（René Descartes，1596—1650年），将从古希腊发展起来的几何学与代数学相结合，发明几何坐标系，并推导出"笛卡儿定理"等几何学公式，创立了解析几何学；"我思故我在"的命题及二元论和理性主义系统理论成为西方现代哲学的重要基石。英国的哈维（William Harvey，1578—1657年），采用数学运算和逻辑推论及实验观察，证实了人体的血液循环，成为近代生命科学研究的重要起点。法国的伽桑狄（Pierre Gassendi，1592—1655年）全力复活古希腊伊壁鸠鲁（公元前341—前270年）和德谟克利特（约公元前460—前370年）的哲学思想，对人的自然本性和物质的原子论及物体运动规律等的论述，大大推进了唯物主义感觉论的发展。在欧洲文艺复兴人文主义思想影响下，“宗教”“神学”“哲学”和“科学”等概念和内涵都发生了急剧的分化和演变，近代自然科学语言体系逐渐萌发，与之高度相关的“人文科学”“社会科学”“机械论哲学”和“自然哲学”等领域逐渐从传统哲学的概念和范畴中分离和独立[3,8,146,149,152,191-192,354-356]。

受文艺复兴人文主义思想的影响，1517年德国的马丁·路德（Martin Luther，1483—1546年）发表《九十五条论纲》，反对教皇和教会解释《圣经》教义的绝对权力，反对销售赎罪券，主张信徒能直接与上帝相通，拉开了宗教改革的序幕。1536年法国的约翰·加尔文（Jean Calvin，1509—1564年）出版《基督教原理》，主张废除主教制和“信仰得救”。宗教改革从改革教会演变成政治运动。1648年《威斯特发里亚和约》的签订，宣示了三十年宗教混战的结束。宗教改革在反对封建教会的同时，反对蒙昧，肯定人的价值和尊严，崇尚理性，提倡追求自由和幸福，动摇了欧洲的封建制度。各国先后向君主立宪的资本主义国家和社会演变[3,8,146,149,152,191-192,354-356]。

文艺复兴和宗教改革，对人类认知世界和自然的思维方式产生了深刻影响，为基于实验的自然科学体系的形成奠定了重要的思想和社会基础。

8.4　传统栽桑养蚕的技术巅峰

元朝是思想上兼收并蓄特征十分明显的时代，“三教九流，莫不崇奉”；明朝虽有“海禁”等闭关锁国之策，但大航海和世界性贸易发展背景下的思想文化、科学技术及文学艺术等的交流大幅增强。元明时期，在思想领域，“理学”成为官学，“延祐复科”（1313年）后，朱熹对《四书》等经典儒家著作的注释成为官方科举的范本，一直延续到清朝废除科举（1905年）。元朝“理学”综合了“心学”等思想之长，在“理”“太极”和“气”等有关自然规律的学问思辨上有所发展，但也逐渐倾向“道德实践”。“陆王心学”的影响日趋增强，在世界的认知上与“理学”的“性即理”不同，“心学”强调“心即理”。王守仁

(1472—1529年)的“致良知”和“知行合一”则进一步强调了知识和实践相结合的重要性,以及“百姓日用即道”的人文主义思想,但“心学”始终未能成为对当时社会产生重大影响的官学。元明时期是“西学东渐”十分明显的时期,但与西方自然哲学的兴起不同,元明的社会哲学和人生哲学思想依然为主体。在科技领域,西方天文学、数学(《几何原理》和《实用算术概论》等)、医药学(医疗技术和药物)、军事装备和音乐等大量传入中国。沿用400多年的《授时历》(郭守敬等创新,施行于1281年)和医药学及动植物学百科全书《本草纲目》(李时珍,1578年)等标志性的科技成果,代表了元明时期中国的科技水平依然处于世界先进行列。在农业及手工业领域,体现专业技术性的著作有《农桑辑要》《王祯农书》和《农桑衣食撮要》。我国第一部农业农村综合性农书《农政全书》(徐光启,1639年刻板付印),以及世界上第一部农业和手工业综合性著作《天工开物》,反映了元明时期农业技术的世界领先水平。其中,有关栽桑养蚕技术的记载占有很大篇幅。

8.4.1 《农桑辑要》

在元朝灭金后,朝廷(司农司)组织,选辑《氾胜之书》《齐民要术》《博闻录》《四时类要》《种莳直说》《韩氏直说》《蚕经》《农桑要旨》《务本新书》《士农必用》《岁时广记》和《农桑直说》等古籍,系统总结了古代农业技术经验并编纂而成《农桑辑要》。官方主导下的农业技术指导和推广对恢复战乱后的农业生产和社会经济成效显著。全书共分7卷,其中“卷三栽桑”和“卷四养蚕”部分,描述了栽桑养蚕的全过程。该书反映的栽桑养蚕技术,较之前更为系统和全面,生物学特征观察和技术细节描述更为详尽,展现了生产技术和效率的提高[145,357-359]。

在系统性和全面性方面,《农桑辑要》描述了从桑种和蚕种,到上蔟、选茧及缫丝的栽桑养蚕过程;栽桑内容包括桑种和桑苗繁殖、桑园立地条件、成园、树型养成和修剪(剥桑、斫树法和科条法)、肥水管理、桑叶收获、病虫害防治等;养蚕内容包括蚕种繁育、催青、收蚁、给桑、除沙、眠起处理及病害防治;养蚕布局内容包括养蚕准备(“蚕事之本,惟在谨于谋始”)、春季和夏秋季养蚕的技术特点及利弊（“晚蚕，迟老、多病、费叶、少丝”“凡养夏蚕，止须些小，以度秋种”“秋蚕初生时，去三伏犹近，暑气仍存”），以及不同技术实施的适宜时间（“四月种椹，二月种旧椹亦同”“春分之后，掘区移栽”“一岁之中，除大寒时分不能移栽，其余月份皆可”和“候十蚕九老，方可就箔上，拨蚕入蔟”等）；在养蚕技术推广上，除按时分项陈述外，“十体”“三光”“八宜”“三稀”和“五广”等文本形式十分有利于养蚕人员对技术的理解和熟记；在栽桑养蚕用品和农业综合利用上，内容包括“须用厚背钢镰，一割要断。钝镰，一割不能断，则条楂不齐，雨浸伤根”“秋深，桑叶未黄，多广收拾；曝干，捣碎，于无烟火处收顿。春蚕大眠后用”和“冬月，多收牛粪堆聚。春月旋拾，恐临时阙少。春暖，踏成墼子，晒干；苫起。烧时，香气宜蚕”等养蚕用品的要求与准备，“椹子煎……以汤点服，明耳目，益水藏，和血气”和“桑莪素食中妙物”等桑来源物的药食利用[145]。

在生物学特征观察和技术方面，对荆桑和鲁桑的生物学特征差异及生产中利用技术的不同等做了十分详细的描述（“桑之种性，惟在辨其刚柔，得树艺之宜，使之各适其用”）。插条法育苗中“候至桑树条上青眼微动时，开穴；所藏条上，眼亦动。但黄色”的描述，既在观察上区分了两种不同枝条的细微差异，也确定了具体插条的时间。有关嫁接技术，则在《陈旉农书》的基础上，详细描述了插接、劈接、靥接（贴接或神仙接）和搭接（批接）的详细流程、具体要求及应用场景。除对栽桑过程各项技术描述外，对家蚕幼虫生长发育过程的观察和适时适当采取的技术措施及原因都有详尽的描述。家蚕或养蚕的基本特征有：“蚕之性，子在连则宜极寒；成蚁，则宜极暖；停眠起，宜温；大眠后，宜凉；临老，宜渐暖；入蔟，则宜极暖”“第一日饲，一复时可至四十九顿……大凡初蚁，宜暗……向食宜明”“蚕眠结嘴不食……起齐，宜微暖”“饲蚕之节，惟在随蚕所变之色，而为之加减厚薄”“大眠……起齐投食，一复时三顿”“蚕自大眠后，十五六顿即老。得丝多少全在此数日”“蔟蚕，地宜高平，内宜通风”“蚕老，不禁日气晒暴故也”等。温湿度控制及通风和光线的重要性得到充分的重视，主要与发育整齐度（“生蚁不齐，则其蚕，眠、起至老，俱不能齐也”）及养蚕病害（“墙壁湿润，多生白僵、贴沙之病”“加减凉暖……又风、雨、阴、晴之不测，朝暮、昼、夜之不同，一或失应，蚕病即生”“蚕沙宜频除，不除，则久而发热，热气熏蒸，后多‘白僵’”“暗值贼风，后多红僵”“布蚕，须要手轻……如或高掺……已后蔟内懒老翁、赤蛹”“蚕为有病，速宜抬解”）有关，在控制技术或方法上对蚕室结构、蚕期及上蔟期全程都有相关描述，部分操作细节的描述十分细腻（如“自蚁初生……蚕母须著单衣，以身体较；若自身觉寒，其蚕必寒，便添熟火；若自身觉热，其蚕亦热，约量去火”和“治火仓……带根节粗干柴，于粪上铺一层……于柴空隙处，筑得极实。慎不可虚！虚则火焰起伤屋，又熟火不能久”）。此外，对桑园中的蠦蛛、步屈（尺蠖）、麻虫、桑狗、野桑蚕、蜣螂（金龟子）和天水牛等害虫的存在或危害也有描述[145]。

在生产效率提高方面，桑园规划（“义桑……比之独立筑墙，不止桑多一倍；亦递相藉力，容易句当”）、树型养成（“纯用地桑，则人力倍省”）和采叶方法（“春采者，必须长梯高机，数人一树”“梯不长，高枝折；人不多，上下劳”）及催青孵化中的遮黑（“舒卷无度数，但要第一日，十分中变灰色者变至三分，收了；次二日，变至七分，收了。此二日收了后，必须用纸密糊，封了，如法还瓮内收藏。至第三日，于午时后，出连舒卷提掇”）等技术都涉及了效率问题。十分强调养蚕整齐度（“蚕欲三齐，子齐，蚁齐，蚕齐”），且认为其与效率和防病有关（“若八九分起便投食，直到蚕老，决多不齐，又多损失”）。蚕种生产中，提及减少次代病害以提高养蚕效率（“若有拳翅、秃眉、焦脚、焦尾、熏黄、赤肚、无毛、黑纹、黑身、黑头、先出、末后生者，拣出不用。止留完全肥好者，匀稀布于连上”）[145]。

在技术要点上，量化描述的特征十分明显。嫁接技术的多样化、桑（切碎叶）引收蚁法、养蚕上蔟等技术的细分化都是该典籍的重要特征或进步。对荆桑和鲁桑的描述，一方面暗示了这两个品种是此期主要桑品种（“世所名者，‘荆’与‘鲁’也”），另一方面涉及树型矮化技术的演变历程（“然荆桑之条叶，不如鲁桑之盛茂；当以鲁条接之，则能久远而又盛茂也。鲁为地桑……”和“荆桑根株，接鲁桑条也”）。“拌叶面，令蚕体充实，为茧坚厚，为丝坚韧也”是经验的记载，也是实验科学在养蚕技术上最早的探索[145]。

8.4.2 《王祯农书》

王祯(1271—1368年),农学家与机械制作大家,出生于人文荟萃的山东东平,就职于安徽旌德和江西永丰等地,不仅在农业上留下了巨作,还在木活字版工艺印刷技术上做出了重要贡献。《王祯农书》表达了基于客观规律主观能动的农耕思想,即"顺天之时、因地之宜、存乎其人",在著作内容上表现为"全"和"器"两大特征。"全"表现为下述三个方面:①体裁上采用"通诀""农器"和"谱属"的分"篇"陈述,基本规律和单一农业统分结合,体现了大农业的整体性。②类似于"基础篇"的"通诀",从气候基本规律、土地开垦、土壤类型、不同农作的立地条件、土壤改善及收获和储藏等方面进行了概要描述;类似于"专业篇"的"农器",以图说形式介绍了农林牧副渔不同农业类别的具体技术;类似于"分类篇"的"谱属",则对农业主体生物的类别和生物学特征进行了描述,涉及类别十分全面。③对南方和北方的农业生产进行了比较总结,同时也描述了不同类别农业在北方与南方的差异。"器"是其对大量农业机械的图说,全书36卷,对各种农具的描述有20卷,是前朝各类农业技术典籍所没有的内容与形式特征,其中栽桑养蚕及丝织的器具内容有3卷。此外,产业文化相关的有祭祀礼仪("籍田图""天子亲祀太社图"和"民社")、专题描述("农事起本""牛耕起本"和"蚕事起本"),以及蚕丝文化(卷二十二的茧馆、先蚕坛和蚕神)[360-365]。

在栽桑养蚕技术方面,"卷五种植篇(第十三)"对荆桑和鲁桑的特性、栽培的要点及养蚕应用进行了描述;"卷六蚕缫篇(第十五)"对蚕种催青孵化、饲养和缫丝过程技术进行了描述;"卷三十三篇(果属)"描述了桑椹可以食用及采摘保存方法。较之《农桑辑要》,《王祯农书》该部分内容显得十分简要,也未见技术上有明显的新发展。

在栽桑养蚕及丝织器具方面,有3卷进行了专门的介绍。"卷二十二蚕缫门"介绍了茧馆、先蚕坛、蚕神、蚕室、火仓、蚕槌、蚕椽、蚕箔、蚕筐、蚕槃(同盘)、蚕架、蚕网、蚕杓、蚕蔟、茧瓮、茧笼、缫车、热斧、冷盆和蚕连;"卷二十三蚕桑门"介绍了桑几、桑梯、斫斧、桑钩、桑笼、桑网、劖刀、切刀、桑砧、桑夹;

“卷二十四织纴门”介绍了丝籰、络车、经架、纬车、织机、梭和砧杵。对“蚕室”的描述较之前人更为详尽，除蚕室建设条件（地势和方位等）、蚕室结构（功能区域的分隔和面积大小等），以及墙体用料等细节外，从温湿度控制（在图中也可见遮阳棚）、生产流程的便利及面积容量等方面对蚕室建造进行了描述。“火仓”为加热用具，文字说明中强调了使蚕室温度达到均匀的目的，操作过程中的燃料（牛粪及谷壳）、先室外再室内（防止蚕室熏黑）、宜文火等内容。“蚕槌”是蚕架的立柱（木质），类似今天的梯形架的立柱，柱上有悬挂“长椽”的结构。“蚕椽”是横挂在蚕架立柱（蚕槌）上的竹竿，竹竿宜轻而直，上覆蚕箔。“蚕箔”也称“薅箔”，是由萑苇（芦类植物）编制而成的一大片上可载蚕的物件。“蚕筐”是竹制的蚕匾（也称箧），在小蚕饲养中操作方便。“蚕椠”是用竹（或木）制成的长方形框，中间小竹支撑后覆上萑苇，两端有贯通长端的竹竿形成的4个把手，用于搬运家蚕。“蚕架”可制成不同尺寸，与所使用的“蚕箔”或“蚕筐”的尺寸相适应。“蚕网”绳结类似于渔网，盖于蚕箔，放上桑叶，蚕上叶后，抬起放在蚕盘中，移到其他蚕箔上。“蚕杓”是木质柄、长约1米的大杓，用于调节蚕箔上家蚕密度和桑叶量。关于蚕蔟，书中介绍了北方的“团簇”和南方的“马头簇”，两者各有利弊，且蔟中均死蚕偏多，需要改进；在制作方法上，蚕蔟以竹为骨架（“簇心”），放入蒿或苫等草类材料而成。“茧瓮”是杀蛹储茧的大缸，在采茧后不能及时缫丝的情况下，将蚕茧储于大缸，放入盐等材料，泥封。“茧笼”为蒸茧用具。“缫车”为缫丝机械，南北有别。“热斧”和“冷盆”是两种不同抽丝方法的用具。“蚕连”是产卵用纸，以厚为佳。“蚕桑门”主要介绍了采桑和切桑相关的10种用具，但未见《陈旉农书》和《农桑辑要》描述的嫁接相关用具。“织纴门”主要介绍了丝织相关的7种用具，部分用具存在南北差异。该部分内容除了体现用具或机械在栽桑养蚕中的重要性外，以图文并茂的形式介绍相关技术，且技术性较楼璹的《耕织图》更强，在技术推广上更具实用性[144-145，357-365]。

8.4.3 《农桑衣食撮要》

鲁明善（1271—1368年）在淮河流域（安徽寿县等）任职期间，总结前人经验而撰写《农桑衣食撮要》，其中栽桑养蚕内容占比不少，但总体上《农桑衣食撮要》是一部月令体裁的简洁型农业技术推广图书。《农桑衣食撮要》以时间为主线，以作业内容为实体进行描述，也有部分实体内容的时间栏目中描述了全年的作业内容。例如：二月的“种旧椹”中涉及了播种后的全年管理及次年移栽；五月“斫桑”中涉及了夏至时的开掘、施粪肥。部分实体内容则在不同时间栏目分别陈述，如三月“养蚕法”中对蚕种进行了选种和产卵后处理的描述，但实际作业时间应在四月，而在五月和十二月又分别描述了“午日浸蚕种”和“浴蚕连”的作业[366-369]。

在栽桑养蚕内容的篇幅上，养蚕相关的内容较多且系统，有“养蚕法”“生蚁”“下蚁”“凉暖总论”“饲养总论”“分抬总论”“初饲蚕法”“头眠饲法”“停眠饲法”和“大眠饲法”，以及“午日浸蚕种”和“浴蚕连”等12个栏目。这些栏目对部分技术细节的描述较之前人更为详尽，如“三两蚁可布一箔，可老三十箔蚕。量叶放蚁”“二十五日老，一箔可得丝二十五两；二十八日老，得丝二十两；若月余或四十日老，止得丝十余两”的描述体现了蚁量、蚕室蚕具、桑叶及产量的基本技术参数关系，是配置生产要素的基本要求；“蚁生三五日之前，先将蚕屋用火熏暖”“头眠抬饲……向黄之时宜极暖。蚕眠起时，却要微暖”“一眠之后，天气晴明，于巳午时间卷起窗荐，以通风日”“起齐投食，宜薄散叶……次日渐渐加叶”“至大眠后，天气炎热，却要屋内清凉。务要临时斟酌寒暖”，则体现了在家蚕不同发育阶段对温度和食物需求的细微观察，以及给予不同技术处理的成功经验；“最忌露水湿叶并雨湿叶，则多生病”“若值阴雨天寒，比及饲蚕，先用干桑柴或去叶秆草一把点火，绕箔照过，熇出寒湿之气，然后饲之，则蚕不生病”和“不然则先眠之蚕久在燠底，湿热熏蒸后，变为风蚕……将蚕堆聚，蚕受郁热后，必病损多，作薄茧……若值烟薰，即多黑死。蚕食冷露湿热，必成白僵。食旧干热叶，则腹结、头大、尾尖。仓卒开门，暗值贼风，必多红僵。若高撒远撒，蚕身与箔相击后多不旺，多赤蛹，嫩老翁是也。”等陈述了养蚕作业不当导致的养蚕发病损失[366-369]。

在有关技术的描述中，从栽桑密度8步×4步，可以推测该期树型主体还是乔木型。在饲养过程和眠起处理技术方面：对收蚁、头眠处理、2龄喂饲、大眠处理和大蚕喂饲都有描述，未见3龄和4龄蚕饲养相关的描述。大蚕期经过的时间约5天（“一昼夜可饲三顿……自眠起吃食十五六顿即老”“二十五日老一箔……若月余或四十日老，止得丝十余两”），由于温度控制能力的局限性，此期所养家蚕的眠性可能为3眠或4眠。“……绿豆面、白米面或黑豆熟面与切下桑叶一处，微用温水拌匀；一箔可饲面十余两，却减叶三四分……不惟解蚕热毒，又省桑叶，仍得丝多，易缲，坚韧有色”，再次陈述了添食可以提高养蚕产量和蚕丝质量的技术[366-369]。

8.4.4 《农政全书》

徐光启（1562—1633年）为万历进士，崇祯文渊阁大学士，与意大利传教士利玛窦合作将“geometry”翻译成“几何”，并完成了古希腊欧几里得的《几何原本》前半部分的翻译，增强了西方认知思维、逻辑方式和数学原理等在“西学东渐”中的影响。徐光启虽入天主教，但思想上趋于“补儒易佛”，将传统儒学思想“格物”解读为认识自然现象，将“穷理”解读为认识客观规律，“知天理”是为“求其故”。“修身事天，格物穷理”反映了学术领域上社会哲学与自然哲学的分化，闪现了近代概念上的“自然科学”之火。因此，徐光启也是东西方文化思想交融的丰碑式人物，他不仅在历法、数学和军事等领域具有重要影响，在农业领域的贡献和影响更为巨大。《农政全书》全书12目60卷约50万字，通过对大量历史文献的解读、个人农业生产和试验的总结，以及资料的引用撰写而成。徐光启主张农本思想，意识到“富国必以本业”。“水利者，农之本也”和“预弭为上，有备为中，赈济为下”等体现其对水利和备荒救荒的高度重视。其农政思想在《农政全书》文本内容和结构上都有充分的体现。在内容上，全书涵盖了农业、农村和农民，是一部广义的农业巨作，它包括了11卷农政（经史典故、诸家杂论、国朝重农考、田制、营治、开垦、授时和占候）、9卷水利、4卷农器、18卷荒政，以及18卷各类种养业的技术等，也是集农业技术之大成的巨作，在农业技术卷中有4卷描述了栽桑养蚕及丝织的内容。有关栽桑养蚕内容,《农政全书》所引用的古籍较之《农桑辑要》和《王祯农书》更为丰富,描述更为详尽。在体裁上也是图文并茂,因而具有良好的技术推广性[51,370-372]。

在栽桑方面,《农政全书》除了描述桑树的分布十分广泛外,还体现了当时桑树在长江下游、福建、山西和四川等地("非龙堆狐塞,极寒之区,犹可耕且获也……东南之机,三吴越闽最伙,取给于湖茧;西北之机,潞最工,取给于阆茧")较为普及的特征。对桑种(选椹、洗椹、留种、保存及栽培)、种桑和培桑(土壤选择、栽培密度、肥水管理、树型养成及收获桑叶),以及桑虫防治等各类技术的过程和要求做了更为详尽的描述。部分内容出现新的技术描述,嫁接技术出现了压接和附地接,但主要用于老树的复壮或改良;关于扦插技术,描述了对枝条的选择、处理和肥水管理的技术要求("截其枚谓之嫁;留近本之枝尺余许,深埋之。出土也寸焉,培而高之以泄水;墨其瘢,或覆以螺壳,或涂以蜡而沥青油煎封之……粪其周围……灌以和水之粪……不摘叶也三年则其发茂");对修枝和树型养成的技术提出了细致的标准或要求("科条法:凡可科去者有四等");桑虫防治有"有桑牛,寻其穴,桐油抹之。则死;或以蒲母草"之技。虽然《农政全书》在栽桑相关器具类别上与《王祯农书》无明显区别,但对各种器具及应用方法进行了更为详尽的描述,对部分器具的地方特色也有描述("木砧伤叶,吴中用麦秸造者为佳")。桑苗繁殖、树型养成、肥水管理和桑叶采摘等与养蚕(大小蚕的不同和饲养量)、土地(间作)及桑资源利用(包括柘树)统筹协调的理念在书中呈现[51,370-372]。

在养蚕方面,《农政全书》介绍了各地已有饲养的各类家蚕(不同眠性、化性和生物学特征等),区分了南北养蚕上的诸多不同,如"南方例皆屋簇,北方例皆外簇"等;对家蚕生物学特征的观察及饲养技术的配套的描述更为详尽("初生色黑,渐渐加食,三日后,渐变白,则向食,宜少加厚。变青,则正食,宜益加厚。复变白,则慢食,宜少减。变黄,则短食,宜愈减。纯黄,则停食,谓之正眠。眠起,自黄而白,自白而青,自青复白,自白而黄,又一眠也。每眠,例如此候之,以加减食……蚕滋长则分之,沙燠厚则抬之");对给桑数量和均匀性要求、隔离旧叶蚕粪、适时除沙等技术实施细则有详细描述,以促进发育整齐、蚕座干燥和防病增产（“动起之初，欲得少食……以后者方眠，勒其食而不投，以困以饿；又必待后者动起而饲之”“蚕沙宜频除”和“蚕燠成片湿润白积者，蚕为有病，速宜抬解。如正可抬，却遇阴雨风冷，则不敢抬。用茅草细切如豆，每一箔可用一斗，或二斗，匀撒蚕上，再掺叶。移时，蚕因食叶，沿上其茅草，能隔燠沙。天晴再抬”）；对病征的描述有“勿食水叶。食则放白水而死”和“如或高掺……已后簇内，懒老翁、赤蛹是也”；防病的经验技术有“使其蚕自初及终，不知有寒热之苦；病少茧成”“蚕有白僵，是小时阴气蒸损”“忌食湿叶。忌食热叶”“下蚁惟在详款稀匀，使不致惊伤而稠叠”“抬蚕要众手急抬”“未免久堆乱积，远掷高抛；生病损伤，实由于此。故宜安款而稀匀也”和“蚕眠不齐，病原于初”；防止养蚕环境污染的技术有“不可以入生人，否则游走而不安箔”和“候蛾生足，移蛾下连……掘坑贮蛾。上用柴草搭合，以土封之，庶免禽虫伤食”等；描述的养蚕用具有“焦糠”（“蚕之自蚁而三眠也，具用切叶。其替抬也，用糠笼之灰糁焉，则蚕体快而无疾，或布网而抬替”）和“稻草蔟”（“蔟以稻草为之……乃握而束之……乃以握许登之”）；在人工干预养蚕过程方面也有新的经验描述（“浴以菜花、野菜花、韭花、桃花、白豆花。揉之水中而浴之。蛾之放子也，一夜而止，否则生蚁不齐”）。此外，对栽桑养蚕用具和缫丝纺丝器械的描述多数同《王祯农书》，但其使用方法的有关描述略为详尽。较之前人典籍，《农政全书》对家蚕群体发育整齐度要求及相关技术的描述明显增加，或者说对通过提高饲养群体发育整齐度提高效益的技术越发重视[51, 370-372]。

8.4.5 《天工开物》

宋应星（1587—约1661年）身处晚明清初中国农业和手工业高度发达和蓬勃发展的历史时期，在江西奉新和白鹿洞书院的求学，在浙江桐乡、江西分宜、广东恩平、安徽亳州的任职，以及5次北上参加会试的经历，对其思想和知识的形成产生了明显的影响，也为其积累丰富的生产知识和经验创造了良好的条件。他崇尚以《易》为宗、《中庸》为体、《礼》为用、孔孟为法的儒家理学派“关学”思想，形成了“气本论”的唯物主义自然观、“物可穷理”和“一物两体”的认识论和方法论思维。宋应星在搜集、整理、集成各种技术知识及个人经历的基础上，成就了被称为“中国17世纪的工艺百科全书”的《天工开物》。《天工开物》也是世界上第一部农业和手工业的综合性著作，它既反映了明朝末年出现资本主义萌芽时期的生产力状况，也体现了在农业和手工业技术领域中国领先世界的发展水平。1694年《天工开物》传入日本，18世纪在朝鲜广受重视，1830年法国汉学家儒莲将相关内容陆续译成法文，随后意德英俄等西方文字版也相继出现，对日本和欧洲西方国家的科技发展产生了重要影响[52，373-376]。

《天工开物》全书分上中下3卷18篇，附有123幅插图，描述了130多项生产技术和相关器具的名称、性状及工序等，其中也闪现了现代科学语境下化学“质量守恒”概念（“每水银一斤，入石亭脂二斤同研……得朱十四两。次朱三两五钱。出数藉硫质而生”）。将农业生产技术相关内容的种植业（乃粒第一）和栽桑养蚕及缫丝纺织（乃服第二）放在起首位置的安排，既体现了其农本思想，也反映了种植业和栽桑养蚕业在当时社会经济生活中的重要性。“乃服第二”篇共有35个栏目，栽桑养蚕相关的有“蚕种”“蚕浴”“种忌”“种类”“抱养”“养忌”“叶料”“食忌”“病症”“老足”“结茧”“取茧”“物害”和“择茧”14个栏目，缫丝纺织的内容有31个栏目，由此也可见缫丝纺织的手工业发达程度[52，373-376]。

在栽桑养蚕相关技术描述中，新的“量化”、生物学特征及技术细节屡有呈现。在“蚕种”中，“交一日半方解……雌者即时生卵”和“一蛾计生卵二百余粒”是对自然交配产卵法有关参数的描述。在“蚕浴”中，“每蚕纸一张，用盐仓走出卤水二升，参水浸于盂内，纸浮其面（石灰仿此）。逢腊月十二即浸浴。至二十四日。计十二日。周即沥起。用微火烘干……其天露浴者，时日相同……盖低种经浴则自死不出”是通过冬季浴种筛选出良卵的方法描述。“种忌”有“其下忌桐油、烟煤、火气。冬月忌雪映……直待腊月浴藏”的描述。在“种类”中，对不同蚕区蚕种从茧色、茧形和幼虫体壁花纹及其他性状上予以区别（“川、陕、晋、豫有黄白。嘉、湖有白无黄……凡蚕形亦有纯白、虎斑、纯黑、花纹数种。吐丝则同”“晚茧结成亚腰葫芦样。天露茧尖长如榧子形。又或圆扁如核桃形。又一种不忌泥涂叶者”)；“若将白雄配黄雌。则其嗣变成褐茧”和“今寒家有将早雄配晚雌者，幻出嘉种”表明了对不同类型家蚕进行杂交的尝试；“野蚕自为茧。出青州、沂水等地。树老即自生。其丝为衣。能御雨及垢污。其蛾出即飞，不传种纸上。他处亦有，但稀少耳”不仅对野桑蚕的特性予以表征，且暗示了与家蚕具有不同的演化路径。在“抱养”中，描述了眠起时吐丝的现象(“凡眠齐时，皆吐丝而后眠。若腾过，须将旧叶些微捡净。若粘带丝缠叶在中，眠起之时，恐其即食一口。则其病为胀死”)，对眠起技术处理的描述不如《农政全书》合理，蚕起即食的后果描述也不尽合理。在“养忌”中，陈述了家蚕对异味的禁忌和不同风向(与湿度有关)对家蚕的影响及处置方法。在“叶料”中，“嘉、湖用枝条垂压……来春每节生根，则剪开他栽。其树精华皆聚叶上，不复生葚与开花矣。欲叶便剪摘，则树至七八尺即斩截当顶，叶则婆娑可扳伐。不必乘梯缘木也……但闻有生葚开花者，则叶最薄少耳……其树接过，亦生厚叶也”说明了开花产椹多的桑树不利养蚕，但可以通过嫁接进行改良，也暗示了矮化桑树树型有利于提高采叶劳动效率。在“食忌”中，有去除叶面水分以防止家蚕摄食湿叶，以及“眠前必令饱足而眠，眠起即迟半日上叶无妨也”等具体技术细节。在“病症”中，重点描述了血液型脓病及处置方法(“凡蚕将病，则脑上放光，通身黄色，头渐大而尾渐小。并及眠之时，游走不眠……急择而去之，勿使败群”)，也体现了养蚕病害防治中群体病害控制的意识。在“老足”中，采用见熟上蔟法及技术要点(“捉时嫩一分则丝少。过老一分又吐去丝，茧壳必薄”)。在“结茧”中，除强调上蔟期间保持温度和减少湿度的重要性外，对蔟具的描述(“用麦稻藁斩齐，随手纠捩成山，顿插箔上”)和山箔图的示意表明此期“伞形蔟”的使用，且其丝更佳(“火不经，风不透。故所为屯、漳等绢，豫、蜀等绸，皆易朽烂。若嘉、湖产丝成衣，即入水浣濯百余度，其质尚存”)。在“取茧”中，“凡茧造三日，则下箔而取之。其壳外浮丝……湖郡老妇贱价买去……织成湖绸。去浮丝后，其茧必用大盘摊开架上……若用厨箱掩盖，则浥郁而丝绪断绝矣”描述了采茧后的处理及浮丝用途。在“物害”中，介绍了“雀、鼠、蚊”的危害。在“择茧”中，阐明了“必用圆正独蚕茧”，描述了并茧缫丝的特征[52,373-376]。

《天工开物》是一部极简的技术经验典籍，栽桑养蚕部分内容的系统性特征明显，虽然简洁，但体现新技术或经验的内容不少，加之图文并茂的体裁，十分有利于推广。因此，从刊印到清朝中期前，《天工开物》广泛流传，通过“朝贡体系”或民间通商流入异域。在清朝中期文字狱加剧的背景下，朝廷主导编修的《四库全书》（1792年）中未有录用，且遭禁刊。其后，仅在部分技术典籍中出现相关内容的引用，直至民国期间被国内学者从日本回引和再版，始在国内重新传播与流传[32,373-376]。

元明时期的5部栽桑养蚕技术相关的重要典籍，在技术上主要摘录或引用的典籍有《氾胜之书》《四民月令》《齐民要术》《蚕书》《永嘉记》《陈旉农书》《四时类要》《博闻录》《岁时广记》《韩氏直说》《士农必用》《务本新书》《农桑要旨》《农桑直说》及《蚕经》等，也引用了一些佚失、无确定记载、年代或作者不明的典籍（《杂五行书》《桑蚕直说》和《南方蚕书》）中的记载或描述。由于典籍成册的历史时代、编撰目的、作者摘录或引用前人典籍版本，以及作者思想文化背景的差异和经历的不同等，成册典籍的系统性、内容、体裁及具体技术的描述有不少差异，但其间的技术发展历程和脉络清晰可见。纵观元明时期上述5部栽桑养蚕技术相关典籍，可发现：该时期我国栽桑养蚕技术存在地域差异（传统农业的一般性规律）；在栽桑技术上，桑种、繁苗、移栽、采叶、修剪、树型养成、土壤、肥水管理、防虫及资源利用等生产过程中的技术和用具都有涉及；在养蚕技术上，除了蚕种、催青、收蚁、给桑、眠起处理、除沙、上蔟及采茧等基本生产过程中的技术陈述外，还记载了通过蚕室选址、蚕室结构、养蚕用具（包括材料）和技术方法的改进等，可有效提高保温和除湿能力，促进饲养家蚕群体发育整齐度，提高饲养作业劳动效率，以及防病增产等；对桑树和家蚕两个生产主体生物，部分自然和人工干预（技术处理）状态下的生物学特征观察和发现也十分细微，为后继者的科学发现或技术改良等提供了广泛的基础和十分宝贵的经验。这些典籍反映了该时期我国栽桑养蚕技术已经达到传统技术的巅峰。

第三篇　丝道天演

清朝沿着“王朝建立—社会稳定—人口增长—官僚懒政腐败—赋税激增—民不聊生—农民造反或外敌入侵—王朝灭亡—建立新王朝”的循环历史模式演化。传统栽桑养蚕、缫丝和丝织技术的推广在清朝到达巅峰。翻译和教育家严复(1854—1921年)将英国著名博物学家赫胥黎(Thomas Henry Huxley, 1825—1895年)论述宇宙过程中自然力量与伦理过程中人为力量的相互关系的*Evolution and Ethics*(《进化论与伦理学》)于1897年选择性翻译成《天演论》并刊出。赫胥黎是达尔文(Charles Robert Darwin, 1809—1882年)进化论的坚定簇拥者,生物间生存竞争和自然选择规律被演绎或社会化为“物竞天择”的万物或社会自然规律。在甲午战争惨败和《马关条约》签订(1895年),德国强占胶州湾(1897年)等民族危机空前深重的历史背景下,《天演论》对中国思想界产生了极为强烈的震动,在中国近代思想史上都留下了深刻的印记。

欧洲在文艺复兴和宗教改革后,社会快速从封建制演变为资本主义社会。以蒸汽机的发明和广泛应用为标志的第一次工业革命(18世纪60年代至19世纪中叶)和以电的发明和电器的广泛应用为标志的第二次工业革命(19世纪70年代),以及同期兴起的科技革命蓬勃发展,工业化程度大幅提升,社会经济快速发展。在数学、物理学和生物学等传统学科基础上,大量新的自然科学门类从传统学科中分离或分化,近代自然科学语言体系逐渐形成并不断演变;人文和社会学科在类比物理学和生物学研究成果的过程中,萌发了大量新兴学科门类,与自然科学交融互作。工业革命在推进社会经济发展和提高产业技术水平上产生巨大效应,其中纺织工业的快速发展,极大地带动了栽桑养蚕及丝织业的发展,使欧洲成为栽桑养蚕、缫丝及丝织科技和产业的重要区域。

日本,在社会、政治和科教领域全面学习西方,大量引进欧美国家的自然科学和工业技术。栽桑养蚕和缫丝及丝织业作为重要的经济支柱产业,其相关科学和技术得到快速发展。在丰富的中国及本国传统栽桑养蚕和缫丝技术经验基础上,与欧美自然科学理论和技术有效结合并创新发展,形成了栽桑养蚕的学科体系和近代化生产技术体系,在20世纪初成为世界栽桑养蚕和缫丝及丝织的产业和科教中心。

辛亥革命推翻了清朝，建立了亚洲第一个民主共和国政府，但连绵不断的战争和混乱的政治局面，使国内经济遭到严重破坏。在此期间，大批留学生陆续回国，知识分子宣传科学的伟大力量和传播自然科学的最新知识，崇尚民主和科学救国的思想成为民国文化的精神之魂，政治、知识和工商界的大量精英开启了全面向西方和日本学习的历程，栽桑养蚕和缫丝及丝织业开始寻求近代化发展的道路。

清朝和民国时期是世界生丝消费及贸易量快速增长的时期，世界栽桑养蚕和缫丝及丝织业在时间和空间上发生了剧烈的交错演变，从中国一枝独秀约三千年到"欧美—日本—中国"的三分天下。18—19世纪，欧美在科技革命和工业革命后缫丝和丝织工业快速发展，欧洲成为世界栽桑养蚕科技和产业技术的中心，栽桑养蚕业也得到一定的发展。明治维新后的日本，建立了栽桑养蚕和缫丝及丝织业的近代学科体系和产业技术体系，在20世纪初超越中国，成为世界栽桑养蚕科技和产业的中心。中国虽然保持了栽桑养蚕产业大国的地位，但科技和产业技术水平明显落后于欧美和日本，开始艰难迈出近代化的步伐。栽桑养蚕和缫丝及丝织业产区的结构性演变结果，与社会、政治和经济密切相关，与"丝道天演"——认知思维、自然科学和技术的发展更直接相关。

第9章　清朝栽桑养蚕业

1616年女真族首领努尔哈赤建立后金政权。1636年，皇太极改国号为“清”。1644年，清世祖入关，定都北京，逐步统一全国。清朝疆域西到今巴尔喀什湖、楚河及塔拉斯河流域、帕米尔高原，北到戈尔诺阿尔泰、萨彦岭，东北到外兴安岭、鄂霍次克海，东到海，包括台湾及其附属岛屿，南到南海诸岛，西南到广西、云南、西藏，包括拉达克。至18世纪后期，其工业产量占世界的三分之一，国库存银最高达8182万两（1777年）；耕地面积达10亿亩，人均粮食产量达到623公斤（1700年）；人口大幅增至3亿左右，是当时亚洲东部最强大的国家。鸦片战争以后，由于外国资本主义侵入，中国逐步沦为半殖民地半封建社会。其间，西方传教士将大量中国文化、思想、艺术和科技等传入欧洲，一度在欧洲引发“中国风”热潮。1911年，资产阶级领导的辛亥革命推翻清王朝，结束两千多年来的专制君主制度。

从16世纪开始，西欧进入资本主义时期，经过17—18世纪英国、法国的资产阶级革命和18世纪后半期机器大工业的发展，资本主义的统治地位得到巩固。18世纪60年代始于英国的资本主义工业化，在其他主要资本主义国家中相继出现。资本主义强国在资本原始积累中，通过海盗式劫掠、欺诈性贸易、奴隶贩卖等方式，从落后国家掠夺巨量财富。荷兰、西班牙、法国和英国等为争夺殖民地而发生多次战争。1775年，北美殖民地人民掀起独立战争，1776年7月4日宣布成立美利坚合众国。1783年英国正式承认美国独立。南北战争后，美国资本主义迅速发展，至19世纪末期，工业产值跃居世界首位，垄断组织形成，进入帝国主义阶段。美国经济高度发达，国民生产总值长期居世界首位。俄罗斯在16—17世纪吞并喀山汗国、阿斯特拉罕汗国、西西伯利亚和东西伯利亚。1721年彼得一世改国号为“俄罗斯帝国”。1861年起实行农奴制改革，促进了俄国社会向资本主义转型，但未改变沙皇专制制度。从19世纪50年代开始，帝俄以武力强迫中国清朝当局签订一系列不平等条约，割去150多万平方千米的中国领土。19世纪末俄国成为军事封建帝国主义国家。日本在1868年明治维新后，资本主义快速发展，但同时伴有浓厚的封建性与侵略扩张性。

9.1 蚕茧生产和蚕丝贸易

在1840年前，清朝类似于历代封建王朝，通过战争取得政权后，多种休养生息、缓解阶级矛盾政策的实施，使社会趋于稳定，经济得到快速恢复与发展。在1840年后，殖民主义列强不断入侵，国家陷入殖民地和封建主义的深渊，力图改良或变革的思想与封建思想冲突不断。总体上，清朝是土地增垦、农业增产、手工业发展、商业贸易发达、城镇数量大增的时期。人口数超过4.5亿，传统社会发展达到极致，但中国遭受外敌侵略和列强掠夺的惨烈程度也无以复加。

清朝，在农业上，土地资源利用、耕作制度改进和农技推广等都取得了明显长进。耕地面积从西汉（公元2年）的5.06亿市亩（亩）和明朝（1600年）的8.30亿市亩，发展到14.58亿市亩；采用轮作、间作和套种及多熟制等新型或改良的农作制度，提高了土地的利用率；从土壤耕作、选种育种、田间管理、施肥灌溉等方面开展精耕细作，单位亩产及产值得到提高（表9-1），传统农业水平达到顶峰。另一方面，清朝的农器具并无明显的创新发展，人均耕地面积从1661年的6.00市亩，下降到1911年的3.17市亩；人均粮食产量也从1422斤下降到796斤，劳动生产率呈现明显下降。在粮食总产量增加，满足人口增长（从明朝的1.5亿人口增长到4.5亿）所需的背景下，清朝粮食生产用地和产值的占比逐渐下降，经济作物产值占比逐渐增加（13.4%～23.8%），畜牧业、林业和渔业的占比分别在9%、4%和3%以下。经济作物(栽桑养蚕、棉花栽培和茶叶种植等)的发展为手工业和商品经济的发展提供了重要的条件,商品化的土地、劳动力和资金等不断渗透和组合生效,并逐渐从农业中分离出来而成为相对独立的商品性生产部门[377-399]。

表9-1 清朝部分年份的耕地、粮食及蚕桑指标估算值

年份	耕地面积/亿清亩	产粮用地/亿清亩	粮食亩产/斤	粮食总产值/亿两	桑园面积/万亩	蚕桑亩产值/两
1661年	7.78	7.16	258	12.7	/	/
1685年	8.93	8.22	266	15.0	/	/
1724年	10.82	9.95	281	19.1	/	/
1766年	11.62	10.46	310	22.2	/	/
1812年	12.78	11.12	326	25.5	/	/
1850年	14.33	12.47	/	/	300	9.2
1887年	15.08	12.82	310	27.9	482	9.2
1911年	15.82	13.45	295	27.9	630	9.2

注:1清亩=0.9216亩。

清朝栽桑养蚕业的演变是在其社会、政治、战争和经济大背景下展开的,栽桑养蚕规模、蚕丝贸易和税收方面都有新的增加,政府政策的支持、手工业或工业发展中的牵引带动等都有效促进了栽桑养蚕业的发展。在清朝末期,欧洲自然科学知识特别是日本栽桑养蚕业相关的近代科学和技术,西方新式学校的科技教育模式等开始引入,国人逐渐认清传统栽桑养蚕技术的局限性,并尝试近代科学知识的吸取和技术的应用。

在栽桑养蚕区域分布和总体规模上,太湖流域蚕区(浙江钱塘江以北的杭嘉湖平原和江苏太湖北侧的苏锡常及上海)继明朝后得到进一步发展。清朝有关栽桑养蚕业蓬勃发展的文字描述在各类文献及地方志中都有记载,如“朕巡省浙西,桑树被野,天下丝绸之供,皆在东南,而蚕桑之盛,惟此一区”(康熙《桑赋序》)、“县民以此为恒产,傍水之地,无一旷土,一望郁然”“公私仰给,惟蚕丝是赖”(嘉庆《嘉兴府志》)和“尺寸之堤,必树之桑”(同治《湖州府志》卷29)等。文献记载,浙江75县中的58个县,江苏长江以南的无锡、武

进、江阴和宜兴等地及上海部分区域的栽桑养蚕业快速发展；桑园面积从1850年的300万亩，增加到1911年的630万亩（表9-1）。崇德（今桐乡崇福镇）康熙年间桑园占地扩增了3.32倍，从1581年的12.46%增加到1713年的41.38%。浙江和江苏的蚕茧产量在1880年/1898年分别为4.76万吨/5.13万吨和1.59万吨/1.76万吨，分别占全国主产省的38.81%/36.10%和12.94%/12.42%（表9-2）；蚕桑/水稻效益比为6.3倍（上等地）或6倍（中等地），相对高收益成为栽桑养蚕的重要发展驱动力。从17世纪到19世纪，全国主产区生丝总产量从2100吨，增加到8000吨以上（1880年，8165吨；1898年，14198吨），其中1750—1799年也是丝价增长最快的时期[380-381]。1878年和1879年，湖州产丝1843吨和2082吨。1878年，湖州生丝产量占浙江全省的62.9%，杭州、嘉兴和绍兴分别占17.7%、16.6%和2.8%。1880年，浙江和江苏分别产丝3175吨和1058吨，占全国主产省的38.89%和12.96%（表9-2）[382]。在清朝，该区域尽管曾遭受战争和社会持续动荡的影响，但依然顽强发展，栽桑养蚕规模、蚕茧和生丝产量占全国的比重不断增加，栽桑养蚕的中心地位更加突出。

表9-2 主产区蚕茧和生丝产量的调查及推算

省份	Rondot（1880年）调查		Gilbermann（1898年）调查
	生丝产量/担	估计蚕茧产量/担	蚕茧产量/担
浙江	63000	945000	1017000
江苏	21000	315000	350000
安徽	850	12750	30000
湖北	6050	90750	120000
湖南	540	8100	25000
四川	15700	241000	317000
山东	1850	27750	45000
广东	44000	600000	717000
河南	7700	115500	142000
其他	1310	19650	72000
总计	162000	2435000	2817000

注：1担=50.4千克。

在太湖流域蚕区，湖州、嘉兴、杭州及苏州栽桑养蚕业的集聚发展与该区域独特的自然地理和气候条件，特定历史时期的社会经济和农业发展状态密切相关。在气候条件上，太湖流域蚕区地处东经119°～121°，北纬30°～32°，属亚热带季风气候，全年平均气温约15℃，无霜期220～246天，平均日照约2000小时，年平均降水约1200毫升，降雨日约135天。在自然地理、土壤、水利和交通上，以平原和河湖为主，部分山地，平均海拔约3米，表层沉积物以细颗粒泥沙（细粉沙、黏土）为主，属河流湖泊堆积物，水网稠密，交通便利，杭嘉湖平原的河网密度达12.7千米/千米^2，流域平均河网密度3.25千米/千米^2，流域河道总长约12万公里，湖泊面积3159平方公里。地理和气候条件十分有利于桑树的栽培，"横塘纵溇"等水利系统的完善使抗旱排涝能力得到提升，为具有良好适应性的桑树生长提供了优越的高产条件。在对自然温度依赖十分明显的传统养蚕模式下，自然气温的变化也十分适合蚕种的孵化和家蚕的饲养；丰富而优质的水资源，为手工纺丝作业和较高质量生丝的生产提供了重要的保障。在社会经济和农业发展状态方面，历代政府的鼓励政策，土地、劳动力和资金等基本农业生产要素有利于加快栽桑养蚕业商品化发展。由于税丝收缴比重增加对产业规模扩张的刺激作用，农业及栽桑养蚕悠久历史的传统共性，在土壤改良、水利完善及技术积累等方面的优势，在太湖流域蚕区栽桑养蚕系统内部开始分化出桑苗、桑叶和蚕种等专业细分生产领域，后端纺丝等手工业的兴起和逐渐向工业化的发展形成需求导向的强力拉动作用，栽桑养蚕业逐渐从农业中分离演变为相对独立的商品性生产行业[377，381，383-386]。

在太湖流域外，广东、四川和河南等省份栽桑养蚕相对较多（表9-2），贵州、福建、台湾、河北、山西、陕西、广西、甘肃、新疆等地也有不同规模的栽桑养蚕和蚕茧生产。广东蚕区主要分布在顺德和南海，从"计一妇之力，岁可得丝四十余斤。桑叶一月一摘，摘已复生，计地一亩，月可得叶五百斤，蚕食之得丝四斤"（《广东新语》）等记载可见区域中栽桑养蚕收益之优厚，以及栽培杂交桑和全年多批次养蚕的生产模式。1873年，陈启沅在广东南海西樵简村开办了我国第一家民族资本的机器缫丝厂（继昌隆缫丝厂），大大增强了广东的生丝出口量，进一步增强了区域及周边的蚕茧生产能力。江西和广西等地也曾采用广东生产模式发展蚕桑。始于唐朝但蚕茧生产规模甚微的广西在该时期得到了较大的发展，1891 年的蚕茧产量达到 100 吨左右。四川长期是我国的主要蚕区之一，清朝时期蚕区范围从以成都平原为主逐渐发展至几近全域，丘陵和低山区栽桑养蚕使得生产区域扩展，也有不少江浙人到此发展。丝织业则依然以顺庆、嘉陵和成都为中心。四川蚕区与太湖流域蚕区相较，区域手工业、出口贸易及商品经济发展缓慢，原料供应地的特征比较明显。“近来土贡重吴丝，蜀缬稀闻进尚衣”等描述，表明了此期四川的栽桑养蚕业较之唐宋时期的兴盛，处于低谷阶段，生产水平相对较低。河南作为我国栽桑养蚕的重要发源地之一，在经历金朝和元朝等时期的战乱、明朝棉花的大规模发展，以及柞蚕饲养量的增加后，桑蚕茧产量几近历史底谷，中原栽桑养蚕主产区的地位也逐渐丧失。清朝，太湖流域成为我国栽桑养蚕的主要产区，不仅可由史料描述性记载的蚕茧产量证明，还可由该时期众多留存的介绍太湖流域蚕桑技术和生产的书籍证实。清朝，太湖流域栽桑养蚕生产技术和产能达到新顶峰，全国最为主要蚕茧产区的基本特征更加明显。太湖流域栽桑养蚕业在此期呈中心化集聚发展，区域内技术长期积累和生产能力的持续上升、区域农业和社会经济发展的差异化、气候变迁和地理交通环境的演变，以及传统文化的积淀是其重要的基础。区域内手工业的快速发展，栽桑养蚕作业的细分专业化，特别是工业化国家机器缫丝工厂的建立，生丝生产从手工业向工业化生产方向发展，生丝（厂丝）出口贸易的增加拉动区域内栽桑养蚕业发展的同时，对区域外也有明显的促进作用[147,381-383,387-394]。

在税收和织造方面，清朝基本沿用明朝的制度和办法，赋役合并增收的“一条鞭法”税制中增加了地丁制度，田出粮，其他都纳钱，经济作物由于收益上的优势和税收有利性而得到较好的发展，全国形成了特定的粮食和经济作物区域。在太湖流域，栽桑养蚕的经济效益明显高于种植粮食（3~6 倍）以及受社会经济和自然环境等因素的综合影响，栽桑养蚕业逐渐成为纳税的重要科目。清朝统治者则进一步通过设置布政司、织造衙门和织造局（北京织染局，江宁、苏州和杭州织造局 1645 年恢复）等行政和官办机构，从养蚕农户那里掠夺原料，生产统治者用于奢靡生活的丝绸。织造局主要分布在盛产蚕茧及生丝的太湖流域蚕区，不同织造局生产不同类型的产品（“上用”和“赏赐”，“龙衣”和御用礼服，四时衣服和绵甲，以及缎、绸和绫等），其他地区（布政司）主要以原料（各类丝、绵和绢等）生产为主，但也有特殊成品生产[381，383，388–391，395–399]。

清朝虽然闭关锁国，但仍有限量的生丝出口贸易及走私。鸦片战争后的五口通商中，上海口岸出口生丝2351吨（1844—1847年），其中“辑里湖丝”就有1295吨。其时，旧法缫丝大抵湖州及南浔第一，“湖丝极盛时，出洋十万包”（1853年，2320吨；1862年，4084吨），其次为杭州和嘉兴，苏州第三，无锡第四。无锡虽然起步较晚（1860年），但蚕种生产上的扩大、栽桑养蚕与手工缫丝兼营的家庭生产经济模式、较早引进机器缫丝及出口贸易的有效对接等，使其很快变成全国最大的蚕茧贸易中心之一。清朝桑园面积、蚕茧和生丝产量及出口量等数据存在统计口径不规范及计量单位不统一等问题。此期，太湖流域栽桑养蚕及缫丝业的规模和技术达到了传统经济的巅峰，但战乱及自然灾害等对太湖流域部分蚕区还是产生了相当大的破坏作用，出口激增和通货膨胀造成农村织机户的资金周转困难，导致部分年度栽桑养蚕业规模和生丝产量的波动[381，383，388–391，395–399]。

鸦片战争后，中国社会经济结构发生急剧演变，开港贸易中蚕丝相关产品数量大幅增长，“织造局-机户-蚕农”的经济运行格局开始发生明显变化，织造衙门等政府机构因功能减弱而逐渐消失（1843年，北京织染局废止；1860年，苏州织造局毁于兵火；1904年，江宁织造局被裁撤；1911年，杭州织造局关闭）。另一方面，欧洲和日本等工业化国家的机器缫丝技术开始进入中国，在与传统缫丝业不断冲突中逐渐壮大。1862年，英商怡和洋行在上海首办新式蒸汽缫丝厂，有丝车百台，但1866年失败关闭；1873年陈启沅在广东南海简村首开蒸汽动力缫丝厂，1928年关闭，但在带动和促进华南蚕区生丝的出口中发挥了示范作用；1882年，上海又有3家新式缫丝厂（美商旗昌洋行、英商怡和洋行和华商公和永丝厂）开办，黄佐卿创办的公和永丝厂（祥记）是上海第一家华商缫丝厂，其产品于1887年进入法国市场，1892年工厂扩容，丝车增至858台；1895年到1899年，新增缫丝厂66家，其中太湖流域就有58家(包括上海的18家);1908年上海有30~35家缫丝厂,丝车8000台,2万余人从业。随着上海及周边地区机器缫丝厂的不断增加,经营生丝出口的买办或丝号商人应运而生,生丝贸易日趋繁荣。虽然清朝以太湖流域为中心的栽桑养蚕业在技术和生产规模上都取得了不少的发展,但从世界栽桑养蚕布局变迁与演变,特别是技术发展或生丝的出口贸易看,清末却是中国栽桑养蚕业走向衰落的开始。日本在明治维新后,栽桑养蚕和缫丝业得到快速发展,生丝出口贸易量超过中国(1912年),成为世界第一蚕丝贸易国(图9-1)[84,378,380-381,383,386,397-401]。

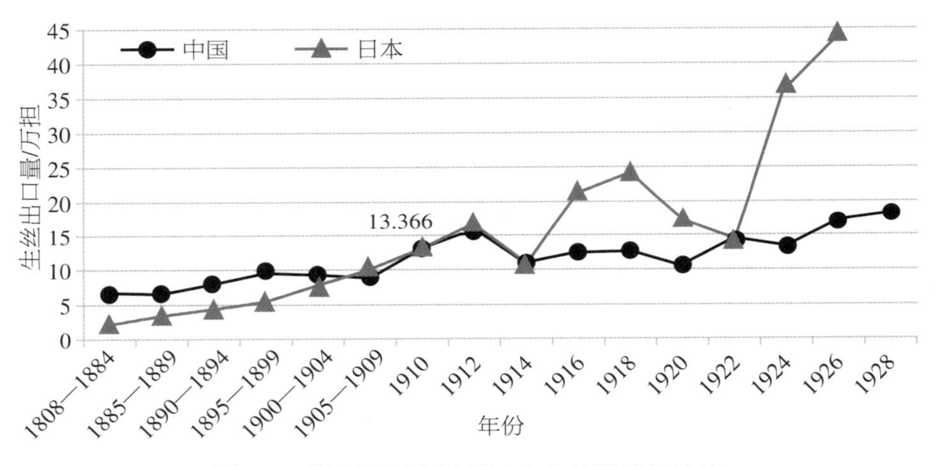

图9-1　清末民初中国和日本生丝贸易量比较

9.2　栽桑养蚕古籍的演化

纵观中国栽桑养蚕的遗存古籍(包括后世援引和摘录等),尽管在《山海经》(西汉司马迁《史记·大宛传》等)、东晋干宝(?—336年)的《搜神记》、北魏郦道元(约470—527年)的《水经注》、唐朝魏徵(580—643年)等撰的《隋书》、北宋李昉(925—996年)等撰的《太平御览》和《太平广记》、北宋刘恕(1032—1078年)的《资治通鉴外纪》、南宋罗泌(1131—1189年)的《路史》和明朝董斯张(1587—1628年)的《广博物志》中援引的《皇图要览》等大量后世神话或小说类古籍中有大量栽桑养蚕及缫丝纺织的记载，甚至被一些技术类古籍援引，但这些古籍更多描述的是偏离物象的后世意象。从技术类古籍中我们也许可以看到更为接近物象的发展脉络。技术类古籍在中国传统栽桑养蚕技术的发展中，对栽桑养蚕生产过程中涉及的事物（桑、蚕、土壤、气候、病害和器物等）的观察描述极为细致周详，记载了大量在今天生物学概念上依然具有重要价值的现象，以及与之相随的生产经验积累和技术提高，形成了中国栽桑养蚕技术发展的独特历程（表9-3）。

表9-3　中国栽桑养蚕古籍记载的主要发现和技术

时间	发现/技术	古籍文献
约公元前1100—前600年	发现：①桑树长于旱地；②用桑养蚕；③桑可作木材	《诗经》[142]
约公元前1000年	发现：栽桑养蚕及缫丝纺织广泛分布于黄河和长江流域	《尚书》[142]
约公元前250—前150年	发现：栽桑养蚕可以获得良好的经济收益	《孟子》[142]
约公元前475—前221年	发现：①桑树在不同土壤的生长状态不同；②养蚕病害的发生和防病的重要性。 技术：取丝纺织	《管子·地员/山权数/山国轨》[142]
约公元前202—8年	技术：①桑种获取和处理；②桑苗栽培（土壤、直播、密度、肥水、除草及间作等）；③叶蚕平衡	《氾胜之书》
约103—170年	发现：养蚕与四季气候有关。 技术：①室内饲养；②蚕架、蚕匾、蔟具等养蚕用具；③缫丝及用具	《四民月令》[143]
约533—544年	发现：①不同桑和蚕品种的存在及特性；②桑树的雌雄异株；③家蚕化性和眠性及滞育；④催青和幼虫经历时间及体态特征；⑤蚕茧质量与桑叶、气候环境和养蚕方法相关。 技术：①压条法繁育桑苗；②桑树肥水、耕作等管理；③蚕种选择、保护和冬季浴种；④切叶养小蚕，保持群体发育整齐；⑤蚕室设计和保温养蚕；⑥盐和暴晒杀蛹	《齐民要术》[50]

续表

时间	发现/技术	古籍文献
1049—1100年	发现:①幼虫食桑、眠期和营茧的时间;②桑叶质量与养蚕健康相关;③体色变化与食桑关系。 技术:①蚕种消毒;②芦苇蔟具;③见熟上蔟和密度控制;④控制温度掌握羽化时间;⑤竹木器具缫丝	《蚕书》[284]
1149年	发现:①蚕种质量与丝的相关性;②蚕对桑叶的趋食性;③眠起后到食桑有时间间隔;④多种蚕病症状。 技术:①桑种选择;②桑树嫁接和定植、树型养成及栽培密度;③催青、养蚕和上蔟加温;④桑叶勤饲保鲜、适时扩座和勤除沙;⑤根据蚕的数量估计蚕茧产量及收益	《陈旉农书》[144]
1273年	发现:①气候季节和土壤对桑苗的移栽、定植,对桑树成形、产量的影响;②发育推迟是病害的征兆;③种茧茧层厚度与产卵量和子代饲养有关;④发病与温湿度有关;⑤上蔟通风有利于蚕茧质量提高;⑥蚕茧纹理与缫丝处理的关系。 技术:①桑品种推荐及大小蚕用途差异;②插条育苗法;③多种嫁接方法;④桑病虫害防治方法;⑤母蛾选择与防病;⑥各龄眠起的不同处理,各龄喂叶量、次数及方法;⑦添食提高蚕茧产量和质量;⑧桑的药食利用;⑨以桑叶高产为导向,防病为基础,群体发育整齐为目标,蚕室和养蚕用各种器具及物品准备的系统性技术	《农桑辑要》[145]
1313年	技术:桑园用具、蚕室蚕具、缫丝和纺织器具及使用	《王祯农书》[361]
1314年	发现:新旧桑种子的区别。 技术:桑枝压条的时间和土壤要求	《农桑衣食撮要》[366]
1610年	发现:①桑品种产椹而无种子;②发育不齐与病害及蚕茧产量有关;③雌雄蚕茧形态差异。 技术:①附地接;②桑天牛防治法;③母蛾产卵限于一天;④焦糠、短稻草或茅草便于隔离和除沙;⑤伞形蔟;⑥适时适地采用不同的栽桑养蚕法	《农政全书》[51]

续表

时间	发现/技术	古籍文献
1637年	发现：①每蛾约产200粒卵；②不同蚕品种杂交后，茧形和茧色的变化；③束腰、球形和纺锤形茧，以及蚕体不同的花纹；④眠起有少量吐丝；⑤卧于桑叶或蚕座下层者，多为弱蚕，结薄茧。技术：①烧残桑叶，驱除污浊空气；②及时淘汰病蚕，减少传播；③适时采茧；④去除双宫茧后纺丝	《天工开物》[52]

清朝延续了历代栽桑养蚕技术、知识和经验不断积累的过程，记载栽桑养蚕技术相关的资料书籍（包括宣传推广用通俗本）较之前朝更为丰富，主要体现在三个方面。①清朝共有214册遗存古籍，在数量上约占整个清朝农书的1/3，较之明朝的17册和之前总数的49册更为丰富，体现了栽桑养蚕的重要性和普及性。②柞蚕相关内容资料明显增加（41册）。③技术内容和作者多样化。在技术内容上，这些书籍主要根据古籍或其他蚕区的经验，结合当地实际或个人经验编撰而成，体裁多样，本地化实用程度较高。介绍最多的技术地域来源是太湖流域蚕区（浙江46册和江苏14册），其中湖州栽桑养蚕技术的介绍尤多。这些技术介绍也反映了此期除浙江和江苏外，广东、四川、山东、安徽、江西、贵州和陕西等17个省区都有栽桑养蚕（包括柞蚕），即此期栽桑养蚕的广泛性。在清末的部分资料书籍中，开始出现援引日本及欧洲国家技术的内容。撰写作者少见学问大家，多为基层官吏或文人，有些为亲身体验者和推广者，有些为古籍摘录者或归类转述者，具有明显的区域特色[387]。

《钦定授时通考》（成书于1742年）是乾隆二年（1737年）皇帝谕令南书房和武英殿的翰林们编撰，并经内廷词臣共同纂修，历经5年而刊行，是清朝唯一一部官修的农业百科全书。全书8门、66目、78卷，插图512幅，98万字，字数是元朝同为官修农书《农桑辑要》（1273年，约6万字）的十多倍，也较《齐民要术》（约533—544年，正文约7万字）、《王祯农书》（1313年，约13万字）和《农政全书》（1610年，约50万字）3部百科类农业古籍更为宏大，并于1792年收入《四库全书》[402-403]。

在农业范畴、概念阐述和内容结构的安排上,《齐民要术》是我国第一部综合性的农书,按照种植及养殖类别单独介绍了生产过程和相关技术经验,也有部分内容涉及农产品的加工方法和生产效益的分析,但总体上是一部较为单纯而归类清晰的农业技术古籍[50,404-406]。《农桑辑要》收集了更多门类农业生产过程及相关技术经验,不仅与新物种引进和耕地拓展有关,还体现了农业生产、农产品加工和农业经营的发展,同时通过"典训"的方式开始宣扬重农思想,介绍栽桑养蚕的篇幅较大(7卷中的2卷)[145,357-360]。《王祯农书》是第一部兼论我国南北两大地域农业生产技术和经验的综合性农书,以种植和养殖门类及农业生产器具(文字+图)为主线的陈述方式,很好地体现了农业生产或加工技术发展中提高生产效率的重要性和技术推广的有效性,对气候、开垦、土壤、耕种、施肥、水利灌溉、田间管理和收获等农业操作的共同基本原则和措施(农桑通诀)有较大篇幅陈述,也表明了该书对农业生产概念外延的拓展,是一部系统性综合农书[360-361,365]。《农政全书》60卷中包括3卷"农本"、2卷"田制"和18卷"荒政",是一部从"农本"向"农政"概念跨越的农书;6卷"农事"、9卷"水利"和4卷"农器",则进一步强化了农业生产技术中气候、土壤、水利、灌溉及施肥等技术的基础性和通用性;对159种植物栽培和13种动物养殖生产过程和技术的描述,以及对相关产品加工等的介绍,充分体现其是一部反映农业技术发展水平的综合性农书[51,370-371]。《钦定授时通考》按照天时、土宜、谷种、功作、劝课、蓄聚、农余和蚕桑等8门78卷的文本结构方式编撰,充分体现了"广义农业"概念下的基础性与综合性有机结合;在对各门类农业生产的"田制"和"税收"等"农政"及生产效率提高方法进行分类描述的同时,对粮食生产高度重视的特征也十分明显;用14卷介绍蔬菜、瓜果和林木等的生产技术,则反映了农业中门类的进一步多样化、生活水平的提高和与国外物种间交流更趋活跃的特征。《钦定授时通考》是现存收集古籍农书最为广泛的一部综合性农书[402]。

在《钦定授时通考》中,除气候、土壤和水利等基础农业技术,以及"农政"中涉及栽桑养蚕外,独设蚕桑门7卷和劝课门2卷(耕织图上和耕织图下),征引了30多本相关古籍及诗文描述,综合介绍栽桑养蚕及加工相关的技术经验,强调本朝及历朝对农桑的重视。栽桑养蚕及加工相关的技术经验内容主要来源于《齐民要术》《蚕书》《博闻录》《韩氏直说》《蚕经》《农桑要旨》《务本新书》《士农必用》《农桑辑要》《王祯农书》《农政全书》和《天工开物》等古籍,虽然是一部集大成之巨作,但少有创新和技术上的发展与进步。这种现象除与成书的历史社会政治背景和参编人员的身份有关外,与清朝栽桑养蚕技术发展的局限性不无关系。

清朝末期,栽桑养蚕及缫丝织绸相关的古籍具有明显的地方及个人经历特征。例如:高铨1808年写成的《吴兴蚕书》(也有版本名为《蚕桑辑要》)记录了湖州蚕区栽桑养蚕的技术方法;沈秉成任江苏常镇通海道时,为推广栽桑养蚕而刊印《蚕桑辑要》(1871年)[407];汪日桢在负责编写《湖州府志》的蚕桑部分内容时,编撰而成《湖蚕述》(1874年刻印)[408];以沈练在安徽推广栽桑养蚕时编写的《蚕桑说》(1840年刻板)和《广蚕桑说》(1863年刊印)为蓝本,仲学辂辑补而成《广蚕桑说辑补》(1877年),在严州府推广栽桑养蚕[409];浙江安吉张行孚的《蚕事要略》和安徽太平赵敬如的《蚕桑说》(1896年)等古籍较好地记载了以湖州蚕区为主的太湖流域地区栽桑养蚕的生产状态和技术水平[410]。卫杰在保定蚕桑局任职推广栽桑养蚕时,综合大量古籍编撰而成《蚕桑萃编》(1894年),在内容上杂糅了南方和北方栽桑养蚕技术,对手工缫丝织绸等加工技术的介绍也十分详尽,且图文并茂,通俗易懂,不失为技术推广的善本[411]。陈开沚广收古籍,手试目验,亲历栽桑养蚕及缫丝办厂获益后,编成《裨农最要》(1897年)以惠百姓而在四川推广栽桑养蚕,虽有个人体验特色,但未见明显的四川区域特征[412]。此外,陈启沅编著的《蚕桑谱》(1897年)[413],曾鉌编撰、刘青藜补辑、蒋善训校订的《蚕桑备要》和杨巩较为全面系统地摘录汇编古籍中栽桑养蚕及缫丝织绸技术而成的《农学合编》(1908年),各自从栽桑、蚕种、催青和收蚁、饲养和防病等方面,对各项技术进行了详细的记载和描述[414]。

9.3 传统技术推广的巅峰

9.3.1 栽桑技术

最早记载桑树的可能是图案，与文字起源同步；《诗经》"爰求柔桑"和"猗彼女桑"的文字描述，可能是最早表现桑树外观特征的意象。《齐民要术》在注释《尔雅》中"女桑""桋桑""檿桑"和"山桑"时提及不同桑树间的特征差异，但未明示与养蚕的相关性；除介绍"荆桑"和"地桑"外，描述了留取"黑鲁桑"（功省用多）较"黄鲁桑"（不耐久）种子（桑椹）更好的桑树繁育技术，这可能是桑品种概念的首次出现。"大都种椹长迟，不如压枝之速"的压条繁苗法，表明桑树无性繁殖技术的开始，解决了桑树异花授粉的杂交品种遗传性状分离而难以稳定遗传的问题。通过选桑椹获得优良桑品种的方法是自然选择概念下的技术，压条繁苗技术则具有人工选择的概念。压条法的出现是具有良好遗传稳定性桑品种形成的技术基础。《陈旉农书》有"若欲接缚，即别取好桑直上生条，不用横垂生者，三四寸长，截如接果子样接之。其叶倍好，然亦易衰，不可不知也。湖中安吉人皆能之"的记载[144]。《农桑辑要》辑录《务本新书》（金朝）的"栽条"和《士农必用》（金末元初）的"插条法"，阐述此期不同季节剪枝（多为鲁桑）和春季插条繁苗的方法。嫁接技术上，书中"接换之妙，荆桑根株，接鲁桑条也"的描述反映了对砧木、接穗及两者进行不同组合后获得桑树优劣的发现和经验；书中还详细描述了"插接""劈接""靥接"和"搭接"等的操作流程、要求和用途，以及春季用桑梢扦插等方法。《王祯农书》记载的嫁接方法还有"身接""根接""皮接""枝接"。至清朝，已记载有荆桑、鲁桑、湖桑（青皮、黄皮和紫皮）、川桑、富阳桑、山桑、白桑、鸡桑、花桑、毛桑、火桑、花桑、椹桑、栀桑、子桑、丛生桑、荷叶桑、望海桑、油桑、乌桑、白皮桑、青桑、扯皮桑、尖头桑、红头桑、红顶桑、槐头桑、鸡案桑、木竹青、乌青、密眼青、晚青桑、鸡脚桑、藤桑、紫藤桑和红皮桑等大量的桑品种名，对其诸多生物学性状（叶的形状、颜色和厚度等，枝条的曲直、粗细、颜色、节间距，以及发芽的迟早等），特别是生产相关的桑叶产量、饲蚕后蚕的健康度和蚕茧产量等性状进行了不同详细程度的描述。这些桑品种可能同物不同名，也可能同名不同物。不同地域桑品种的优劣有不少记载，但未见利用桑树无性繁殖进行品种培育的具体方法和推广记录[415]。

桑树的树型养成和栽培密度有关。《农桑辑要》辑录《士农必用》中高干乔木桑的树型养成法——“科斫”方法（“又科斫之利，惟在不留中心之枝，容立一人于其内，转身运斧，条叶偃落于外”“斫树法：自移栽时，长五七尺高，便割去梢”“科条法：凡可科去者，有四等，一沥水条，一刺身条，一骈指条，一冗脞条”），以及无杆桑的树型养成法（“布地桑法……将畦内种成鲁桑，连根掘出，一科自根上留身六七寸，其余截去；截断处，火鏉上烙过……芽出虚土四五指，每一根留二条……次年附根割条叶饲蚕”）[145]。《吴兴蚕书》《蚕桑辑要》《湖蚕述》《广蚕桑说辑补》和《蚕桑萃编》都详细描述了桑树“拳式”树型养成的具体剪伐时间、方法、土壤和肥水管理及桑叶采收饲蚕的要求等（“头一段一尺五六寸高，二三四段约留一尺三四寸高，共成树本五六尺为定”“候芽出时，只留二芽，秋后条成……待次年正月……复剪去如叉式样，再留顶上各两芽，余芽抹去。来年又剪新枝”和“仿前法再剪、再留……约五六年，至立夏后开剪，连枝叶尽行剪下饲蚕。剪至数年，桑成拳式，八九十拳不等，谓之拳桑”）。在栽培密度上，类似的描述记载有“五尺一根”和“十步一树”（《齐民要术》）[50]，“于次年正月上旬，乃徙植。削去大半条干。先行列作穴，每相距二丈许，穴广各七尺”（《陈旉农书》）[144]，“阔八步一行，行内相去四步一树”（《农桑辑要》辑录《士农必用》）[145]，“宜五尺许一本，如品字样，不可对植”（《蚕桑辑要》）[407]，“须隔六七尺而栽一株”（《广蚕桑说辑补》）[409]，“六尺远栽一株，每地一亩，可栽一百五十余株”“行栽……如品字形最好……尺远一株，两行距一二丈不等”（《蚕桑萃编》）[411]，“地埂栽桑，宜五步一株……地中栽桑，宜肥厚土，须丈四五尺一株”（《裨农最要》）[412]等。在每亩栽培数量上有两种说法，一种是太湖流域的150～300株（《沈氏农书》约200株，《蚕桑捷效》约180株和《蚕桑要言》约300株），另一种是约5000株（《粤中蚕桑刍言》的5000株、《南海县蚕业调查报告》的4800株和《岭南蚕桑要则》的7000

余株)。清朝末期我国栽桑树型主要有两种,太湖流域、长江流域和黄河流域蚕区以中高干的"树桑"为主,华南或珠江流域蚕区以低干的杂交桑为主,部分区域有零星的无干"地桑"。从高干或乔木的"树桑"向"拳式"树型的转变,不仅有利于桑叶质量的提高,还有利于劳动效率的提高[407-415]。

在桑品种和树型改良的同时,对桑树适宜生长的土壤条件,桑苗和定植桑的区别及移栽方法,桑叶的采摘要求,桑园灌溉、排涝、施肥、间作、中耕、除草和治虫等配套技术,以及不同技术间的相关性等逐渐明了。在桑园害虫的发现和防治上,较早的描述有"万一有步屈等虫,又易捕打;冬春之际,免野火延烧"和"锄治桑隔,自然耐旱;又避虫伤"(《农桑辑要》辑录《务本新书》)[145],"害桑虫蠹不一。'蠦蛛''步屈''麻虫''桑狗'为害者,当生发时,必须于桑根周围,封土作堆。或用苏子油于桑根周围涂扫……'野蚕'为害者……又有'蜣螂虫'……以上虫,盖食叶者也……又有蠹根食皮而飞者,名曰'天水牛'……"(《农桑要旨》)。清末的《蚕桑辑要》《湖蚕述》《广蚕桑说辑补》《蚕桑萃编》和《裨农最要》等古籍对桑树病虫害及防治方法都有不同详细程度的记载,其中《湖蚕述》对病虫害的种类和危害状、害虫的生活习性和世代数,以及防治方法等的描述较为详细,如"若叶生而黄皱者,木将就槁,名曰金桑""则瘫而死矣""夏间有旋头虫……如桑条有蛀屑、蛀眼……可将桑条剪断寸许,以铁丝刺其中,虫自毙矣。如延皮蛀、穿心蛀,不能用铁丝刺之,唯多涂菜油,虫亦自杀。所谓无骨之虫,逢油而死也。或寻其穴,桐油抹之,或以蒲母草汁沃之""以百部草切碎……取汁灌之,无不死者。""又横虫子生树上,集成小堆,其上似有泥盖……有则用杷刮去之。树上生青苔似癣,亦宜刮去""如有白蚕、莠虫等……治以河中淤泥水洒之,或用烟筋水……"等[408]。桑树病虫害种类发现的增加及防治经验的积累,与栽桑规模和桑品种的发展,以及树型的变化等有关。

9.3.2 蚕种技术

《齐民要术》转引西汉《淮南子》"原蚕一岁再登"的记载表明此期已发现二化或多化性蚕品种的存在,辑录南北朝(420—589年)《永嘉记》的描述表明家蚕不同化性、眠性及滞育现象已被发现。“凡茧色唯黄、白二种。川、陕、晋、豫有黄无白。嘉、湖有白无黄。若将白雄配黄雌，则其嗣变成褐茧。黄丝以猪胰漂洗，亦成白色，但终不可染漂白、桃红二色。凡茧形亦有数种。晚茧结成亚腰葫芦样。天露茧尖长如榧子形。又或圆扁如核桃形。又一种不忌泥涂叶者，名为贱蚕，得丝偏多。凡蚕形亦有纯白、虎斑、纯黑、花纹数种，吐丝则同。今寒家有将早雄配晚雌者，幻出嘉种，一异也。野蚕自为茧，出青州、沂水等地，树老即自生。其丝为衣，能御雨及垢污。其蛾出即能飞……”(《天工开物》)[52]，是从家蚕生物学外观特征进行分类的记载，信息量较大，特别是不同品种杂交后生物学性状发生的变化。清末《吴兴蚕书》对不同蚕品种性状的描述较为详尽，如“泥种，四眠蚕也，喜食泥。凡初生及每眠初放叶，皆须以泥饲两三顿……蚕色白，茧形长而大，丝之分两甚重”“石灰种，灰种亦四眠。用石灰来饲，一如泥种法，蚕性与泥种同，茧亦类之”“石小罐种，石小罐以茧形名也。茧小而坚如石……亦四眠种蚕。色白，叶头浅。同宫甚多，丝有分两”“白皮种，白皮蚕亦四眠蚕，蚕身肥大而白，体最娇嫩，每易受病”“丹杵种”“二蚕种”“三四五蚕种”。上述蚕品种中，白皮种“茧厚而腰微束。有一种腰不束者，茧形更大，性亦相近，丝之分两并重”和丹杵种“丹杵系四眠种……蚕色之灰黑者，惟此种有之。金华有一种大蚕，亦灰黑色，其茧之大，与本地蚕之同宫无异”的记载，则表明蚕品种在特定区域因人工选择而成的特征，相同蚕品种可具有不同特征，不同地域可具有相同特征的蚕品种。《湖蚕述》记载“丹杵种出南浔、太湖诸处，白皮种、三眠种、泥种出千金、新市诸处，余杭亦出白皮及石小罐种”[408]。此外，还有莲心种(七里种)、琏市种、榧茧种、火种、葤白和葤黄等地方性蚕品种。“有产江浙者，种虽佳，移置他省，寒暖气候不同，种因之而变。产四川者，移之直省，无地不宜”(《蚕桑萃编》)[411]，明确了不同的蚕品种具有不同的气候适应性特征。“至若同此种子，育之数年，或茧形变小，或丝之分两变轻，须仍向原出之地易种育之”(《湖蚕述》)[408]，则表明品种退化问题的存在，以及通过再次引入原产地品种的方式进行改良的方法。

蚕种繁育技术的出现较之蚕品种的发现应该迟一些，但技术的发展较之蚕品种的培育发展得更快一些。《齐民要术》记载蔟中不同空间位置蚕茧的母蛾所产蚕卵有差异，由此提出选取空间上位于“蔟中”的蚕茧留种，以及蚕种冬季浴种、阴暗和适度干燥通风的冷藏方法。《陈旉农书》记载整批饲养家蚕中不同发育进程的家蚕化蛾和所产蚕卵有差异，由此提出选取时间上处于整批母蛾羽化盛期所产的蚕卵留种，利用低温气候（“令雪压一日”）处理提高来年蚕种孵化整齐度，以及清洗或消毒（牛溲或朱砂）蚕卵的方法。《农桑辑要》在辑录《务本新书》“养蚕之法，茧种为先”和“其母病，则子病”的同时，从“收种”“择茧”和“浴连”的技术过程对蚕种重要性进行了更为详细的描述，特别强调了“若有拳翅、秃眉、焦脚、焦尾、熏黄、赤肚、无毛、黑纹、黑身、黑头、先出、末后生者，拣出不用。止留完全肥好者，匀稀布于连上”的选蛾要求，这也是早期对家蚕微粒子病的病征及防治法的记载。《农政全书》辑录《士农必用》“蛾第一日出者，名苗蛾，不可用。次日以后出者，可用。每一日所出，为一等辈。各于连上写记，后来下蛾时，各为一等辈。二日相次为一辈犹可，次三日则不可，为将来成蚕眠起不能齐，极为患害。另作一辈养则可。末后出者，名末蛾，亦不可用”[51]，描述了过早或过迟羽化母蛾所产蚕卵不利于后期饲养，对于同一母蛾所产时间不同的蚕卵，同一批次只能限于两天的技术要求。《天工开物》记载了湖州和嘉兴蚕区的浴种方法：腊月十二日开始分别用天露加石灰和盐卤水（2升/每蚕纸）浸浴12天，取出后微火烘干，用箱匣保存至来年清明。至清末，蚕种繁育中的留种、浴种及保存等技术已被较为详尽地记载与描述。

在留种上，清朝以农家自主养蚕留种的方式为主，但已出现蚕种的买卖或商业化生产蚕种的现象[408,413]。自主养蚕留种方法：将留种蚕与生产蚕茧的蚕分开单独饲养，二眠或大眠后挑出健蚕单独饲养，上蔟营茧时根据上蔟时间和营茧空间位置选茧留种[408-412]。选蛾环节主要有两方面的要求：①羽化时一般要求去除苗蛾和末蛾，取中间段羽化蛾；②剔除外观形态不佳及排黑色尿的蛾，留形正体健的蛾。雌雄蛾的放置有雌雄分置和混放两种方式，可在成茧后根据茧形分置雌雄，或在混放出现苗蛾后随时观察并及时分置雌雄。在雌雄混放的情况下，要求雌雄羽化交配成对后，立即取出；在雌雄分置的情况下，要求随时观察羽化和分置，再将一定数量的雌雄蛾混放交配，理出未成对蛾，另置场所交配，在雄蛾不足情况下可进行再交。交配时间一般要求6～8小时，或更长。产卵用的蚕连（布或厚纸）需要在事前用米汤或缫丝汤浸泡，晾干备用。母蛾投放前要"惊拍去溲"，均匀放于蚕连。同一张蚕连投放的母蛾羽化时间相差越小越好，一般要求同日羽化交配的母蛾，个别蚕连尚未布满时，可投放次日羽化交配的母蛾，但不得超过3天。产卵时，在蚕连四周放置木界尺或灰以防止母蛾外逸，交配和产卵环境要求安静无风、忌异味。产卵约半天后，取出母蛾，在蚕连背面记录产卵时间。将产卵毕的蚕连称重，可预估明年养蚕数量。将蚕连悬挂于洁净通风处晾干，待6～7天后蚕卵转色，直接撒上陈石灰粉；或用清水、茶水浸泡洗涤，晾干后撒上陈石灰粉；或在产卵10～18天后，用清洁井水浸泡蚕连（一顿饭时间）以洗去蛾尿等杂物，晾干后撒上桑柴灰或陈石灰粉（夏浴）。将蚕连在室外洁净通风处悬挂，吹干后收于室内净室悬挂，或藏于阴凉干燥的箱匣等[407-416]。

冬季浴种（滃种）的时间主要有腊月八日、十二日（蚕生日），正月十五日（上元节）或二月十二日（百花节），不同方法时间上的不同可能与蚕区气候条件有关。浴种方法有多种，主要区别是在水中是否加盐和石灰等，因此有盐种和淡种（或称灰种）之分，如在前期使用石灰粉的一般先扑去石灰粉再浴种。盐种：①早晨将蚕连放入盐卤水浸泡，次日早晨取出，放入极浓的绿茶水，轻轻漂去盐味（可用舌尝试），在洁净处悬挂，晾干后箱匣内保存；②将蚕连浸湿，撒上桑条灰（产卵后已在蚕连上撒过石灰粉的可省略），对折后放入盐卤水浸泡（或在其上压上瓷器），12天后取出，用河水漂洗去盐，晾干后箱匣内保存；③取出蚕连，将炒热研细的盐撒在蚕连上，以盖没蚕卵为度，对折放入凉茶水中浸泡12天后取出，清水漂洗，晾干后箱匣内保存；④按照1两蚕连用2钱盐的比例，将盐和水研细后均匀铺在蚕连上，用温水浇于其上，约1小时后将蚕连放于筛内，置屋上三昼夜，晾干后箱匣内保存。淡种：①将蚕连放入石灰水浸泡1天，取出再浸入冷茶水，漂去石灰，晾干后箱匣内保存；②在盘中用沸水冲泡风化石灰，在冷却至手指可浸入后，将蚕连对折浸入，用手掌轻按后双手拖起离水，透气后再浸入，如是三次，再浸入极浓、手指可入的热茶水，漂去石灰，晾干后箱匣内保存；③按照1两蚕连用3钱石灰的比例配制石灰浆，均匀涂于蚕连，再用温水浇之，1小时后取出放入筛内，置屋上三昼夜，晾干后箱匣内保存。此外，在浸水时一般将蚕连的蚕卵向内对折，在浴种前或后称重蚕连，预估养蚕数量。一些环节可有所不同，如将蚕连取出后，放置院内日晒雨淋一段时间后再开始冬浴，也有将盐、石灰、茶和雪水（或井水和河水，霜雪浴和清水浴）等组合进行不同的处理，或使用菜花、韭花和麦叶等植物材料（百花水浴）。冬季浴种的目的主要是淘汰体质偏弱的蚕卵（无力者）和去除病害（尿毒），今天的冬季浴种在本质上与盐种相同，在方法上也类似。有关不同浴种方法所得蚕种与家蚕特性间关系的描述，如盐种“茧小而丝重”和“茧细而坚（中有细颈，名曰腰箍）”，淡种“茧大而丝轻”“茧大而松”和“蚕身较大，食叶较多，而其茧松而薄”，在体现浴种方法不同、蚕种饲养特征不同的同时，也暗示了不同蚕品种或地域间冬季浴种方法的差异。浴种后蚕连保存于阴凉、干燥处，且需防虫鼠侵害，有的放于箱匣（不至于太紧或用棉絮间隔），有的挂于洁净通气的房间[407-416]。

9.3.3 催青和收蚁技术

催青和收蚁技术主要包括起始时期和所需时间及相关技术处理。对于催青，秦观《蚕书》描述“始雷，卧之五日，色青，六日白，七日蚕，已蚕尚卧而不伤”[284]。《陈旉农书》描述“至春，候其欲生未生之间，细研朱砂，调温水浴之，水不可冷，亦不可热，但如人体斯可矣，以辟其不祥也。次治明密之室，不可漏风，以糠火温之，如春三月。然后置种其中，以无灰白纸藉之，斯出齐矣”[144]。《农桑辑要》记载了“清明，将瓮中所顿蚕连，迁于避风温室，酌中处悬挂。谷雨日，将连取出，通风见日……每日交换卷那”“第一日十分中变灰色者三分，收了；次二日，变至七分收了。此二日收了后，必须用纸密糊，封了，如法还瓮内收藏。至第三日，于午时后，出连舒卷提掇”[145]。对于收蚁方法，《农桑辑要》则转录《博闻录》“用地桑叶细切如丝发，掺净纸上。却以蚕种覆于上。其子闻香自下；切不可以鹅翎扫拨”，不宜“荻扫”和“桃杖翻连敲打”。《农桑衣食撮要》记载“蚁生三五日之前，先将蚕屋用火薰暖”[366]，《天工开物》则记载“凡清明逝三日。蚕胗（蚁）即不偎衣衾暖气。自然生出”[52]。家蚕滞育现象和养蚕主要使用一化性蚕品种的事实基本确定，并逐渐形成在即将孵化之前适度加温处理以促进孵化整齐度的技术[52]。孵化时间上的不同可能与养蚕所在区域的地理气候环境或使用蚕品种有关。至清末，催青和收蚁技术已经相当发达。

催青技术主要涉及处理蚕连或蚕卵的起始时间和加温方法。气候和桑树的生长是催青起始时间的基础，蚕卵颜色的变化是其具体要求。节气一般在清明与谷雨之间（“谷雨不藏虫”），桑叶生长一般以茶勺或钱大小为参照。遇到气候偏热年份，需要将蚕连放置阴凉处，避免蚕孵化后缺桑叶。依据卵色变化间接判断胚胎发育进程，蚕卵冬季为绿色，在转为紫色后可加温处理，4～5天后，由紫色转为绿色、蓝色或青黑色（“则水化为蚕”），或可见内有一二细如头发蠕蠕而动，是蚕秧将出之候，密藏，次日开始收蚁。加温主要利用人体温度和自然阳光温度，主要方法有：①取出蚕连，用一层桑皮纸包裹；对折蚕连，将其白天放在不做粗活（以防出汗而蒸坏蚕种）人的怀里（里衣外、絮袄内），两面定期置换则更佳；晚上放在被絮内近身处（勿压），待整张蚕连呈碧绿色即转匀之时，用棉花包好，由绿色转为灰色时，次日即出，一般需6～7天。②将两张蚕连，卵面相对，平铺放于棉花，覆上洁净棉袄，再覆衣被，置温度较高的房间，或起床后的被窝里，日间取出透气。③在蚕卵变绿后取出蚕连，放在怀里半天，摊开置于暖处，次日即出。此外，还有利用晴天气温较高，将蚕连悬挂廊下，避开阳光直射的地方进行加温。催青处理中对卵色的描述略有不同，可能与文献作者或不同地域使用蚕品种不同有关。在桑叶产量不能准确估计时，可将蚕连（蚕种）分多次催青[51-52,144-145,361,366,407-416]。

收蚁是蚕卵在自然或人工加温下孵化出蚁蚕后的操作环节。多数催青处理在孵化前一日要求用纸包裹，类似于今天的“遮黑”，有利于孵化整齐。收蚁以震落法、直收法和引蚁法三种方式为主。震落法是在桌子上铺一张比蚕连更大的白纸，两人持蚕连四角，卵面向下，离桌面一尺内，另一人用竹片或桃柳枝条轻轻震敲蚕连，将蚁蚕震落于白纸，将细切的桑叶撒于跌入白纸的蚁蚕上。直收法是将最早孵化的蚁蚕（称为“行马蚁”），用鸡、鹅或鸭毛扫去，至蚁出五六分后，包好，来日温暖处摊开（为蚁蚕未食叶、饥饿一天无妨的经验），巳午时分（上午9～12点）蚁蚕出齐，用竹篾丝小眼筛撒上去年干桑叶炒香粗末，待蚁蚕附上后，用鹅毛轻拂相聚，将细切的桑叶撒于蚁蚕上。将不能全出者包好，次日再做如上操作，另置饲养；或蚁蚕出八九分时，取出蚕连，在温和处摊开，其他同上。引蚁法是在蚕箔上铺上细白纸，用快刀将桑叶切成细丝，匀薄撒于纸上，将蚕连覆于其上，若数时后蚕连尚有余留蚁蚕，则直接丢弃该类蚁蚕，或用鹅毛扫入其他纸上，或震敲蚕连纸背使其落于其他纸上，另行饲养。不同蚕连或同一张蚕连（三天内）孵化的时间不同，所收孵化蚁蚕必须分开饲养。此外，还有一些促进孵化或提高孵化率的方法，如将灯草心切成4～5寸长，与蚕连一起包裹后进行加温；将蚕连存放于房间，“桃叶灸之”；将野蔷薇叶炒燥、研末后撒于蚕连，以及在收蚁白纸下撒上稻草灰或石灰粉等。用蚁蚕数量或重量预估桑叶需求量和蚕茧产量，此法虽在《陈旉农书》已有记载，但清末的书籍描述更为具体。蚁蚕数量估计采用称连法，即在收蚁前称重蚕连，在收蚁后再称重，两者相减即为蚁量。一两蚁蚕需1500～1600斤桑叶；湖州养蚕经验是一钱蚁量，一斤三眠期蚕，需140～150斤桑叶；杭州经验是一钱蚁量，5～6斤大眠蚕，每斤大眠蚕约需25斤桑叶[51-52，144-145，361，366，407-416]。

9.3.4 饲养技术

《四民月令》大概是现存最早记载室内制作蚕架、蚕匾、蔟具等用具进行养蚕的古籍。《齐民要术》记载“屋内四角著火。火若在一处，则冷热不匀……调火，令冷热得所。热则焦躁，冷则长迟”[50]，反映了利用均匀加温可以促进家蚕生长的技术，以及均匀加热与湿度的关系。《陈旉农书》提出了从催青到上蔟的加温方法（“须别作一小炉，令可抬舁出入……以谷灰盖之，即不暴烈生焰。才食了，即退火”），包括不同发育阶段喂叶量（“三眠之后，昼三与食。叶必薄而使食尽，非唯省叶，且不罨损”）等的量化描述[144]。《农桑辑要》的“凉暖总论”“饲养总论”和“分抬总论”，对整个家蚕饲养过程进行了较为完整和详细的描述，涉及蚕室加温（小屋和大屋中“火仓”的不同）、燃料

（牛粪“烧时，香气宜蚕”）、家蚕不同发育阶段温度（“加减凉暖。蚕成蚁时，宜极暖；是时天气尚寒。大眠后宜凉；是时天气已暄”）和桑叶用量（“惟在随蚕所变之色，而为之加减厚薄”）的不同要求[145]。根据气候和每日自然温湿度的变化，通过开关门窗和卷帘，或放置凉水等调节蚕室温度及蚕座湿度（防病）。根据家蚕生长的规律或不同生长发育阶段的体表特征，实施“初饲蚁”“擘黑”“头眠抬饲”“停眠抬饲”和“大眠抬饲”等技术，眠起处理和除沙的重要性及防病的重要性得到高度关注。从“二十五日老，一箔可得丝二十五两；二十八日老，得丝二十两。若月余或四十日老，一箔止得丝十余两”和“蚕自大眠后，十五六顿即老”的记载，可以推测当时的加温还是有限的或普及率不高，每天喂桑的次数也较少。《天工开物》也有“凡大眠后，计上叶十二餐方腾。太勤则丝糙”的记载[52]，对养蚕有避免接触异味、使用带水桑叶（露水叶、雨水叶和雾水叶）和沤埋蚕沙等技术要求。

至清末，对家蚕个体和群体生长发育全过程外观特征的观察和描述已几近极致，基于蚕茧产量或蚕丝质量及病害发生的相关性经验，根据家蚕外观特征的变化，温度控制、给桑（桑叶质量和次数等）和眠起处理等单项技术得到发展，技术组合或统筹水平日臻完善[142,416]。

加温技术的发展主要表现为加温能力（蚕室、设施设备和燃料等）和适时适度加温方面的进步。在蚕室保温方面，出现将小蚕置于小的房间饲养，或在房间内设围帐饲养，便于加温和维持温度的做法。催青期和上蔟期人工加温的方法介绍较多，蚕期则相对较少。人工加温可利用炭墼、缸（宽口，一尺高）和破旧铁锅等容器，或直接在地面堆柴，在容器下垫砖等便于调整高度。燃料以硬柴（桑、榆、檀、栗、柿及青柴）和窑炭为主。在容器底部或地面撒上草灰，竖放干燥的硬柴，撒上砻糠，铺上窑炭，再撒上茅灰，用火屑从中间开孔处点燃窑炭，火势不宜旺。根据家蚕生长发育中食桑、眠起和营茧等不同阶段的不同表征进行温度的加减，温和与均匀是蚕室和蔟室加减温度的基本要求。在火势太旺或温度偏高时，可在茅灰上压上砖块，或将加温装置抬出蚕室和蔟室。利用自然温度的主要加温方法：在晴热天，将蚕筐直接放于走廊，或上盖空筐后置于庭院，利用室外温度。幼虫期全龄“自下连至老，约二十五六日，或二十七八日”的记载[411]，以及1龄期“三日三夜赶头眠”[408]、“凡蚕初生至四五日乃头眠”[410]、“从下连后算起，至第七日”[412]和“蚕出之后，至三四日……须以他器易之……易器后两三日，有色微白，嘴上隐隐有尖角而不复食叶者，初次眠也”[409]的描述，表明在以自然解除滞育为主，收蚁时间早于今天，且加温能力相对有限的清末，部分蚕区已经有与当今相近的加温能力，但部分蚕区养蚕的龄期还是相当漫长。清末养蚕已有眠中较食桑期温度略低，上蔟初期需要重点加温，而上蔟三四日后可以不加温等技术要求。

给桑技术主要包括桑叶采摘、贮藏、切桑、给桑次数和数量。对桑叶采摘和贮藏的要求是保持桑叶新鲜，收蚁用桑叶要求收蚁当日采摘，现摘现用；小蚕期采片叶，先采“芽嘴”下“津液”较多的“底瓣”叶而不伤“芽嘴”，3龄或以后采止芯叶（“瞎眼”），早则3龄开剪，一般大眠后开剪；小蚕用叶贮藏可在水缸底部放少量井水，置竹片隔离后在其上放桑叶，或将桑叶放于竹篓并盖上湿布，放在阴凉处；采叶宜在早晨和傍晚，适量采摘，雨前适量多采；遇雨采叶，悬挂、挥扇风干或用布吸去水渍，3龄前不喂湿叶、雾叶和露水叶；不使用“湿叶”“臭叶”“热叶”“瘪叶”“肥叶”“金叶”和“油叶”等不良桑叶。小蚕用叶需切成细丝或小块，随着蚕的生长逐渐加大叶片，大小约为蚕体长的一半；3龄用片叶，4龄开始可以使用片叶或条桑叶。给桑要匀，1龄蚕期可用蚕箸夹带蚕桑叶移匀蚕座。给桑次数和数量随龄期不同而不同。多次少量喂叶（薄饲）有利于保持桑叶新鲜和蚕座清洁，从而有利于家蚕生长。但对于具体给桑次数，不同古籍记载的差异较大，收蚁后的给桑次数有“一日夜可饲叶五六次，候叶尽再饲，叶不宜过厚，要稀匀得宜”[407]、“每日可布叶五、六次。黄昏时一次须略厚”[409]、“凡遇天暖，一日夜可饲叶六七次，天凉，昼三次，夜一次”[410]，与《农桑辑要》和《吴兴蚕书》转录《士农必用》“饲蚁之法，第一日可至四十九顿，第二日三十顿，第三日二十余顿，蚕渐大，叶可稍厚，故日数增则叶数减”的给桑次数相比，应该是一个逐渐减少的过程。给桑次数的减少，可能与对劳动效率提高的要求有关，也可能与家蚕幼虫期经过时间的长短或加温能力的普遍提高相关。在同一龄中饲叶，以“白光向食，青光厚饲,皮皱为饥,黄光以渐住食”为基准,加减次数和数量。5龄后期,增加饲叶次数,可提高蚕茧产量和质量;提倡喂饲绿豆粉、米粉及柘叶(“大眠起后,先饲以柘叶两三次,其丝乃韧而有光”)的技术方法[409-412]。随着养蚕规模的扩大,叶蚕不平衡变得常见,在浙江的乌镇和石门等地出现了买卖桑叶的“青桑叶行”[416]。

眠起处理和除沙(“起底”)是保障饲养群体整齐和家蚕健康的重要手段(“蚕之眠贵齐”)[408],在识别不同龄期将眠蚕的外观特征、入眠速度,以及调整给桑方法(一般要求桑叶切得更小和多次少量喂叶)的基础上实施。小蚕期除沙是在将眠之际(“头眠头顶沙,二眠蚕驼蚕”“初眠虽系学眠……朝见眠头而夕定簇,夕见眠头朝定簇”),撒上焦糠(“班糠”)或石灰粉(“定簇”),或两者混合使用(称“种眠头”);撒上少量桑叶或剪开叶片贴于蚕座,迟眠蚕(“青条”或“青头”等)爬上桑叶后,用蚕筷取出(“引青”和“相青”)。取出眠蚕的方法有手工挑和卷簇法,手工挑是用蚕筷直接将眠蚕挑出,或夹住“蚕筋”(应为桑叶叶脉或眠前吐丝后集结物)移到新的蚕筐;卷簇法是利用眠蚕与少量簇沙连在一起,而焦糠或石灰粉使大部分簇沙与眠蚕较易分开的特点,用手轻轻卷取簇沙,再将眠蚕移至新的蚕筐。随着蚕龄的增大,用蚕网除沙(即在蚕座上撒上焦糠或石灰粉后覆上蚕网,再铺上桑叶,在蚕食叶后两人抬网到新蚕筐的方法),早则2龄即用蚕网除沙。部分蚕区在3眠和4眠眠起处理后,再人工将眠蚕挑出称重,放于撒有焦糠、石灰粉或短稻草的新容器(蚕筐、芦帘或地面)。迟眠蚕在蚕龄较小时多数直接淘汰,蚕龄较大时取出后单独饲养或经过精心饲养后并入大批。各龄起蚕饷食,多数要求是起齐后饲叶[408-410]。在不同龄期,不同古籍记载的龄中除沙次数有较大的不同,有的要求每天除沙,有的三四天除一次,原则上根据簇的厚度而定[407-411,416]。小蚕期除手工或用蚕筷除沙外,还有“合替”法除沙,即薄施焦糠或石灰粉,使蚕座干燥(隔离簇沙)和蚕离开簇沙而爬出(可用蚕筷轻挑拨松沙簇),饲叶后覆上一张新的白纸,盖上新的空蚕框,按紧上下两个框,翻转,揭去旧框,以焦糠或石灰粉层为界卷去簇沙。大蚕期使用蚕网除沙,隔离用材料以干燥的短稻草或茅草为多。

上蔟技术包括上蔟时期、环境和用具等技术环节和要求。上蔟前在“有窗静室”或楼上“架棚”（高低适中，稳固，上铺芦帘）和“立帚头”。普遍要求见熟上蔟，在出现熟蚕（“缭娘”“考娘”“老娘”）初期，用带叶杨条平铺蚕面，熟蚕趋上而爬满杨条，取出杨条次第匀撒草帚，“十蚕九老”时“众手疾捉”，即人工上蔟。太湖流域或江南蚕区主要使用伞形蔟（“草帚”“折帚”和“墩帚”），北方蚕区主要使用“铁扫帚”（长冬草），也有部分使用油菜秆、棉花茎秆和竹筱等材料。两广蚕区则使用竹篾制成可重复使用的“竹花蔟”。从《康熙御制耕织图》中3幅展示上蔟场景的画图（图9-2）看，似乎此期已经出现“方格蔟”。上蔟“布蚕要匀”，过密多同宫茧，且易闷热、内蒸而不易缫丝或丝质不佳（“烧窝”）。上蔟初期“烧草以烟熏”（打闷烟）加温，其后炭柴火缸加温，加温要匀，一般加温二昼夜即可成茧，即可撤去火缸（“撩火”）。“约四五日方能成茧，为冷蚕丝，缫时易断”；上蔟前期蔟室遮蔽风日，上蔟三天后开窗户通气（“凉山”“凉棚”或“亮山”）。上蔟五天后采茧（“回山”）[407-413,416]。

图9-2 《康熙御制耕织图》部分[417]

9.3.5 防病技术

较早记载病害的发生严重影响养蚕生产的是《管子》中的重赏防病政策；《四民月令》要求的“涂隙、穴”可能是防治其他生物危害的技术，表明或已出现清洗蚕室的技术；《齐民要术》要求小蚕不用露水叶，则提示了可能致病因素的来源或家蚕体质在防病上的有效性；《陈旉农书》和《蚕书》(秦观)要求收蚁和饲养过程中操作和给桑等作业必须轻柔，饲养中杜绝“湿热”和“冷风”，防止蚕座蒸热，勤除沙等，还记载了“黄肥”“节高”“脚肿”“亮头”“焦尾”和“黑白红僵”等家蚕病征；《农桑辑要》记载了家蚕多湿易发僵病和闷热易发细菌性败血病(“赤僵”和“赤蛹”)，保持蚕座内干燥可使家蚕不易发病，强调了具有家蚕微粒子病典型症状等不良母蛾的剔除方法，对养蚕病害类别的区分及技术处理的不同，以及夏秋养蚕防蝇的方法；《农政全书》描述了血液型脓病“放白水而死”和“游走”的症状，调控蚕室和蚕座温湿度的具体方法及其防病应用；《天工开物》描述的养蚕病害症状十分全面和详细(“凡蚕将病，则脑上放光，通身黄色。头渐大而尾渐小……游走不眠。食叶又不多者，皆病作也”[52])，且包括及时剔除病蚕可以减少群体损失的技术方法，不仅暗示了病害传染性问题的存在，也表明了群体病害控制技术策略的出现。在清末，关于病死蚕外观特征(病征)及相关致病因子的病害分类和防病技术的记载更为丰富，并趋于系统化。

关于病害分类，从早期对饲养过程中家蚕出现的各种异常和操作失当(可能相关的致病因子)经验进行零星描述，发展到系统归类。清朝，养蚕相关书籍对各种家蚕(包括蛹期和蛾期)表现异常的记载更为详细。《湖蚕述》和《吴兴蚕书》都专门设立栏目介绍养蚕病害，罗列了“僵”“花头”(“布漆”)、“暗脰颈”“亮头”“白肚”(“白水蚕”)、“干白肚”“懒老翁”“活婆子”“缩婆子”“多嘴干口”“着衣娘”“烂肚”“瘪娘”和“青头”[408]。《蚕桑备要》辑录鲁仲山家传的《蚕桑心悟》，对“头眠八症”(缩身症、伤眠症、失眠症、僵身症、锁项症、侧嘴症、伤潮症和触秽症)、“二眠八症”(反汗症、缠腰症、大头症、麻肚症、焦尾症、腐皮症、黄疸症和伤食病)和“三眠八症”(乌风症、高风症、瘢痕症、蚊伤症、结肛症、缩颈症、水虫症和脱肛症)等有详尽的描述。“僵”有黑白红之分，从“有红、白两种，皆属风伤。俗每用白马粪烧烟薰之，可治”和“弯者犹冀收成三之一”，以及“伤冷风即黑白红僵”的描述，可推测其为真菌病和细菌病两类病害。“花头”“布漆”都是指蚕体表面有黑色斑点，且“食而不茧，老即自毙”或“身有黑斑点，生种之故”。虽然不能排除其他病害引起的可能，但可以肯定清末家蚕微粒子病幼虫期的病征已被关注。加之与家蚕微粒子病相关的“着衣娘”(半蜕皮蚕)、“瘪娘”(“不上叶,生种时对得不深”)和较多“青头”的症状描述,以及蛾期各种病征的发现,应该说,在清末家蚕微粒子病的发生和流行较为严重。“暗脰颈”为食叶而“其颈至老不通,食叶无丝”的不结茧蚕。“白肚”或“白水蚕”与血液型脓病的典型症状吻合,多数发生在大眠饷食后的第2~3天。“亮头”(将蚕对着光源,胸部呈半透明状)被描述为“起后虽能食叶,而其头渐空,俗名亮头,弃物也”“尾焦流水,又谓之‘湿朏臀’”“皮色黄而身胖者,必成亮头”和“头空尾湿腥秽不堪”(《吴兴蚕白》),类似于中肠型脓病、浓核病、病毒性软化病、猝倒病及细菌性肠道病等,“干白肚”“懒老翁”“活婆子”和“缩婆子”等病蚕的描述也有类似之处。根据家蚕外观异常进行病种的分类,相关症状的描述已经十分详尽。

在病害发生原因的发现中,“蚕食湿叶,多生泻病、白僵,食热叶则腹结、头大、尾尖,食叶多而不老,亦不作茧”“有实系当忌者,曰雨、曰雾、曰黄沙、曰气水叶、曰烟气、曰油气、曰酒气、曰秽浊气”“蚕陡见风日,则惊而生病”和“伤湿即黄肥,伤冷即亮头而白蜇……致病之由,亦有数端,顾未有不由失叶者”“湿白肚是湿者,亦成于蘔蒸,非尽属气水叶也”等描述,表明对病害发生相关性较高的事件已有较清晰的认知,但并未涉及致病因子,更多的是涉及病害流行相关的因子。基于对流行因子的认识,从饲养过程中给桑、眠起处理和除沙,以及蚕室和蚕座温湿度控制等技术环节进行病害防控。保持家蚕良好的食叶状态和蚕室蚕座环境成为病害防治的基本要求。从“有蚕身独短,其节高耸,不食叶而在叶上往来游行,脚下有白水渍出者,宜急去之,毋使沾染他蚕”和“凡蚕病僵死,其身直者当传染无遗”的描述可见,当时对蚕病具有传染性的特征已十分明确[145,407-412]。在蚕室蚕具清洁卫生中,除了给桑、捉蚕和除沙等操作中要求洗手外,除沙隔离技术成为重要的防病技术措施,通过向蚕座撒焦糠、陈石灰粉和短稻草等,不仅可以避免蒸湿,保持蚕座干燥,而且可有效隔离伏于蚕沙中的病弱蚕,也便于除沙作业的高效进行。淘汰异常母蛾所产蚕卵,防止微粒子病发生的措施,则属于代际间的病害隔离技术。用干瘪和潮湿桑叶间隔喂饲家蚕以淘汰弱蚕的方法,则体现了人工干预的淘汰概念。在药物防治方面，除石灰粉（隔离和喂饲）外，还有用荆芥、薄荷、大黄、苍术、蛇蜕、蝉蜕、艾叶、防风、牙皂、甘草、檀香、柏叶和马屎烟熏，将艾叶、防风、绿豆芽（面）、甘草、滑石、蓖麻叶和浮萍等细研后撒于叶面或蚕体，用乌梅、甘草、香附和大黄煎水并撒于喂饲的桑叶，用芭蕉叶和艾叶垫于蚕筐中等防治病害的方法。"沙䕸厚则发蒸，鲜有不致病者。分替之法，所以疏繁除秽也……䕸中犹有蚕在，必当搜剔净尽（尚有僵、烂、白肚、空头等蚕，弃之无遗）""尚有青白未眠之蚕不多，速宜拣去弃之，此是不齐之病蚕也""若一周外尚不眠，青条无数，布漆甚多，其面必当弃之""虽比户，不相往来"和"知其故而预防焉……较治已病更善，至不得已而治"等描述[145, 407-413]，则表明宏观上养蚕病害以防为主意识的形成。

清朝古籍较之前古籍，在栽桑、蚕种、催青和收蚁、饲养和防病等具体技术方面陈述分类日趋细化，具体操作描述十分详尽，非常适宜于技术的普及推广。在技术示范、作业量化和图文并茂等方面也较之过往更为优越。在技术普及推广的方式上，通过建立示范点、组织熟练蚕农开展培训和农桑利益共享等，有效推进了技术的应用和产业规模的发展。收蚁、各龄眠蚕和熟蚕称重，有利于叶蚕平衡和蚕茧产量的预估；以"养蚕逐日简明表"为典型代表的龄期经过时间、给桑和除沙次数等技术过程描述和要求形式，有利于规范养蚕生产的基本作业。不少古籍采用图文并茂的方式编撰，其中常用养蚕相关器具较之《王祯农书》更为丰富，十分有利于模仿应用，有些用具至今仍可在部分养蚕区域使用（图9-3）。

图9-3　草墩（左）和饲蚕凳式（右）

此外，部分清末古籍中出现了介绍国外栽桑养蚕技术的内容，如《蚕桑萃编》卷十四泰西蚕事类和卷十五东洋蚕子类[411]，《蚕桑说》[410]和曾鉌的《蚕桑备要》提及使用显微镜检查蚕体，防控微粒子病；《蚕桑谱》[413]描述了使用温度计指示养蚕不同龄期和技术环节的温度。从清朝栽桑养蚕相关技术古籍的数量和体裁风格、作者群体的身份背景和经历，以及具体内容描述来看，少有技术上的重大发展或进步，但东西方栽桑养蚕及缫丝等领域的技术交流已徐徐展开，在世界范围中国可能已经开始落后于欧洲和日本，但在传统技术的推广和应用上，则充分展现了“信而好古”和“技近乎道”的巅峰。

第10章　科技革命与欧洲栽桑养蚕业

在欧洲由封建社会向资本主义社会的转变过程中，社会、阶级和思想等各种矛盾引发了“文艺复兴”和“宗教改革”。经历“文艺复兴”和“宗教改革”后欧洲的人文主义思想体系化，形而上学的唯物主义思想形成并不断扩散。在社会政治变革和经济发展的大背景下，理性主义文化运动进一步蓬勃发展，以法国的孟德斯鸠（1689—1755年）、伏尔泰（1694—1778年）、卢梭（1712—1778年）和狄德罗（1713—1784年）等为代表的启蒙主义学者，坚信科学不仅是对自然的研究，也是对人类所有活动的变革，掀起了欧洲的再一次思想变革运动，对自然哲学和自然科学的演变产生了巨大的影响。在探寻宇宙、物质及运动等自然现象和规律的过程中，新的自然哲学思想不断产生，近代自然科学门类不断分化形成，自然科学的语言体系开始萌发，为科技革命的发生创造了充分的社会、经济和思想基础。另一方面，此期的国家制度变革、产业和战争的需求或牵引力对科学与技术的影响日趋强化，科学和技术经过不同文明间的交流和冲突与思想、社会、政治及经济协同演化。

从科技革命的视角，“文艺复兴”（14—17世纪）和“宗教改革”（16世纪）无疑是欧洲及美国工业革命的重要基础。尽管多数情况将“科技革命”和“工业革命”等同论述，但其间还是存在些微的差异。第一次工业革命期间（18世纪60年代至19世纪40年代），在欧洲社会经济发展或工业生产需求的强烈拉动下，实验科学兴起，自然科学加快分化而演化出更多的学科门类，近代自然科学体系逐渐形成。但现代“科学”的概念并不十分清晰，与“技术”的结合也不明显。以蒸汽机为代表，动能和机械化的普及使工业生产效能大幅提高，商业间自由竞争日趋激烈，社会经济快速发展。第二次工业革命在19世纪中叶，大量实验科学研究发现和理论创立为新技术的发明提供了强大的基础，进而使“科学”与“技术”高效结合。电磁相关研究成果和理论在产业和社会强大需求的拉动下转化，发电机（1866年，西门子；1882年，爱迪生）和电动机（1834年，雅可比），以及远距离输电（1882年，德普勒；1883年，高兰德和吉布斯）、电灯（1883年，爱迪生和斯旺）、电车（1881年，西门子）、电话（1876年，贝尔）和电报（1896年，马可尼和波波夫）等相关技术诞生并被大规模应用，揭开“电气时代”的帷幕。此外，内燃机（1886年，本茨发明汽油发动机）及其驱动的汽车、远洋轮船、飞机等也得到了迅速发展。内燃机的发明推动了石油开采业的发展和石油化工工业的生产。欧洲国家及美国的经济快速发展，对人类社会的经济、政治、文化、军事、科技和生产力产生了深远的影响。美国1860年的工业产值居世界第四（占10%），1890年超过英国跃居世界第一。同时，垄断经济日趋明显，随着托拉斯等垄断组织及国际垄断集团的出现，欧洲和美国殖民主义和对外的侵略掠夺更加极端。

欧洲栽桑养蚕业与中国交往（丝绸之路）的记载或其丝织品相关的记载出现较早，但栽桑养蚕规模十分有限或极少有记载。19世纪初至末的欧洲，在养蚕或蚕丝业规模上占据世界三分之一，在缫丝纺织技术水平上世界领先，并成为栽桑养蚕近代科学和技术发展的引领者。栽桑养蚕历史的这种世界性演变，与欧洲认知世界和自然的思维方式突变有关。在“文艺复兴”和“宗教改革”后的欧洲，自然哲学从哲学及宗教中分离，催生了自然科学的系统性成长和实验科学的蓬勃发展，为“科技革命”和“工业革命”奠定了坚实的基础。工业革命中纺织业及缫丝业的快速发展，不仅为栽桑养蚕业的发展提供了市场经济基础，也有效牵引了栽桑养蚕业的发展，而更具历史意义的可能还是基于实验生物科学发展的近代栽桑养蚕科学和技术的起步。

10.1 自然哲学从哲学及宗教中分离

人类认知革命的发生,启动了人类对外部世界和自身的探索。早期人类用诗歌及神话抒发情感的同时,也记载了对自然的观察和发现。随着人类认知能力的发展,“哲学”和“宗教”相继从文化干细胞中分化为不同的文化细胞。古希腊-罗马的哲学和中国的儒家及诸子百家等思想都属于该范畴。因此,古代哲学和宗教的范畴或领域虽然不同,但也有很多交集和混杂。随着“文艺复兴”和“宗教改革”的推进,亚里士多德主义的自然哲学(physica)在获取知识的方法和对事物本质的认识上的局限性日趋明显。阿奎那(Thomas Aquinas,约1225—1274年)以亚里士多德的哲学为方法论,通过对“理性”和“德性”两种不同习性的论述,将“哲学”与“神学”从研究方式上加以区别。托里拆利实验、光线对不同物质的穿透性现象和不同物质的组成本质等自然现象或规律问题,引发大量学者的关注和争论。其中,去道德化和去神学化思想的出现,为新自然哲学的萌发提供了思想基础[152,418]。

法国的伽桑狄(1592—1655年)的《哲学论著》和笛卡儿(1596—1650年)的《哲学原理》是以探索自然规律和人类与自然间关系为主要内容的新“自然哲学(philosophy of nature)”的代表性著作,试图用由原子组成物质和原子运动解释所有自然现象,并对人类知识和自然规律的形而上学和认识论产生重要影响。唯理智论者认为自然规律描述了事物的本质,人类可以先于经验而认知世界;唯意志论者认为对自然规律的描述是偶然真理,上帝的自由意志对自然的干预,决定了人类认知世界必须依靠观察和经验,由此而延伸出精神与物质的概念。精神与物质同样真实,而精神与物质的分离则成为唯物主义思想发展重要基础。宗教神学和自然哲学在诸多问题的认识上,存在明显的不同而出现冲突[3,149]。

“文艺复兴”和“宗教改革”后,“宗教”和“神学”,“哲学”和“自然哲学”,以及“道德德性”和“理智德性”等在学术维度上发生了急剧的分化。法国的狄德罗(Denis Diderot,1713—1784年)和达朗贝尔(Jean le Rond d'Alembert,

1717—1783年)组织150多位学者,编辑出版了《百科全书,科学、艺术和工艺详解词典》(28卷),成为启蒙主义思潮的纲领性文本,在普及科学使人精神更高尚和生活更幸福的同时,对自然哲学或自然科学与宗教的分离也产生了重要影响,从自然科学目的中剔除了"理解上帝计划"而纯化为"以技术为媒介服务于人类"。"自然哲学"虽然与"哲学"具有相同的文化基因组,但已完全分化出来而成为独立分支,且为"自然科学"及细分门类的萌生和演化发展提供了思想的沃土[3,354-355,418-425]。

在今天,哲学的主要领域和范畴有:研究自然和人自身规律及人与自然关系的自然哲学,研究人与人关系的社会政治哲学,以及研究人生观的伦理哲学。英国的罗素(Bertrand Russell,1872—1970年)将科学、神学和哲学定义为:一切确切的知识都属于科学,一切设计超乎确切知识之外的教条都属于神学,介乎科学与神学之间并被双方攻击的领域就是哲学。德国的黑格尔(Georg Wilhelm Friedrich Hegel,1770—1831年)则将哲学定义为一种对"绝对"追求的特殊思维运动或方式。德国诗人诺瓦利斯(Novalis,1772—1801年)则将哲学的本质描述为怀着乡愁的冲动到处寻找精神家园的"精神还乡"活动。爱因斯坦(Albert Einstein,1879—1955年)则认为"如果把科学理解为在最普遍和最广泛的形式中对知识的追求,那么,哲学显然就可以被认为是全部科学之母"。这些论述大致隐喻了"哲学""神学""自然哲学"和"自然科学"的范畴与边界,以及分离演化的结果[3,354-355,418-425]。

10.2 自然科学与实验科学蓬勃发展

在自然哲学从哲学及宗教中逐渐分离和独立的同时,人类对宇宙、自然和人类所处的环境及各种现象进一步认识,宗教和神学的约束也被逐渐突破,实验科学在该时期特定区域的社会政治大背景下兴起并蓬勃发展。

10.2.1 实验仪器与研究团体

培根在《新工具》(1620年出版)中提倡:观察和实验是揭示自然奥秘的

有效工具;归纳法是从事物中找出公理和概念的有效方法,是进行正确思维和探索真理的重要工具。实验(方法)和归纳法(思维形式)作为相辅相成的工具,不仅对如何获取新知识产生了极大的影响,对逻辑学的发展也有重要作用,成为经验主义、形而上学和唯物主义思想发展的重要基础[149,421]。

实验科学的蓬勃发展离不开仪器设备的发明与制作,此期大量学者发明了各种类型的仪器设备,并以此开展严密设计的实验和论证。在14世纪已有透镜、老花镜,但用于天文学观察且最具影响的是伽利略(Galileo Galilei,1564—1642年)制作的可放大物体9倍的望远镜(1609年)。其后,开普勒(Johannes Kepler,1571—1630年)等从望远镜光学原理和仪器改进等方面开展了大量工作,制作了各种类型的天文望远镜。16世纪末,荷兰人制成用于放大物体的显微镜。1610年,伽利略用显微镜观察了昆虫的运动和感觉器官,并发现和描述了昆虫复眼;1665年,英国的胡克(Robert Hooke,1635—1703年)发表了58幅用显微镜观察后手绘的精美图片(《显微术》),对显微镜的广泛应用和学术交流产生了重要的影响;荷兰的列文虎克(Antonie van Leeuwenhoek,1632—1723年)发挥其高超的透镜制作技能,制作了功能大幅提高的显微镜,观察和发现了大量细小生物(原生动物)和生物的显微构造,以及微生物。德国的格里克(Otto von Guericke,1602—1686年)和华伦海特(Daniel Gabriel Fahrenheit,1686—1736年)、意大利的托里拆利(Evangelista Torricelli,1608—1647年)和维维亚尼(Vincenzo Viviani,1622—1703年)、法国的帕斯卡(Blaise Pascal,1623—1662年)和阿蒙顿(Guillaume Amontons,1663—1705年)、英国的波义耳(Robert Boyle,1627—1691年)和胡克等人先后分别发明或制作了各种类型的温度计(空气、酒精和水银)、气压计(水、复式和轮式等)和抽气机。哈雷(Edmond Halley,1656—1742年)、牛顿(Isaac Newton,1643—1727年)和惠更斯(Christiaan Huygens,1629—1695年)等学者,利用这些仪器或进行改良后开展了大量实验研究。此外,伽利略和惠更斯的摆钟、惠更斯的船用钟等实验仪器,不仅为实验研究的开展提供了工具,在实际应用中也有很大的价值[191-192,356,426]。

实验研究虽然日趋受到关注,大学也有大量学者从事知识传播和学问研究，但教会的各种约束仍然十分明显，学术研究的创新受到限制，由此在大学以外的各种学术社团和机构相继建成。类似德国的艾勒欧勒狄卡学会（1622 年）和意大利的西芒托学院（1657 年）等旨在传播自然科学知识、开展实验研究和发现新知识的民间团体陆续出现。在英国，培根哲学追随者成立了排除神学和政治议题的自然科学范畴的非正式社团，旨在探索和交流实验知识和新发现。1662 年，英国皇家学会正式成立，布隆克尔（William Brouncker，1620—1684 年）任会长（1662—1677 年），政府为学会经营提供财政支持，发展至今英国皇家学会已成为世界著名的学术组织。在法国，笛卡儿、帕斯卡、伽桑狄、费马（Pierre de Fermat，1601—1665 年）和蒙莫尔（Pierre Remond de Montmort，1678—1719 年）等因对数学和实验研究的共同兴趣而开展定期的聚会研讨，其后霍布斯（Thomas Hobbes，1588—1679 年）和惠更斯等外国学者相继加入。在政治家柯尔贝尔（Jean-Baptiste Colbert，1619—1683 年）的建议下，致力实验研究的法兰西科学院于 1666 年成立，并得到政府的资助。在德国，莱布尼茨（Gottfried Wilhelm Leibniz，1646—1716 年）从青年教育必须摒弃陈腐思想和重视造福于人类的重大发明出发，呼吁建立广泛开展自然科学与技术及商业和文化艺术研究的团体。1770 年，以研究数学、自然科学和德国语言文学为主的柏林科学院得到官方特许后建立，在推动当时的实验科学发展中有重要的贡献[191-192，421-426]。

此外，1671 年落成的巴黎天文台和 1675 年建设的格林尼治天文台是天文观察的重要据点，卡西尼（Giovanni Domenico Cassini，1625—1712 年）、惠更斯、皮卡尔（Jean Picard，1620—1682 年）、弗拉姆斯蒂德（John Flamsteed，1646—1719 年）和哈雷等，分别在那里开展相关工作。天文观察者和学者的工作，不仅获得了大量新的发现，对航海业的发展也做出了巨大的贡献。实验仪器的大量发明和思想自由的大学外研究团体，在实验科学的发展中发挥了重要的作用，为近代自然科学的发展、各种学科门类的分化和演变，以及社会经济发展中的技术进步提供了重要的支撑[191-192，421-426]。

起源于“加洛林文艺复兴”的欧洲中世纪大学作为重要的研究团体，在此期间急剧演变并逐渐成为科学与技术的重要机构。法国在经历大革命后，以培养科学和技术高等人才为目的的巴黎综合理工学院和巴黎高等师范学校(1794年),以及面向产业和技术需求的各类技术学校应运而生,科学技术机构与政府紧密结合,快速推动科学和技术的发展并取得巨大的成就。柏林洪堡大学(1810年)将教学教育和学术研究有机统一,注重实验教学。这种人才培养模式在德国高等教育中得到制度化的普及,研究型大学开始崛起。同时,随着大量高等工业学校的涌现,德国科学研究和人才培养中的学术与技术紧密结合,工程学特征日趋明显,以产业为媒介,科学与技术的结合更加紧密。在自然科学学科门类不断分化和演化的同时,连接大学和各种研究机构或学术团体的学会层出不穷,研究团体间的交流更加活跃。随着大学教师和学生数量增加,从事科学实验或学术研究的群体从19世纪前以神职人员、医师、贵族等拥有其他工作和社会地位的业余爱好者为主,转向更为广泛的社会阶层。在研究者专业化程度不断提高的过程中,"科学家"从"工匠""工程师"和"医师"等传统称谓中脱颖而出,成为职业从事科学和技术研究的群体。在科学技术自身内涵发展的同时,科学从"社会化"向"大众化"演变的趋势日趋明显,制度化基础更加坚实,并成为重要的社会事业。进入20世纪后的美国,在产业界出现了大规模组织化的基础研究,"产业的科学化"和"科学的产业化"成为交相辉映的主题,并使美国成为第三次科技革命或工业革命的中心[191-192,421-426]。

10.2.2　对宇宙和天地的认识

亚里士多德-托勒密"地心说"体系(地球在宇宙的中心静止不动,日、月、行星和恒星绕地球匀速转动)是中世纪宗教的主要宇宙论。毕达哥拉斯(Pythagoras,约公元前580—前500年)和菲洛劳斯(Philolaus,约公元前470—前385年)关于"地球和行星,围绕中心火球运行"的洞见销声匿迹了15个世纪。1543年哥白尼出版《天体运行论》,论述"日心说",但迫于教会和旧思想的压力,仅仅作为一种假说在欧洲传播。伽利略根据自制望远镜观察天空并进行相关计算(1610—1613年),出版了《关于托勒密和哥白尼两大世界体系的对话》和《关于两门新科学的谈话及数学证明》,认定哥白尼的"日心说"是真理。“日心说”理论在受到大量学者认同和欢迎的同时，也遭到来自其他天文观察者（第谷）和宗教教会的反对而被禁止在大学讲授，教会法庭强迫要求主张者放弃个人观点并将他们软禁，但“日心说”仍在不断完善和顽强发展中。1820年，“日心说”的相关书籍被解禁；1838年，地球围绕太阳运动的学说被永久确定。第谷和开普勒通过天文观察和思考，把彗星从流星和地球邻近的恒星范畴之中排除出去，并把它们放入天体之列，从而有力冲击了对彗星、流星和月食等天文现象的神学解释（凶吉朕兆）与论证。1686年，牛顿根据数据证明彗星的运行原理与行星在轨道上的运行原理相同。哈雷根据牛顿的理论正确预测了哈雷彗星的回归运动。随着望远镜的改进和照相术（银板照相法）的发明，英国天文学家赫歇尔（Frederick William Herschel，1738—1822年）利用反射望远镜发现天王星，提出了第一个银河系结构模型，还发现银河系边界之外由恒星组成的星云，将天文学研究范围扩展到外星系，因此被称为“恒星天文学之父”。英国的沃拉斯顿（William Hyde Wollaston，1766—1828年）发现太阳光谱中有7条暗线（1802年），并被德国的夫琅和费（Joseph von Fraunhofer，1787—1826年）确认（1814年）。德国的基尔霍夫（Gustav Robert Kirchhoff，1824—1887年）对暗线进行实验室模拟和说明，并提出基尔霍夫辐射定律，奠定了天体物理学的理论基础。英国的洛克耶（Norman Lockyer，1836—1920年）在1868年推测太阳中氦的存在，1887年提出恒星演化学说。1895年在地球上发现氦的存在。在笛卡儿和布冯（Georges-Louis Leclerc de Buffon，1707—1788年）提出的天体起源假说基础上，德国的康德（Immanuel Kant，1724—1804年）和法国的拉普拉斯（Pierre-Simon de Laplace，1749—1827年）根据天文观察和物理学研究成果及细致的量化计算，分别于1755年和1796年独立提出星云产生、发展和灭亡的演化假说（康德-拉普拉斯星云假说）。胡克和雷恩（Christopher Wren，1632—1723年）等发明或研制了验湿器、风速计、雨量计和气候钟等仪器，用于对气候现象的测量。美国的富兰克林（Benjamin Franklin，1706—1790年）发明的避雷针及其应用成效，有力地冲击了雷鸣和闪电是神的不愉快表现、风暴是魔鬼的作用或上帝的声音的神学理论[191-192，356，421-427]。

在对人类自身居住的地球的认识上，宗教和神学对地球的形状、大小和表面特征有着大量各不相同的描述。在哥伦布、伽马和麦哲伦发现新大陆和环球航行后，德国的明斯特尔（Sebastian Münster，1489—1552年）的《宇宙志》、阿皮安（Peter Apian，1495—1552年）的地球图和瓦伦纽斯（Bernhardus Varenius，1622—1650年）的《普通地理学》，佛兰德的墨卡托（Gérardus Mercator，1512—1594年）的世界全图，比利时的奥特柳斯（Abraham Ortelius，1527—1598年）等一大批学者的研究成果，是建立地理唯物论哲学的基础，为欧美近代地理学的建立创造了前提。与此同时，沿海与贸易密切相关的航海活动非常活跃，新的岛屿和航海路线不断被发现，经济对地理学研究的需求日趋明显。德国的洪堡（Alexander von Humboldt，1769—1859年）和李特尔（Carl Ritter，1779—1859年）著成的《宇宙》《欧洲地理》及《地学通论》成为近代地理学的里程碑，并为后期地理学的不断演进奠定了基础[191-192，356，421-427]。

随着科学考察和旅行探险增多，在法国、比利时、英格兰、巴西、西西里、意大利、印度、埃及和美国等地，大量化石被发现。英国的伍德沃德（John Woodward，1665—1728年）和德国的维尔纳（Abraham Gottlob Werner，1749—1817年）提出“水成论”：生物在洪水后沉淀为化石，金属和矿物等沉淀为不同的地层，地球岩层是海洋结晶和沉淀而成的。意大利的莫罗（Anton Moro，1687—1764年）、法国的德马雷斯特（Nicolas Desmarest，1725—1815年）、英国的赫顿（James Hutton，1726—1797年）及霍尔（James Hal，1761—1832年）则提出了火山爆发而成的“火成论”，并用实验加以证实。法国的居维叶（Georges Cuvier，1769—1832年）提出了地球表面不同地域和时期的灾难使大批生物毁灭，其他地域生物再迁徙于此生活与繁殖，再次发生灾难，循环往复，不同地层的生物化石代表了不同地质年代的“灾变论”。英国的莱伊尔（Charles Lyell，1797—1875年）完成并不断修正《地质学原理》，提出“渐变论（均变论）”：地球是缓慢演化而来的，地球表面的变化是自然力（风、雨、洪水、火山和地震等）综合作用的结果，地壳运动是源于地球内部各种力作用的结果，新旧岩石的结构差别是历史造成的，奠定了现代地质学的基础。赖尔还创立了“将今论古”的历史比较法。德国的魏格纳（Alfred Lothar

Wegener,1880—1930年)提出的"大陆漂移说"对地壳运动和海陆分布及演化进行解释,被称为地球科学的革命。随着地质和地球科学的发展,地球成因被阐释,人们对地球的认知从矿物学逐渐拓展到物理地质学、古生物学和结晶学等新的领域[191-192,356,421-427]。

10.2.3 对物质和运动的认识

数学是古希腊哲学的起点,几何学、代数学和解析几何学等作为形式科学在人类认识自然世界中广泛应用并不断发展。物质的组成和物体的运动是人类持续关注的自然现象,从宇宙和天体的认识,到人类生活和生产活动的各个领域都有涉及。

伽利略发现自由落体定律、物体惯性运动和抛物体运动轨迹理论,开普勒发现行星运行三大定律(轨道、面积和周期),惠更斯证明了物体圆周运动的向心加速度公式,牛顿的三大运动定律(惯性、加速度、作用与反作用)和万有引力定律将地面力学与天体力学统一起来,建立了经典力学体系。微积分(牛顿和莱布尼茨)等数学方法同步诞生,并在更为广泛的领域得到应用。自然规律对自然支配作用的揭示,有力冲击了宗教和神学对自然现象的解释和思想禁锢,进一步促进了对物理学相关问题的研究和发现。法国的卡诺(Sadi Carnot,1796—1832年)在研究蒸汽机中,提出"卡诺循环",认为热和机械能的相互转化是动力形式的变化,没有量的变化(热力学第一定律:能量守恒与转化定律)。德国的迈尔(Julius Robert Mayer,1814—1878年)、英国的焦耳(James Prescott Joule,1818—1889年)和德国的亥姆霍茨(Hermann von Helmholtz,1821—1894年)论证了机械、热、化学、电磁、光、辐射和生物能的转化,发现能量守恒定律,提出能量守恒是支配宇宙的普遍规律并被广泛接受。德国的克劳修斯(Rudolf Clausius,1822—1888年)和英国的开尔文(Lord Kelvin,1824—1907年)分别在1850年和1851年独立发现了热从高到低和存在熵的热力学第二定律。奥地利的路德维希·玻尔兹曼(Ludwig Eduard Boltzmann,1844—1906年)提出以"熵"度量系统中分子无序程度的"玻尔兹曼公式",在统计学意义上对热力学第二定律进行了解释,并发展了通过原子性质解释和预测物质的物理性质的统计力学。在电学方面，美国的富兰克林实验发现尖端放电，证明天电与地电相同；意大利的伽伐尼（Luigi Cavendish，1737—1798年）发现生物电；意大利的伏特（Alessandro Volta，1745—1827年）发明银板和锌板浸于酸液的“伏特电池”，成功获得连续电流；德国的格里克发现电荷间的排斥力并发明静电获取方法；英国的卡文迪许（Henry Cavendish，1731—1810年）开展了电的分布实验；在英国的普利斯特利（Joseph Priestley，1733—1804年）发明静电力和电荷的计算公式等的基础上，法国的库仑（Charles-Augustin de Coulomb，1736—1806年）提出电荷相互作用的“库仑定律”，将电学研究推入定量时代。德国的欧姆（Georg Simon Ohm，1789-1854年）发现“欧姆定律”，丹麦的奥斯特（Hans Christian Ørsted，1777—1851年）揭示电与磁存在本质联系，法国的安培（André-Marie Ampère，1775—1836年）确定电与磁的基本关系，英国的法拉第（Michael Faraday，1791—1867年）提出电磁感应学说。在此基础上，英国的麦克斯韦（James Clerk Maxwell，1831—1879年）发现气体在热平衡状态下，分子数目按其速度大小分布，应用微积分和几何学等方法与实验数据结合，定量描述和计算了电场和磁场的波动方程（“麦克斯韦方程组”），创立了系统的电磁学说。德国的赫兹（Heinrich Rudolf Hertz，1857—1894年）发现电磁波与光波的特征相同，具有反射、折射和偏振现象。英国的布朗（Robert Brown，1773—1858年）发现分子运动，液体和气体分子的不平衡撞击导致物质分子处于永恒的热运动中（“布朗运动”）。在力学、热学和电磁学不断发展的同时，光学和声学及更为细分的物理学相继在分化中演化出新的学科[191-192，356，421-427]。

对于工业生产中有效使用火的燃烧问题，德国的贝歇尔（Johann Joachim Becher，1635—1682年）和施塔尔（Georg Ernst Stahl，1659—1734年）提出了一切物质都存在燃素，燃素越多，燃烧越旺，化学变化就是吸收和释放燃素过程的“燃素学说”，开启了对物质组成成分的探索。波义耳和牛顿先后提出原子论观点，波义耳认为化学不能局限于改善金属和制备药物，并提出只有那些不能用化学方法再分解的简单物质才是元素，开启了近代化学的发展之路。瑞典的舍勒（Carl Wilhelm Scheele，1742—1786年）和英国的普利斯特利发现元素氧等化学元素。法国的拉瓦锡（Antoine-Laurent de Lavoisier，1743—1794年）证实氧是燃素的本质，基于实验提出质量守恒定律，并对已发现的33种元素进行了分类。英国的道尔顿（John Dalton，1766—1844年）提出原子论及原子量（以氢为1）概念，并在数量上进行表征和实验检测，奠定物质结构理论基础。法国的吕萨克（Joseph Louis Gay-Lussac，1778—1850年）根据气体化学反应实验提出气体反应定律，但与道尔顿的理论有所不同而展开争论。意大利阿伏伽德罗（Amedeo Avogadro，1776—1856年）提出分子概念和区分原子与分子的假说，平息争论，补充和发展了原子论。英国的弗兰克兰（Edward Frankland，1825—1899年）发现"饱和能力"（化合力），提出"原子价"概念。意大利坎尼札罗（Stanislao Cannizzaro，1826—1910年）的《化学哲学课程大纲》统一了化学家对原子-分子的认识。在化学合成方面，德国的维勒（Friedrich Wöhler，1800—1882年）和科尔贝（Hermann Kolbe，1818—1884年）先后人工合成尿素和醋酸，法国的贝特洛（Marcelin Berthelot，1827—1907年）合成了脂肪、乙炔、乙醇、甲烷、丙烯、戊烯、苯乙烯、苯酚和萘等有机物，俄国的布特列罗夫（Aleksandr Butlerov，1828—1886年）合成了糖类。德国的霍夫曼（August Wilhelm von Hofmann，1818—1892年）和英国的威廉逊（Alexander Willian Williamson，1824—1904年）建立了系统的"类型论"，人工合成有机物层出不穷，有机化学兴起[191-192，356，421-427]。

在有机化学理论方面，瑞典的贝采利乌斯（Jakob Berzelius，1779—1848年）提出"有机化学"和"电化二元论"及"催化"的概念，德国的维勒和李比希（Justus von Liebig，1803—1873年）提出"基团论"，法国的杜马（André Dumas，1800—1884年）和热拉尔（Charles-Frédéric Gerhardt，1816—1856年）分别提出"取代学说"和有机化合物"同系列"概念，德国的凯库勒（Friedrich August Kekulé，1829—1896年）发明苯的结构式并提出"原子价学说"，俄国的布特列罗夫提出有机化学结构理论，德国的肖莱马（Carl Schorlemmer，1834—1892年）对脂肪烃结构与性质的研究，解释了同分异构现象。在元素分类上，德国的德贝赖纳（Wolfgang Döbereiner，1780—1849年）提出"三元素组"分类法，法国的尚古多（Béguyer de Chancourtois，1820—1886年）提出"螺旋图"

分类法，德国的迈尔（Julius Lothar Meyer，1830—1895年）和英国的纽兰兹（John Newlands，1837—1898年）分别提出"六元素表"和"八音律"。俄国的门捷列夫（Dmitri Ivanovich Mendeleev，1834—1907年）提出元素周期律并制定元素周期表，且在修正后预测了诸多尚未发现的元素。随后法国的布瓦博德兰（Lecoq de Boisbaudran，1838—1912年）、瑞典的尼尔森（Fredrik Nilson，1840—1899年）和德国的温克勒（Alexander Winkler，1838—1904年）相继发现"类铝"镓（Ga）、"类硼"钪（Sc）和"类硅"锗（Ge）。1876—1900年，根据元素周期表先后有20个新元素被发现[191-192，356，421-427]。

10.2.4　对人类自身的认识

人类对动植物和自身的观察及探索早于文明的开始，法国拉斯科斯洞穴中就有旧石器时代对动物的描绘，但对生物本质的探究直到显微镜发明以后才开始，胡克用自制复合显微镜观察软木薄片后提出细胞的概念，意大利的马尔比基（Marcello Malpighi，1628—1694年）和英国的格鲁（Nehemiah Grew，1628—1712年）分别发现"小囊"和"小胞"。随着显微镜技术的发展，英国的布朗、捷克的浦肯野（Jan Evangelista Purkyně，1787—1869年）和法国的迪雅尔丹（Felix Dujardin，1801—1860年）观察到细胞核。德国的施莱登（Matthias Jakob Schleiden，1804—1881年）和施旺（Theodor Schwann，1810—1882年）在提出一切植物都是由细胞发展而来后，将此概念推广到一切生物。另一方面，德国的沃尔弗（Caspar Friedrich Wolff，1733—1794年）发现动物肢体和器官由胚胎发育而来。德国的雷马克（Robert Remak，1815—1865年）和瑞士的科利克（Albert von Kölliker，1817—1905年）将细胞学说和胚胎学说结合，证明细胞本身可以复制，并称之为"细胞分裂"。德国的魏尔啸（Rudolf Virchow，1821—1902年）将其概括为"细胞来自细胞"[191-192，356，421-427]。

大量"飞来石"、人类及动物遗骸的发现和细胞学的大量新发现，对人类起源的"天成论"发起了挑战，人类自身起源问题被热议。法国的布冯、莫佩尔蒂（Pierre Maupertuis，1698—1759年）和狄德罗（Denis Diderot，1713—1784年），以及德国的奥肯和沃尔弗等提出了生物的"渐成论"观点。法国的拉马克(Jean-Baptiste Lamarck,1744—1829年)提出“用进废退”和“获得性遗传”两大生物进化法则。英国的达尔文(Charles Robert Darwin,1809—1882年)在1859年出版《物种起源》,创立了生物通过自然选择或生存斗争保存良种的生物进化论,在思想上彻底推翻了“天成论”。同期,英国的华莱士(Alfred Russel Wallace,1823—1913年),在达尔文推荐下先后发表《制约新物种出现的规律》和《变种无限偏离原始类型的歧化倾向》,提出自然选择和适者生存的规律[191-192,356,421-427]。

奥匈帝国(德国)的孟德尔(Gregor Mendel,1822—1884年)根据大量豌豆实验发现“遗传分离”和“独立分配(基因自由组合)”两大规律,开创了现代遗传学。荷兰的德弗里斯(Hugo de Vries,1848—1935年)、德国的科伦斯(Karl Erich Correns,1864—1933年)和奥地利的丘歇马克(Erich von Tschermak,1871—1962年)分别独立研究证实了孟德尔的工作成果,由此“孟德尔遗传定律”得到公认(1900年)。德国的魏斯曼(August Weismann,1834—1914年)提出种质连续学说,强调种质遗传的稳定性和连续性[191-192,356,421-427]。

在生物学不断演变成熟和分离出新学科门类的同时,具有更为悠久历史的传统医学,在希波克拉底(Hippocratēs,约公元前460—前377年)开启了以经验、观察和理性为依据的医学实践后,经历盖伦(Claudius Galenus,129—199年)、伊本·西那(ibn-Sīna,980—1037年,或称阿森维拉,Avicenna)、达·芬奇(Leonardo da Vinci,1452—1519年)和维萨里(Andreas Vesalius,1514—1564年)等对人体结构的研究,涌现出更多成果,如英国哈维(William Harvey,1578—1657年)的血液循环论、意大利莫尔加尼(Giovanni Battista Morgagni,1682—1771年)的病理解剖学、西班牙奥恩布鲁格(Leopold Auenbrugger,1722—1809年)将临床诊断与病理解剖的结合、英国詹纳(Edward Jenner,1749—1823年)的牛痘接种法等。医学在向实用技术发展的同时,基于实验的病原学、预防医学和公共卫生学等理论研究加快并形成学科,这对魔鬼、奇迹和崇拜等自然神学思想造成了冲击,为医学及相关自然科学的发展提供了基础。德国的科赫(Robert Koch,1843—1910年)发现霍乱弧菌、结核杆菌及炭疽杆菌等,在实验上改进了细菌培养和染色方法,在理论上提出了科赫法则。德国的穆勒(Johannes Muller,1801—1858年),法国的马让迪(Francois Magendie,1783—1855年)、贝尔纳(Claude Bernard,1813—1878年)和巴斯德(Louis Pasteur,1822—1895年),以及俄国的梅契尼科夫(Илья Ильич Мечников,1845—1916年),分别在生理学、免疫学和消毒学方面取得累累硕果[191-192,356,421-427]。

在欧洲及美国发生的科技革命和工业革命,不仅呈现了自然科学的蓬勃发展和急剧演变,对新兴产业的诞生、传统产业的升级,以及栽桑养蚕和丝织业的发展都产生了重要的影响。

10.3 科技革命对欧洲养蚕丝织业的推动

在汉唐丝绸之路开通以后,中国大量的蚕丝织品进入欧洲并受到欢迎,在东罗马帝国时期作为奢侈品具有较大的消费量。在此社会需求之下,欧洲的丝织业开始发展,丝织产品也成为东、西方,包括沿途区域贸易的重要货物。随着丝织业的发展,欧洲对蚕丝的需求量增加,在通过贸易获取生丝或蚕茧外,也寻求自主栽桑养蚕的发展。公元6世纪就有东罗马帝国开展栽桑养蚕的记载,公元12世纪后的意大利北部(米兰、威尼斯和佛罗伦萨等)和南部(西西里和卡拉布里亚)相继发展成为丝织工艺的中心,并有政策发布及相关技术资料印发等栽桑养蚕推广活动。在亨利四世(1553—1610年,法国国王,波旁王朝的创建者)时期,欧洲各国开始大规模发展养蚕业。法国在15世纪就有7000多架丝织机,但遭遇蚕丝原料短缺问题而发展栽桑养蚕业。17世纪,意大利的蚕茧产量达到5万吨以上,仅次于中国。1853年,法国蚕茧产量有2.6万吨。随着航海贸易事业的发展,从远东(中国及日本等)获取蚕丝是欧洲丝织业解决工业原料短缺的重要途径。1750年由广东出口至欧洲的生丝有1397担(其中英国986担、荷兰198担、法国200担、瑞典13担,每担为60公斤),绸缎为18329件(英国5640件、荷兰7460件、法国2530件、瑞典1790件等)。19世纪在法国等欧洲国家,蚕丝织品成为大众消费品,且科技革命后纺织机械等技术得到发展而从小作坊走向工厂化生产,所以蚕丝原料的短缺依然是欧洲丝织业发展的瓶颈问题，发展栽桑养蚕业的内在动力依然存在[156，241-242，266]。

在科技革命中，毛纺业织布飞梭（1733年，英国的凯伊）的发明和广泛应用导致“纱荒”，迫使纺纱技术的改革；多锭的“珍妮纺车”（1765年，英国的哈格里斯夫）和水力“骡机”纺纱车（1769年，英国的阿克赖特）的出现大大提高了纺纱效率，使纺纱和织布两个生产技术环节达成平衡；水力织布机、蒸汽机织布机、花彩织机、铁制纺机，以及漂白和染色等技术随之出现。1828年，法国研制出以蒸汽为动力的机器缫丝车并建立机器缫丝工厂，欧洲国家纺织业向机械化快速发展。欧洲养蚕业在科技革命及丝织行业发展的带动下也取得了长足的进展，意大利年蚕茧产量从1864年1730吨到1900年56700吨，1924年达到历史最高的56980吨。1931年，意大利有蚕农60万户、蚕种66万盎司（1盎司=28.3克）、1600多家机器缫丝厂，年产生丝5000多吨。法国的年均蚕茧产量从1638—1715年的100吨持续增长到1853年的2.6万吨；1892—1896年年均产丝792吨，仅次于中国、日本、意大利，居世界第四。1870—1874年，英法意3国年均生丝进口量为6644.3吨，占世界生丝贸易量的79.9%。1876年，美国费城世界博览会上的意大利展厅展示的产品，使中国海关代表李圭感慨：“蚕丝甚多，茧亦大小咸备……唯闻其国产丝……以做法匀净，非若华丝间有掺杂也……仿效而成，即用以夺中国之利，可不虑哉？”晚清出洋使节戴鸿慈在法国见到意大利蚕丝织品后也曾感叹：“观蚕业院，养蚕饲桑之法及所用器具备列……皆米兰所出也……而染色鲜艳异常，极合销售之用。”[241-242，266，428-430]

欧洲科技和工业革命中，自然科学和工业技术的发展，特别是缫丝业的发展，对中国栽桑养蚕、缫丝及丝织品生产规模和技术水平长期居世界领先的地位产生了明显的影响。从17世纪到20世纪中叶，栽桑养蚕规模或蚕茧产量、蚕丝及其产品贸易，以及科技中心的世界地图发生了两次大变迁。17世纪在缫丝业发展对原料需求增长的带动下，欧洲栽桑养蚕达到相当规模，蚕茧产量和蚕丝及其产品贸易占世界的比重明显增加，在18—19世纪有起有伏，但经历20世纪的两次世界大战后快速衰退。意大利在第二次世界大战后，蚕茧产量下降为1.5万吨，战后略有恢复（1946年为23475吨；1947年为26910吨），其后持续下降，到1971年仅有800吨。1865年，法国蚕茧产量下降为4000吨，1867年恢复到1.64万吨，其后步入持续下降状态，1951—1955年的年均蚕茧和生丝产量分别仅有50吨和10吨；为保障丝织行业的发展，蚕茧和生丝从自主生产为主转向国外进口为主，在1870—1939年的70年间，从中国进口的生丝量达165997吨（占中国出口量的37.3%），同时也显示了其丝织业的高度发达和较大的丝织品市场消费量。以意大利和法国为代表的欧洲栽桑养蚕和丝织业的衰退，有其内在和外部两方面的因素。内在因素上，科技革命后工业化加速发展，栽桑养蚕和丝织业在全社会经济领域中未能取得科技水平和经济效能的优势，GDP比重和税收占比快速下降，以及由此引发一系列政策性不利因素；国家间的战争（包括两次世界大战），对多年生桑树的持续栽培极为不利；在传统栽桑养蚕模式下，欧洲的大部分高纬度区域不适合高效的蚕茧生产，或未形成相较其他农业更为高效的蚕茧生产技术。在外部因素上，随着航海贸易的日趋发达，蚕丝进口的竞争性增强，特别是19世纪末日本蚕茧和蚕丝的生产能力及质量水平快速提高所形成的市场竞争[241-242, 266, 428-430]。

在科技革命中，生物学发生了急剧的变化，植物学、动物学、微生物学和遗传学等新的学科门类不断从生物学中分化或分离出来，新兴学科门类不断增加。法国的儒莲（Stanislas Julien，1797—1873年）将《天工开物·乃服》的蚕桑部分和《授时通考》的“蚕桑篇”译成法文，并以书名《蚕桑辑要》出版（1837年），在欧洲产生了重要影响。该书当年又被译成意大利文和德文，分别出版于都灵、斯图加特和杜宾根，第二年又被转译为英文和俄文，为欧洲基于实验科学的栽桑养蚕相关研究奠定了基础。在桑树方面，瑞典的林奈（Carl von Linné，1707—1778年）在《植物种志》（1753年）中，将桑属植物分为5个种。在蚕种方面，1876年，法国的迪克洛（Emile Duclaux，1840—1904年）发现用盐酸浸渍蚕种可以人工孵化蚕卵，为全年多批次养蚕提供了可能。在家蚕病害方面，意大利昆虫学家巴希（Agostino Bassi，1773—1856年）经过25年研究于1835年发现，家蚕白僵病（真菌病或硬化病）是由病原微生物——白僵菌（*Beauveria bassiana*）的入侵引起的，由此确立了具有生物普遍意义的微生物病原学说。由于家蚕微粒子病在19世纪欧洲的大流行与丝织业重要性的双重需求，大量研究人员对该病的病原、发病经过和防治技术开展了广泛的实验研究，新的发现不断涌现，为新的理论形成奠定了重要的基础。其中，法国的梅内维尔（Guérin Méneville，1799—1874年）用显微镜发现患病家蚕血液中存在不同于家蚕血球细胞的运动性微小颗粒，并将该病原体称为"Hematozoides"（1849年）；瑞士的内格里（Karl Wilhelm von Nägeli，1817—1891年）将该病原命名为家蚕微粒子虫（*Nosema bombycis*）（1857年）；意大利的维塔迪尼（Carlo Vittadini，1800—1865年）发现胚种传染途径并提出蚕卵检测预防法（1859年）；法国的巴斯德在1870年发表的《蚕病研究》（Études sur la maladie des vers à soie）更是系统研究该病的典范。1912年，德国的普罗瓦兹克（von Prowazek，1876—1915年）发现病蚕浓汁经过滤后仍有致病性而确认家蚕病毒性病原微生物的存在[242，266，428-433]。

科技革命在机械动力和化工技术上的突飞猛进，有效带动了丝织技术和产业的进步，促使蚕丝需求量的大幅增加，推动了栽桑养蚕业的发展。在科技革命中，与桑树、家蚕和病原微生物相关的科学实验大量涌现，栽桑养蚕相关的实验科学逐渐兴起并对产业的健康发展产生了十分积极的作用。巴斯德有关家蚕微粒子病及其他蚕病的研究和技术发明，对遭受病害大规模流行后的欧洲栽桑养蚕业的恢复起了重要作用。家蚕微粒子虫研究在生源论、微生物学和流行病学等方面产生的普适性科学价值，更是栽桑养蚕相关科学研究的典范。栽桑养蚕的实验科学和学科演化起始于19世纪的欧洲，但在欧洲产业结构和税收变迁、海运事业发展后境外蚕丝原料输入便利化，以及科技不足以支撑不利气候和地理条件下提升栽桑养蚕效能的大背景下，栽桑养蚕技术和相关实验科学并未持续快速发展。系统性的栽桑养蚕学科及细分门类则形成于20世纪初明治维新后的日本。

第11章　明治维新与日本栽桑养蚕业

日本在大化改新(645年)后进入封建社会,1868年结束江户幕府的封建统治。在此1200多年中,日本主要以中国为学习模板,进行从文字到宗教、从生产到生活、从社会治理到体制的全方位学习。1543—1638年,日本受到天主教、西方以天文学和医学为主的科技知识,以及枪炮、筑城、造船和航海等军事相关技术的传入影响。江户幕府时代(1603—1868年),日本持续实施锁国政策,将对外贸易国别局限于荷兰、中国和朝鲜,地点局限于长崎。在科技领域,关孝和在《发微算法》(1674年出版)中将"和算"推至极致,在日本被誉为"算圣";天文学家涩川春海根据日本气候特点改良中国的阴阳历,于1684年制定"贞享历"(日本第一部历法);宫崎安贞参考《农政全书》(徐光启,1610年),结合日本农业生产经验,出版了《农业全书》(1696年);贝原益轩编成药物学和博物学的巨著《大和本草》(1709年),这些科技成果显示了日本在该时期的一些发展[3,356,434-436]。

德川吉宗在位期间(1716—1745年)颁布"洋书解禁令"。在继新井白石(1657—1725年)的《西洋纪闻》(1715年序)、《采览异言》(1713年序)和西川如见(1648—1724年)的《华夷通商考》(1695年)等介绍荷兰等欧洲国家的文化和科技著作之后,建部贤弘(1664—1739年)和关孝和共同编写的《大成算经》,青木昆阳(1698—1769年)的《和兰话译》《和兰文译》《和兰货币考》和《和兰文字略考》等,野吕元丈(1693—1761年)的《阿兰陀本草和解》和《阿兰陀禽兽虫鱼图和解》,山胁东洋(1706—1762年)的《藏志》,杉田玄白的《解体新书》(1774年),本木荣之进的《天地二球用法》(1774年)及伊能忠敬等的《大日本沿海舆地全图》(1812年)等一大批介绍欧洲的医学、天文、地理、船舶、钟表及人文等的著作涌现。以荷兰为窗口,引入欧洲文化和科技的兰学兴起,与同期中国的洋务运动类似,欧洲科技和人文思想对日本的影响日益扩大。在熊泽蕃山(1619—1691年)和太宰春台(1680—1747年)重商经世思想的基础上,本多利明(1743—1821年)强调开港贸易,海保青陵(1755—1817年)宣扬重商主义,佐藤信渊(1769—1850年)则主张国家统一、重商富国和海外侵略。主张开国的思想与长期封建统治下尊王攘夷的思想出现激烈的冲突。佐久间象山(1811—1864年)积极主张开国,倡议"和魂洋才"和"东方道德,西方技艺(艺术)"的调和思想,对日本社会产生深远影响[3,356,434-437]。

明治维新后,以右大臣外务卿岩仓具视为特命全权大使,以大藏卿大久保利通、参议木户孝允、工部大辅伊藤博文、外务少辅山口尚方为副使的48人"岩仓使节团"及50余名留学生,历时1年10个月,访问了欧美12个国家,日本政府开始全面学习欧美资本主义国家。欧美的人文思想和科学技术无疑对日本社会产生了显著影响,日本开始了资产阶级革命,走上了资本主义社会道路[3,356,434-438]。

日本在进入资本主义社会后,经济取得快速发展,经济结构上高度依赖外贸,而外贸限于美国、中国、英国及欧洲部分其他国家,由此趋向建立日元经济区,改变了20世纪20年代经济发展滞缓的局面。1929年,自美国开始的世界经济大萧条后,日本经济也进一步恶化,民众不满和社会运动风起云涌,主张军备扩张和侵略的军部掌控"举国一致内阁",确立了日本法西斯主义独裁统治。在侵占中国东北(1931年)后,发动全面侵华战争(1937年)。随着日本殖民地扩张和资源掠夺的不断加剧,美日经济矛盾日趋突出。1939年美国废止《美日通商航海条约》。1940年,德意日三国同盟成立(轴心国),日本与美英进入敌对状态,日本从美国和战乱欧洲获取军需品受到大幅限制,转而实施向东南亚国家索取资源的南进政策。1941年,美国全面禁止石油产品对日出口,日本战争经济生命线被切断。为从欧美列强手里争夺东南亚资源,日本偷袭美国珍珠港军事基地,悍然发动太平洋战争,导致美国对日宣战。1942年,美国空袭轰炸东京,中途岛战役击垮日本海军主力。1943年,同盟国盟军取得军事优势后开始反攻。1944年以美国为首的盟军解放了大部分被日军占领的殖民地,直逼日本本土。1945年,美国的两颗原子弹直接迫使日本政府继德意志政府后无条件投降,日本转入战后经济重建时期[8,434-438]。

11.1　东方道德和西方技艺

在江户末期,以兰学为代表的西方技术及思想零散或碎片化影响日本,黑船事件刺激日本从军事科技开始学习西方。在长崎聘请以荷兰军官雷根为首的教官开办海军讲习所,诸藩纷纷招聘兰学家翻译并开展兵器和兵制改革。1863年,将1856年开设的“蕃书调所”改称“开成所”,开始全面引进欧美自然科学知识及人文思想。日本基于中国在鸦片战争中的失败(1842年),以及本国下关战争(1863—1864年)和萨英战争(1863年)的经历,面对“西力东侵”困扰,开始学习西方近代军事科技及相关知识,并逐渐扩展到学习欧美社会科学和政治思想[8,434-435]。

日本虽然缺乏自身的思想体系,但具有主动移植和杂糅各种外来文化,并创新融合发展为自身独特文明体系的内化能力。在世界第二次科技革命的电气时代和欧美资本主义走向帝国主义的历史时期,尽管日本在明治维新前社会经济发展和工业水平处于相当低的阶段,但资产阶级意识形态早已出现并持续作用。复杂的阶级斗争触发了具有革命和改革双重特征的社会演变。1868年,天皇发表“求知于世界”的誓文,社会从“日本精神,中国知识”向学习欧美国体、法律和规则等转型,从封建国家演变为资本主义国家,成为亚洲第一个走上资本主义道路的国家。明治维新倡导的“和魂洋才”是基于民族和国家独立的革命和改革,与中国清朝洋务运动中基于政体维持的“中体西用”有着明显的不同,中日两国的科技也走上了不同的发展道路。日本在工业化、科技革命和资本主义道路上,以军事工业和重工业的发展为主要牵引力,以人才和外贸出口创汇为支撑。甲午战争、日俄战争和第一次世界大战等战争因素对其社会经济和科技发展有明显影响[8,434-439]。

在工业化进程中，日本政府利用国家权力，通过发布一系列文告和法令（1870—1880年），开启重大社会改革，促进封建生产方式向资本主义生产方式转变。1870年成立工部省，在大隈重信领导下设工学寮等9个部门（1885年撤销），接管幕府和各藩政府经营的工厂，创办国营官办企业，建设军工生产体系，以"劝奖百工"为宗旨全面负责殖产兴业政策，学习欧美先进工业生产技术，先行发展交通和通信产业，以军工产业及关联产业为重点，通过建设"模范工厂"带动全国工厂制度的发展。1869年，东京—横滨的第一条电信线路（电报）开通，1871年建立邮政制度。1870年开始引进英国铁路建设技术，1872年第一条铁路通车（东京新桥—横滨），1874年京都—大阪通车，1881年私营"日本铁路公司"成立，铁路建设进入官私并存阶段。私人资本的参与加快了建设步伐，日本全国铁路总里程从1874年的162公里，快速增长到1905年的8520公里，国有铁路仅占30%。1868年政府开始接收关口制铁所、横须贺制铁所、横滨制铁所和石川岛造船所等幕府时代创建的军工企业，通过不断整合和改造，建成了东京炮兵工厂、横须贺海军工厂和石川岛重工业等大型工厂。国营八藩制铁所、吴海军工厂和大阪纺织株式会社（1883年纱锭数1万以上）等大型制造业工厂相继成立。此外，1873年，国立银行开办，建立了中央银行发行纸币的制度；1886年，东京电灯公司开始发电照明；1890年，足尾铜矿自建发电厂；1892年，京都蹴上水力发电站建成供电。一大批国营或私营企业的相继建成和发展，推进了日本的工业化水平。日本快速改变了工业的落后面貌，初步实现了资本主义工业化或第一次产业革命（1870—1885年）[435-437,440]。

日本工厂数量从1868年的381家，快速增加到1893年的3019家（10人以上工厂）和1894年的3740家。1880年，政府将明治维新初期政府主导创建和经营的一大批矿山、造船厂和纺织厂等"模范工厂"出售给私人企业，大大促进了全国的工业化发展。工人数在1893年已达38万；1909年超过3000人的工厂有30多家，吴海军工厂拥有2万多员工。工业资本从1884年的504万日元，增至1893年的7825万日元（增加14.5倍），运输公司资本也增加12.1倍。

银行数从1894年的862家，增加到1896年的1277家和1900年的1802家；公司数量和资本额从1903年的9427家和8.9亿日元，增加到1914年的24954家和58.5亿日元；电气化率在1919年达到58.5%。造船业中的三菱株式会社和川崎重工株式会社、钢铁和机械工具领域的三井集团和川崎重工株式会社，以及化工业中的住友化学工业株式会社等垄断型企业逐渐形成，三井、三菱、住友和安田等一批企业进一步向财阀化发展，社会开始走向垄断资本主义和帝国主义，第二次科技革命迭代发生[435-437，440-441]。

资本和智力的支撑是日本交通、电讯、重工业和军工业发展的重要因素。大量先进设备的采购和技术人员的聘请，以及本土人才培养中专家的聘请和出国留学生的培养等都需要财政的支持。日本政府在1867年颁布《金禄公债证书发行条例》，减少财政支出；从1872年开始，在1881年大体完成的土地税收制度改革，通过"田赋"从农民那里搜刮了大量财富；甲午战争、日俄战争和第一次世界大战后，从中国清朝政府掠夺2.3亿两白银（战争赔款，相当于1895年日本年度财政收入的4倍），从中国和朝鲜等殖民地不断掠夺大量矿产等工业原料及自然资源，从欧美列强的殖民地版图中扩大出口市场份额。除了这些财政和资金支持外，纺织业的快速发展为其提供了重要的支持，蚕丝业对创汇的支持尤为突出而被称为"功勋产业"[435-437，440-443]。

日本的棉纺工业在"始祖三纺"到"十基纺"（10家两千锭工厂）时期（1878—1881年），虽有进口纺机，但总体技术水平、生产能力和效率等都十分低下。1883年，大阪纺织所的成立是棉纺业快速发展的标志，此期尽管在规模上小于同期英国（有36家10万锭以上企业）和印度（平均2.5万锭），但通过蒸汽动力的应用和延长工人劳动时间等方式，企业生产效率和效益快速提高。1914年，大阪纺织所织机1796台、棉纱16万锭、资本金720万日元，并与三重纺织会社合并成立东洋纺织会社。同期，政府"模范工厂"的带动作用、国家出资进口机器而私人企业分期偿还的鼓励政策，以及取消棉纱出口税和棉花进口税的贸易激励，极大地刺激了棉纺企业数量的增加和效益提高。机器纺纱企业数量、纺纱规模和生产棉纱量，从1891年的36家、35万锭和48万担，增加到1899年的83家、117万锭和270万担。1899年，出口棉纱

102万担，棉纱产量达到4600万斤，出口量超过进口量。1896年，10人以上棉布厂1114家，工人3.9万人，10人以下纺织户64万户，棉纺产业规模不断扩大，手工业和机械化生产方式混合发展，完成了产业的工业化。在生产技术水平提高和国内规模扩张的同时，通过侵略战争和殖民主义掠夺资源和市场扩张，日本棉纺业从进口转变为出口创汇行业[435-437，440-445]。

早期日本蚕丝业生产技术主要来源于中国，1863年生丝出口占出口总额的50%～80%，1867年占出口商品总值的53.71%，蚕丝业在日本外汇创收中占据重要地位。在国际市场上，日本蚕茧原料的质量和缫丝技术的局限性，决定其在国际市场中仍弱于中国。为尽快实现制丝业的近代化和增加国际市场份额占有率，1872年，日本政府从法国引进全套机器缫丝设备，聘请法国制丝专家及11名技术人员，建成富冈缫丝厂，以其为“模范工厂”在生产和示范中培养了大量机械制丝女工。机器缫丝企业从1873年的15家，增加到1878年的60家和1896年的259家。1893年，全国机器缫丝450013贯，生丝4951吨（世界总产23176吨）；1901年，机器缫丝103.7万贯，生丝6715吨（1902年世界总产27821吨），手工缫丝仅为机器缫丝的1/4。在消化引进的技术同时，通过不断的技术改造和再创新，日本自主发明的诹访式缫丝机、立式缫丝机和自动缫丝机等缫丝机械和技术，促进了生产技术和产品质量的快速提高，在推进蚕丝业近代化中发挥了重要作用。生丝出口额从1892年的0.9亿多日元，增为1897年的1.6亿日元。生丝出口量在1912年超过中国，1935年是中国的6.3倍；对美国出口量，从1870年中国的1/20，快速扩张到1920年的3.86倍，从而成为世界蚕丝业的生产和技术中心，为国家整体的近代化提供了大量的外汇资金支持[440，445-448]。

在工业近代化和科技革命过程中，人才的支撑无疑是核心，政府通过高薪聘请大量外国专家和派遣学生出国留学在短期内取得明显成效，通过建设高等学校和科技组织机构奠定了人才培养和科技持续发展的基础。在“文明开化”和“求知于世界”的口号下，聘请的外国专家从区域性海军教官发展到以工业和教育领域为主的全方位外国专家。1868—1889年有2299名外籍专家或技术人员在日本工作。工业领域的戴尔（英国）、医学领域的西博尔德

（德国）、生物领域的莫尔斯（美国）、农业领域的克拉克（美国）、财政领域的金德尔（英国）、法学领域的博索纳德（法国）、外交领域的萨托（英国）、人文领域的费诺罗萨（美国）和教育领域的维尔贝克（荷兰裔美籍传教士）等一大批外国专家，在日本工作了不同的时长，对日本的国家近代化和科技革命做出了重要贡献并产生了重要影响。最具代表性的外国专家是在日工作和生活近40年的维尔贝克，他不仅在政府相关政策制定和高等教育建设中发挥了重要作用，而且培养了大久保利通、大隈重信、伊藤博文、副岛种臣、江藤新平、大木乔任、加藤弘之、杉亨二、细川润次郎及横井小楠等日本明治维新的精英[437，449–456]。

在科教领域，充分利用幕府直辖学校、藩校、乡校、私塾和寺子屋等普及教育的基础，颁布《海外留学生规则》（1870年）、《学制》（1872年）和《教育令》（1879年）。1868—1874年，550多名学生被派往欧美国家留学，1877年财政教育支出是军事支出的2/3。留学归国人员进入高校、研究所和政府部门任职，逐渐取代外国专家（1885年政府外聘专家人数下降为141名），为日本科技从模仿与移植到消化与创新提供了重要的人才储备，其中代表性的有数学家菊池大麓（英国剑桥大学）和藤泽利喜太郎（留学英国和德国）、冶金专家本多光太郎（德国格丁根大学）、地震学家大森房吉（留学德国和意大利）、细菌学和免疫学家北里柴三郎（留学德国，师从科赫）、遗传学家外山龟太郎（留学欧美）、物理学家山川健次郎（耶鲁大学）、建筑学家辰野金吾（留学英国）和企业家中上川彦次郎（留学英国）等。1886年，政府颁布《帝国大学令》等与教育相关的系列"学校令"，国粹和国家主义的传统教育逐渐恢复，归国人员在大学占据主导地位。一大批高等学校的产生和人才培养机制的形成，为日本近代化中人才、科技和思想的发展等提供了重要的支持。随着大学的发展和科技交流的需要，一批以官办为主的研究机构相继成立。1909年财阀化发展后大量企业研究机构出现。政府部门通过国家资金的支持和《专卖特许条例》（1885年）等政策，鼓励并引导高校和研究机构的增长，以及学术社会团体的有效连接，为日本"官产学"三位一体的科技创新体系构建奠定了良好的基础[437，449–456]。

11.2 近代栽桑养蚕体系的形成

在明治维新前后,日本蚕茧和生丝贸易量与中国相比都处于劣势,养蚕制丝技术主要来源于中国。日本第一本养蚕图书是野本道玄于1702年刊印的《蚕饲养法记》,其后相继有上野国群马县马场重久的《养蚕手鉴》(1712年)、信浓国长野县塚田与右卫门的《新选养蚕秘书》(1755年)、奥州福岛佐藤友信的《养蚕茶话记》(1766年)、但马国兵库县上垣守国的《养蚕秘录》(1812年)、成田重兵卫(滋贺县)的《蚕饲绢筛》(1812年)和《绢筛大成》(1814年)、平亭银鸡的《养蚕图解》(1830—1844年)和信浓国清水金左卫门的《养蚕教弘录》(1847年)等,多数为经验性的技术记载。明治维新后,政府充分认识到蚕丝业在近代化进程中对资金和农村人口向工业领域转移的重要性,设立了多种教育和研究机构,引进欧美科技经验开展养蚕方面的研究和人才培养[428]。

东京和京都蚕业讲习所是日本最早开始蚕业教育及科学试验的机构。1874年,内务省劝业寮成立东京内藤新宿派出所和蚕业试验科,后改称新宿试验场和蚕业试验班,主要开展家蚕微粒子病相关研究,1879年废止。1884年,在东京市麴町区(现千代田区)内山下町成立蚕病试验场,后易址东京府北丰岛郡泷川村西原,改称西原蚕业讲习所;1896年改为东京蚕业讲习所,主要开展栽桑养蚕知识的巡回演讲、分配蚕种、指导养蚕人员和实施蚕业教育。1890年东京蚕业讲习所并入东京大学农学部,1935年独立为东京高等蚕丝学校,后又改称东京农林专门学校(1944年),1949年改为东京农工大学。1949年成立的京都工艺纤维大学则经京都蚕业讲习所(1899年)、京都高等蚕业学校(1914年)、京都高等蚕丝学校(1931年)和京都纤维专门学校(1944年)演变而成。1949年成立的信州大学由多所旧制学校统合而成,其纤维学部经上田蚕丝专门学校(1910年)和上田纤维专门学校(1944年)演变而成。东京农工大学、京都工艺纤维大学和信州大学成为日本蚕丝高等教育专业性人才培养及研究机构。此外,在东京大学、九州大学、名古屋大学和北海道大学等综合性高校中也设有蚕学讲座，在国立的宇都宫大学、岩手大学、鸟取大学、宫崎大学、岐阜大学和鹿儿岛大学等，以及私立的东京农业大学、日本大学、明治大学和东洋大学等高校设有与养蚕相关的讲座。在高等教育机构外，还有一些中等教育学校中有与蚕丝相关的人才培养。系统的蚕丝业教育体系不仅在人才培养中发挥重要作用，在科学研究上也做出了重要的贡献[241，428，457-458]。

1903年，鸟取县率先成立原蚕种制造所，开展原蚕种的生产和品种选育。1911年，《蚕丝业法》颁布。同期国立原蚕种制造所（在东京有本部，在福岛、前桥和绫部有支所）设立，在政府主导下进行原蚕种的生产和新品种选育。其后各府县的地方性原蚕种制造所数量大幅增加。在国立原蚕种制造所的基础上，国立蚕业试验场于东京府丰多摩郡杉并村建立（1914年），试验研究从蚕品种向更多的领域扩展；1937年改名为国立蚕丝试验场，研究领域进一步扩展。有关道府县在农林省主导下，以原蚕种制造所为基础相继建立了71个蚕业试验场，开展蚕丝业技术的研发和技术推广等，形成了由国家和地方政府主导的蚕丝业相关科学研究、技术开发和推广及基层农技人员培训的体系。国立蚕丝试验场曾一度发展到1室9部6支场84研究室，员工500多人。除蚕丝试验场和高等院校外，国立遗传研究所等政府性研究机构也开展了一些与蚕丝相关的研究。随着日本蚕丝业规模的不断扩张，片仓工业株式会社（1930年设立蚕业试验所，现为生物科学研究所）、神荣株式会社（1925年神荣生丝株式会社）、郡是、昭荣和钟纺等企业成立相关部门以开展栽桑养蚕和缫丝及丝织相关技术的研究。相关技术研究机构的大量出现，不仅对栽桑养蚕和缫丝及丝织技术发展做出了直接的贡献，也为政府的行业管理提供了大量的技术支持，促进了产业的稳定发展[457-460]。

11.2.1 家蚕遗传学与品种选育

明治维新前后，在机器缫丝技术推动下法国和意大利等欧洲国家的蚕丝消费市场扩张，牵引了栽桑养蚕规模的快速发展，导致蚕种和蚕茧供应不足。然而，家蚕微粒子病的大规模流行进一步加剧了蚕种需求的迫切性。这些国家开始寻求从中国、日本和东南亚等国家进口蚕种。法国在尝试从日本进口蚕种（1864年）后，逐渐扩大蚕种输入。日本出口欧洲的蚕种从1864年的30万张激增到1865年的250万张，蚕种外销占国内贸易总值从1864年的2.22%激增到1867年的22.81%，成为欧洲养蚕蚕种供应的重要来源。日本蚕种出口的增加，与其蚕品种选育和微粒子病检疫技术的发展，以及相关行业管理制度的实施密切相关[458,461-463]。

家蚕（*Bombyx mori*）作为一个物种从约600万—400万年前起源后，在中国最早被发现和利用，随着丝绸之路而加速传播到欧洲和日本等世界各地。家蚕在不同的地域，由于气候的不同（包括对桑树的影响）和人类利用家蚕的偏好不同，逐渐演化为具有一定遗传学稳定性和一致性的地方蚕品种。这些品种的形成主要通过系统分离和纯化而来。由于分离目标相对模糊，这些地方蚕品种纯度较低。中国的《齐民要术》记载了不同遗传特征和化性的家蚕品种的存在（转引《永嘉记》，成书于420—589年），《天工开物》（1637年）记载不同蚕品种杂交后家蚕经济性状发生变化和育成"嘉种"。清代资料则记载了大量不同遗传特征或经济性状的地方蚕品种，但未见应用杂交技术培育蚕品种的记载，或者说这些蚕品种的形成主要通过纯系分离和系统选拔而成。日本则最早记载了利用纯系分离、系统选拔和杂交育种相结合的方法进行蚕品种选育的工作。据此日本养蚕业在18世纪和19世纪取得了快速的进展，新的蚕品种应用和养蚕技术推广后，茧丝量从1751—1764年的0.13～0.14克大幅提高到1854—1859年的0.32克（技术高峰期时，1977年的茧丝量春蚕期0.38克、初秋蚕期0.35克、晚秋蚕期0.34克），茧长和茧幅从1751—1764年的2.56厘米和1.35厘米分别提高到1848—1853年的3.25厘米和1.59厘米[52,405,464-470]。

1845年，日本信州开始利用二化性夏蚕品种的雌性个体与一化性春蚕品种雄性个体杂交生产蚕种，利用杂交技术生产的蚕种数量开始增多。1873年《蚕种取缔法》规定，杂交蚕种在蚕种纸上必须加盖"杂交"字样印章。这类蚕种并未在生产中持续发展扩大，但利用杂交技术不断改良和选育蚕品种的工作在日本开始展开。田岛弥平（1869年）和黑田清隆（1874年）等分别从意大利等欧洲国家和中国等地引进蚕品种资源。中国浙江吴兴的"清白"

（1884年）和嘉兴的“大圆头”（1898年），以及萧山、余杭和宁波等地的蚕品种资源相继引入日本。日本各地利用引入的地方蚕品种资源，广泛开展纯化分离、系统选拔及与杂交技术相结合的蚕品种选育工作，利用日本地方种“又昔”与中国地方种杂交育成“‘支那’又”“卵形又昔”和“角又”（1898年），利用意大利地方种与中国地方种“赤熟”杂交育成“三龙又”（1900年），以及通过中国地方种“大圆头”和“赤熟”杂交育成“世界一乙”（1905年）等蚕品种[464-471]。

1906年，东京大学教师外山亀太郎（1867—1918年）发表《昆虫杂种学研究——论多种蚕杂种的孟德尔遗传法则》，在动物上首次发现和证实孟德尔遗传定律（1865年发现，1900年公认）。外山亀太郎在1894年已关注和研究了家蚕染色体的数量，其后谷津、胜木喜董、小熊和川口荣作等相继开展深入研究。杂交优势的发现为一代杂交蚕种的应用提供了理论支撑。田中义麿（1884—1972年）首次发现家蚕的第二连锁群（染色体上的基因群，1913年）和伴性遗传（1916年），出版了《蚕的遗传学讲话》（1919年），奠定了家蚕遗传学基础。大量学者相继对家蚕的化性、染色体连锁群、性别决定、眠性，以及茧色、茧形和缩皱等性状遗传规律进行研究，家蚕遗传学体系逐渐形成[21，464-471]。

在市场对蚕种需求增加的牵引下，日本政府在1911年设置了“国立原蚕种制造所”，各府县也随之设置原种制造所。这些机构从中国（浙江和无锡）和欧洲及本国各地大量收集地方蚕品种资源，采用系统分离和纯化、杂交等技术，以及单蛾选拔和蛾区选拔等方式，以蚕茧产量、蚕丝质量、繁育性能和强健性等性状或遗传学特征为目标进行蚕品种选育，使蚕品种数量快速增加，一度达到3317个（1916年）。法国的古坦恩以茧层率为目标，采用系统分离和纯化的方法育种，将地方蚕品种的茧层率从13.2%提高到了18.7%（1888年）。1937年，日本农林省颁布《原蚕种管理法》，实施蚕品种登记制度，国家指定了16个日本种、16个中国种和13个欧洲种，开始形成了在今天仍在蚕品种选育中广泛应用的中系、日系、欧系和多化性的蚕品种选育材料基础或育种体系。这些系统中的品种可能由所在区域的地方蚕品种而来，也可能是以所在区域的地方蚕品种为基础，通过杂交等方法引入其他区域地方蚕品种性状而成，如："中 4"由中国地方种"诸桂"改良而成，"中 7"由奥地利地方种选育而成，"日 1"由中国地方种"赤熟"育成（1914 年），"日 11"由欧洲地方种与日本地方种"青熟"和"日新"杂交选育而成，"日 115"由日本地方种"种岛""青熟"和"正白"杂交选育而成。蚕品种基础材料体系的形成，为后续的一代杂交蚕种的利用奠定了重要的基础[21，464-472]。

1914 年，日本国立蚕业试验场开始一代杂交蚕种的选育和试验，"日 1×中 4""日 107×中 9""日 110×中 106""欧 16×中 16"等成为最早推广的杂交组合。1918 年，国立蚕业试验场公布多种主要原蚕品种（包括中系、日系和欧系）及不同组合一代杂交蚕种（包括日×中、欧×中和日×欧）的性状，饲养经过时间、减蚕率、双宫茧率、茧丝长、茧丝量和纤度等性状的量化指标，不仅在一代杂交蚕种推广中显示了实验科学的作用，而且也构建了家蚕品种育种目标体系的雏形。一代杂交蚕种的普及率从 1918 年的 34.9%，快速增加到 1923 年的 66.7%，1930 年一代杂交蚕种得到全面推广普及。蚕品种选育从以蚕茧产量和茧丝质量为主逐渐转向对强健性等性状的重视，从而出现三元或四元的一代杂交蚕种，以及不同饲养蚕期和类型及产品需求的蚕品种。1936 年颁布《蚕品种审查会官制》，国家指定原蚕品种和一代杂交蚕种的组合[470，473-474]。另外，缫丝企业对蚕茧质量的要求日趋明显，蚕茧买卖从以茧层率为主要指标，逐渐向缫丝计价发展。1922 年，埼玉县蚕业试验场开始缫丝检定。1927 年，爱媛县设立茧检定所。1930 年第三方检定制度的实施，1940 年茧检定章则的公布，从蚕茧或产品端对一代杂交蚕种的推广产生积极影响。蚕品种的数量急剧下降，选育水平不断提高，集中度大幅提高。1949 年育成的"日 122 号×中 122 号"蚕品种茧层率和产丝率大幅提高[469，473-480]。

11.2.2 良种繁育和家蚕微粒子病检疫

随着政府主导的原蚕种制造所科技能力发展，蚕品种改良和育成新品种的水平不断提高，在此基础上制定的《蚕品种审查会官制》和《原蚕种管理法》（1937 年修订）在强化政府指定农村养蚕杂交组合的同时，规定了新品种审定制和"三级繁育四级制种"蚕种繁育体系的权限。原原种局限于政府指定的单位生产，原蚕种限于府县指定的原种制造所生产，政府在设施设备改造上提出要求并给予财政支持；一代杂交蚕种（普通种）生产者从原蚕种生产单位获取原种进行生产。在二战结束后政府职能转型的社会政治经济背景下，为快速恢复蚕茧和蚕种生产，日本修订并颁布新的《蚕丝业法》及《蚕丝业法施行规则》（1945年），在维持一代杂交蚕种（组合）由政府指定外，开放原蚕种的生产权限和买卖，鼓励民间（企业）开展新品种的培育，政府机构生产民间（企业）育成蚕品种需要向育成单位支付费用，由此大大促进了日本蚕品种育成的技术水平和生产效用。在促进蚕品种改良、新品种培育和规范蚕种生产的同时，家蚕微粒子病的防控也是重要的工作内容。1869年，对日本出口法国的600张蚕种蚕卵进行显微镜检测，结果显示未检出微粒子虫的蚕种仅为16%，单张蚕种的微粒子虫检出率达13%的蚕种有6张。基于欧洲蚕种市场的外贸利益，日本政府将微粒子病防控作为蚕种生产的重要问题，并开展研究和制定相关法规[469-470,473-474,481]。

家蚕发生微粒子病的现象在《务本新书》中已有记载。在法国和意大利等欧洲国家，大规模家蚕微粒子病的流行对蚕丝业产生了严重的危害，欧洲大量学者关注和投身于该问题的研究。1882年，日本内务省在蚕丝相关试验场中，专门设置家蚕微粒子病研究所以开展相关研究。明治维新后大量派遣至欧美学习的人才队伍中，蚕丝相关人才也是重要的组成部分。其中，佐佐木长淳留美回国后，又于1873年赴奥匈帝国国立蚕业试验场学习蚕体生理解剖和家蚕微粒子病检验技术，次年回国任新宿试验场养蚕主任，重点开展不同家蚕品种微粒子病发生程度的调查及养蚕病害的研究。1876年佐佐木忠次郎与松永伍作合作在劝业寮创刊年报上发表了日本最早的蚕病研究报告《蚕病试验成绩》，其后又发表《日欧蚕病对照表》和《微粒子病的始末》等文献，成为日本蚕病学的鼻祖。练木喜三将"黑痣病"改称为"微粒子病"，并提请政府高度重视该病害（1883年）。随后，三谷贤三郎、石川金太郎和大岛格等一大批日本及欧洲学者，展开对下述课题的研究：家蚕微粒子虫的形态学及鉴别方法，侵染家蚕的组织和病理变化过程及生活史，家蚕不同蚕品种（中系、日系、欧系蚕品种和一代杂交蚕种）的抗性及胚胎感染率，养蚕环境传染来源和养蚕群体内的传播规律，微粒子虫对化学药物的敏感性及消毒方法，卵、蚕、蛹、蛾及环境物等检测对象物的样本制作和检测方法等。这些研究所取得的成果，不仅对全面理解该病害的发生和流行规律具有重要意义，对蚕种生产量不断增加后的母蛾检验效率和技术水平的提高也具有重要价值，特别是对宏观控制政策制定的科技支撑作用[428,433,482]。

日本政府在1886年颁布《蚕种检查规则》和《防止微粒子病条例》，实施全国蚕种生产家蚕微粒子病的政府强制检疫，其后的《蚕种检查法》（1898年）、《蚕病预防法》（1905年）和《蚕丝业法》等法规对家蚕微粒子病的检疫做出了明确的规定和技术要求，1927年将都道府县蚕业取缔所执行的家蚕微粒子病检疫职能归入蚕种制造所，1964年实行生产者自行检测制度。家蚕微粒子病检疫涉及的检测技术问题和风险管理问题的解决，不仅与实施机构的职能有关，而且与蚕种生产的规模相关。日本的家蚕微粒子病检疫随着生产主体管理和生产规模的变化而发展。光学显微镜应用的普及为检疫提供了重要的技术基础。练木喜三和松永伍经过持续十年的研究，提出用框制种方式替代袋制种（巴斯德）的方案。1898年该方案被纳入《蚕种检查法》后在原种生产中强制施行，大大提高了蚕种生产和微粒子病检验的效率。原种和一代杂交蚕种生产的分级管理及生产许可制等，在保障国内养蚕生产和蚕种出口中发挥了重要作用。此期“改良蚕种”概念的内涵中，包括了蚕种的微粒子病检验[433,482]。

在检测技术上，欧洲早期将蚕卵作为检测对象，日本在1870年开始研究将蚕卵检测改为母蛾检验，《蚕种检查法》强制规定采用母蛾检验。初期母蛾检验采用单蛾研钵磨碎后的显微镜检测。为了提高研磨效率和检出率，母蛾烘干、碱液研磨和过滤离心浓缩等技术逐渐在母蛾样本制作中被采用。随着蚕种生产规模的扩大和劳动力成本的提高，母蛾检验成为蚕种生产的重要负担，由此研究人员开始尝试研发集团母蛾检验的方法。根据研究成果，1968年修订的《蚕丝业法施行规则》对母蛾烘干、磨碎程序（包括磨碎液和标准化磨碎机械等）、过滤、离心及镜检等作业都提出了明确的要求[428,433,482-490]。

在风险管理上，《蚕种检查规则》规定原蚕种和丝茧育蚕种的家蚕微粒子病允许检出率分别为5%和15%，而《蚕种检查法》不允许原蚕种检出微粒子虫。为了提高效率和保障安全，对原蚕种继续实施全检的同时，将一代杂交蚕种的母蛾全检改为1%的抽样检测，微粒子病的检出率风险值（淘汰标准）定为1%。1931年大岛格发现一代杂交蚕种群体中混入少量家蚕微粒子病个体后，并不会对蚕茧生产的主要生产性能产生影响，因此开展了广泛的家蚕微粒子病流行病学调查，根据蚕种生产规模和家蚕微粒子病的流行情况（母蛾检验结果），按照人为评估预设的重要性，通过概率统计的方法，确定了0.5%允许病蛾率。以日本母蛾检验技术发展和历年微粒子病检出率不断下降的结果验证，该判断标准或风险阈值被认为具有足够的安全性，可有效降低一代杂交蚕种的微粒子病发生率，因此在1945年成为修订《蚕丝业法施行规则》中的技术要求。20世纪60年代后，大岛格、藤原公和栗栖弌彦等根据病蛾的数量在样本中呈超几何分布的特点，并按照收蚁饲养批的规模和母蛾数量的多少，应用概念分布和计算机模拟等统计学方法，确定二次抽样和集团母蛾检验方法，规定收蚁批允许最低病蛾率为0.5%和误判风险率为1.5%的判断标准。该方法使镜检蛾数减少60%，在保障安全性的同时，大幅提高检测工效。石原廉等将蚕粪中检出家蚕微粒子虫的孵化蚁蚕混入健康家蚕群体，进行混育试验，调查胚胎感染个体在蚕座内的传染规律而提出“二次感染模式”，同时证明0.5%感染蚁蚕（蚕粪检出）的混入率是群体羽化率指标的风险阈值，与大岛格的流行病学调查结果吻合，为一代杂交蚕种家蚕微粒子病母蛾检验判断标准的长期实施提供了重要的支持[428,483-496]。

在对家蚕微粒子病进行系统研究的同时，家蚕微粒子虫以外的多种野外昆虫来源微孢子虫相继被发现。明治及其后的100年间，日本学者对养蚕病害的发生开展了广泛的研究，家蚕主要的致病因素和病原微生物被发现。在非传染性病害方面，1872年佐佐木长淳发现蝇蛆病（1899年会议发表）；野村彦太郎（1901年）和甘利进一（1915年）发现壁虱病，名和靖（1887年）和丹羽四郎（1919年）发现蜇伤症，山内为寿（1922年）和石川金太郎（1928年）先后发现线虫和寄生蜂对家蚕的危害。在细菌病方面，石渡繁胤在1902年发表细菌性猝倒病病原的发现及相关病理经过；千贺崎义香（1922年）、本多石芳

(1920年)和藤井英松(1931年)等发现大量环境来源细菌可以导致细菌性败血病的发生。在真菌病方面,继1834年意大利学者巴希(Bassi)证明白僵病不是蚕体内自然发生的,而是球孢白僵菌对蚕体的传染寄生所导致的后,河原次郎(1896年)、岩渊平介(1901年)和池田荣太郎(1904年)等发现了大量可导致家蚕病害的真菌类病原微生物。在病毒病方面,荒木武雄(1901年)、铃木健弘(1925年)和北岛钺雄(1926年)等对家蚕病原性病毒的特征和传染规律等进行了大量的研究,石森直人在1934年发现寄生于家蚕中肠细胞质的病毒多角体,鲇沢千寻在1972年发现传染性软化病病毒,清水孝夫在1975年发现浓核病毒。病原微生物对环境因子的抵抗性(与消毒技术相关)、病理学过程、家蚕的抗性(包括免疫概念的提出)、病害的流行规律,以及防控技术等问题被广泛研究[428,432,482,497-498]。

田中义麿的《蚕的生理学讲话》(1909年)、池田荣太郎的《实验蚕体解剖生理学》(1913年)和板谷健吾的《蚕体生理学》(1936年)等著作的发表,表明了家蚕解剖学和生理学学术体系的建成。家蚕解剖学和生理学的发展,不仅为病理学的发展提供了重要基础,而且在家蚕生命活动规律解析和养蚕技术改进中发挥了重要作用。岩渊平介的《通俗蚕体病理学》(1909年)、西川砂的《蚕的胃肠病论》(1926年)、三谷贤三郎的《蚕病学》(1929年)和石川金太郎的《蚕体病理学》(1936年)等著作的发表,则表明了家蚕病理学学术体系和防病技术体系的基本形成[428,431-432,482,498-499]。

11.2.3 蚕种人工孵化技术对养蚕与栽桑技术的影响

《齐民要术》记载了家蚕不同化性蚕品种的存在,且转引《淮南子》"原蚕,一岁再登,非不利也;然王者法禁之,为其残桑也"。基于蚕茧产量和蚕丝质量的需求,蚕品种选择逐渐趋于一化性和二化性品种。直至清代,中国大部分传统养蚕仍是一年一次和以春蚕饲养为主,个别蚕区有全年多次饲养或夏秋季饲养的情况。夏秋季养蚕主要是在春蚕失败的情况下进行桑叶的再利用,夏季的高温饲养较为困难,秋季饲养时过度用叶容易导致来年春季桑叶产量下降。中国全年多批次养蚕主要局限于广东等气候相对湿热的蚕区，使用的蚕品种从多化性蚕品种向二化性蚕品种演变，通过温汤浸种（“泡水”）的人工孵化技术解决蚕种的孵化。日本较早开始在夏秋季大规模地养蚕，主要通过冷藏技术延长一化性蚕品种的孵化时间，或使用二化性蚕品种[50,413]。

与蚕茧产量的密切相关的化性成为学者重点关注的家蚕性状之一。外山龟太郎在1906年研究了一化性和二化性蚕品种杂交后的母性遗传现象，渡边勘次（1918—1928年）、水野辰五郎（1925年）、梅谷与七郎（1928年）、室贺兵左卫门（1935—1943年）和永友雄（1942年）等对化性的遗传规律及环境（温度、营养、光照和湿度等）对化性的影响进行了系统的生态学和生理学研究。1877年，法国昆虫学家发现用盐酸浸泡处理产卵不久的一化性蚕种，可以打破滞育而孵化出蚁蚕的现象。荒木武雄等在1916年证实使用盐酸可以使产卵不久的蚕种孵化，三浦英太郎于1932年证实通过冷藏一定时间后再盐酸处理也可使一化性蚕品种的蚕种孵化，该技术使全年饲养一化性蚕品种成为可能。夏秋饲养规模的扩大，对蚕品种的选育和桑树的栽培管理等生产技术产生明显影响，改变了以饲养春蚕为主的栽桑养蚕模式。在蚕品种选育中，小蚕减蚕率或化蛹率等强健性指标日趋得到重视，在《原蚕种管理法》和《蚕品种审查会官制》中一代杂交蚕种的减蚕率和化蛹率成为重要的育种指标，1937年指定的一代杂交蚕种组合“日110×中106”和“日111×中107”的小蚕减蚕率分别为12.7%和8.4%，蚕茧产量和茧质等其他性状接近春用蚕品种的水平[473,500]。

盐酸处理人工孵化蚕种在蚕茧质量和生产安排上具有优越性。随着该技术的不断优化和成熟，夏秋季养蚕蚕种供应依靠冷藏技术和二化性蚕品种的方式被逐渐替代。日本养蚕业盐酸处理人工孵化技术在生产中广泛应用，夏秋蚕饲养的数量持续增加，夏秋蚕生产蚕茧占全年蚕茧总量的比重从1911年的40%上升到1926年的49%。夏秋蚕饲养数量的持续增加，对桑园栽培模式有直接影响，树型养成从乔木桑和高干桑向中低干或无干的方向发展（矮化），单位面积栽桑量较之中国清末的150～300株/亩明显增加。夏秋蚕饲养数量的增加，对桑园栽培密度、桑树剪伐方式和水肥配套等桑园管理技术，以及桑品种选育和桑园病虫害管理等产生了明显影响。桑树的矮化明显提高了桑叶采摘(收获)等桑园作业的劳动效率,使单位土地的桑叶产量和蚕茧产量得到提高,公顷桑蚕茧产量从1889年的137.4公斤增加到1930年的376.2公斤。人工孵化技术解决了家蚕滞育问题,家蚕滞育的科学问题也成为后续遗传学、内分泌学、生理生化学及分子生物学研究的重要领域[381,473,500-503]。

明治维新是日本由封建社会向资本主义社会演化的标志性时代,其重要的世界背景是欧美第二次科技革命。明治维新后的50年间,日本的政治、法制、经济、军事和社会都发生了急剧的变化,在完成100年前欧洲科技革命的同时,跟上了世界第二次科技革命的发展节奏和步伐。在栽桑养蚕和缫丝及丝织领域,由政府主导的培养高等教育人才的综合性和专业性大学、科技研发和技术推广的专业组织机构、相关社会团体和专业刊物的建立,在政府引导下民间大学和企业科研机构的涌现,完整和多元化的科教学术和研发推广体系的形成,使日本在该时期开始成为世界栽桑养蚕和缫丝及丝织科技的中心,近代蚕学学科及细分领域的学术与技术体系相继形成。在家蚕以地理来源为主要特征的品种系统或育种材料良好积累的基础上,以遗传学普遍规律或理论为依据的一代杂交蚕种技术,成为提高养蚕技术水平最为有效的一项科技成果,在今天蚕品种选育中依然是最为主要的技术,也是蚕学领域“经验→科学→技术”发展模式的典型案例。以家蚕微粒子病防控和优良蚕种生产为目标所开展的科学问题研究和技术体系研发,在养蚕病害防控、提供优质蚕种、保障蚕种出口及赢得外汇中发挥了重要作用。所研发的家蚕微粒子病防控技术体系成为家蚕微粒子病防控的基础模板,在今天中国的养蚕业中微粒子病防控依然模仿该体系。对家蚕微粒子病的研究也是从现象和相关性发现跃升到具有普遍意义的“可重演”规律阐述的范式。盐酸处理人工孵化蚕种技术为全年孵化蚕种和饲养家蚕提供了基础,开创了一年多批次养蚕的模式,成为生产模式改变提高单位土地利用率的基础技术,同时引发了家蚕品种选育和饲养技术、桑树和桑园相关科学技术,以及病虫害防控等广泛领域的再研究和再创新,成为蚕学领域“经验→技术→科学”的发展模式又一典型案例。

11.3 日本栽桑养蚕业的世界地位

中国是栽桑养蚕和丝织业的起源地，18世纪以前世界栽桑养蚕业高度集中分布于中国。18世纪中叶的欧洲，工业革命后机器缫丝技术发展，对原料的需求大幅增加，牵引了欧洲栽桑养蚕业规模的扩大，同时揭开了栽桑养蚕业基于自然科学技术发展的序幕。日本明治维新后栽桑养蚕科学和技术的发展，在形成基于自然科学的近代栽桑养蚕科学体系的同时，为栽桑养蚕业规模的扩大提供了强大的科技支撑，近代栽桑养蚕业的技术体系也由此诞生。

19世纪中叶到20世纪初期，世界生丝消费总量快速增加，成为牵引世界栽桑养蚕业发展的强大动力。生丝消费的世界格局也发生了明显的地域演变。在生丝消费数量占比上，法国从1874年的30.9%下降为1907—1910年的12.5%（平均值），意大利从6.7%下降为3.2%，英国从6.3%下降为1.9%，德国和瑞士分别占9.3%和4.7%（1907—1910年平均值）；美国则从2.0%大幅增加到23.9%；中国从24.9%降低为20.6%，印度从13.1%下降到1.4%，日本从5.8%上升到12.7%。总体上，欧洲生丝消费占比有所下降，从48.9%下降为35.3%；欧洲国家间的占比结构也发生明显变化，德国超过意大利和英国；亚洲从43.8%下降为34.7%，其中印度下降明显，日本呈明显增长趋势（图11-1）。在生丝产量上，法国持续下降，产量从1850年的3180吨下降到1911—1915年的年平均产量358吨；意大利虽有较大的波动，但维持了相当的规模（1922～5654吨）。在生丝出口量方面，中国从1850年的1241吨增加到1911—1915年的年均7649吨；日本的增幅更为明显，1906—1910年超过中国，1911—1915年年均10771吨（图11-1）。由此可见，19世纪后期和20世纪初期，蚕丝产品消费持续上升，蚕丝生产地或供应地发生了较大的变化，即欧洲总体明显下降，亚洲快速上升，其中日本尤为明显。另一方面，人造纺织纤维（1846年）和化学合成纤维（1913年）相继被发明并逐渐开始工厂化生产，但此期在纺织纤维中用量占比很低[241-242,266,381,428,463,504-511]。

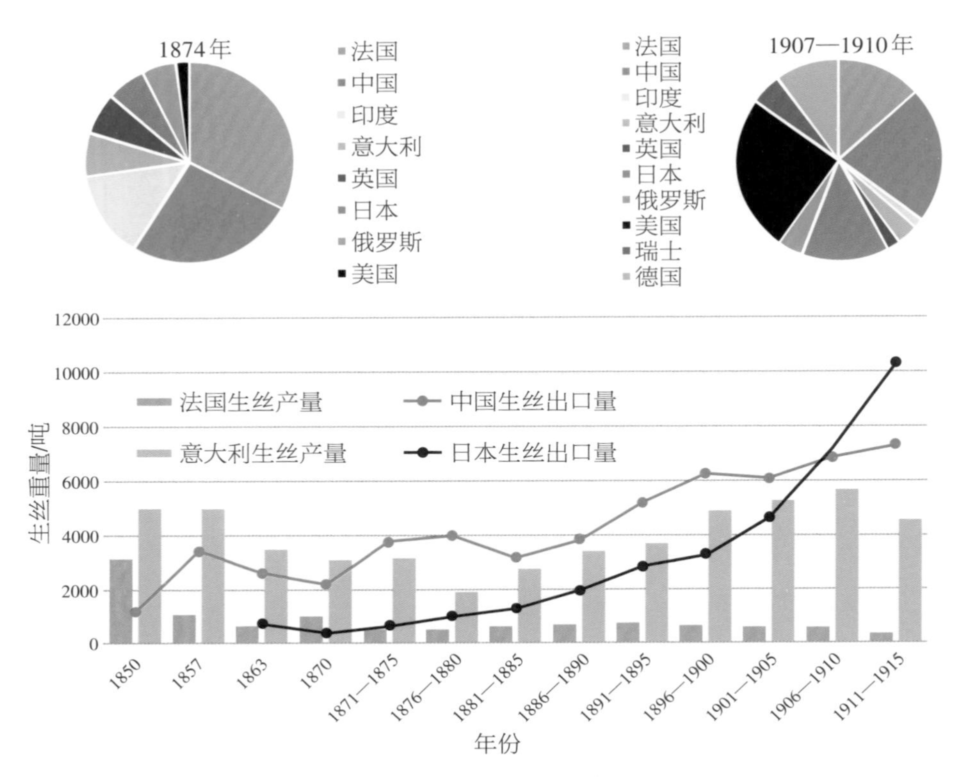

图 11-1 世界生丝消费、生产和出口

世界主要国家生丝消费和生产量及贸易地位的演变，主要与其社会经济发展阶段和经济结构的变迁、世界经济发展的状态，战争发生的范围与持续时间等有关。社会经济的快速发展，蚕丝产品的消费量大幅增长，对生丝和蚕茧生产形成强大的牵引作用，促进了栽桑养蚕和丝织业科学与技术的发展。各国栽桑养蚕和丝织业科学与技术的发展状态或水平，对行业在国内社会经济结构和世界贸易中的地位具有决定性影响。

工业革命促进了欧洲资本主义的发展，在快速工业化的同时，垄断经济、殖民主义和对外侵略成为其主要特征，但不同国家间的发展节奏有所不同。世界上第一个工业化国家——英国的科技和经济快速发展，频频发动侵略战争（两次鸦片战争等），大肆扩张殖民地。但美国和德国等国家的快速发展，使英国在 19 世纪 70 年代开始丧失工业垄断地位。普法战争失败后，法兰西第三共和国成立(1870年),并联合德国镇压了巴黎公社,法国社会进入相对稳定的时期,工业逐渐恢复,对非洲、印度和中国等发动侵略战争和殖民扩张,国内金融资本高度集中,垄断组织快速发展,国家进入帝国主义阶段。意大利王国于1861年意大利统一后成立,工业和社会经济的快速发展使其成为世界列强,对外扩张和侵略。德国在19世纪开始逐渐从神圣罗马帝国分离,建立以普鲁士王国为主导力量的德意志联邦,在取得普奥战争(1866年)和普法战争(1870年)胜利后,建成德意志帝国,在经济、外交和军事上强势崛起。美国第二次独立战争后,国土面积不断扩大,南北战争(1861—1865年)后实现国家统一,全面开启工业化和城市化进程,社会经济快速发展[8,381,428,434]。

欧美经济发展促进了蚕丝产品的消费,较高的工业化水平和缫丝生产能力对原料蚕茧的需求形成了牵引,对栽桑养蚕规模的扩大产生十分有利的影响,但欧美国家受气候和土地等自然因素的限制,以及受传统文化因素等的影响,栽桑养蚕业的发展十分有限,蚕茧供应的不足限制了缫丝业的发展规模。在早期,法国、意大利和英国等生丝生产国除在本国栽桑养蚕以生产蚕茧外,还从土耳其、西班牙和保加利亚等周边国家进口蚕茧以发展缫丝和纺织业。世界海运行业的发展和亚洲(日本、中国及印度)机器缫丝业的成长,为欧美维持较大规模的丝织业提供了有利的条件。法国生丝消耗量从1840年的1721吨,增长到1910年的8195吨,其后逐渐下降;美国从1840年的6吨暴涨到1910年的10151吨而超过法国,1920年是法国的2.64倍(达到13634吨)。法国和美国主要从中国和日本进口生丝。其中,法国由从欧洲其他国家进口生丝逐渐转为从中国和日本进口,1920年,法国从中国和日本进口的生丝量分别占其总进口量的46.99%和26.75%;美国早期主要从中国进口,但随着日本机器缫丝的快速发展,在1890年从日本进口的生丝量超过中国(584吨)并达到1160吨,1920年则达到10389吨(是中国的3.86倍)(图11-2)。日本缫丝技术水平的快速发展是日本生丝出口量大幅度增加的主要因素,1889—1999年其机器缫丝和座缫(手工缫丝)分别为356~991千贯(1贯约为3~4公斤)和499~820千贯。1900年,日本机器缫丝991千贯,超过座缫的764千贯；1918年机器缫丝4738千贯，远超座缫590千贯，机器缫丝的设备和技术水平逐渐超过欧洲。1909年，日本生丝出口量达到8082吨，成为世界上最大的生丝出口国。栽桑养蚕科学技术的发展和生产体系的形成，为生丝生产提供了重要的原料基础[16,381,428,512]。

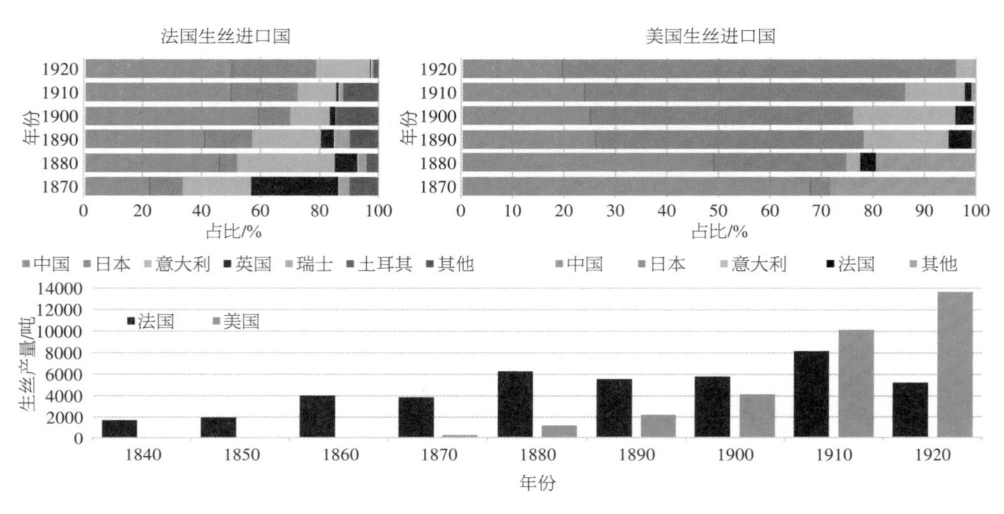

图 11-2　法国和美国生丝产量和进口国别及数量

法国、意大利和西班牙等欧洲国家，在19世纪缫丝和纺织业的牵引下，栽桑养蚕和蚕茧生产有所发展。意大利曾有蚕茧产量超5万吨的记载（1900年5.67万吨和1924年5.70万吨），1920—1930年养蚕户数约为60万户；法国也有2.8万吨蚕茧产量的记载。19世纪中叶，欧洲各国的蚕茧产量开始快速下降，生丝生产规模的缩小则相对滞后。欧洲栽桑养蚕规模的缩小与此期家蚕微粒子病的暴发有一定关系，微粒子病的暴发不仅使蚕茧生产效率大幅降低，蚕茧原料供应的稳定性也降低。欧洲大量科学家对此展开研究，其中巴斯德于1870年发表的《蚕病研究》提出了防控该病害的系统技术体系，但该成果在后来的日本及中国蚕茧生产规模发展中发挥的作用更大。欧洲栽桑养蚕规模下降的内部因素更多地来源于工业化和城市化的快速发展，栽桑养蚕经济效益竞争力不足，难以支持其产业规模的发展或维持。不同国家经济结构的差异（包括农业内部的结构差异和栽桑养蚕规模化生产技术的支持不足等）则是各国栽桑养蚕规模下降时期或节奏不同的原因。在外部因素中，海运能力的提高为欧洲国家进口生丝提供了便利，日本及中国缫丝技术和生丝生产能力的提高为欧洲丝织业提供了原料保障；战争和国内动乱在不同范围和程度上，对栽桑养蚕和缫丝及丝织业产生了影响[16，381，428，512]。

日本明治维新后，在外贸和缫丝业需求的强力牵引、政府政策法规等的激励和保障、科学技术发展的支撑下，栽桑养蚕规模迅速发展，技术水平大幅提升。蚕茧产量从1878—1882年的年均4.33万吨增加到1928—1932年的36.67万吨，生丝产量从1723吨增加到42011吨。1909年日本生丝出口8082吨（133660担），超过中国的7860吨（129784担），成为世界上最大的生丝出口国。1889—1930年，日本桑园面积从21.6万公顷增加到70.8万公顷，单位桑园面积的蚕茧产量从206公斤/公顷增加到564公斤/公顷（图11-3）。日本单位桑园面积的蚕茧产量超过中国清末（1862—1875年）太湖流域发达蚕区的450公斤/公顷（以每公顷桑园产叶9吨、每公斤蚕茧消耗20公斤桑叶和每公斤丝需蚕茧7.5公斤，粗略折算"一亩之桑，获丝八斤"），且矮化密植后的桑园管理和桑叶收获的劳动效率更高。1930年是日本栽桑养蚕规模的巅峰年度，桑树栽培面积达到历史最大，占全国耕地面积的26.3%，单位桑园面积的桑叶产量和蚕茧产量也不断提高（图11-3）；栽桑养蚕农户数达211.2万户，占农户总数的39.6%（1931年）；蚕种饲养量和张种蚕茧产量分别为1452.6万张（每张蚕种约2万颗蚕卵）和25.1公斤（1931年）；蚕茧产量近40万吨，出口生丝4.26万吨（1929年出口生丝3.49万吨，为世界生丝出口总量的66.1%）。从美国开始的世界经济大萧条及日本的"昭和金融危机"后，国际贸易急剧减少，日本生丝出口出现严重危机，生丝在出口总额中的占比从1929年的42%下降到1934年的18%，价格也下跌81%，成为世界出口商品价格下跌率最高的商品。太平洋战争爆发后，日本高度依赖美国市场的生丝出口再次受挫[16，381，397-398，428，512-513]。

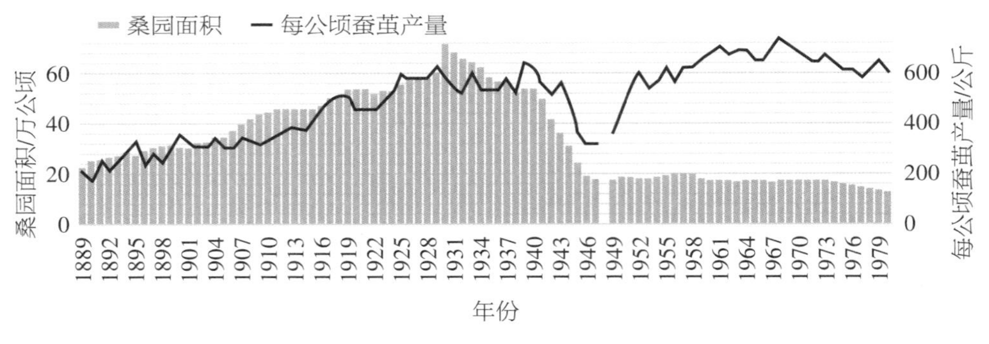

图 11-3　日本桑园面积和每公顷蚕茧产量

栽桑养蚕和蚕茧生产在19世纪已有广泛的分布，但主要分布在亚洲的中国和日本，欧洲的意大利和法国。根据蚕茧运输的局限性，生丝与蚕茧产量有很大的正相关性。19世纪到20世纪初，欧洲的意大利和法国是两个主要的蚕茧和生丝生产国，分别曾有生产生丝5000吨和3000吨的记录（1850年）。1905年以后，意大利生丝生产水平总体呈持续下降态势（图11-4）；俄国在1914年的蚕茧收购量为9800吨，并在其后持续增长；1905年土耳其有7460吨蚕茧和675吨生丝；保加利亚1900年的蚕茧产量为768吨，并增长到1939年的2344吨。此外，罗马尼亚、波兰、希腊和南斯拉夫等欧洲国家也进行蚕茧生产。亚洲的中国和日本是两个主要的蚕茧和生丝生产国，日本从明治维新后在生丝和蚕茧产量上开始追赶中国，在1909年生丝产量超越中国，成为世界最大生丝生产国和出口国，并维持了半个多世纪（图11-1和图11-4）；印度在1875年之前曾是英国生丝的主要供应国，1823年生产生丝553吨，占英国生丝进口总量的近50%；亚洲其他国家中，朝鲜（生丝522吨，1910年）、越南（生丝282吨，1931年）、孟加拉国（仅拉吉沙希就有生丝186吨，1876年）、泰国（出口生丝66吨，1915年）、韩国（蚕茧22989吨，1934年）、黎巴嫩（蚕茧5000吨，1910年）、伊朗（出口蚕茧838吨，1900年）、柬埔寨（蚕茧262吨，1928年）和叙利亚（蚕茧100吨，1938年）等都有一定的蚕茧和生丝产量[16,242,381,397-398,428,512-513]。

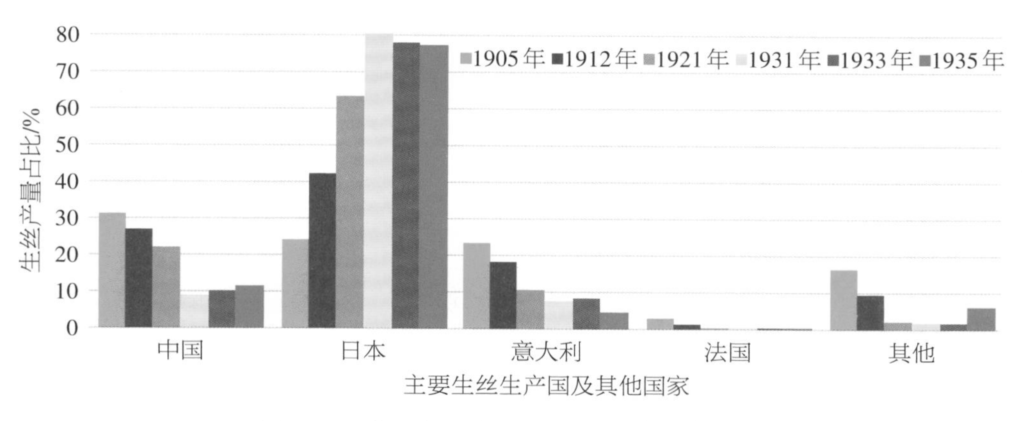

图 11-4　世界主要生丝生产国生丝产量占比

18 世纪和 20 世纪初期是世界蚕茧和生丝生产格局，以及科技支持能力发生急剧变化的时期。前半场，欧美国家在科技和工业革命带动下，缫丝和丝织机械化生产技术快速发展，生丝生产水平和能力大幅提高，对栽桑养蚕产生强力的牵引作用，蚕茧生产能力得到一定程度的提高。但欧洲在土地、气候和社会传统等因素的限制下，栽桑养蚕规模的发展相对不够充分。欧洲的生丝生产水平明显优于亚洲。在生丝产量方面，欧洲和亚洲大致相近；在蚕茧产量方面，亚洲多于欧洲。总体上，世界蚕茧、生丝和丝织品产量，从中国“一枝独秀”演变为欧亚“分庭抗礼”的格局。下半场，日本在亚洲率先引进欧美科技，通过引进后的再创新而超越欧美，建立和发展了近代栽桑养蚕科学和生产技术体系，蚕茧和生丝生产能力大幅提高；随后中国开始从日本和欧美引进栽桑养蚕和缫丝技术，蚕茧和生丝生产能力也有较大的提高；欧美依赖海运行业的发展，从日本和中国等大量进口生丝，满足丝织业的发展和市场消费的需求，本地生丝生产逐渐萎缩。随着生丝生产水平和能力的提高，日本在生丝出口的世界贸易中一枝独秀，其生丝和蚕茧产量超越了中国，虽两者仍属“分庭抗礼”之势，但日本的产品质量和生产效率较之中国具有明显的优势，因此此期的世界栽桑养蚕和缫丝的科技中心或许位于日本。

第12章　民国栽桑养蚕业

在中国，1911年武昌起义后，宣布独立的各省于1912年1月1日在南京建立临时政府，孙中山就任临时大总统，结束了两千多年的封建帝制，建立了资产阶级政权，定国号为中华民国。旋即政权落入北洋军阀手中，北洋政府迁都北京。1916年袁世凯称帝失败后，黎元洪、冯国璋、徐世昌、曹锟相继为总统。在北洋政府统治期间，帝国主义列强对中国加紧侵略，军阀连年混战，使中国陷入极端混乱的局面。1921年中国共产党成立后，推动孙中山于1924年改组国民党，实行联俄、联共、扶助农工三大政策，进行北伐战争，推翻北洋军阀统治。1927年蒋介石发动四一二反革命政变后，在南京建立国民政府。全国性抗战期间，国民政府以重庆为陪都。1949年中国人民在中国共产党领导下，推翻南京国民政府，建立中华人民共和国。

1914—1918年帝国主义国家两大集团间为重新瓜分世界而发生第一次世界大战。这次大战是资本主义世界体系危机的产物。19世纪末至20世纪初，在欧洲形成同盟国（德、奥匈、意组成）和协约国（英、法、俄组成）两大军事集团，双方为重新瓜分世界、争夺殖民地展开激烈斗争。1914年6月28日的萨拉热窝事件成为大战的导火线。战火遍及欧、亚、非三洲，以欧洲为主要战场。大战以同盟国集团的失败而告终。此战历时4年又3个月，参战国家30多个，卷入战争的人口在15亿以上，死伤3000多万人。其间俄国爆发十月革命，动摇了资本主义世界体系，开始了社会主义革命的新时代。

1929—1933年的世界经济危机，激化了德、意、日国内外的矛盾。它们先后在世界各地发动一系列侵略性战争，企图称霸世界。1939年9月1日，德军向波兰发动进攻。9月3日，英、法对德宣战，第二次世界大战全面爆发。1941年，英、美同苏联结成反法西斯同盟。1941年，太平洋战争爆发。1943年，斯大林格勒会战的胜利根本扭转了大战的战局，鼓舞了世界人民的反法西斯斗志。1943年9月8日，意大利投降。1944年，英、美军队在法国诺曼底登陆，开辟了第二战场。1944年下半年起，苏联红军继续追击德军，配合东欧和东南欧各国人民反法西斯的解放斗争。1945年5月8日德国无条件投降。随后，英、美集中力量在太平洋上展开进攻。美国在日本的广岛和长崎投下原子弹。苏联也对日宣战。中国人民则转入全国规模的对日反攻。在苏联红军和中国人民武装力量强大的攻势下，中国东北各省的日军迅速被消灭。1945年8月15日日本宣布无条件投降。第二次世界大战先后有60多个国家和地区、20亿以上的人口卷入战争。

在第二次世界大战尚未结束时，欧美列强与苏联形成的统一战线已经开始分裂，1945年2月和7月的《雅尔塔宣言》和《波茨坦公告》等会议结论，既是完成对轴心国最后一击的决策，更是对战后次序安排或大国利益瓜分的协定。欧洲分化出由英法美主导的西欧资本主义阵营和由苏联主导的东欧社会主义阵营，前者的经济发展采用市场经济，后者为计划经济。亚洲和非洲的大量殖民地国家在摆脱欧洲列强控制的同时，在民主自由和民族自决等思想影响下赢得独立和解放。1945年10月，50个国家的代表在美国旧金山签署《联合国宪章》，宣告以维护和平为首要任务，致力于反饥饿、反疾病和反愚昧的联合国组织成立。东西欧在战后，以不同的方式快速恢复社会经济，但两大阵营间的关系日趋紧张。美英法主导成立北大西洋公约组织（1945年）的军事集团后，苏联主导成立了华沙条约组织（1955年），欧洲及整个世界进入一分为二的冷战时期。

12.1　战乱中的国家近代化

鸦片战争迫使清朝政府开放国家门户，使其从妄自尊大中惊醒，拉开了学习西方的帷幕，在“洋务运动”推动下废除科举，创办新校、引进技术、兴办工厂、发展工商、扩大贸易、翻译西方著作，以及派遣青年学生留学欧美日。甲午战争后的维新运动，提出学习西方先进思想，改革政治和仿效资本主义制度。戊戌变法（1898年）虽然失败，但大大推进了思想启蒙的进程。新文化运动和五四运动掀起了对民主和科学追求的潮流，“科玄论战”“科学化运动”“新社会科学运动”和“人权运动”等不同思想或思潮相继兴起，马克思主义思想也开始在中国传播，为中国共产党的诞生准备了思想基础。民国是中国从封建主义向资本主义转型的时期，在战乱中步履艰难地开启了近代化的建设之路。同期的国际社会环境也发生着急剧的变化，并显著影响了中国的近代化建设。

民国初期，军阀割据的混乱、殖民帝国的侵略和掠夺，国家和民族危机十分严重。社会改革主张中主要有改良和改革两种不同的思想，但用现代宪政制度取代封建专制，建立平等、民主和法治政府，建设民治国家的政治主张基本一致。在颁布《中华民国临时约法》（1912年）的同时，国家治理、经济发展（财政、金融、税收和发展实业）及教育相关的法律和规定相继制定，具有很好的开拓性，也取得了一定的成效。工业上依然优先发展军事工业为主的重工业，但逐渐开始鼓励市场需求驱动的轻工业发展，工业在羸弱的基础上取得了快速的发展，1912—1920年的工业增长率达到13.4%。1924年，中国的世界外贸出口额占比从1911—1913年的1.7%上升到2.59%，位居世界第十位，出口商品以生丝为主（占20%）。南京国民政府通过以中央银行（1928年）、中国银行、交通银行和中国农民银行四大国有银行为主体，地方和民营银行或钱庄等为辅，中央信托局和邮政储金汇业局为特种金融组成的金融体系，实施“废两改元”、争取关税自主、裁撤厘金制度和鼓励发展民营经济改革等措施，推行国家统制经济。工业结构优化虽然缓慢，但工业集中度有一定发展，手工工场大量向近代机器工厂转化，资本的有机构成逐渐提高，1920—1936年国家资本和民营资本的增长率分别为7.78%和8.21%；1912—1936年间，工农业总产值年均增长1.80%，国民收入年均增长1.53%，人均国民收入年均增长1.39%，达到历史最高水平。在产业结构上，近代工业部门与传统产业(手工业及农业等)的差异,以及地域经济上沿海口岸城市与内陆地区的发展程度差异进一步扩大。抗日战争全面爆发后,中国社会经济遭到严重破坏。二战后美国从政治上利用中国对抗苏联、经济上掠夺原材料和占有市场的需要出发,在政治、军事和经济上援助国民政府,促成其悍然发动内战。内战的扩大,导致国民政府财政赤字日趋增大,加剧了对人民财产的搜刮,国家经济出现恶性通胀,工农业生产出现严重衰退。民国时期,中国虽然未能摆脱半殖民地半封建的社会性质,但在近代化道路上还是向前迈进了一步[513-527]。

民国时期,教育和科技的近代化与社会政治经济的发展同步。在教育领域,在清末服务统治集团需求的太学和服务政治需要兼具学术研究的书院是高等人才培养的主要机构。1902年和1904年清朝政府相继颁布壬寅、癸卯学制,从基础教育到高等教育的人才培养体系初步形成。各省书院开始对办学章程和课程体系进行改造,将西式课程融入书院,引入新的学科、教学方式和管理理念。书院在尝试中西结合和自我转型改造中,为新式教育提供了基础。具有近代大学特征的学校相继建立,中西教育模式在中国传统文化的土壤中滋生和成长,高等教育内容领域从单一的"人文社科"教育,逐渐向"科学技术"和"人文社科"教育并重演变。1905年结束最后一次科举考试后,延续千年的科举考试制度被废止,在体制性障碍被拆除后,中国走上教育的近代化道路。1912—1913年,"壬子癸丑学制"、《大学令》和《大学规程》等高等教育相关法律法规的颁布,在制度层面确定了大学、高等专业教育和初等教育的近代化发展体制框架。1912年高等学校数量达122所,1937年专科以上在学人数有3万多。在学制上,初期主要移植日本、法国和德国的教育体系,1922年"壬戌学制"颁布后更多地开始效仿美国的教育体系。抗日战争时期,中国高等教育发展受到严重破坏,学校数量明显减少,办学条件显著恶化,但以西南联大和浙江大学为代表的学校,还是顽强地生存和发展。抗战胜利后高等教育得到重建,学校数量恢复到200多所。民国高等教育是社会转型和文化变革、国家动荡和经济贫困背景下的近代化,多元化(不同层级和类型的学校)和体系化(办学、经费、课程、招考、教员和学生等相关政策)是其发展中的两个主要特征。解放区的中国人民抗日军事政治大学、陕北公学和鲁迅文学艺术学院,不仅为抗战培养了人才,而且为新中国教育事业的发展积累了重要的经验[528-536]。

在大学作为国家文化中心和社会教化重地的近代化过程中,民国时期与高等教育密切相关的是留学事业的相随和研究机构的发展。在1872年清政府首次派遣30人去美国留学后,留学风气兴起。在抗日战争前,日本因与中国在地理和文化上的相近及明治维新后日本的迅速崛起,成为中国学生留学的主要目的地。1935年6500人留学日本,主要在东亚预备学校(237人)、陆军士官学校(160人)和明治大学(151人)等学校,以军事类和专业类学校居多。抗战时期留学美国的人数增加,1937—1945年有2219人留学美国,其中1945年就有543人,且留学学校以综合性大学居多。留学人员的选派和经费支持主要有庚子赔款留学计划、中央各部门选派和省一级政府选派,以及自费留学。随着留学生的大批回国,高校、政府及其他技术领域聘用的外籍教师和技术人员逐渐被取代。留学回国人员不仅在微观上有取代外籍人员的作用,在新思想、科学和技术等的传播上更具广泛的影响力,在宏观上促进了近代化从移植向本土化的演变。近代化科学研究机构的成长为民国科学事业和社会经济的发展,以及缩小与欧美差距做出了重要的贡献。至1935年建立的研究所有124个,自然科学类有73个。高校事业发展中,12所大学创立了36个不同学科的研究所,同时开启了研究生教育的历程。各高校研究所或研究机构成为国家科学和技术研究的重要组成。教学与科研相结合,学术研究与交流方式转变,创新人才培养模式形成,高校的人才培养功能得到强化,科学研究的功能开始突显[534-541]。

中国作为农业和人口的大国,农业的近代化中高等教育也是发起较早的领域。在清末,我国第一所模仿欧美学制的近代高等学校——京师大学堂开设农业课程(1898年),随后设立农科,学制从三年(1905年)改为四年(1910年)。1909年已建成5所高等农业学校及90所中等和初等农业学校,合计在校学生5000多人。1912—1928年高等农业学校毕业生有3000多人,1919年有4所农科大学和8所农业专门学校,在校人数1500多人。1935年,专科以上的农业学校有17所，中山大学等学校开始正式招收研究生；1937年，高等农业学校数达到39所；1948年，农科领域大学研究所有15个。研究机构的发展和研究生的培养，使农科高等教育的教学与科研功能并重，留学回国群体在其中发挥了重要作用。民国期间，农业生产的落后使粮食供应和工业原料的供给都出现严重危机（1936年较1887年农业产值增长率仅为1.05%，耕地增长率约为20%；1936年较1910年人口增长率约为30%，1949年人口约达5亿），农产品的大量进口导致外贸失衡，严重阻碍国家的近代化发展，社会经济矛盾十分剧烈。农业高校面对这一历史背景，在科研与教学相结合的同时，大力开展农业试验和农业技术推广事业。1936年，农业高校在各地建成农事试验场近500个，与以政府为主导的中央农事试验场和地方主管的98处农业试验场，在共同推进我国农业的近代化发展中发挥了积极作用，高等学校的社会服务功能得到彰显[538-547]。

12.2 栽桑养蚕业的近代化

民国期间，在世界范围内是资本主义向垄断资本主义发展的阶段，世界经济快速发展，消费和贸易数量不断增加，两次世界大战和经济危机（1929年）是此期两个影响最大的事件，对蚕茧和生丝生产及消费贸易产生了重大的影响。在世界蚕茧和生丝分布上，欧美虽有近代化的科学与技术基础，但蚕茧生产在区域经济行业竞争中弱化，生丝产量也趋于下降。欧美经济发达后，生丝消费量总体上大幅增加（经济危机和第二次世界大战时明显下降），扩大了世界生丝贸易市场。日本在明治维新后快速走上工业化和资本主义发展道路，逐渐发展和形成了近代化的栽桑养蚕学科和生产技术体系，蚕茧和生丝产量相继超越中国，在世界生丝贸易市场取得明显竞争优势。中国生丝的出口量增加与开港（时间和地域）通商密切相关，政府管理体制和传统生产技术支持下的蚕丝业，在生产效率和产品（特别是生丝）质量上明显落后于近代化的生产技术，在国际生丝贸易市场竞争力趋弱，失去栽桑养蚕和缫丝及丝织的世界中心地位（图11-1、图11-2和图11-4）。中国栽桑养蚕和缫丝及丝织业发展与社会经济演变同步，呈现北洋政府统治时期、国民政府统治前期、全面抗战和解放战争时期三个明显不同特征的阶段。

北洋政府统治时期，正值世界第一次大战和战后经济趋于繁荣发展的时期，世界生丝消费或需求量大幅增加（图11-2）。1840—1920年，美国和法国的生丝需求量增长10倍，激发了生丝生产和市场贸易。虽然欧美的生丝生产和缫丝技术水平较高，但因蚕茧原料的缺乏和栽桑养蚕业的行业竞争劣势而发展不充分或衰落，无法满足国内生丝生产和丝织品消费的需求，从而形成了庞大的生丝国际贸易市场。1904年以前，中国生丝的出口量占国际市场的60%以上。明治维新后，在欧洲有关栽桑养蚕和缫丝的科学研究的基础上，日本栽桑养蚕和缫丝的学科体系形成。在缫丝技术上，日本的缫丝机械引自欧美并经自主研究而更趋先进，蚕品种的杂交技术和蚕种孵化技术等创新发展。1909年日本生丝出口量超过中国，成为世界最大生丝出口国（1909年、1919年和1929年生丝出口量：中国分别为13.0万担、16.6万担和19.0万担，日本分别为13.5万担、28.6万担和57.5万担），中日间蚕茧和生丝生产大国的世界地位交换。机器缫丝生产效率、生产的厂丝质量和商品性（产品质量的稳定性）等方面明显优于手工缫丝，尽管湖州辑里丝的质量并不亚于厂丝而占有一定的市场（图12-1），但生产能力相对不足，市场占有能力有限。上海的缫丝业进一步发展，从1911年的46家缫丝厂1.31万台丝车，到1930年107家缫丝厂2.54万台丝车（上海、无锡和浙江合计171家缫丝厂和4.73万台丝车）[241,448,548-557]。

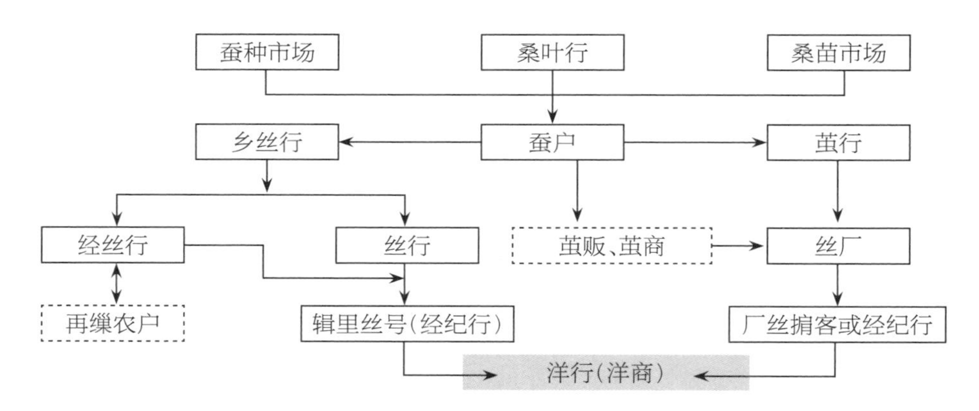

图12-1　清末民初中国栽桑养蚕、缫丝及交易示意[554]

缫丝贸易市场需求的增长及缫丝业的发展，牵引和促进栽桑养蚕业的增长，中国主要蚕区（浙江、江苏、广东和湖北）栽桑养蚕规模扩大，1931年江苏吴江、无锡和溧阳的桑园面积分别为20万亩、18.24万亩和5.67万亩，蚕农占全县人口的比例分别为22%、62%和81%；蚕茧产量合计从1915—1917年的年均201万担（12.06万吨，60公斤/担）增加到1925年的245万担，其中江苏省1915—1917年（年均）、1925年和1926—1931年（年均）的蚕茧产量分别为26.7万担、35.0万担和54.5万担，生丝出口量分别为1.15万海关两①、1.78万海关两和3.51万海关两。北洋政府统治时期，中国蚕茧和生丝产量及出口量都处于上升期，但生丝产量和出口量增长幅度大于蚕茧产量，体现了市场需求牵引的主导作用。日本关东大地震（1923年）中大量缫丝厂被毁，生丝产量和出口量受到明显影响，但很快得到恢复。此期，中国蚕茧和生丝产量呈增长趋势，但与日本的差距进一步扩大。这种差距的扩大与中国国内军阀割据、社会动荡和国家治理近代化程度低等社会因素密切相关；而科技层面技术的落后更为直接：国内缫丝机器主要依赖欧美进口而缺乏根本性的技术改进和自主研发，养蚕过程中蚕种家蚕微粒子病防控未得到明显改善，使用品种以土种为主等[356-560]。

国民政府统治前期，从美国开始蔓延的世界经济危机对世界生丝产量和贸易量产生明显影响，政府较之北洋政府统治时期对栽桑养蚕和缫丝业更为关注和重视，在税收（1931年承袭清朝的厘金被裁撤，改为营业税）、贸易主权归还和发行丝业公债等方面做出了努力。1931年，实业部颁布《蚕种制造取缔规则》，浙江省改良蚕桑事业委员会（蚕丝业统制委员会，沈九如主持工作）、江苏蚕业改进管理委员会（江苏省建设厅厅长曾济宽任委员长）、苏浙蚕业联合统制委员会等组织机构相继成立，主要推广改良蚕种、实施蚕茧统一收购（在浙江和江苏于1934年实施）及蚕品种登记制度。1934年全国经济委员会蚕丝改良委员会成立（浙江省建设厅厅长曾养甫任委员长），政府开始实行蚕业统制，在改良蚕种的推广和茧行管理中实施强制措施，在蚕区设立指导所、蚕桑改良模范区和养蚕合作社等[561-562]。

注：①中国旧时海关征税时使用的记账银两。

在区域分布上，上海和广东缫丝业虽具有口岸、资本、工业、交通及紧邻蚕茧产区（太湖流域以手工缫丝为主的嘉湖蚕区）等优势因素，但在土地、人力和原料等资源成本剧增的变化中逐渐趋于衰弱。1936年上海仅剩49家缫丝厂和1.11万台丝车；广东缫丝厂和丝车数量从1929年的146家和7.25万台，下降到1934年的37家和1.95万台。起步较迟的无锡缫丝业（1904年，周舜卿创办裕昌丝厂），在区域经济发展分化中，由于土地和劳动力等优势的转化，资金、交通和技术等发展后，以薛南溟和薛寿萱为代表的集团化缫丝企业（永泰缫丝）崛起。缫丝企业向栽桑养蚕端的延伸，不仅有效对接了农业生产技术水平的提高，也保障了原料茧的供应（1936年无锡茧行2/3的蚕茧为永泰缫丝所有）。1933年，无锡的缫丝厂、丝车、资本、设备更新（从意大利进口为主转向日本进口为主。新增立缫丝车870台、坐缫丝车536台）和工人数量上都超过上海（51家缫丝厂和1.58万台丝车），厂丝出口量占全国的54.6%，成为我国最大的缫丝业基地。同时，蚕种场、蚕业指导所和蚕桑模范区的建设与发展促进了区域内栽桑养蚕技术的提高。中国生丝产量从16.55万公担（1公担相当于100公斤）下降至11.68万公担（1929—1936年平均值），生丝出口贸易从155.13百万海关两（1928年）下降到18.24百万海关两（1934年）；日本生丝产量则虽有下降但相对稳定（1928—1932年年均4.20万吨；1930年42.62万公担；1932年41.59万公担）（图11-4）[241，428，463，556，561-562]。

在蚕茧生产上，江苏省1915—1917年年均26.7万担，1925年为35.0万担，1926—1931年大幅增加（年均54.5万担）；浙江省1929年为110万担，1930年和1931年分别减产约20%和40%。1936年的公私蚕种场，江苏有108家，制种403万张（省内销售198万张）；浙江合计45家，制种83.4万余张（1937年有83家，制种200余万张）。1931年，全国蚕茧产量为22.05万吨，创历史新高。日本1928—1932年，蚕茧平均产量为36.68万吨（其中1929年蚕茧出口量为3.49万吨，占当年世界出口量的66.1%；1930年蚕茧产量为39.91万吨，生丝产量为4.26万吨）。中国张种平均蚕茧产量从1927年的15斤增加到1934年的25斤，同期日本为33斤；上车茧率、解舒率和鲜茧出丝率中日分别为80%～85%和98%、50%～70%和70%～75%、11%～12%和18%。此期，世界蚕茧、生丝和贸易量在经历经济大萧条的下降后较快得到了恢复；中国虽然得到了较快的发展，但在生产规模和技术水平上与日本间的差距并未缩小[561-562]。

全面抗战和解放战争时期，中国太湖流域及珠江流域栽桑养蚕和缫丝业遭到严重破坏。抗日战争后中国的栽桑养蚕业恢复十分有限，日本则较快得到恢复（1947年日本蚕茧产量跌入5.35万吨的低谷，但在1951年快速恢复到9.34万吨）。浙江嫁接桑苗数量从1922年的5000万株下降到1946年的200万株，1947年恢复到2000万株；嘉湖蚕区桑园面积从1925—1929年的187.76万亩（占区域内土地的70.6%）下降到1939—1943年的92.31万亩；全省桑园面积在1915年、1932年、1946年和1948年，分别为159万亩、266万亩、100万亩和128万亩。江苏的无锡和江阴在1930年分别有25.1万亩和12.4万亩桑园，1932年分别下降至8.4万亩和5.4万亩；全省桑园面积在1939年仅为1935年的48.12%；全省养蚕农户数在1946年仅为1936年的40%。1941年爆发太平洋战争后，输美销路断绝，粮食供应不足，江浙两省出现毁桑种田现象，1940—1942年桑园面积从201万亩下降到140万亩，蚕茧产量从76.84万担下降至41.15万担。1938年，汪伪政府成立了由日本控制的“华中蚕丝株式会社”，统制江浙的蚕种生产和蚕茧收购（茧行），浙江在1939年和1940年生产蚕种分别为33.19万张和101.79万张；1942年和1943年江浙两省从日本进口蚕种分别为35万张和38万张。战争期间，上海和无锡的缫丝业遭到毁灭性打击，日军通过控制蚕茧等手段让上海租界内的缫丝厂都无法生存，缫丝厂大量关闭，1949年上海缫丝厂仅剩5家[241，381，447-448，463，556-565]。

日本全面侵华后，国民政府西迁到重庆，人才、资金和工业等资源向云贵川等西部地区转移。因军需资金缺口增大，政府高度重视发展栽桑养蚕和缫丝业以期补充军需资金，从而颁布了多项扶持性政策法规并实施官僚资本的统制。四川等西部地区的栽桑养蚕和缫丝业，以及相关的教育、研究和推广都达到发展高峰，成为中国西部栽桑养蚕及缫丝业发展或区域分布流变中的一个明显特征。1945年抗战胜利后，上海缫丝业未能得到有效恢复，无锡则得到了较好的恢复，浙江得到了较好的发展，缫丝业与栽桑养蚕业重心回归太湖流域。四川等西部地区日渐式微，1949年四川蚕丝生产跌至民国的历史最低点(1939年蚕茧产量为0.32万吨,1949年为303吨)。国民政府恢复蚕种统制,成立“中国蚕丝公司”和浙江等地的分设机构及协会等各类组织,协调恢复蚕种生产、养蚕指导和蚕茧收购。浙江在1945年、1947年和1949年蚕茧产量分别为8.86万担、19.08万担和20.99万担。广东桑园面积和蚕茧产量从1935年的92万亩和3.85万吨,下降到1945年的4万亩和0.88万吨,1949年桑园虽然恢复到22.77万亩,但蚕茧产量持续下降至0.52万吨[565-568]。

12.3 栽桑养蚕技术近代化

在清末和民国期间,中国的社会经济、科学技术和国防军事等全面落后于欧美和日本,国家不断遭受帝国主义欺凌,栽桑养蚕和缫丝及丝织的科技水平滞留于传统的经验技术水平。欧洲在科技革命中基于实验科学的栽桑养蚕和缫丝及丝织技术不断出现。日本在学习欧美科技革命成果的基础上,形成了近代栽桑养蚕和丝织的科学技术体系,生产技术水平明显高于中国,在生丝贸易中占据优势和获得超额利益。中国具有传统优势的栽桑养蚕和缫丝及丝织业临近崩溃。在生丝贸易中,传统缫丝技术生产的产品虽个别高品位,但总体上产品质量远远落后于机器缫丝产品(厂丝),产品的稳定性差(商品性缺失),且生丝生产效率低下。中国生丝虽在法国市场中仍保持约半数占比,但在市场更大的美国,市场份额远远少于日本(图11-1和图11-2)。中国生丝生产能力也落后于日本(图11-1、图11-2和图11-4)。生丝生产能力的落后不仅与缫丝技术密切相关,农村蚕茧生产用蚕品种性能不佳、使用蚕种家蚕微粒子病失控,以及饲养设施设备和技术落后等农业端基础性问题也十分严重,其中家蚕微粒子病的大规模流行使部分区域的生产效能和蚕茧质量十分低下。在此背景下,栽桑养蚕和缫丝及丝织领域拉开了西学东渐的帷幕。

12.3.1 栽桑养蚕教育机构创立和发展

清末民初实业救国思想占有重要地位,大量有识之士提倡兴办新式学校，学习西方科学知识与技术，培养实用人才。在传统重农思想的影响和农业落后甚至几近崩溃的现实刺激下，农业类的学校大量出现。1897年，杭州太守林启创办的“蚕学馆”，在教学场所和设备条件、师资组成和课程体系等方面都具备了近代蚕桑专业或农业教育的基本特征，也被称为我国近代农业教育的起点。继“蚕学馆”后，我国大量农业教育学校和机构大量涌现，地方官办，士绅和商人等发起创办。教学内容以实务为主，大量引入国外资料；教师组成有外籍教员108人、回国人员243人和自主培养教师748人（1909年）。1912年，全国各类农业学校有263所，学生约1.5万人，其中与栽桑养蚕及缫丝相关的学校占有较高的比例。1918年，据教育部调查，全国有27所甲种蚕业学校及甲种农校设有蚕科，114所乙种蚕业学校及乙种农校设有蚕科，5所女子蚕业学校或女子职业学校设有蚕丝科，8所蚕业讲习所。部分综合性学校中设有栽桑养蚕的相关内容（京师大学堂的蚕桑课程和1904年的上海格致书院并入蚕桑公社），这些学校的建设和教学实践为高等教育的发展奠定了重要的基础[535,542,568-569]。

栽桑养蚕及缫丝类学校（创办年份及创办人）：江西“高安蚕桑学堂”（1896年）；浙江温州“永嘉蚕学馆”（1897年，孙诒让）、宁波“锦堂学校”（1905年，吴锦堂）、“蚕桑女学堂”（1907年，楼文镳）和“浙江中等蚕桑学堂”（1908年，浙江巡抚增韫）；江苏“江南蚕桑学堂”（1901年，罗璋）、南通“通海农学堂”（1902年，通海垦牧公司的张謇）和“省立女子蚕业学堂”（1910年，江苏教育总会）；安徽“蚕桑公院”（1898年，邓华熙）、阜阳“颍州中等农桑实业学堂”（1907年，程恩培）、“亳县初等蚕桑学堂”和“舒城蚕桑讲习所”；上海“女子蚕桑学堂”（1904年，史量才）；福建“妇女蚕业馆”（1904年，叶在琦夫人高氏）和“蚕务女学堂”（1906年，陈宝琛夫人王眉寿）；山东“青州蚕桑学堂”（1901年，周馥）、济南农事试验场（1902年，山东工商局）和马头镇“私立农桑学堂”（1904年）；湖南“沅州务实蚕业学堂”（1910年，熊希龄）；四川蚕桑传习所（1908年，四川农政总局和劝业道）；重庆“忠县蚕桑学堂”（1904年）、“酉阳蚕桑学堂”（1906年，陈德元）、“忠州蚕桑学堂”（1908年）、“南川蚕桑学堂”（1908年）、“万县蚕桑实业中学堂”（1908年）、“云阳蚕桑学堂”（1909年，1911

年改为蚕桑学校)、"永川蚕桑学堂"(1909年)、"垫江蚕桑传习所"(1909年)、"夔州中等蚕桑实业学堂"(1910年)、"梁平蚕桑科实业学堂"(1911年);山西"农桑传习所"(1908年,山西农务总会);陕西"凤翔蚕桑学堂"(1908年);河南"中等蚕桑实业学堂"(1905年,陈夔龙)和郑州荥阳县"中等蚕桑实业学堂"(1907年,任曜墀等);贵州"省立蚕桑学堂"(1905年,林少年、丁振泽)、"独山蚕桑学堂"(1907年)和"贵州官立农林学堂"(1908年);云南"云南蚕桑学堂"(1905年);辽宁"京师蚕业讲习所"(1907年)和北京"京师女子蚕业讲习所"(1909年)等。这些学校在创办初期和相当长的时期中属于职业或专业教育,后期有的持续发展为初中等的专业和职业教育机构,有的成为高等教育或大学中的重要组成部分,有的则消失或未能留下痕迹[542,568-571]。

民国"壬子癸丑学制"、《大学令》和《大学规程》等政策法规颁布后,大学及高等教育逐渐从概念和形式向"概念-形式-内容"整体发展并升华内涵。在大量具有近代特征的高等教育学校建设中,学科分化,农科教育快速成长,部分大学在农科教学内容中设置了栽桑养蚕的课程。私立金陵大学、国立中央大学、国立浙江大学、私立岭南大学和四川大学等先后设立了蚕桑系科,苏州蚕桑专科学校则成为专业性高等教育机构,大量蚕桑相关的学校成为初中等专业教育或职业类教育机构,形成了多层次蚕桑专业教育的体系。但由于学校自身发展的变革需求和社会的动荡不安,机构频繁变迁,重组和停办也是此期栽桑养蚕教育机构的重要特征[572]。

私立金陵大学(金陵大学堂)是1910年南京的汇文书院(1888年)和宏育书院(1907年合并基督书院和益智书院)合并而成,1914年首开我国四年制本科农业教育。1918年金陵大学与中国合众蚕桑合作改良会(International Committee for the Improvement of Sericulture in China,简称改良会)合作筹设蚕桑系和蚕桑特科,是我国最早开办蚕桑系的大学。美国丝商捐款2.7万美元,资助建设蚕桑大楼及购置设备显微镜等用具,建成一座4层蚕业院大楼,有4间原蚕种蚕室、10间品种研究室、25间普通蚕种室、1座可储藏蚕种10万张的氨式冷藏库及可贮桑叶150担的储桑室,在鼓楼区分别建成占地92亩和144亩的桑蚕试验场。美国加利福尼亚大学昆虫系教授吴纬士(C. W.

Woodworth）为蚕桑系首任主任，毕业于美国康奈尔大学的农学硕士钱天鹤在1919—1923年主持蚕桑系事务。1921年从日本东京农业大学园艺系蚕桑专业毕业的顾青虹回国任副教授，主持蚕桑系各项事务（1923—1928年），出版了《养蚕法讲义》和《人工孵化育种学》。1931年，师从日本东京帝国大学田中义麿的单寿夫回国，任农学院副教授兼蚕桑系主任。同年蚕桑系由主系调整为辅系，停止招收本科生，转为养蚕和制丝两个专业的职业教育。1937年，蚕桑系随校西迁至四川成都华西坝继续开展教学与研究，开展了“四川省蚕种之品种比较试验”“蚕儿饲料之研究”和“四川省桑树品种之研究”等项目研究。1945年金陵大学返回南京，虽未招收本科学生，但仍在农科学生中开设《蚕体解剖学》和《桑树栽培学》等课程。在科学试验方面，吴纬士和钱天鹤合作，致力于改良蚕种（无微粒子虫感染蚕种）的生产技术；美国细菌学专家吉普斯博士在家蚕微粒子病预防和消毒方面开展研究。此外，蚕桑系收集了桑树品种资源200余份、优良蚕品种100多个；积极开展新品种培育，育成“上海白”“横林白”“新元白种”“意大利白种”和“洞庭湖白种”等蚕品种；改良催青器和升汞消毒器等养蚕器具；开展采种法、框制蚕种法、收蚁法、蒸汽消毒法和桑苗嫁接法等的改良试验。金陵大学非常注重教学-科研-推广的结合，实业救国和服务地方是其办学重要目标，致力于新蚕品种和改良蚕种的推广、优良桑苗和栽培技术的推广，以及与地方合作创办蚕桑指导所从而培养大量技术人员和推广技术。1952年院系调整，单寿夫等蚕桑相关教师被调至安徽大学（1954年农学院独立为安徽农学院）[572-576]。

国立中央大学发端于三江师范学堂（1902年），经两江优级师范学堂（1905年）、南京高等师范学校（1915年）、国立东南大学（1921年）、国立第四中山大学（1927年）及江苏大学（1928年）后，在1928年改名为“国立中央大学”。三江师范学堂时期的农学博物科设有7门蚕桑课程，1911年停办。南京高等师范学校时期，留学法国都鲁斯大学园艺系兼学蚕桑的葛敬中，从北京农业专门学校调入，讲授园艺和蚕桑相关课程。1923年设立蚕桑系，教授葛敬中兼主任（1924—1928年）。1927年，前身为江南实业学堂（1901年）的江苏省立第一农校并入，蚕桑门（系）得到扩充，为农科7系之一。同年，成立农学院后改系为科，蚕桑科为8科之一。留法回国的何尚平曾任技师和总技师兼蚕桑系主任。1931年，学校已建有蚕体解剖实验室、蚕病实验室、蚕种检种室、缫丝室、生丝检验室，并与中国合众蚕桑改良会合作建成1栋4层蚕室、2栋3层蚕室、数十间职工宿舍和办公室，以及200多亩的桑园，职工和技术人员达百余人。1930—1932年，毕业于法国里昂大学动物系的博士孙本忠教授兼系主任。1932年改科为系，蚕桑归入畜牧兽医系。1933年，恢复蚕桑系建制。1937年西迁重庆和成都等地办学，蚕桑系与四川蚕桑改良场合办蚕桑指导专修班。1940年蚕桑系撤销，调整为蚕桑研究室。常宗会（留学法国获南锡大学理科博士学位，1925年回国任教）、夏振铎（蚕体病理学家，毕业于日本东京高等师范学校并在九州大学获农学硕士学位，1928年回国后任教授兼系主任）、朱新予［毕业于浙江省立甲种蚕业学校（蚕学馆）并留学日本，1932—1942年在校任讲师和教授］、姜白名（毕业于山东省立农业专门学校蚕科）、尹良莹（毕业于中央大学并留学日本东京大学，1931年在校任助教）、赵鸿基和段佑云（家蚕育种家）等一大批教师和学者任教于中央大学。学校非常注重教学-科研-推广的结合，何尚平等开展杂交育种，育成“中103×中白”组合并在苏南地区广泛推广，将家蚕新品种（选育和改良）推广到30多个县；通过开办蚕桑指导所（南浔）和女子蚕桑班等形式，指导蚕户繁育良种和栽桑养蚕；在西迁中仍然坚持教学与科研相结合，与四川蚕桑改良场合办蚕桑指导员专修班（1年制），设立南充蚕桑研究室，开展四川桑树和家蚕品种的研究等。1946年迁回南京，1949年更名为“南京大学”，1952年院系调整后蚕桑相关师资调入安徽大学（1954年农学院独立为安徽农学院）[573-577]。

私立岭南大学源自美国长老会的“格致书院”（1887年），1903年改为“岭南学堂”，1912年改称“岭南学校”，1916年成立农学部并招收四年制本科学生。1918年美国丝业协会捐助农学部（后改为农学院）1.3万美元用于筹建蚕桑系，建成蚕桑教学实验楼和学生宿舍各一栋，桑园50亩。1919年正式开设蚕丝科。1921年，办学权从教会转为华人主导，农学院独立为“岭南农科大学”（1927年改为岭南大学农学院）。1923年，学校受广东省省长廖仲恺委托，设立“广东蚕丝改良局”，由蚕丝系主任美国威斯康星大学农学硕士考活（C.W.Howard）教授任局长，美国生物学硕士布士维（K. P. Buswell）牵头对粤桂32个县进行了广泛的调研后写成《南中国丝业调查报告》，为区域蚕丝业的发展提供了依据。1926年岭南大学在美国丝业协会捐助下建小型缫丝厂和蚕种贮藏冷库；在顺德伦教镇和南海九江等地设立蚕桑指导所。1927年，岭南大学蚕桑系因工作发展，扩充为蚕丝学院，傅保光任院长，下设蚕桑系、生丝系、病理系，以及育种室、选种室、生丝检验室和缫丝厂等部门，开设9门专业课程。1929年，学校院系调整，蚕桑相关科系合并归入农学院，改称蚕桑系。岭南大学蚕丝学科在蚕品种选育（“轮月”、“大造”和“碧莲”等的不同杂交组合试验）和改良（家蚕微粒子病感染蚕种的剔除方法试验）、家蚕饲养（家蚕生长规律、催青条件、桑叶品质和环境温湿度等）、桑树栽培（品种改良、栽培方法和病虫害防治等），以及制丝技术的改良等广泛领域开展了研究，并通过创办蚕桑指导所和试验场等方式在区域农村广泛推广，取得明显成效。抗日战争全面爆发后迁往香港（1938年）、粤北韶关（1941年）等地办学，1945年抗战胜利后重回广州复课。国立中山大学（1924年）由孙中山创办，原名“国立广东大学”。1927年，国立中山大学扩大农学系内的蚕桑部，新建蚕室、桑园，收集中外蚕桑品种；1931年，在广州石牌建造蚕室；1935年设蚕桑系（沈敦辉回国任系主任）。在抗战时期，国立中山大学迁至云南、湖南，1946年迁回广州。国立中山大学曾先后在越南河内和广西桂林设蚕桑工作站，在广西龙州设综合蚕桑场，在广西平南设蚕种场，在湖南与湖南建设厅合办湖南蚕丝改良场，并在澧县设有蚕桑指导所。1952年院校调整，私立岭南大学农学院和国立中山大学蚕桑系等组建成华南农学院，毕业于日本九州大学在仲恺农工学校任职（1928—1952年）的杨邦杰教授任蚕桑系主任[578-583]。

苏州蚕桑专科学校源自“上海私立女子蚕业学堂”（1903年由史量才创办），1911年改为公立“江苏省立女子蚕业学堂”，1912年学校本部迁至苏州浒墅关。1918年，郑辟疆（毕业于蚕学馆，留日回国后在山东青州蚕桑学堂、山东省立农业专门学校任教12年）任校长。1924年改名为“江苏省立高级蚕丝科职业学校”。1925年聘请日本制种专家白泽干任教，同时建设冷库，开展蚕种冷藏和人工孵化试验，一代杂交蚕种的春季和秋季饲养试验及农村推广。1927—1929年先后更名为“第四中山大学苏州女子蚕业学校”“江苏大学女子蚕业学校”和“中央大学区立女子蚕业学校”。1930年,学校建成实习缫丝厂,增设高级制丝科。1935年增办江苏省立制丝专科学校,1937年更名为江苏省立蚕丝专科学校,与江苏省高级蚕丝科职业学校实施一校两制,郑辟疆任两校之长。1939年迁往四川乐山办学。1945年迁回苏州。费达生(1924—1937年在校任教)、俞懋襄(日本鹿儿岛高等农林学校养蚕科毕业,1931—1953年在校任教)、陆辉俭(毕业于日本东京高等蚕丝学校,1933年在校任教)、姜白名(1937—1953年在校任教)、曹诒孙(日本鹿儿岛高等农林学校养蚕科毕业,1928—1930年在东京高等蚕丝学校研究家蚕病理学,1939—1944年在校任教)和顾青虹(1947—1948年在校任教)等知名蚕学家都曾在校任教。所育“诸桂×新元”(中系×中系)和“诸桂×赤熟”(中系×日系)在农村广泛推广并取得了明显的经济效益。1949年更名为“苏南蚕丝专科学校”。1953年院校调整,部分师资转入浙江农学院,江苏境内部分蚕丝相关学校的师资并入学校[565,584-587]。

民国期间,大学中设有蚕桑系或科的还有浙江大学(另述)、四川大学农学院蚕桑系(1906—1914年,四川通省农政学堂、四川中等农业学堂、四川高等农业学校和四川公立农业专门学校在1927年并入四川大学农学院,不久蚕桑科被撤销;1936年并入四川蚕桑改良场,学校招收蚕桑科学生;1939年正式成立蚕桑系;1952年院校调整,调入西南农学院)、国立中央技艺专科学校蚕桑科(1939年设立)、云南大学蚕桑系(1938年设立,1953年调入西南农学院)等。蚕业中等教育、职业教育和女子教育在河南(1912年)、山东(1912年)、河北(1912年)、辽宁(1913年)、江苏(1914年)、云南(1914年)、湖北(1914年)、湖南(1914年)、山西(1914年)、广西(1914年)、陕西(1915年)、福建(1915年)、贵州(1916年)等全国多地创办,为栽桑养蚕业发展提供了技术和人才的支持,也是栽桑养蚕业近代化的重要力量。民国期间蚕桑教育机构发展的主要特点是体系化、社会化及国际化,体系化主要表现在办学层次和类型的多样化,机构管理、课程设置和教学内容的建制化;社会化主要表现在“教学-科研-推广”的高度结合,近代大学的基本功能和职业教育的应用性得到充分体现,毕业学生在产业发展中得到社会高度认可;国际化主要体现在办学模式上,美国、日本及欧洲的教育模式对不同的大学办学产生了明显影响，在聘请外籍专家的同时，一大批既有国际视野，又有深切爱国情怀、强烈本土意识和献身学术精神的留学回国人员成为重要力量[565，588-594]。

12.3.2　蚕学馆与浙江大学等蚕桑学科的演变

蚕学馆与浙江大学蚕桑系是民国期间蚕业教育发展中最具系统性和典型性的机构，从其沿革中可以了解蚕业教育在社会政治与经济大背景下，西学东渐的演变过程和我国栽桑养蚕业近代化的特征。

在国家图强和实业救国的社会背景、蚕桑产业和蚕丝贸易遭遇日本强烈冲击的现实，以及西学东渐的思潮影响下，杭州知府林启（迪臣，1839—1900年）请教咨询了兴办实业和教育的末代状元张謇，“永嘉蚕学馆”创办者、经学大师和教育家孙诒让，曾在法国蒙伯利公院学习巴斯德家蚕微粒子病检验和蚕种繁育技术的江生金等，在对蚕丝业现状进行调查并亲身体验显微镜用途后，向浙江巡抚廖寿丰递呈《请筹款创设养蚕学堂禀》（1897年夏）。在林启条陈学校成立之价值和费用，以及“消除蚕种微粒子病、制造良种、精求饲养、传授学生、推广民间”的办学宗旨后，学校得到批准开办。蚕学馆选址杭州西湖金沙港原关帝庙和贤亲王祠址，划地30余亩，利用布政司拨付的36000两银（试办3年）及常年5000两银经费，在利用旧址房屋的基础上，模仿日本养蚕建筑，新建1栋考种楼（上下14间）、1栋蚕室（5间）、东西斋舍（学生宿舍，30间）及储叶和膳室等附属设施，另置显微镜等仪器设备，于1898年3月11日正式开学，开启了中国农业教育的先河和蚕业教育的近代化之路[458，561，565，594-598]。

蚕学馆采用学制2年，首届招收学生40余名，开设了物理学、化学、数学、植物学、动物学、气象学、土壤论、桑树栽培法、桑树除害法、蚕体生理、蚕体病理、蚕体解剖、养蚕法、缫丝法、显微镜使用、蚕茧和生丝检查法、器械学、肥料论及害菌论等19门课程。课程学时占比中，基础类、专业基础和专业类课程分别为31.2%、27.3%和41.5%，专业课程中桑、蚕和丝的占比分别为18.5%、68.1%和13.1%，课程与实习的占比分别为68.6%和31.4%。课程体系结构与新中国成立后苏联模式专业人才培养大学的蚕桑专业十分类似（除思政、外语和体育等更为基础的课程外），为蚕桑产业人才培养的专业化发展和办学宗旨的实现提供了重要的基础。江生金、日籍专家轰木长太郎和前岛次郎先后任总教习，西原德太郎也曾任副教习，教材大量使用国外书籍（《微粒子病肉眼鉴定法》《蚕外纪》和《喝茫蚕书》等），可见教学中西学东渐的影响。教学和人才培养中十分注重学以致用，在学生入学当年夏季，《农学报》就报道了蚕学馆养蚕取得佳绩和民间预订其所繁育蚕种的成效。1900 年秋季，18 名学生获得毕业文凭（实际学习期为两年半），分赴浙江其他养蚕公会任教，其中丁祖训（毕业时留馆任教）和宣布泽先后成为蚕学馆总教习。在 1897 年蚕学馆派遣学生嵇侃（1901 年回国任蚕学馆教习）和汪有龄前往日本学习后，又相继选派朱显邦、方志澄、周继先、曾汉青、朱新予和徐淡人等前往日本、法国和意大利等国学习[590，595-598]。

蚕学馆在 1908 年改名为“浙江中等蚕桑学堂”（1905 年和 1908 年先后毕业于蚕学馆和日本东京蚕业讲习所制丝科的朱显邦任校长）。至 1911 年，已有 11 期 163 名学生毕业，分赴全国各大蚕区。1912 年增设蚕丝科和建立脚踏缫丝实习工厂，1913 年后先后改名为“浙江公立甲种蚕桑学校”“浙江省立甲种蚕桑学校”及“浙江省甲种工业学校”，在各县增办改良养蚕场 12 处。1926 年改名“浙江省立蚕桑科职业学校”，陈石民（蚕学馆毕业，公费留学日本东京大学，在日本蚕桑相关机构工作后，于 1925 年回国）任校长。1928 年改名“浙江省高级蚕桑科中学”（国立浙江大学劳农学院教授谭熙鸿兼任校长）。1929 年学校迁址杭州笕桥。1932 年因日军轰炸笕桥而迁往艮山门外萃盛蚕种场授课约 3 个月后迁回，陈石民任校长。1933 年改名为“浙江省立高级蚕丝科职业学校”。1934 年奉命迁让校舍给航空学校，暂借梅东高桥大营授课，学制从 2 年预科和 3 年正科（1923 年）改为 3 年初级和 3 年高级。1936 年古荡新校舍落成后迁入。日本全面侵华后学校一再迁移。1939 年，缪祖同任校长，1946 年迁回古荡旧址新舍。至 1943 年，蚕学馆的历届毕业生已达 1164 人，毕业生来源和工作地几乎遍及全国，郑辟疆（1902 年毕业）、朱显邦、史量才（1901 年入学）、夏衍（1915 年入学）、查济民、都锦生（1919 年入学）和朱新予（1919 年毕业）等一大批毕业生成为蚕丝业近代化发展的重要人才。

1949年改名为“浙江省蚕桑技术学校”。1952年，与“国立湖州高级蚕丝科职业学校”（1946年由德国柏林大学地质学博士、时任国民政府战时教育复员工作的朱家骅创办，美国耶鲁大学和哥伦比亚大学动物学毕业的蔡堡任校长）合并，组建成“浙江省蚕桑技术学校”和“浙江省制丝技术学校”。后来，前者成为“杭州蚕桑学校”“嘉兴农业技术学校”和“诸暨蚕桑学校”的溯源学校，后者成为“浙江丝绸工学院”的溯源学校[590, 595-599]。

浙江大学的溯源学校是1897年林启创办的“求是书院”，后相继更名为“浙江求是大学堂”（1901年）、“浙江大学堂”（1902年）、“浙江高等学堂”（1904年），1914年完全停办。1927年，在“浙江高等学堂”校址组合“浙江公立工业专门学校”（1910年，杭州蒲场巷报国寺）和“浙江公立农业专门学校”（1910年马坡巷，1924年笕桥），成立“国立第三中山大学”。其中劳农学院院址在杭州笕桥皋亭，下设农艺、森林、园艺、蚕桑和农业社会5个系，学制为三年本科，毕业生统称农学士，首任蚕桑系主任为温敬甫。同年，葛敬中从国立中央大学转任教授兼蚕桑系主任（1927—1931年）。1928年更名为“国立浙江大学”，学制改为4年，18名学生转入4年制蚕桑系学习，留学法国蒙百里农业专科学校蚕桑专业毕业的郭颂铭参与筹建农学院。谭熙鸿出任劳农学院院长（1929—1931年）兼浙江省立蚕丝业改良场场长，邀请日本九州大学教授田中义麿博士来校讲授蚕体生理和蚕的遗传及品种改良，蚕桑系还聘请日籍副教授小见益男讲授蚕体生理及解剖，松田义雄（后名合掌义雄）讲授蚕的遗传、蚕病及消毒，后藤五四郎讲授栽桑及桑树病虫害等课程。1929年秋和1930年春，学生自发出版了两期学术性刊物，并倡导组织成立了浙江蚕丝学会，以图加强业界联络和学术交流。1930年，关尊三、周寿祺和缪斐卿3位学生毕业（三年制），先后赴广东、江苏、浙江工作。1931—1933年，著名家蚕育种专家孙本忠教授担任蚕桑系主任，留学日本鹿儿岛高等农林学校蚕科和东京高等蚕丝学校（1924—1929年）回国的祝汝佐任讲师（著名蚕病学家）。1931年，陈慕林、徐肇坤、黄芳淮、周惠选、张祝三、郑家瑞、徐缙璈、朱茝君、李化鲸、钱幼琢、求良儒、戴礼澄、胡仲本和王学祥等14名首届四年制学生毕业（图12-2）。1933—1936年汪国舆教授任系主任。1934年8月，蚕桑系随农学院整体搬迁至杭州市东郊华家池，学校进行系科调整，蚕桑系改为农业动物学系蚕业组。1936年4月，竺可桢出任浙江大学校长，昆虫学和植物保护学教授吴福桢任农学院院长，并恢复蚕桑系建制，桑树栽培学家顾青虹教授任系主任（1936—1938年）。1937年，抗战全面爆发，日籍教师回国，杭州沦陷，蚕桑系随学校西迁，经江西吉安、泰和、广西宜山等地，于1940年2月抵达贵州湄潭。蚕桑系与农学院的6个学系和理学院的4个学系在湄潭，以当地的祠堂、文庙、寺院充作校舍，因陋就简，开展教学工作。1938—1941年，生理病理和遗传学家夏振铎教授任系主任；1941—1945年，留日（上田蚕丝专门学校）回国的桑树栽培学家王福山教授任系主任；1945—1948年，昆虫学家祝汝佐（留学日本鹿儿岛高等农林学校动植物科和东京大学）任系主任。抗战胜利后，蚕桑系于1946年随学校迁回杭州华家池。1947年，在华家池建成“神农馆”“后稷馆”和“嫘祖馆”教学楼，以及师生宿舍，蚕桑系在嫘祖馆二楼的四个房间内，办学条件极端困难。1948—1950年，农学院院长祝汝佐教授兼任蚕桑系主任[600-601]。

图12-2　浙江大学1931年首届蚕桑4年制本科毕业生

1949年，中华人民共和国成立。浙江大学农学院蚕桑系仍然保持建制。同年9月，农学院8个系在杭州、上海和南京等地首次招收学生。时任教师有王福山（桑树栽培学）、夏振铎（家蚕病理学）、陆星垣（家蚕育种学）、吴载德（家蚕生理学）、郑蘅（野蚕学）等，外系教师有祝汝佐（桑树害虫学）和韩雁门（蚕学泛论），兼职教师包括朱新予和戚隆乾（制丝学）。1950年6月，新中国第一届本科生吕鸿声、易文仲、袁世君和蒋猷龙毕业。1951—1960年，吴载德任蚕桑系主任。

1952年，全国高等学校进行院系调整，原浙江大学农学院独立建成浙江农学院，吴植椽任院长。原浙江大学的农艺、园艺、蚕桑、植物病虫害、森林、畜牧兽医、农业化学、农业经济等8个系和林业专修科，被调整为农学、蚕桑和植物保护3个系和茶叶专修科。1953年，姜白名、俞懋襄、陈子元和金伟等教师从苏南蚕丝专科学校调入浙江农学院。

蚕学馆和浙江大学与其他蚕桑教育机构类似，体现了蚕桑专业人才培养的体系化、社会化及国际化的近代化发展特征，而且在动荡和复杂的历史时期，更好地向建制和培养方案逐渐完备的近代蚕桑专业人才培养方向发展。

民国蚕业教育机构的诞生基于该时期特定社会、经济和文化背景。在社会方面，洋务运动后国家图强和“师夷长技以制夷”的社会运动持续高涨，各种思想不断兴起和交汇冲突，对人才培养的社会要求不断增强。在经济上，具有重要经济和社会地位的蚕丝业在与近邻日本的竞争中落败而趋于衰弱，蚕丝贸易国际竞争力下降，大量有识之士疾呼振兴蚕业。在文化上，欧美偏重于自然科学的近代教育及宗教入侵，与注重于教诲培育的传统教育在相互冲突中融合。地方政府或民间人士在各地兴办了大量的蚕桑相关学校，以蚕学馆（杭州林启）为代表的蚕业高等教育或专业教育的发端为标志，中国蚕业教育步入近代化的发展历程，国家和社会的动荡使民国蚕业教育步履艰难和极不稳定，蚕桑学科在高等教育和专业教育流变中演进（图12-3）。

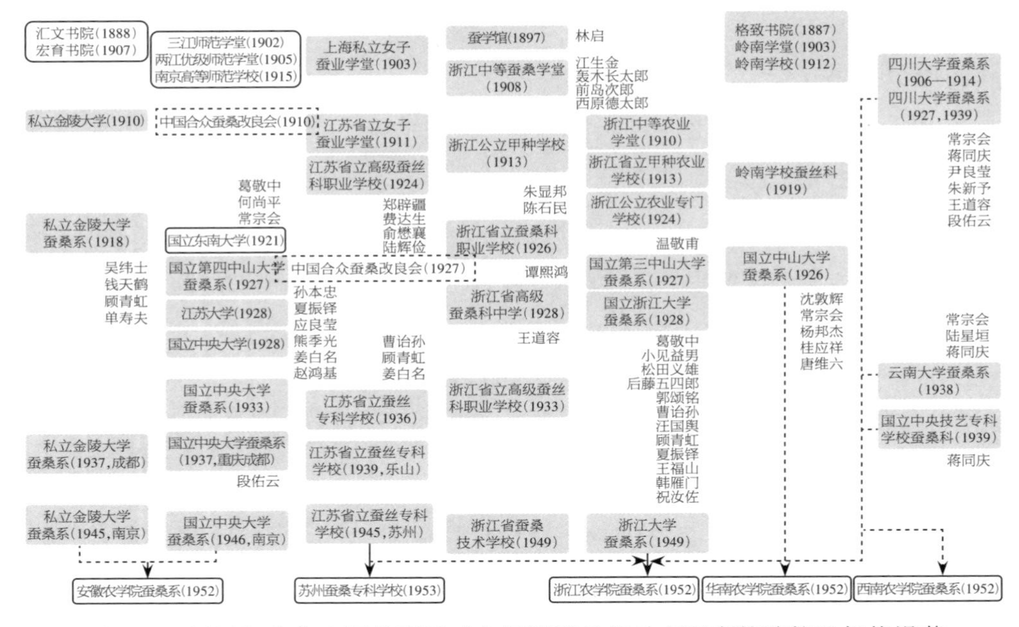

图 12-3　民国和中华人民共和国成立初期蚕桑相关主要高等院校及机构沿革

12.3.3　栽桑养蚕技术研究与推广机构沿革

民国期间栽桑养蚕技术的发展和推广主要依靠市场的牵引力和学校、政府及民间栽桑养蚕技术相关机构的推动力。

在市场牵引力方面，甲午战争后中国市场被强迫开放，同期欧美社会经济发展和生活水平快速提高，丝织品消费量大幅增加，激发了生丝生产和市场需求。市场牵引力直接传导到缫丝企业。厂丝在生产效率、产品质量和商品性等特征上的明显优势，促成了中国缫丝业的发展。机器缫丝企业数量的增加是中国栽桑养蚕和缫丝业迈入近代化的主要表征。民国期间，缫丝业是我国民族资本主义发展的重要代表，缫丝业的发展规模和区域转移，呈现为通商口岸区（约1930年）、蚕茧主产区（约1936年）和战争后方区（1937—1949年）三个发展时期特征。中国缫丝业从手工缫丝发展到机器缫丝，从坐缫发展到立缫的过程中，其近代化主要依赖于缫丝机器设备的进口。早期主要从法国和意大利等欧洲国家进口缫丝机，后期逐渐从日本进口及模仿生产。早期也有部分仿制的木制缫丝车，其后逐渐被铁制机械替代。虽有大量进口缫丝机，但民国后期依然有大量的手工缫丝和坐缫生产生丝，立缫的普及率不高。民国缫丝机和缫丝法以模仿为主，基础工业和缫丝机械工业发展缓慢，缫丝技术缺乏创新而明显落后于日本，缫丝业的技术水平和发展程度不高[241，448，548-553，556，558，562，566-567，602-604]。

学校、政府及民间栽桑养蚕技术相关机构的推动力举足轻重。学校不仅在人才培养中发挥重要作用，还十分注重技术推广。国立中央大学、私立金陵大学、国立浙江大学、岭南大学和苏州蚕桑专科学校等教育机构，不论是在太湖流域等蚕区办学期间，还是在西迁过程中，在沿途和驻地通过举办短期培训班推广技术，设置专门的推广组织机构以直接与政府和民间组织机构进行广泛的合作。学校与政府不仅在栽桑养蚕及缫丝的管理和科研组织机构建设中具有互动性，两者的人员流动也十分频繁。

在政府层面，南京国民政府于1927年组建与栽桑养蚕及缫丝相关的组织和机构。在前期一些地方政府建设的蚕业试验场和教育机构的基础上，1927年，浙江、江苏和广东相继设立浙江蚕务局、江苏蚕丝局（周君梅任局长）和蚕丝改良局（岭南农科大学蚕丝系主任考活兼局长）；1928年设立浙江省蚕业改良总场（谭熙鸿任场长）和江苏省立无锡育蚕试验场（孙本忠任场长）。国民政府在1929年成立了中央农业推广委员会，1931年在南京成立中央农业试验所，陈公博（实业部部长）任所长，钱天鹤任副所长，下设蚕桑系和蚕桑改良总场（孙本忠任主任和技正）。1934年，国民政府成立蚕丝改良委员会；1935年，认定中央农业试验所（下设蚕桑系）、江苏蚕业试验场、扬州原蚕种制造场和浙江改良总场蚕桑场。1936年四川省蚕桑改良场成立，1938年归属四川省农业改进所。1937年成立四川丝业股份有限公司（范崇实任总经理）。1940年四川省农业改进所设置的蚕桑生产、管理和教育相关组织机构：四川省蚕业推广委员会（范崇实任主任）、蚕丝组（熊季光任技正兼主任，张文明任技正）、蚕桑改良场（尹良莹任场长）、成都原蚕种制造场（段佑云任场长）和成都蚕种检验室（熊季光任主任）等。1941年，国民政府成立农林部；1946年，成立“中国蚕丝公司”，接收日本和汪伪政府蚕丝相关资产[561，565，568，578-583，605-613]。

在民间组织层面，与栽桑养蚕及缫丝相关的组织与机构起步更早。1901年张森楷创办四川蚕桑公社，1903年开办四川民立实业中学堂。1910年，在上海沈联芳等成立“江浙皖丝(厂)茧(业)总公所”,中美丝商合办“万国生丝检验所”。1915年无锡成立“丝厂事务所”,1916年上海成立“江浙丝绸机织联合会”等,其后大量的民间组织也相继诞生。在国际蚕丝市场逐渐被日本垄断,中国国家关税主权羸弱、洋商肆意妄为、民族工业无序发展的背景下,江浙皖丝茧总公所发起,与洋商沟通后成立了中国合众蚕桑改良会,并报政府许可和得到资助的情况下开始运行。政府派遣监理员(邓振瀛等),会长为法国商人麦田(Madier,或称马铁),总技师为法国人费咸尔(Viel),法国、美国和意大利商人分别担任要职,后意大利商人退出,日本商人加入,中国丝商和技术人员参与其中,体现了近代化、国际化和民主化的特征,但其实际运行效率并不高。初期的改良会在促进中国厂丝生产、对外贸易和蚕种生产上具有积极作用,但对中国缫丝民族工业和外贸业的总体发展推动十分有限。大量购买法国和意大利蚕种,在减少家蚕微粒子病的发生中发挥了重要作用,但引进的蚕品种并不符合中国气候和地理环境,同时耗费大量资金。1926年,何尚平接替费咸尔任总技师,改良会在士绅冷御秋帮助下,在镇江四摆渡创办“镇江蚕种制造场”(葛敬中任场长)。1927年,国民政府改组改良会,正式派遣蒋尊簋(国民革命军总司令部高级顾问、上海政治分会主席)、李石曾(留法)、叶楚伧(江苏省政府委员、秘书长及建设厅厅长)、王世鼐(北大毕业,留美政治学博士,国民政府工商部商业经营科和通商科科长)、沈泽春(商界人士,曾任监理员)、钱天鹤、叶锵球和葛敬中8人为中国合众蚕桑改良会国民政府代表,开始了政府统制下的运行[561,607,611-616]。

在清末,蚕桑产区已经萌发了各种以示范户带动区域技术发展的技术推广形式,但这些推广模式的组织化程度很低,所推广的技术多为经验性技术,与近代工业化对商品性原料的要求相差甚远。民国期间,栽桑养蚕及缫丝的专业组织与机构发展是从民间及地方政府发端,逐渐推向国家组织和机构的过程,是一种自下而上推动的模式。民间组织主要包括士绅等有识之士创办的专业性学校和缫丝工厂及贸易商。学校在发展中得到了地方政府的有力支持(蚕学馆等),逐渐成为国家高等教育的重要内容(如国立中央大学和浙江大学);缫丝工厂、贸易商和教会在支持高等教育(金陵大学和岭南大学)的同时,创办了大量职业(女子)人才教育机构(上海女子职业学校等)。随着民间组织和教育机构的发展,在市场的强力牵引下,相应的国家机构(中央农业推广委员会和中央农业试验所等)也应运而生。民间组织、教育和政府机构相互合作或联合,通过建设和发展蚕种改良场、蚕业指导所和养蚕试验场或示范区等机构,推进栽桑养蚕及缫丝技术的试验研究和推广普及,这种密切合作和良性互动大大推进了西学东渐和产业的近代化发展[607,616-617]。钱天鹤、葛敬中和孙本忠等一大批具有欧美日留学和考察经历或国际化背景的专家和学者,在这些民间组织、教育和政府机构中频繁的工作变动也是该时期明显的特征(图 12-4)。因此,民国栽桑养蚕及缫丝业的近代化发展是市场牵引下,民间组织、教育和政府机构推动发展的过程。

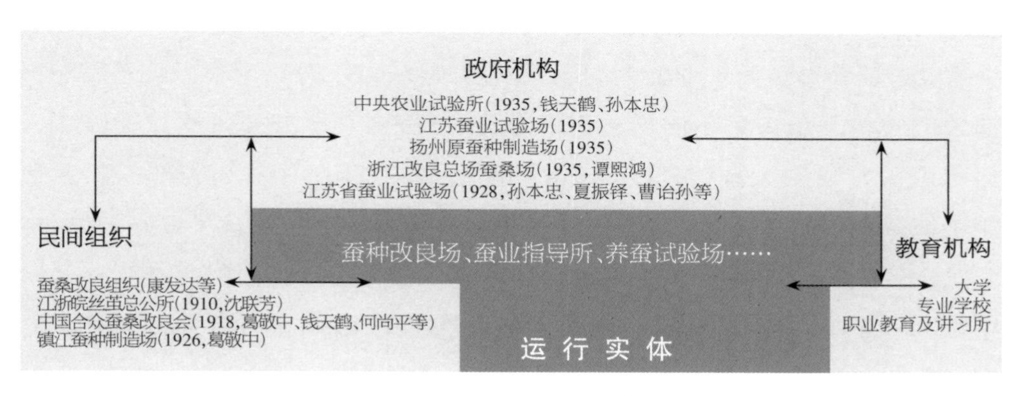

图 12-4　民国期间民间组织、教育机构和政府机构间的关系

12.3.4　主要栽桑养蚕技术及推广

民国期间,中国栽桑养蚕和缫丝业遭遇的主要问题是生丝出口缺乏国际竞争力和农村养蚕用蚕种质量低下而生产效益偏低,甚至出现无种可用。生丝出口缺乏国际竞争力的问题主要源自:欧美和日本采用机器缫丝技术,生丝产品的品质、生产效率和效益远远优于传统(中国)的手工缫丝,在国际贸易中取得优势地位(图 11-1、图 11-2 和图 11-4)。充分利用自然环境优势和长期的经验积累,几近传统技术巅峰的辑里丝(湖州蚕区生产)以其质地坚韧、弹力强劲等优点在国际市场上风靡一时(1851 年伦敦第一届世博会获维

多利亚女皇颁发的金、银奖牌，1930年中国首届西湖博览会特等奖），在1901—1910年或许仍具备强大的市场竞争力，但生产数量有限。在国际贸易中具有一定竞争力的生丝生产日渐衰微，从而开始引进机器缫丝技术。机器缫丝技术的引进和发展可分为两个阶段，第一阶段是观念上的接受引进，以及引进后与手工缫丝业者利益的平衡阶段（广东和太湖流域都发生了抵制机器缫丝厂兴办的事件）；第二阶段是从向法国和意大利进口缫丝机器（坐缫）为主，逐渐转向从日本进口缫丝机器（立缫）的阶段。尽管进口了大量缫丝机，但民国后期依然是手工缫丝、坐缫和立缫并存的格局；缫丝以模仿为主，机器引进后虽有技术改进，但未能在缫丝机器研发等基础性技术上较之欧美和日本有更好的发展或突破，缫丝机械工业发展缓慢，缫丝技术缺乏创新而明显落后于日本，或近代化程度差距加大[395-396,400-401,448,549,553,562,602,607]。

农村栽桑养蚕面临的最大问题是蚕种改良。在国内，家蚕微粒子病流行造成的农村蚕茧产量和质量显著下降，部分蚕区甚至无种可养；在国际上，日本近代养蚕技术体系的形成，特别是蚕品种技术的领先，蚕茧产量、质量和生产效率远超中国，为其生丝生产及贸易领先和垄断创造了良好条件，由此触动了中国栽桑养蚕业改良蚕种的发展。改良蚕种是农村蚕茧生产使用蚕种的一个混合性概念，从技术上主要包括三个内涵，即无家蚕微粒子病的蚕种、经过较好分离纯化筛选的纯种（部分在后期成为杂交组合的原种）和一代杂交蚕种。在多数文献记载中，改良蚕种并不明确界定三个概念内涵。在蚕种改良的发展历程中，早期无病蚕种概念多一些，中期以筛选纯化蚕种概念为主，后期一代杂交蚕种的概念多一些，无病蚕种是所有改良蚕种的基础特征。

家蚕微粒子病防控的主要技术目标是为农村养蚕提供无病蚕种。清末已有巴斯德检种法和显微镜的引进，但专业蚕种生产的缺失和技术普及度极低，并未在大面积蚕种生产和供应中发挥作用。在民初依赖从欧洲进口无病蚕种的策略失败（欧洲品种不适应中国的自然气候及养蚕方法），蚕种场的出现和快速发展，以及蚕业教育机构培养的相关专业人才数量增加之后，框制种和母蛾检验方法等生产无病蚕种的技术得以大规模推广。江苏省母蛾微粒子病的检出率从1930年的6.42%下降到1933年的1.41%,浙江省从1931年(春期)的15.56%和11.43%(秋期)分别下降为6.19%和2.45%。民国期间有关家蚕微粒子病病原、致病过程和流行病学调查的试验或研究少有记载,与日本有很大的差距。1931年,日本学者大岛格根据流行病学研究提出,一代杂交蚕种的允许病蛾率为0.5%(风险阈值概念)。日本政府以国家强制规定的形式(《蚕丝业法施行规则》农林省令,1945年)在蚕种生产上实施,形成了蚕种生产中控制该病害的技术核心。民国期间蚕种生产中未见有关母蛾检验风险问题的试验调查及研究,对家蚕微粒子病流行与检验中风险阈值技术核心缺乏认知,检验技术和技术管理进步十分缓慢。至今,中国蚕种生产和管理中使用的仍是日本技术,蚕种生产母蛾检验中大量使用的光学显微镜仍以欧美日的进口产品为主[381,431,481,599,618-619]。

在蚕品种方面,中国蚕区传统使用的蚕种为土种。土种是一类进行过人工分离和选择的蚕种。中国广阔的栽桑养蚕区域中,蚕农经历了长期的人工分离和选择,在不同区域形成了适合区域自然环境的土种(蚕品种)。这类土种虽然具有自身的特征,但人工分离和选择的方法较为单一地依赖经验,与基于不同性状指标量化状态下的分离和选择相比,效率十分低下或盲目性较大,遗传性状的稳定性也不佳。在蚕品种概念上,改良蚕种有两个层次:①在一定量化指标下分离纯化及杂交后筛选出的蚕品种;②遗传性状稳定的原种经杂交而形成的一代杂交蚕种组合。

上海育蚕试验场、杭州蚕学馆、上海私立女子蚕业学堂、江苏省立女子蚕业学堂等太湖流域的机构较早开展了量化指标的蚕品种评价试验。其后,改良会、与高等学校合作的试验场或蚕种场及官办机构开展了蚕品种的量化指标评价,并以量化指标为蚕品种选育的重要手段。江苏省在使用“锡圆(中101)”“无锡黄茧种”“溧阳种”“大团圆”和“碧莲”等地方蚕品种的同时,引进了“诸桂”“新圆”“大圆”“新长”“龙角”“诸夏”和“桂夏”等蚕品种。1915—1923年“赤熟×诸桂”及“桂圆×青熟”开始生产和推广,1927年苏州蚕校育成“新白×赤熟”。1925年浙江省从日本购入“诸桂(中4)”和“赤熟”原种(蚕学馆从日本引进),制成“赤熟×诸桂”一代杂交蚕种,开始万张以上规模的推广。1927年及以后,浙江试验蚕品种大幅增加;1932年,“诸桂”“新桂(中9)”“新昌长(中8)”“华1”“华3”和“华5”为标准品种。1933年,江浙两省成立蚕业统制委员会,将一化性的“西巧(欧18)”(欧欧杂交固定)、“西洽(欧17)”(欧欧杂交固定)、“化桂”(欧日杂交固定分离)、“翰桂(华15)”(中欧杂交固定)、“新桂”“诸桂”(中系地方种“桂圆”分离),以及二化性“华5(中105)”和“华6(中106)”等8个品种为指定蚕品种,生产和推广的一代杂交蚕种有春用的“诸桂×新桂”“诸桂×华3”和“诸桂×华5”,秋用的“华3×诸桂”“华5×诸桂”“华6×诸桂”“新白×诸桂”“华5×新桂”和“华3×新桂”。1942年,为解决蚕品种的抗性问题,“瀛翰(日115)×华8(中108)”“瀛翰×华9(中109)”和“瀛文(日112)×华10(中110)”等二化×二化杂交组合开始推广。此外,还有“洽桂”“瀛真”“广麻”“西皓”和“东庚(日8)”,以及华中蚕丝株式会社从日本引进的“华蚕1号”(中中欧)、“华蚕2号”(日)、“华蚕101号”(中中欧)和“华蚕102号”(中)等杂交组合用蚕品种,“支4×支105”和“新白×赤熟”等杂交组合在民国期间经试验和比较后在农村推广应用[381,565,587,602,608,620-623]。

在机构方面,1928年浙江合并原有蚕桑相关机构成立省立蚕业改良场,开始较大规模繁育原种和生产一代杂交蚕种;1921年江苏省立女蚕学校原种部开始生产原蚕种;1930年江苏省在扬州成立原蚕种制造场,1935年该场成为国家统制直属蚕种生产机构,机构建设为新品种的试验、繁育和推广提供了保障。孙本忠任职中央农业实验所期间,收集地方土种和引进国内外改良种各100多个,通过比较试验和纯系分离等方法选出优良土种和改良蚕种,发表了译作《欧洲蚕品种改良之研究》(1935年),介绍了法国育种家科塔尼(Cotagne G.)的单蛾选育法,确立了纯系选种、蛾区选择和个体选择等育种方法。“诸桂×新桂”“华5×新桂”和“华6×翰桂”等杂交组合相继育成并在农村推广。民国期间蚕品种的分离纯化和杂交组合试验工作主要在蚕业教育机构和官营蚕种生产机构进行,但关于分离纯化品种过程的文献记载稀缺。多数中系蚕品种是日本从中国收集后分离纯化,再输入中国的可能性相对较大:“诸桂”是松永伍于1897年从蚕学馆带到日本的,之后不断改良育成

“支4”和“中4”蚕品种；“赤熟”则是1780年选拔的日本蚕品种，经不断改良后成为杂交育种原种的“日1号”；“新白”是片仓工业公司从中国二化性蚕品种选育而成的；“新桂”“华5”“华6”和“翰桂”为日本引进后的杂交固定种[381，472，561，599，602，623-625]。

民国期间，在农村养蚕中模仿日本进行蚕品种改良，从土种到纯种及一代杂交蚕种，育成成果明显。江浙两省最早在农村养蚕中推广改良蚕种，并将其输送到其他省区，其后安徽、山东和四川等地相继开始推广，但总体上举步维艰，成效不佳。1934年，浙江吴兴专用改良种的农户占比8%，土种和改良种兼用农户占比32%；1935年，嘉兴专用改良种农户占比为58%；1935—1937年，崇德县专用改良种农户占比在60%以上。改良蚕种推广效率和普及程度低下（1928年仅占5%）。在育种技术上，品种资源收集和整理十分有限（育种素材基础薄弱），育成蚕品种的数值化性状的记载存留极少，基于家蚕遗传学理论的育种技术体系不完整，育种机构和人员的稳定性差，且未能向与市场更为紧密的企业化育种方式演变，蚕品种选育的近代化进程中技术差距与日本进一步扩大[381，472，561，599，602，623-625]。

在养蚕和桑叶生产方面，从催青到上蔟的环境温湿度控制技术，逐渐由以人体感受或其他经验性方法转向温湿度计等器具的使用；养蚕过程中的给桑量、给桑和除沙次数等技术操作进一步量化，并与蚕品种、蚕茧产量和病害防除等相结合。1940年，防干纸育试验成功并试推广。在养蚕消毒方面，除了利用阳光和蒸煮等物理消毒方式外，开始推广使用福尔马林、升汞、漂白粉和硫黄等化学消毒药物，以及用0.5%有效氯漂白粉液洗落蝇卵的蝇蛆病防治法。清朝以前，禁止夏秋季养蚕。民国期间，依靠日本技术，国内养蚕从一年一次逐渐转向全年多批次，前期主要采用冷藏方法获取夏秋用蚕种，后期引进冷藏浸酸孵化蚕种技术。夏秋季养蚕的蚕种供应技术为提高单位土地的利用率提供了可能，但对应的桑树栽培和桑园管理技术未能有效配套，桑园栽培密度较低（50～300株），树型以乔木、高干和中干为主，全年养蚕技术体系不完整。桑树品种资源收集、引进和选育方面也逐渐起步，浙江大学蚕桑系的顾青虹在对校园附近（杭州华家池）桑品种进行调查和选拔试验后，于1935年发表论文

《浙江省桑树品种之研究》和《谈谈中国桑树品种》[381,472,561,599,602,623-625]。

民国期间，中国栽桑养蚕业从传统走向近代化。在半殖民地半封建状态下，国家海关主权羸弱，科学技术体系基础薄弱，政府行业管理能力有限。在市场牵引下，民国栽桑养蚕业的近代化以民间（包括企业）、学校和有识之士掌控的地方政府为主要推动力而发展。近代化技术以引进为主，但缺乏系统性，对生产影响较大的自主创新研究不足。在蚕品种选育中，缺乏对基础品种的调查和研究，未能形成具有良好基础的中系、日系、欧系蚕品种育种体系；蚕品种选育机构数量不足且不稳定，也未能及时从高等教育和政府机构转入以企业为主体、与蚕业更加紧密结合的市场化机构模式；桑园栽培模式仍然以中高干及乔木为主，单位土地桑叶产量、质量和劳动效率低下；改良蚕种、全年多批次养蚕、养蚕温湿度控制和清洁消毒等技术的推广效率不佳；政府行业管理制度缺乏系统性，更缺乏基于科学试验、适合中国养蚕生产实际的技术管理要求，政策和制度的实施混乱而低效。中国与日本在科学和技术水平、产业体系和生产水平上的差距进一步加大，蚕茧和生丝的产业规模也处于落后状态（表12-1）。国家社会、政治、经济动荡是栽桑养蚕业及缫丝业近代化进展缓慢和程度低下的根本原因，但全社会人文思想、科学思维和工业化等系统性近代化程度低下对其影响更为直接和长久。

表12-1　近代中国与日本栽桑养蚕及缫丝业的主要事件和技术发展比较

中国	日本
《天工开物》（1637年），发现家蚕的杂交优势	1845年，尝试杂交育种
	1864年，蚕种出口法国。1867年蚕种外销占国内贸易总额的22.81%
	1869年，从欧洲和中国收集蚕品种，采用分离纯化和杂交等方法培育蚕品种，形成了中系、日系和欧系基础蚕品种体系
	1870年，民部省发布蚕病预防公告
1873年，创办第一家机器缫丝厂（陈启沅）	1872年，设立官营富冈制丝厂

续表

中国	日本
1878年，陈筱西赴日学习蚕桑	1874年，设立蚕业学校（劝业寮）
	1882年，家蚕微粒子病研究所在东京设立；1911年，设立蚕业试验场。道府县相继设立蚕业试验场71处
	1886年，农商务省颁布《蚕种检查规则》
	1885年，各地兴办养蚕传习所。练木喜三和松永伍提出框制种
1889年，浙江海关养蚕小院，尝试饲养改良种	1886年，佐佐木长淳等开始系统研究微粒子病的病原、鉴定方法和传染规律等
1897年，杭州蚕学馆开办（林启）	1896年，西原蚕业讲习所改称东京蚕业讲习所（东京大学和东京农工大学的前身）
1898年，上海育蚕试验场，开始蚕种改良。中国农学会聘请日本蚕师在上海开展品种选育	1899年，佐佐木忠次郎发现蚕的蝇蛆病
	1900年，机器缫丝产量超过手工缫丝
1901年，四川蚕桑公社成立	1901年后，相继发现各种真菌病（林马单作、野村彦太郎、山崎新太郎、池田荣太郎、石渡繁胤和渡边虎之助等）。
	1902年，石渡繁胤发现猝倒病
	1903年，鸟取县开办首家原蚕种制造所
	1906年，东京大学教授外山亀太郎发表《昆虫杂种学研究——论多种蚕杂种孟德尔遗传法则》
1910年，上海成立江浙皖丝（厂）茧（业）总公所	1908年，发现蚕的蜇伤症
	1909年，生丝出口量超过中国
1911年，浙江杭州三墩镇钱塘蚕种制造场生产改良蚕种	1911年，颁布《蚕丝业法》，设立国家原蚕种制造所
	1914年，成功研发蚕种冷藏浸酸随时孵化蚕种技术
1914年，私立金陵大学首开四年制本科	1914年，国立蚕业试验场公布一代杂交蚕种各项量化指标
	1916年，夏秋蚕推广使用一代杂交蚕种
	1917年，甘利进一发现蚕的壁虱病
1918年，无锡设立育蚕试验所，改良会在镇江创办蚕种制造场，开展蚕品种选育	1918年，蚕业试验场公布一代杂交蚕种的优点，育成三元杂交蚕种
1919年，育成农村生产用一代杂交蚕种	1919年，田中义麿发表《蚕的遗传学讲话》

续表

中国	日本
1923年，国立中山大学成立蚕桑系	1922年，国家颁布全面使用一代杂交蚕种法规。尝试缫丝计价。片仓、郡是和神荣等一大批企业开始蚕品种选育
1924年，推广小蚕共育，呈现良好示范性，但推广成效甚微	
1925年开始大规模推广“诸桂×赤熟”	1924年，发明实用蚕种浸酸孵化法
1925年，开始推广饲养秋蚕。1927年，引进冷藏浸酸孵化蚕种技术，开始大规模饲养秋蚕	1925年，普及小蚕共育
	1927年，设立茧检定所
	1929年，国家公布主要育种量化指标，一代杂交蚕种选育模式以及中、日和欧系蚕品种系统基本形成
1930年，国民政府颁布《蚕种制造取缔规则》。1930年，江浙沪171家机器缫丝厂，4.73万部丝车	1930年，桑园面积70.8万公顷（历史最高）；农村养蚕普及一代杂交蚕种
	1931年，大岛格基于流行病学研究提出，一代杂交蚕种母蛾微粒子病的允许病蛾率为0.5%（风险阈值），该风险阈值成为《蚕丝业法施行规则》中的技术要求（1945年）
1933年，曹诒孙发明水杨酸防僵粉和蝇卵洗落法	1931年，国家实施蚕茧检定制度。211万农户栽桑养蚕，占农户数的39.6%；饲养1453万张蚕种，张种蚕茧产量25.1公斤，蚕茧总产量40万吨
1934年，成立蚕丝改良委员会	1934年，施行《原蚕种法》。石森直人发现家蚕质型多角体病毒病
1935年，国家认定中央农业试验所等相关研究与生产机构	1936年，颁布《蚕品种审查会官制》
1939年，汪伪政府成立华中蚕丝株式会社	1937年，国家实施蚕品种登记制，指定中日欧系蚕品种，以及6个春用和2个夏秋用杂交组合
1946年，成立中国蚕丝公司	1949年，育成“日122号×中122号”，出丝率几近巅峰

传统中国蚕桑技术体系的演化史类似于王朝兴亡的循环史，不断前行，而在清末达到巅峰。对于桑树和家蚕两个生物学主体在自然环境中所呈现的表征及其与环境间或人工技术干预的相关性等，前人多有发现或描述记载。中国蚕桑技术在经验科学的维度不断丰富和充实，但未能向实验科学或自然科学的维度演变。家蚕不同品种间的杂交优势现象在宋应星的《天工开

物》(1637年)中就有明确的记载,达尔文在《物种起源》(1859年)中对杂种优势给予了高度的评价而成为其提出生物演化系统理论的重要支持。在文艺复兴(14—16世纪)和科技革命(18—19世纪)期间的欧洲,哥白尼(1473—1543年)、伽利略(1564—1642年)、开普勒(1571—1630年)和牛顿(1643—1727年)等在科学试验中获得大量新发现和新理论,对自然世界的认知思维产生了重要的影响。随之,从经验主义中逐渐演化出培根(1561—1626年)的《新工具》(1627年)、笛卡儿的《方法论》(1637年)和康德的《实践理性批判》(1788年)等理性主义理论。经验主义和理性主义共存,且更为多元或综合的认识论出现,认识自然世界的方法从几何法发展到演绎法,人类的"可干预"和结果的"可重演"成为自然科学发展的基本概念,实证主义成为科学研究的基本思维方法。在此人文社会背景下,孟德尔于1866年发表《植物杂交试验》,揭示了遗传学的两个基本定律——分离和自由组合,并在植物的杂交育种中得到验证和广泛应用。1906年,日本学者外山亀太郎发表《昆虫杂种学研究——论多种蚕杂种的孟德尔遗传法则》。在遗传理论指导下,家蚕杂交育种技术快速发展,在家蚕育种基础(中系、日系和欧系等)的形成中发挥了重要作用。1914年,一代杂交蚕种开始在农村养蚕中推广。从社会政治经济、人文思想和认知思维等多维度审视中国—日本—欧洲栽桑养蚕业的近代化过程,能帮助我们更好地觉悟产业发展的未来方向。

第四篇　凤凰涅槃

第二次世界大战结束，欧洲和日本经历痛苦的恢复期后经济快速发展；美国在战争中赢得巨大利益，成为世界头号经济和军事大国；中国在艰难探索中独立发展，亚非拉国家不结盟运动兴起而形成第三世界，世界呈现了两极对抗向多极化发展的演化场景。

欧洲（不包括苏联）战后的国民生产总值下降25%，1953年欧洲国民生产总值占世界国民生产总值的26%。丘吉尔的“铁幕”演说（1946年）、“杜鲁门主义”的出台和“马歇尔计划”的启动（1947年），开启了以美国为首的资本主义国家阵营与以苏联为首的共产主义国家阵营的冷战或两极对抗。1949年美国及欧洲12国成立“北大西洋公约组织”（2020年为30个欧洲国家）。1967年，法国、意大利、西德、荷兰、比利时和卢森堡签订和生效了将“欧洲煤钢共同体”“欧洲原子能共同体”和“欧洲经济共同体”统一起来的《布鲁塞尔条约》，即成立了欧洲共同体（简称“欧共体”）。1991年，在欧共体的基础上12个欧洲国家签订《欧洲联盟条约》，即成立了经济货币和政治共同发展的区域一体化组织——欧洲联盟（简称“欧盟”，现为27个欧洲国家）。2018年，欧盟国内生产总值（GDP）总计18.75万亿美元，人均GDP为36532美元。

美国国民生产总值在战争中增长了50%以上，黄金储备大增。战后美国拥有世界上最为强大的海军和空军，在全球建立了500多个军事基地。高度工业化基础上大量科学和技术人才的聚集，使美国成为第三次科技革命的中心，原子能、计算机和生物医药等领域领先世界，甚至取得垄断地位；建立了以美元为中心的世界货币体系，在国际货币基金组织和世界银行中掌握重要的控制权；外贸总额占到世界的三分之一，通过《关税与贸易总协定》（GATT）等形成了以其为中心的国际贸易体系；1995年在《关税与贸易总协定》基础上成立世界贸易组织。虽然1948—1982年美国连续发生多次经济危机，发动或主导了多次局部地区战争，以及经历古巴危机等事件，但以其政治、军事、经济和科技等全面性优势在1991年拖垮苏联，迫使苏联解体，成为世界上唯一的超级大国。从20世纪70年代开始，美国贸易赤字不断扩大，与欧洲、日本及其他部分国家间的经济差距有所缩小。2020年，美国GDP总计20.93万亿美元，人均GDP为63004美元。

苏联在战后取得重大国际地位，对东欧等地的社会主义国家有重要的影响。苏联的军事工业、重工业、化学工业和航空航天业非常发达，在较长时间内为世界第二大经济体：1954年建成世界第一座核电站，1957年发射世界第一颗人造卫星，1959年空间探测器获得月球第一张照片，1961年第一艘载人宇宙飞船进入太空。1955年，苏联及8个东欧社会主义国家成立"华沙条约组织"（1991年正式解散）。苏联（1949年成功试爆原子弹，1953年成功试爆氢弹）和美国分别代表华约和北约阵营展开了长期的冷战，军备竞赛不仅消耗国力，对经济发展也产生明显负面影响。20世纪70年代开始，国家经济跌入停滞发展状态。1991年，苏联GDP总计7576亿美元，人均GDP为3787美元。

日本在二战中遭到毁灭性打击后，利用朝鲜战争，重工业开始复苏。1955年工矿业生产水平比战前水平高出90%（神武景气），1968年GDP超过西德成为世界第二。此时日本诸多工业技术水平领先世界，在"贸易立国"战略下，以高品质产品为核心特征的"日本制造"在世界贸易中赢得重要地位，1970年后长期维持巨额贸易出超。1973年全球石油危机后，日本结束经济高速增长期，20世纪80年代确立"技术立国"战略，将电子、生物和材料列为国家3大支柱产业技术。1990年受泡沫经济崩溃影响，其经济处于低迷时期，但在半导体、机器人、工程机械、机床及碳纤维等领域领先世界。2021年，日本GDP总计4.94万亿美元，人均GDP为39285美元。

诸多长期遭受帝国主义和殖民主义侵略、压榨和掠夺的亚非拉国家，在战后逐渐宣告独立。万隆会议（1955年）、不结盟运动（1961年）和七十七国集团（1964年）的成立，宣示了第三世界的崛起。但不少第三世界国家依然承受着帝国主义，特别是超级大国的经济渗透、政治控制和军事威胁，政治和经济的独立任务十分严峻。

中华人民共和国成立后，通过颁布《中华人民共和国土地改革法》（1950年），实施土地改革和农业合作化，同时实施第一个国民经济建设五年计划（1953—1957年），国民经济得到快速恢复。通过对农业、手工业和资本主义工商业的社会主义改造，生产资料从私有制转为公有制（1956年）。在帝国主义的全面封锁中，苏联在经济和技术上给予了支持，但因1958年中苏交恶而中止。在完成新民主主义革命向社会主义过渡后，中国开始探索社会主义建设道路。在“大跃进”运动（1958—1960年）和人民公社化运动后，1966年开始“文化大革命”，国民经济发展滞缓。1971年联合国恢复中国的合法席位。1972年美日首脑相继访问中国，中日（1972年）和中美（1979年）相继建交。1978年开始实行改革开放，农村探索家庭联产承包责任制，建设中国特色社会主义国家，对外开放和国际交流日趋广泛，社会经济快速发展，国际地位显著提升。2021年，中国GDP总计114.44万亿元，人均GDP为80976元。

第二次世界大战结束后，科学和技术发展极为快速，以原子能、电子计算机、宇宙空间及生命科学的理论发展和技术应用为主要标志的第三次科技革命兴起，信息技术、新能源技术、新材料技术、生物技术、空间技术和海洋技术等诸多领域的发展，极大地推动了社会、政治、经济和文化等领域，以及认知思维和生活方式的演变。科学与技术向细化和综合两个极端同时演进，领域间渗透和交互发展的特征更趋明显，认知思维处于非突变性和多元融合的持续演变中，科技革命呈现连续性特征。不同国家和地域间经济基础的差异和科技发展程度的不同，对产业结构、规划与发展，以及世界地缘政治等有重要影响。社会、国家或区域的现代化流变频率上升，演化进程加快。

农业在社会、国家或区域的现代化中有其独有的特征。农业占国家或区域GDP的比重逐渐缩小，是国家或区域现代化的基本特征，但农业在社会经济发展中的基础性地位（人类生存、生态环境和农民就业等），决定了任何国家或区域都对农业现代化高度重视。农业现代化也是国家或区域现代化的基本特征。不同国家和区域在特定自然环境条件、经济发展状态和历史文化传统中形成特定的农业产业结构。任何具体的农业产业都面临国家或区域在农业现代化中的结构流变或生存压力，产业基础性程度或独特性、产业技术体系的相对先进性或竞争优势，以及科学和技术的支撑能力或效用，决定着其在农业结构中流变和演化的结局。栽桑养蚕业作为农业中的特定具体产业，同样面临着社会经济发展中流变和演化的基本问题。

新中国成立至今，随着栽桑养蚕业在日本的消退和中国的成长，世界栽桑养蚕区域分布从中日生产规模旗鼓相当，逐渐演变为中国为唯一主要产地、印度等其他国家和区域不足三分之一的结构。巴西、东南亚或中亚国家或地区在特定时期也有相当的发展，但持续发展的稳定性相对不佳，世界栽桑养蚕业规模呈现总体稳定的局面。中国的栽桑养蚕业在经历“镜中稍复旧朱颜”的恢复期（1949—1965年）、“沉舟侧畔千帆过”的发展期（1966—1978年）和“大鹏一日同风起”的高速发展期（1979—1994年）后，进入“惊鹊绕枝栖不稳”的徘徊发展阶段（或美誉为稳定发展期，1995年至今），产业技术水平提高有限。如何避免这种“稳定”演化成“下调悲”，反呈“高张引”的“凤凰涅槃”，则需要从业群体的“致良知”和“知行合一”。

第13章　世界栽桑养蚕业的演变

二战结束后，世界经济、科学与技术都进入高速发展的时期，在此背景下不同国家和地区的栽桑养蚕业在特定的社会经济发展环境中，受到不同流变因素的影响而展现出不同的演化场景。中国、日本、印度、巴西和苏联（独联体）等是其中的重要角色。

13.1　世界栽桑养蚕业分布的流变

以蚕茧和生丝产量为指标，二战后世界栽桑养蚕格局的演变：日本栽桑养蚕业的领先地位在20世纪80年代开始快速下降，最终产业几近消失而未见恢复迹象。具有与日本类似的栽桑养蚕传统，但体量相对较小的韩国，其栽桑养蚕业在战后快速恢复和发展，但与日本类似在20世纪80年代跌入消落状态。中国栽桑养蚕业在快速恢复和波动中不断发展，20世纪90年代以前呈现持续增长的态势，90年代后则处于基本不变的状态。二战后，印度栽桑养蚕业同样呈现持续增长的态势，在20世纪90年代后进入稳态，但在总体规模上约为中国的1/4。苏联栽桑养蚕业在20世纪80年代前呈增长态势，其后又回落到二战刚结束后的规模。巴西栽桑养蚕业在20世纪70年代开始呈现快速增长的趋势，但在21世纪又快速回落（图13-1和图13-2）。世界栽桑养蚕业形成了今天以中国为主，印度及乌兹别克斯坦为辅，其他国家和地区时有波动发展的世界格局[241,626]。

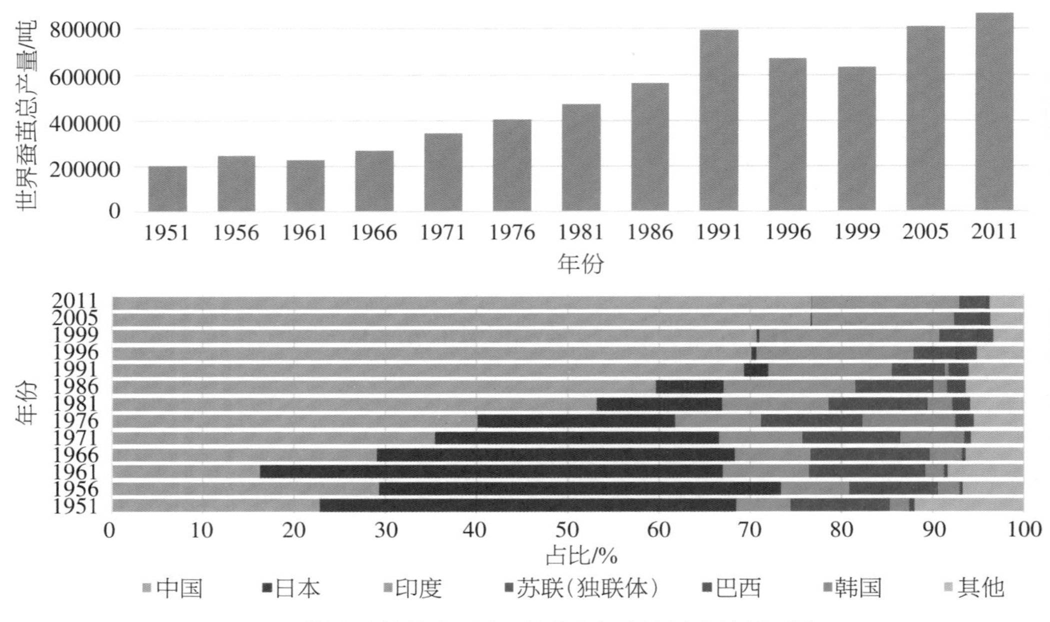

图 13-1 世界蚕茧总产量和不同国家或地区占比[241,626]

注：2005 年和 2011 年独联体数据为乌兹别克斯坦数据。

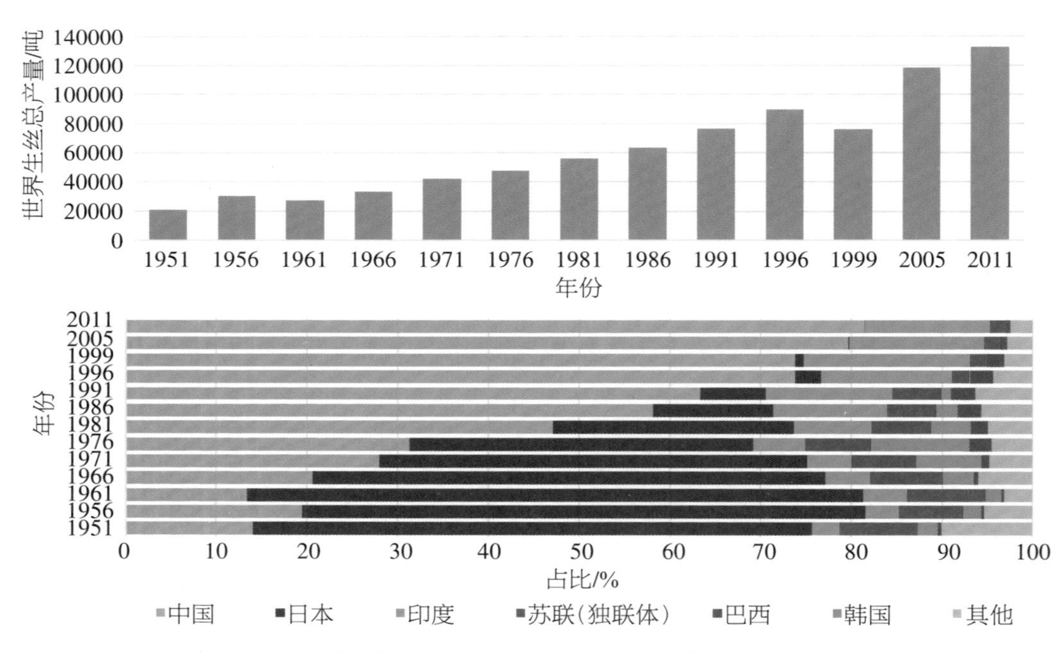

图 13-2 世界生丝总产量和不同国家或地区的占比[241,626]

注：2005 年和 2011 年独联体数据为乌兹别克斯坦数据。

二战后世界蚕茧和生丝产量在大趋势上持续增长，1994年达到历史最高点（蚕茧为100.02万吨，生丝为11.51万吨），其后回落；2007年再创新高（分别达到100.84万吨和13.15万吨）后，又回落；2011年蚕茧产量虽为86.95万吨，但生丝产量达到13.26万吨。1997年亚洲金融危机和2008年世界金融危机后，蚕茧和生丝产量都出现了较为明显的下降。由此可以推测：蚕茧和生丝的产量与世界经济的发展状态或繁荣程度有关[241，626]。此外，生丝在整个纺织纤维结构中的地位，以及科学与技术在蚕茧和生丝生产中的作用也是值得思考和探讨的问题。

服饰和家纺用品纤维有化学纤维（包括合成和再生纤维等）和天然纤维（包括棉、麻、毛及蚕丝等）两个大类。化学纤维的发明（1846年）是科学与技术对人类的重要贡献，在丰富人类纺织纤维种类消费选择的同时，对包括生丝在内的天然纤维的消费和生产产生影响。化学纤维生产技术不断提高，满足人类对纺织纤维需求的能力也不断提升。化学纤维除了具备大量天然纤维所不具有的性能外，在天然纤维所具有的独特性能上也日趋接近。化学纤维在工厂化生产（1913年）后，其产量呈持续增长的态势，在20世纪70年代接近天然纤维的生产量（1000万吨），从90年代开始达到2000万吨，与天然纤维相持平。化学和天然纤维的消费或产量的变化，与纤维的功能发展、大众的消费心理和社会传统文化，以及日趋关注的生态因素等有关。生丝作为一种天然动物蛋白质纤维有“纤维皇后”之美誉，在消费心理、传统文化及生态因素上有其独特的优势，主体上位于高端消费领域。生丝在整个服饰和家纺用品纤维世界总产量中占有的比例很低，1984年占比为0.159%，1994年占比为0.279%[241，627-628]。生丝产量在服饰和家纺用品纤维世界总产量中的非主流地位，决定了其在服饰和家纺用品纤维消费或生产结构流变中的作用很小，或结构流变对生丝产量的影响很小。在不同国家或地区，社会经济发展的现代化程度不同，产业结构中不同产业的现代化程度也不同，栽桑养蚕和缫丝及纺织业的发展生态也会不同。世界生丝产量或栽桑养蚕业在区域经济发展中的地位，更多地取决于科学与技术及产业的相对现代化发展程度。

在科学与技术对产业现代化发展的影响日趋增大的今天，生丝功能的科学与技术发展可以扩大或强化市场消费的需求，对栽桑养蚕业发展产生有效的牵引力；栽桑养蚕的科学与技术发展可以提高生丝生产效率，以及为生丝功能的开拓提供基础；产业科学与技术的相对发展水平，对产业的现代化水平也有重要影响，而产业的相对现代化水平对其在社会经济结构中的地位具有重要影响。从不同国家和地区栽桑养蚕业的演变历史中，关注科学与技术的发展及产业现代化的水平，思考产业演变的本质规律，有助于把握产业的未来。

13.2 日本栽桑养蚕业的消落

日本蚕茧和生丝产量在1930年分别达到39.91万吨和4.26万吨的高峰值，生丝出口量在1929年为3.49万吨，占世界生丝贸易量的66.1%，但在二战中栽桑养蚕和缫丝业遭到严重毁坏。二战后，日本蚕茧产量从5.35万吨的低谷（1947年）恢复到11.95万吨（1957年，占世界总产量的45.75%），1970年为11.17万吨（占世界的32.58%，被中国的12.15万吨超越），1975年开始年产低于10万吨（占世界总产量的23.61%），1985年（占世界总产量的8.41%）开始年产低于5万吨，1994年开始年产低于1万吨（占世界总产量的0.77%），2005年和2011年仅为626吨和220吨（分别占世界总产量的0.08%和0.03%）。二战后，日本生丝产量在1948年恢复到0.87万吨，1951年达1.29万吨（占世界总产量的61.70%），1969年达到2.15万吨高峰（占世界总产量的55.95%），其后开始下降；1975年为2.01万吨（占世界总产量的40.13%），1977年为1.61万吨（占世界总产量的32.70%，被中国的1.80万吨超越），1985年开始低于1万吨（占世界总产量的16.24%），1993年开始低于0.5万吨（占世界总产量的4.47%），2005年和2011年仅为150吨和44吨（分别占世界总产量的0.14%和0.03%）[241,626]。

日本栽桑养蚕和缫丝业从二战后的恢复到20世纪70年代开始的下降，再到今天的消落，与其国内社会经济发展、栽桑养蚕及缫丝的科学和技术的发展直接相关，与同期国际或其他国家（特别是中国）社会经济发展、栽桑养蚕及缫丝的科学和技术的发展间接相关。

二战后，日本在美国占领当局控制下实施非军事化和民主化改革，实施“道奇计划”，大力复兴经济。1951年，美国等同盟国主导签订《旧金山对日和平条约》。1956年，日本加入联合国，从军事管制下的战败国转变为独立国。通过土地改革、解散财阀和劳动立法三大经济民主化改革，日本的经济体制从统制向市场机制转变，在快速恢复经济的同时，提出“贸易立国”的出口导向型经济发展模式，外贸顺差不断增加。1960年日本提出“国民收入倍增计划”，经济转向消费主导型。1952年日本加入国际货币基金组织（IMF）和世界银行，1955年加入关税与贸易总协定［世界贸易组织（WTO）的前身］，1964年加入了世界经济发展与合作组织（OECD），其贸易、资本和金融自由化程度大幅提高。1967年日本成为资本主义国家第二大经济体（1991年苏联解体后成为世界第二），20世纪70年代已形成日本特色的开放型经济体制。日本农业占GDP比重从1961年的12.3%下降到1971年的5.3%和2011年的1.2%；农业劳动力占比从1956年的36.0%下降到1971年的15.9%和2011年的4.0%；城镇化率从1961年的64.2%上升到1971年的72.6%和2011年的91.1%。在实现资本密集型经济的基础上，日本开展了国营企业的民营化改革及金融的进一步自由化，开始向技术和知识密集型经济模式演化，20世纪90年代“泡沫经济”的崩溃促使其开始政治和经济的综合性体制改革[629-631]。

栽桑养蚕和缫丝业是日本战后重点恢复的产业，1945年12月，日本颁布《蚕丝业法》（法律第57号）和《蚕丝业法施行规则》（农林省令第31号）。1946年，出台《蚕丝业复兴五年计划》。1947年，颁布《种苗法》（法律第115号，涵盖蚕种）。1950年，出台《农业资材审议会令》（政令第175号，涵盖蚕品种审定管理）。1951年，出台《蚕品种性状调查申请程序》（农林省告示第60号），颁布《茧丝价格稳定法》等法律法规及政策。1961年，颁布以提高农业生产力和缩小工农收入差距及减缓农产品国际贸易冲击为主旨的《农业基本法》，采取“以工养农”的策略，实施农产品的价格支持和补贴政策，在栽桑养蚕业生产力水平的提高中得到充分体现。1973年，修正《农业基本法》，农业产业向提高生产效率和农民增收方向发展，农业现代化进程加快，但栽桑养蚕业未能在此进程中有效实现现代化而开始衰退。1998年，废除《蚕丝业法》《制丝业法》及《蚕种检测规则》等相关法律和行业技术规范。1999年，日本农业转向以提高自给率和可持续发展为主要目标，政府颁布了《食品、农业、农村基本法》，当年日本蚕茧和生丝产量仅为1496吨（占世界总产量的0.24%）和650吨（占世界总产量的0.86%），桑园面积7400公顷，养蚕农户4000家，饲养蚕种4.5万张，日本的栽桑养蚕业已呈消落状态[16,241,472,631-632]。

日本栽桑养蚕业的发展历程也呈现了农业产业恢复（1945—1960年）、提高生产力（1961—1972年）和提高生产效率（1973年—）三个政策周期的基本特征，映射了社会经济的演变。

在栽桑方面，桑园面积在1930年达到70.8万公顷（占耕地面积为26.3%）后呈现下降态势，1947年为17.1万公顷，1957年恢复到19.2万公顷（图13-3），其后逐渐下降；1973年、1980年、1990年和1999年分别为16.2万公顷、12.1万公顷、6万公顷和0.74万公顷。二战后桑园面积虽有恢复，但并未明显增长，且不久即开始持续下降。在生产规模化和单位土地的产出上，取得较大的进步。户均桑园面积，从1950年的0.21公顷/户到1973年的0.53公顷/户，扩大1倍多；其后持续扩大，1996年和1999年分别为2.44公顷/户和1.85公顷/户。二战前，单位桑园面积的蚕茧产量是一个持续增加的过程，从1889年的206公斤/公顷，增加到战前最高值644公斤/公顷（1939年）；1945年降低至313公斤/公顷；1952年恢复到601公斤/公顷，1961年和1968年分别为706公斤/公顷和748公斤/公顷，1981年、1991年和1999年分别为553公斤/公顷、381公斤/公顷和202公斤/公顷。桑园面积在1957年恢复到19.2万公顷后持续下降，反映了生产技术体系的产业基础弱化过程。以1951年桑园面积、单位桑园产茧量和蚕茧总产量为指数100（图13-3），观察三者在不同时期的指数相对变化，可以对不同方面的技术贡献进行粗略的推测。1951—1956年，桑园面积和单位桑园产茧量指数都略有增长，蚕茧总产量指数则相对增长较多，即此期蚕茧总产量增加中养蚕相关技术的发展或桑叶品质的提高发挥了更为重要的作用。1956—1981年，桑园面积指数呈持续下降的态势，但单位面积桑园产茧量指数保持了相对增加状态，蚕茧总产量指数处于前两者之间，反映了单位面积桑园产茧量相关技术的增产作用。1986年以后，尽管单位面积桑园产茧量指数维持在相当水平，但蚕茧总产量指数较之桑园面积指数的下降幅度更大，反映了单位桑园面积和养蚕相关技术以外因素的影响[16,241]。

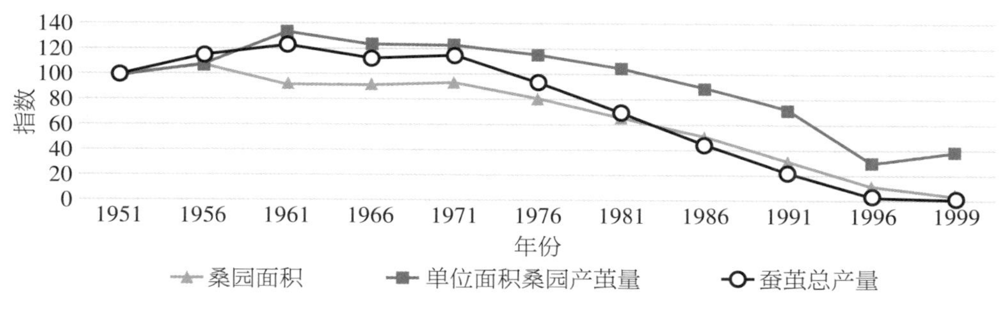

图13-3　日本桑园面积、单位桑园产茧量和蚕茧总产量指数的变化

在养蚕方面，蚕茧总产量、饲养总量（蚕种数）和饲养户数反映了生产规模，张种蚕茧产量反映了养蚕的技术水平（包括桑叶的质量水平），鲜茧出丝率反映了生产蚕茧的质量及效率水平，每家农户饲养蚕种数量和公斤蚕茧的用工时间反映了养蚕生产的规模化程度和劳动效率。日本蚕茧总产量和饲养总量在二战后到1961年期间有所增加，其后与饲养户数一起呈下降态势；1970年蚕茧总产量为11.17万吨（占世界的32.58%，被中国的12.15万吨超越），1974年以后持续下降，以1951年的9.34万吨的总产量为指数100，1999年的1496吨换算指数仅为1.60（图13-3和图13-4）；饲养总量在1957年达到416.1万张（指数为145.39，以1951年的286.2万张为指数100），在1961年后持续下降，1999年仅有6万张（指数为2.10）（图13-4）；饲养户数在1951年为82.97万户（作为指数100），其后持续减少，1985年为9.97万户（指数为12.02），2000年仅为3300户（指数为0.40）（图13-4）；户均饲养蚕种数量从1951年的3.4张，持续增加到1991年的13.9张，其后略有下降，但仍维持在10张以上；生产公斤茧劳动时间在1956年为7.5小时，持续下降到1999年的1.6小时，由此判断战后日本养蚕总体规模持续下降的同时，经营规模和劳动生产率持续上升。张种蚕茧产量在1951年为32.6公斤，其后近30年徘徊在28～32公斤，1979年达到33.4公斤（增长率达到2.45%），1992年为35.1公斤

(增长率达到7.67%)。张种蚕茧产量的指数上升,生产和经营规模及劳动效率三项指标的持续下降,反映了总体养蚕技术水平的持续上升(图13-4)。代表生产蚕茧质量及效率的鲜茧出丝率指标,在1951年为15.82%,其后持续上升到1990年的19.32%(增加率达到22.12%)。上述养蚕相关指标的演化显示了:日本养蚕规模总体下降直到消落(指数小于5);农户平均饲养规模有明显增加;公斤茧劳动生产效率明显提高;张种蚕茧产量或养蚕技术水平有所提高;鲜茧出丝率明显提高;生产规模和劳动效率两项农业现代化指标也有提高,蚕茧生产技术和质量指标虽有提高,但未能有效抑制饲养总量的下降或栽桑养蚕规模的萎缩,暗示了日本栽桑养蚕业在社会和农业整体现代化进程中的相对落后而呈消落态[241]。

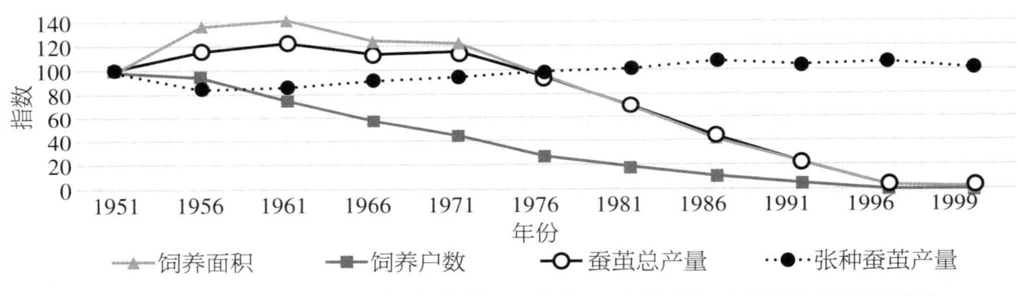

图13-4　日本家蚕饲养总量、饲养户数、蚕茧总产量和张种蚕茧产量指数的变化

1906—1924年,家蚕杂交优势的发现,生产上一代杂交蚕种的普及,人工孵化蚕种技术的广泛应用,体现了栽桑养蚕业近代化演化中科学和技术的强大作用。二战后,日本栽桑养蚕业中相关科学和技术的发展也取得了明显成效。桑园生产技术体系在持续增加栽培密度、改进树型养成、加强施肥和土壤管理,以及提高病虫害防治技术等的基础上不断完善。1959年条桑育技术体系基本形成。桑树生理学研究的发展,以保障桑叶质量为前提且适合机械化作业和家蚕饲养的桑品种育成,以及桑园管理配套技术的发展,为单位面积桑园蚕茧产量、栽桑养蚕劳动效率及蚕茧质量水平的提高做出了重要的贡献。在构建中系、日系和欧系等蚕品种育种素材的基础上,利用斑纹控制基因的遗传学发现和多元杂交组合育种技术等,在1949年育成"日122×支122"蚕品种(茧丝长1142米、茧丝量0.316克、解舒率98%和鲜茧出丝率

16.41%，1952年推广率27.8%）。在选育春用多丝量和夏秋用较强抗性蚕品种的同时，限性斑纹蚕品种（1967年）、三眠蚕品种（1974年）、人工饲料育蚕品种（1975年）及特殊用途蚕品种（1977年）等相继成为育种的重要目标。根据1988年的调查，蚕品种类别上以适合小蚕人工饲料育品种、限性品种和多元杂交品种为主；春用蚕品种中推广率居前两位的“春岭×钟月”（27.5%）和“朝·日×东·海”（20.9%）的主要技术指标分别为茧丝长1341米和1314米、茧层量0.470克和0.473克、解舒率64%和72%、鲜茧出丝率20.73%和20.39%；秋用蚕品种中推广率居前两位的“锦秋×钟月”（45.8%）和“芙·蓉×东·海”（19.3%）的主要技术指标分别为茧丝长1321米和1270米、茧层量0.502克和0.483克、解舒率75%和85%、鲜茧出丝率21.10%和20.45%；全年的茧丝长、解舒率和鲜茧出丝率平均分别为1262米、73%和19.00%。在1960年实验室发现和证实家蚕可用人工饲料完成生活史后，人工饲料小蚕共育技术（于1975年研发成功）在生产中得到推广，1998年的推广率达到64.5%；全龄工厂化养蚕在技术上可行，但在经济上不能取得明显效益，而未能得到发展。在养蚕设施设备的机械化或自动化配套和提高劳动效率等方面，日本进行了大量的尝试，并取得诸多经验和教训。基于流行病学研究的家蚕病害防控技术得到发展，病害发生率控制在2.8%（1983年）[16,241,464,472,632-641]。

日本学者对栽桑养蚕相关的科学问题进行了持续的研究。在桑树领域，桑树品种资源的收集、生理学和生态学研究、桑树品种培育和桑苗繁殖技术、桑园栽培模式和管理技术、桑树组织培养技术和桑树转基因技术等科学和技术取得了大量的新发现。在蚕品种领域，生理、细胞、生化、分子、发生、诱变和数量遗传学等新的分支领域不断出现，转基因和基因编辑等新技术在家蚕中得到应用。新的技术应用和遗传机制的发现，为家蚕新品种育成提供了可能。在家蚕化性、眠性和滞育现象发现的基础上，有关家蚕内分泌系统和激素（保幼激素和滞育激素等）的研究进展迅速，并在分子生物学层面发现大量新机制。对家蚕生长发育规律的阐明为养蚕技术的进一步合理化和蚕种繁育技术水平的提高创造了良好的条件。在家蚕核型多角体病毒后，三种引发家蚕病毒病的病毒相继被发现，家蚕微粒子病防控中蚕座内二次感染的传染规律和基于生物学实验的风险阈值被提出（1965年），多种病原微生物生物学特征、致病机制和流行规律的研究为病害防控提供了依据。家蚕杆状病毒表达系统的建立（1984年）是家蚕、家蚕病原微生物和分子生物学技术有效结合的创新案例，至今虽未取得具有较大规模的产业化应用，但为分子生物学实验研究提供了多种新的工具或手段。对桑树、家蚕、病原微生物及相关生物的研究，不仅为栽桑养蚕业技术的改良提供了科学依据，而且为相关领域（基础生物学、昆虫学和微生物学等）的发展做出了贡献[432，642-654]。日本学者在后期的研究中，逐渐偏离或淡出了基于栽桑养蚕业发展的领域，虽然仍有研究将桑树、家蚕、病原微生物及栽桑养蚕业相关产物作为生物学研究对象或其他产业原料，但在栽桑养蚕业缺乏先发优势的社会经济和大科技背景下，由内向外的拓展非常少。日本有关桑树、家蚕、病原微生物及相关生物的研究，在自然现象和相关性的发现、机制或规律的探究及新的利用可能性的开拓等方面都取得了大量的成就，在不少领域受许多后来者膜拜。特别是20世纪90年代分子生物学和生物信息学领域的快速发展，不仅丰富了栽桑养蚕相关领域研究的维度或视角，还呈现了科学研究多样化演化的历程，为人类更好地理解自然世界提供了丰富的资料，为栽桑养蚕业的永续发展提供了大量的参考。

日本随着栽桑养蚕业规模的缩小，相关法律和行业技术规范的废除不仅映射了其在社会经济地位中的消落，还反映了社会资源向该产业的输入渐少。日本高等教育等专业教育机构、国家和政府设立的研究机构、地方政府设立的技术研发和推广机构、企业研究机构，以及相关专业杂志等与科学和技术直接相关的社会结构逐渐异化或消失。日本国立蚕丝试验场在1988年改组为蚕丝昆虫农业技术研究所后，在2001年研究机构独立行政法人化改革中并入“国家农业生物资源研究所”；曾育成“春月×宝钟”（1954年）和“春岭×钟月”（1968年）等大面积农村推广用蚕品种，且拥有丰富蚕品种资源的钟渊纺织株式会社逐渐退出纺织主业；蚕丝学会（1929年成立的社团法人）在1930年创刊的《日本蚕丝学杂志》在2006年更名，日本栽桑养蚕业进入系统性消落状态[655-657]。

13.3 中国栽桑养蚕业的再崛起

新中国成立后，栽桑养蚕业的科学、技术和产业体系的近代化进程得到加快。由于国内社会政治经济的影响（“大跃进”运动、“文化大革命”和改革开放等）、自然灾害的发生，以及国际政治经济及贸易的影响（朝鲜战争、中苏关系、中日和中美建交、加入WTO等），中国栽桑养蚕业在生产规模上大致经历了恢复期（1949—1965年）、发展期（1966—1978年）、高速发展期（1979—1994年）和稳定发展或徘徊期（1995年至今）[241,658]。

在恢复期，国家在大力发展工业化的同时，高度重视栽桑养蚕业。1958年，全国人大常委会委员长和国家副主席朱德视察浙江余杭九堡蚕桑示范场和原蚕种场，同年又视察中国农业科学院蚕业研究所；1959年为浙江《蚕桑通报》《茶叶》和《园艺通报》题词“大力发展蚕桑、茶叶、水果生产，满足国内人民生活和出口需要”；1964年再次视察浙江余杭九堡公社蚕桑大队。政府通过宣传和减免税收等产业政策鼓励发展栽桑养蚕及丝织工业，1963年开始实施蚕茧奖售政策。全国栽桑养蚕地市、县（市、区）、乡（镇）、村、农户、人口和劳动力数量，分别从1950年的85个、268个、2935个、18743个、60.65万家、300.51万人和130.29万人，增加到1965年的102个（增加20.00%）、489个（增加82.46%）、3857个（增加31.41%）、23484个（增加25.29%）、156.13万家（增加157.43%）、636.76万人（增加111.89%）和288.72万人（增加121.60%）。县（市、区）、农户数、人口数和劳动力数量的较大增长，反映了农业生产和农村整体的恢复，栽桑养蚕的行政区域有所扩大。全国桑园面积、发种量和蚕茧总产量从1950年的14.91万公顷、242.90万张和3.90万吨（1949年为0.31万吨），发展到1965年的18.79万公顷（增加26.02%）、296.30万张（增加21.98%）和6.58万吨（增加68.72%）。1949—1965年，中国栽桑养蚕业虽有不同程度的波动，但总体上得到了恢复和发展（图13-1和图13-5）[565,659-660]。

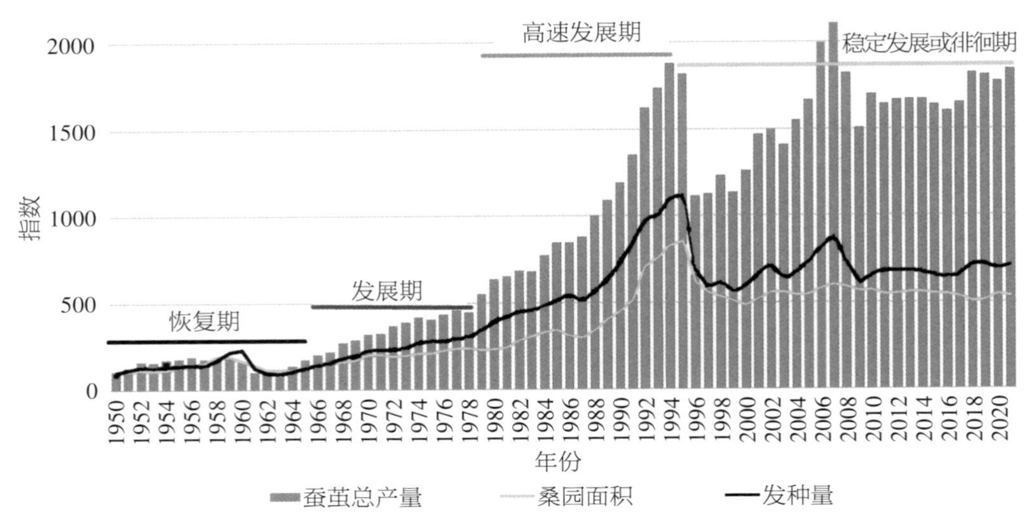

图 13-5　1950—2021 年中国蚕茧总产量、桑园面积和发种量的指数变化

注：以 1950 年数据为指数 100。

在发展期，全国栽桑养蚕地市、县（市、区）、乡（镇）、村、农户、人口和劳动力数量，分别从 1965 年的 102 个、489 个、3857 个、23484 个、156.13 万家、636.76 万人和 288.72 万人，增加到 1978 年的 123 个（增加 20.59%）、776 个（增加 58.69%）、8870 个（增加 129.97%）、50146 个（增加 113.53%）、791.85 万家（增加 407.17%）、3334.32 万人（增加 423.64%）和 1735.63 万人（增加 501.15%），栽桑养蚕规模在县（市、区）、乡（镇）和村的行政区域都有明显的扩大，整个农村的农户、人口和劳动力数量都有大幅增加，为栽桑养蚕业的发展提供了重要的社会基础。桑园面积、发种量和蚕茧总产量，从 1965 年的 18.79 万公顷、296.3 万张和 6.58 万吨，发展到 1978 年的 35.23 万公顷（增加 87.49%）、737.5 万张（增加 148.90%）和 17.22 万吨（增加 161.70%），三项指标都显示了栽桑养蚕规模的明显扩大。蚕茧产量在 1970 年达到 12.15 万吨，超过日本的 11.17 万吨，占世界的 35.40%，成为世界第一；生丝产量在 1977 年达到 1.80 万吨，超过日本的 1.61 万吨，占世界的 36.70%，成为世界第一（图 13-1 和图 13-5）[241,660]。

在高速发展期，国家经济快速发展、社会更加繁荣和人民生活水平明显提高，栽桑养蚕业得到快速发展。全国栽桑养蚕地市、县（市、区）、乡（镇）、村、农户、人口和劳动力数量，分别从 1978 年的 123 个、776 个、8870 个、50146

个、791.85万家、3334.32万人和1735.63万人，增加到1994年的173个（增加40.65%）、1004个（增加29.38%）、12990个（增加46.45%）、89286个（增加78.05%）、1374.59万家（增加73.59%）、5030万人（增加50.86%）和2514.03万人（增加44.85%），栽桑养蚕规模在县（市、区）、乡（镇）和村的行政区域的扩大较发展期有所放缓，整个农村的农户、人口和劳动力数量的增加也放缓，栽桑养蚕业发展的农村基础依然坚实。桑园面积、发种量和蚕茧总产量，从1978年的35.23万公顷、737.5万张和17.22万吨，发展到1994年的123.8万公顷（增加251.41%）、2667.3万张（增加261.67%）和73.1万吨（增加324.51%，占世界的77.55%），桑园面积和蚕茧总产量两项指标的年平均增加都明显高于发展期（图13-1和图13-5）[241，660]。

在稳定发展或徘徊期，栽桑养蚕地市、县（市、区）、乡（镇）、村、农户、人口和劳动力数量等指标呈现连续下降，分别从1994年的173个、1004个、12990个、89286个、1374.59万家、5030万人和2514.03万人，分别下降到2010年的147个（下降15.03%）、607个（下降39.54%）、6956个（下降46.45%）、48327个（下降45.87%）、500.22万家（下降63.61%）、1708.51万人（下降66.03%）和782.42万人（下降68.88%）。栽桑养蚕的地市行政区域有所减少，在县（市、区）、乡（镇）和村等行政区域明显减少，整个农村的农户、人口和劳动力数量均显著下降，传统栽桑养蚕的农村社会基础趋弱或传统模式的发展空间变窄，农业行业间的竞争加剧。桑园面积、发种量和蚕茧产量，从1994年的123.8万公顷、2667.3万张和73.1万吨，分别下降到2021年的79.68万公顷（下降35.64%）、1724.43万张（下降35.35%）和71.72万吨（下降1.89%），其中基础性的桑园面积指标下降幅度最大。蚕茧产量在1999年出现最低值44.1万吨（较1994年下降39.67%），但在2007年又曾达到历史最高的82.23万吨（较1994年增加12.49%），2008—2021年的波动幅度在22.33%之内；桑园面积在1995年达到136.91万公顷的历史最高值后，持续下降到2000年的72.14万公顷（稳定发展或徘徊期的最低值），与蚕茧总产量同步在2007年出现高峰值（89.53万公顷），2008—2021年的波动幅度在16.42%之内；发种量在1995年达到2731万张的历史最高值后，在1999年跌到1349.3万张，2007年又恢复到2154.4万张,2008—2021年的波动幅度在21.89%之内(图13-5)[241,660]。

13.4 其他国家栽桑养蚕业的演变

桑树的适应性决定了其在世界范围的广泛分布,但作为农业产业,栽桑养蚕业的生产效率、传统技术模式和民俗文化,决定了其世界分布十分有限。其中印度、巴西、苏联及乌兹别克斯坦等国家的栽桑养蚕业在不同时期占有一定的比例或对世界栽桑养蚕业具有一定影响。

13.4.1 印 度

印度栽桑养蚕具有两千多年的历史,在二战期间曾在欧美消费需求牵引和中日产品短缺的背景下有所发展,但主要的发展还是在1950年之后。印度独立(1947年)后,于1949年在纺织工业部设立中央蚕丝委员会,统筹和协调栽桑养蚕的生产、检验、蚕种、教学和科研等事务,逐渐开始建设近代栽桑养蚕技术体系。从1951年开始,编制蚕丝业五年发展计划,并加大了政府对产业的投入,栽桑养蚕取得持续发展而成为世界第二的蚕丝业国家(图13-1、图13-2和图13-6)。20世纪后期世界银行的"卡纳塔克蚕业计划"(1980—1988年)、印度政府的"国家蚕业计划"(1989—1996年),以及瑞士开发署支持的"Seri-2000"和日本国际协力机构(JICA)项目等助力了印度栽桑养蚕业的发展(图13-6)[241,661-662]。

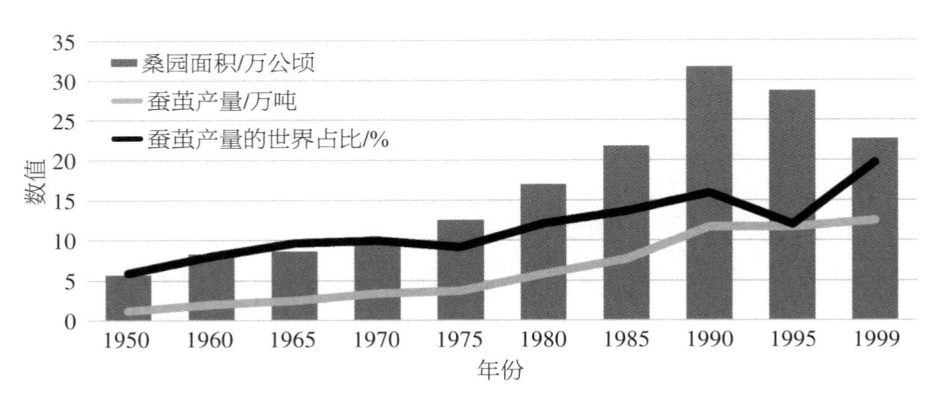

图13-6 印度近年桑园面积、蚕茧产量和蚕茧产量的世界占比

印度栽桑养蚕遍及22个邦及中央直辖地的57.6万个村庄中的4.5万个村庄（占7.8%），有15.2万人从业（1985—1986年），但主要分布在南部的卡纳塔克邦（Karnataka，迈索尔）、安得拉邦（Andhra Pradesh）和泰米尔纳德邦（Tamil Nadu）及东部的西孟加拉邦（West Bengal），蚕茧产量分别占63.26%、19.46%、4.47%和10.82%（1997年）[241]。南部蚕区地处低纬度（北纬15°左右）的热带季风气候带，东部蚕区为纬度略高（北纬26°左右）的亚热带气候带，不同蚕区的海拔高度和降雨量有明显差异，主要饲养多化性蚕品种。印度在蚕品种改良、养蚕病害防控和桑园栽培管理技术上都取得了明显发展，公顷桑园蚕茧产量和出丝率分别从1960年240公斤和6%增加到21世纪初的500~600公斤和11%；单位桑园蚕茧产量与日本高峰期持平（1981年为553公斤/公顷），与中国仍有较大差异（900公斤/公顷）；出丝率与日本（19.32%，1990年）及中国（15%）仍有较大差距[661-664]。

印度具有庞大的国内消费市场，部分高端蚕丝织产品在国际市场具有很强的竞争力。低纬度气候虽然不影响其产业规模的扩张和单位土地的产出，但不利于传统农业模式下蚕茧和蚕丝品质的提升，未来发展需要科学技术管理体系的构建和新兴科学技术的创新和助力。

13.4.2 巴 西

巴西栽桑养蚕的历史不长，蚕区主要分布在南部的巴拉那州（Paraná，亚热带气候区）和圣保罗州（São Paulo，热带气候区），蚕茧产量分别占全国的70%和25%。巴西可栽桑养蚕的土地资源相对较为丰富，桑树生长期有9~10个月，年度可饲养家蚕时间较长。在20世纪90年代，桑园面积约为6万公顷，养蚕农户1.27万户，单户桑园面积4.72公顷，缫丝厂8家。1991年饲养51万张蚕种，蚕茧和生丝产量分别为1.76万吨和2450吨，90%以上生丝用于出口[665]。

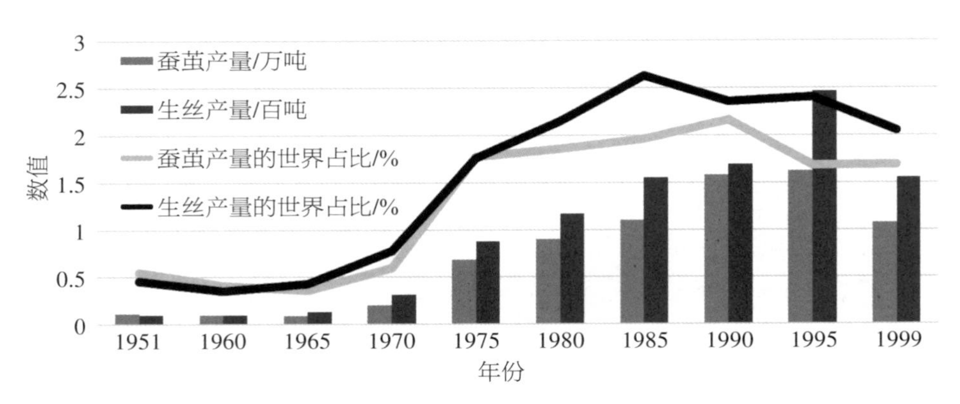

图 13-7 巴西近年蚕茧产量、生丝产量和世界占比

巴西栽桑养蚕的蚕茧和生丝产量占世界的比重不大，其主要的发展时期是 20 世纪 70—90 年代（图 13-7）。该时期，在日本为主的外部支持下取得快速发展，最大蚕区从圣保罗州转向巴拉那州。桑品种以三浦桑为主，采用扦插繁苗、低干稀植、机械化收获等桑园技术；蚕品种主要使用二化四元杂交蚕种，杂交原种直接从日本进口，小蚕共育和大蚕饲养规模较大，大蚕饲养条桑育和方格蔟上蔟；栽桑养蚕生产过程的机械化程度较高；蚕茧解舒率高于 70%，出丝率达 16%～18%。巴西在栽桑养蚕生产技术的现代化探索中取得了明显成效，形成了优质蚕茧生产的新模式而引起世界的关注，但其单位土地的蚕茧产出效率仅为 291.8 公斤/公顷（低于印度的 500～600 公斤/公顷），更没有建成自主的科教和生产技术管理系统，产业体系的脆弱性十分明显[241，665-667]。

13.4.3 苏联及乌兹别克斯坦

苏联地处欧洲东部与亚洲大陆西部，也是古丝绸之路的途经之地，栽桑养蚕主要分布在中亚及高加索地域，桑园面积曾达到 13.5 万公顷，蚕茧产量达到 5.33 万吨。苏联在科教体系、产业管理及技术研发等领域取得了大量的成就，并形成了独特的产业技术体系。二战后的相当长时期内，苏联是世界第二大经济体；在解体前，栽桑养蚕业虽处持续增长或保持相当规模的状态，但在世界蚕茧和生丝总产量中的占比则持续下降（图 13-8）[241-242]。

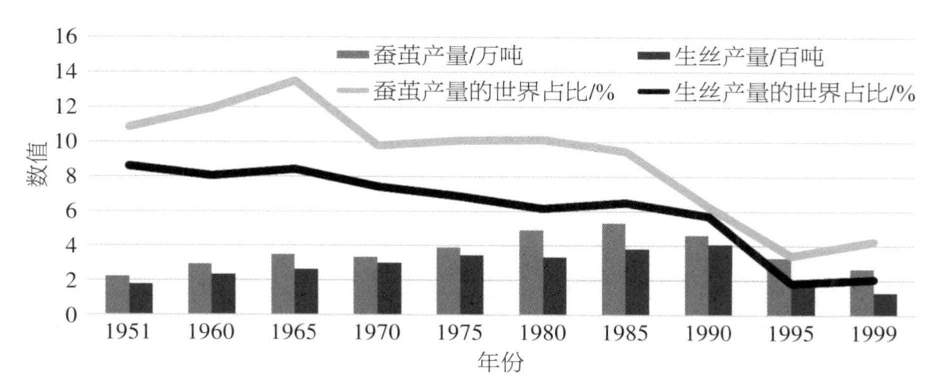

图13-8　苏联（独联体）近年蚕茧产量、生丝产量及其世界占比

注：1995年和1999年数据为乌兹别克斯坦数据。

乌兹别克斯坦地处北纬41°左右，属严重干旱（年降雨量90～910毫米）的内陆气候。在布哈拉州、纳沃伊州、苏尔汉河州、费尔干纳州、安集延州、纳曼干州和撒马尔罕州等都有栽桑养蚕的分布，蚕茧和生丝产量居世界第三位（图13-1和图13-2）。乌兹别克斯坦桑树栽培主要采用高干树型，桑园呈条带状或散栽，桑园面积4.4万公顷；在1990年和1998年，蚕茧产量分别为3.3万吨和2.0万吨，生丝产量分别为2526吨和1122吨，呈衰退状。近年在政府推动经济改革，以及中国"一带一路"倡议的影响下，乌兹别克斯坦蚕种饲养量和蚕茧产量有所增加（2015年蚕茧产量为2.6万吨，2017年全年饲养160万张蚕种）。中国的缫丝等工业企业和蚕种生产等农业企业的进入，在乌兹别克斯坦栽桑养蚕业的发展中产生了积极的影响。乌兹别克斯坦部分传统特色丝织产品在国际上具有一定影响和市场，但总体上栽桑养蚕业尚处于低水平发展阶段，主要问题表现为蚕茧和生丝质量较低，高纬度区域单位土地桑叶或蚕茧的产出率及劳动效率较低，部分蚕区与栽棉区重叠而引发的劳动力和农药冲突问题严重，专业教育、人才培养和科学研究的支持能力薄弱，产业技术管理体系的稳定性不佳等[241-242，668-670]。

除上述国家或区域外，韩国栽桑养蚕曾在二战后取得较大发展，1976年的蚕茧和生丝产量分别达到4.17万吨和5157吨，分别占世界总产量的10.28%和10.92%，但很快就衰落到蚕茧产量不足1吨。土耳其、保加利亚、波兰、罗马尼亚和意大利等欧洲国家，虽仍有栽桑养蚕，但规模十分有限。泰国、越南、印度尼西亚等东南亚国家及部分中东和非洲国家，在本国政府或外国企业的支持下在部分地区发展栽桑养蚕，但总体规模十分有限，对世界蚕茧和生丝产量并未产生影响[241-242]。

栽桑养蚕业规模及科技内涵的演变，与不同国家和地区社会经济发展的状态、自然环境资源禀赋、科学和技术的发展水平，以及文化传统等有关。自然环境资源和文化传统对栽桑养蚕业演变的影响是一类相对间接、缓效和长久的因素，社会经济、科学和技术发展则对栽桑养蚕业的演化可产生直接或巨大的影响。在新中国成立后不久，世界栽桑养蚕业就形成了中国一枝独秀的新格局。中国历史上曾有两次栽桑养蚕区域大规模转移，一次是宋元的“北桑南移”，另一次是21世纪初的“东桑西移”，两次转移的社会背景和技术内涵存在明显的不同。从历史演变中发现栽桑养蚕业在社会整体演变中发展的内在规律，思考未来发展的方向是产业永续发展的基础。从新中国成立后栽桑养蚕业的生产规模、生产技术管理体系和科教支持体系构建、近代化和现代化产业体系建设等演变过程中，深刻理解栽桑养蚕业作为农业产业之一的基本特征，其成长或现代化发展必须建立在确保食品安全、农产品产量与质量提高、促进可持续发展和保护生态环境的基础上。在科学和技术快速发展并转化为产业发展动力的今天，所有农业产业（包括农业内部的细分产业）的现代化程度不仅决定其对人类或社会的贡献，还对其在社会和经济发展中的地位及发展具有重大的影响。站在世界和社会发展的大背景下，从栽桑养蚕业历史演变的迷雾中，以更为宽广的视野和多维的方式思辨产业的未来，才能确保产业永续发展。

第14章　新中国栽桑养蚕业规模和技术的演变

新中国的栽桑养蚕业，在总体生产规模上大致经历了恢复期（1949—1965年）、发展期（1966—1978年）、高速发展期（1979—1994年）和稳定发展或徘徊期（1995年至今）的演变过程，区域间的流变也十分明显。栽桑养蚕在中国具有十分广泛的分布，但具有相当规模的蚕区相对比较集中。在“北桑南移”后的宋朝到民国期间，栽桑养蚕主要集中在长江下游的太湖流域和珠江流域。新中国成立后，以省区市行政区域为统计域的栽桑养蚕区域流变，主要是20世纪末开始的“东桑西移”，广西和云南蚕区规模的扩大。因此，以蚕区流变为视角，又可分为浙苏川粤蚕区形成期（1950—1995年）和桂川滇苏粤浙皖渝蚕区形成期（1996年以后）（图14-1）[660]，在省区市行政区域内部也存在栽桑养蚕区域流变现象。

14.1　浙苏粤川蚕区形成期

1950年中国栽桑养蚕主要分布在浙江、江苏、广东、四川、安徽和山东，浙江和江苏两省桑园面积分别占全国的55.43%和21.53%，广东和四川分别占全国的10.73%和5.18%。浙江和江苏两省蚕种发放量分别占全国的43.44%和18.67%，广东和四川分别占全国的19.66%和13.42%。浙江和江苏两省蚕茧产量分别占全国的41.89%和19.98%，广东和四川分别占全国的14.38%和13.73%[660]。

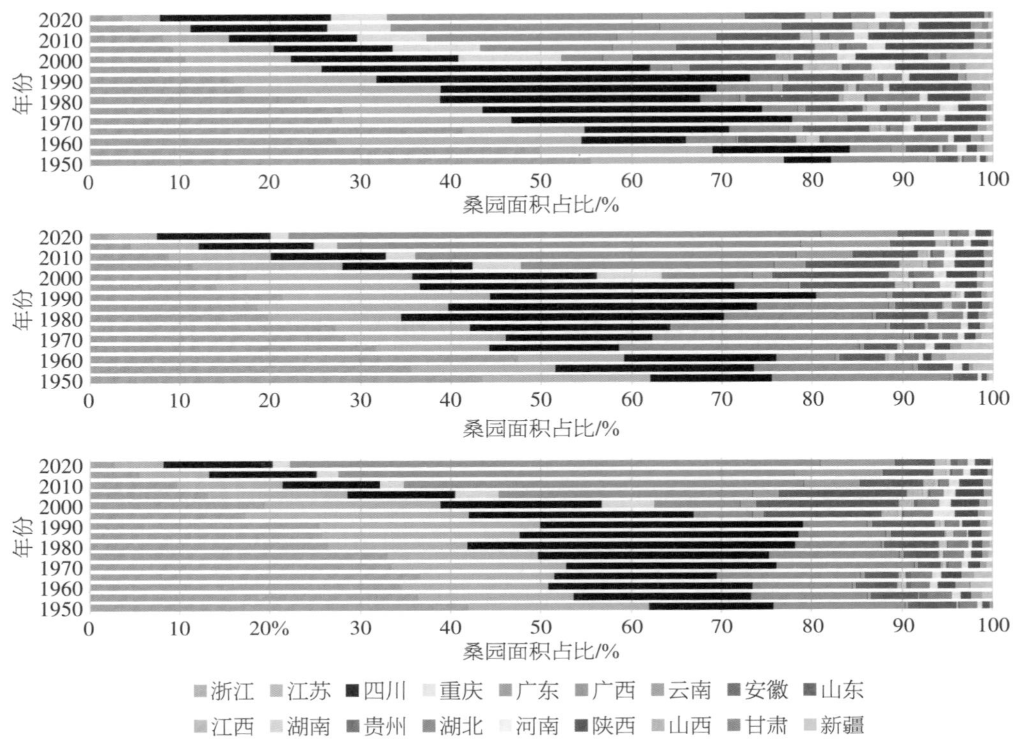

图 14-1 新中国成立后主要省区市桑园面积、发放蚕种量和蚕茧产量占比

新中国成立后的前十年，栽桑养蚕业规模在恢复中取得较快的发展。1960 年的桑园面积、蚕种发放量和蚕茧产量分别为 24.33 万公顷、553.9 万张和 6.14 万吨，较 1950 年分别增长 63.12%、128.06% 和 57.34%。主要产区分别为浙江 66733 公顷、262.80 万张和 21350 吨，江苏为 65853 公顷、65.29 万张和 9900 吨，广东为 13600 公顷、35.90 万张和 6650 吨，四川为 28000 公顷、93.12 万张和 13887 吨，安徽为 10467 公顷、13.15 万张和 1415 吨，山东为 5300 公顷、14.70 万张和 1435 吨。浙江、江苏、广东、四川、安徽和山东的桑园面积占比分别为 27.43%、27.07%、5.59%、11.51%、4.30% 和 2.18%，合计占全国的 78.08%；蚕种发放量的占比分别为 47.45%、11.79%、6.48%、16.81%、2.37% 和 2.65%，合计占全国的 87.55%；蚕茧产量的占比分别为 34.76%、16.12%、10.83%、22.61%、2.30% 和 2.34%，合计占全国的 88.96%。其中浙江桑园面积和占比虽下降 19.27% 和 28.00%，但蚕种发放量和蚕茧产量大幅增加

(149.10%和30.58%);江苏桑园面积及占比都有增加(105.07%和5.54%),蚕种发放量增加(43.97%)、占比下降(6.88%),蚕茧产量增加(26.92%)、占比下降(3.86%);广东桑园面积下降17.64%、占比下降5.14%;蚕种发放量下降33.01%、占比下降13.18%;蚕茧产量增加(18.43%)、占比下降(3.55%);四川桑园面积、蚕种发放量、蚕茧产量及其占比都呈增长,分别为262.41%和6.33%、185.64%和3.39%、159.13%和8.88%。在反映生产效能和技术水平方面,浙江、江苏、广东、四川、安徽、山东及全国平均的单位土地饲养量分别为39.38张/公顷、9.91张/公顷、36.40张/公顷、33.26张/公顷、12.56张/公顷、27.74张/公顷及22.77/公顷,单位土地蚕茧产量分别为319.93公斤/公顷、150.33公斤/公顷、488.97公斤/公顷、495.96公斤/公顷、135.19公斤/公顷、270.75公斤/公顷及252.36公斤/公顷,张种蚕茧产量分别为8.12公斤、15.16公斤、18.52公斤、14.91公斤、10.76公斤、9.76公斤及11.09公斤[660]。

浙江的蚕区主要分布在杭嘉湖平原的吴兴、德清、长兴、嘉兴、海盐、海宁、桐乡、余杭、临安,以及诸暨和嵊州。江苏的蚕区主要分布在太湖平原的吴江、吴县、昆山、无锡、江阴、武进、常熟、宜兴、溧阳、丹阳、金坛,以及张家港和太仓。广东的蚕区主要分布在珠江三角洲的顺德、南海和中山等地。四川的蚕区主要分布在绵阳、南充、内江、乐山、达县,以及现为重庆市的万县、涪陵、忠县、合江和綦江等地。浙江和江苏蚕区相邻,地理和气候条件类似,同属中纬度(北纬31°上下)的北亚热带季风气候,气温、土壤、光照和降雨量等自然条件非常适合传统模式的栽桑养蚕。广东蚕区地处北回归线以南(北纬23°上下),属南亚热带海洋季风气候,光照和雨量充沛,土壤和灌溉条件优良,适合桑树的快速生长。四川蚕区地处四川盆地及周边(成都平原、川中丘陵和川东平行岭谷等),分布相对分散,跨度在北纬26°03′～34°19′,属亚热带季风性湿润气候,地形特征导致其气温高于相同纬度的区域且无霜期更长,太阳辐射全国最低,降雨充沛、湿度大,山地栽桑或利用零星土地栽桑(四边桑:田边、地边、沟边、路边)十分普遍[565]。不同的自然环境(地理、气候及土壤条件),决定了三个蚕区传统模式下栽桑养蚕方式间存在明显的不同。

中国栽桑养蚕业在经历恢复期和发展期后,进入高速发展期。1994年,全国蚕茧产量达到730985吨(历史新高),桑园面积和蚕种发放量分别达到123.802万公顷和2667.27万张。蚕茧产量居全国前六位的是江苏、四川、浙江、山东、安徽和广东,蚕茧产量分别为188800吨、187955吨、133803吨、41596吨、41400吨和28000吨,分别占全国的25.83%、25.71%、18.30%、5.69%、5.66%和3.83%,合计占全国的85.02%;桑园面积分别为247007公顷、452867公顷、101333公顷、63067公顷、80000公顷和21333公顷,分别占全国的19.95%、36.58%、8.19%、5.09%、6.46%和1.72%,合计占全国的77.99%;蚕种发放量分别为609.86万张、916.67万张、389.70万张、128.70万张、131.00万张和115.00万张,分别占全国的22.86%、34.37%、14.61%、4.83%、4.91%和4.31%,合计占全国的85.89%。在栽桑养蚕规模普遍性增长的同时,主产区的行政区域没有变化,各省区的次序和占比发生了较大的变化。在反映生产效能和技术水平方面,江苏、四川、浙江、山东、安徽、广东及全国平均的单位土地饲养量分别为24.69张/公顷、20.24张/公顷、38.46张/公顷、20.41张/公顷、16.38张/公顷、53.91张/公顷及21.54张/公顷;单位土地蚕茧产量分别为764.35公斤/公顷、415.03公斤/公顷、1320.43公斤/公顷、659.55公斤/公顷、517.50公斤/公顷、1312.52公斤/公顷及590.45公斤/公顷;张种蚕茧产量分别为30.96公斤、20.50公斤、34.33公斤、32.32公斤、31.60公斤、24.35公斤及27.41公斤(图14-2)[241,660]。四川、浙江、山东及全国平均的单位土地饲养量下降,其中四川较为明显;单位土地的蚕茧产量仅四川略有下降;单位蚕种的蚕茧产量都有明显增加,全国平均提高122.81%。全国单位土地饲养量接近日本最高水平,单位土地蚕茧产量和单位蚕种蚕茧产量低于日本,但部分蚕区的部分指标(广东、浙江和江苏的单位土地饲养量,浙江、广东和江苏的单位土地蚕茧产量)超过日本的最高水平。

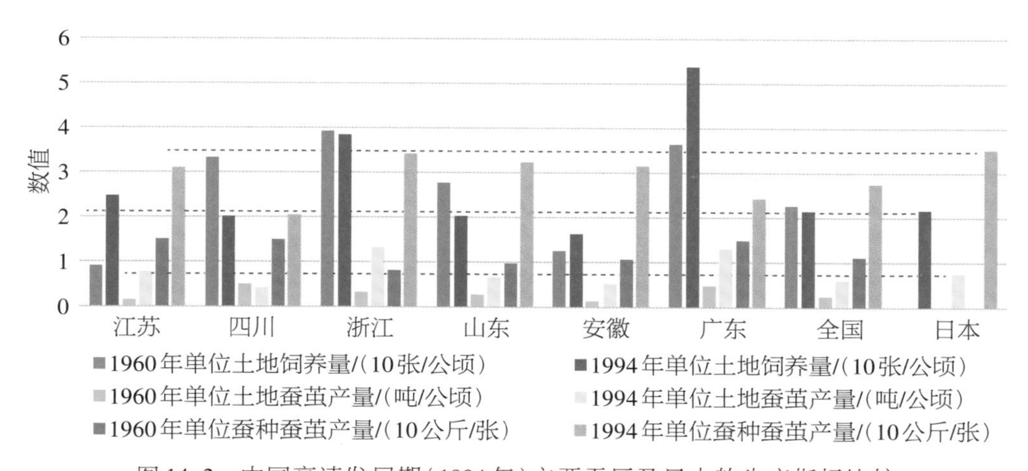

图14-2　中国高速发展期(1994年)主要蚕区及日本的生产指标比较

注:日本数据是1957年单位土地饲养量(10张/公顷),1968年单位土地蚕茧产量(吨/公顷)和1992年单位蚕种蚕茧产量(10公斤/张)。

从1960年到1994年,部分省区内发生了不同程度的栽桑养蚕区域分布变化。从20世纪80年代开始,江苏蚕区逐渐淡出太湖流域,南通、盐城和徐州等长江以北区域得到大规模发展,2000年长江以北区域蚕茧产量占全省的85.23%。四川蚕区在东侧自北向南开展了广泛的基地县建设,1982年500吨以上产茧县有51个,其中产茧2500吨以上有12个县;1990年500吨以上产茧县增加为64个,最多的武胜县为1300吨。浙江蚕区在20世纪80年代曾向西部的衢州和丽水发展,但并未成功;蚕区依然以杭嘉湖平原的传统产区为主,其中杭州北侧的余杭逐渐淡出,杭州西部的淳安县成为重点蚕区。广东蚕区在20世纪80年代珠江三角洲产区快速消减,产区向粤西、粤北、西江和粤东转移。此外,1995年广西桑园面积、蚕种发放量、蚕茧产量及其占比分别为1320.04公顷(1.10%)、72万张(2.64%)和21200吨(2.99%),云南分别为23333公顷(1.84%)、33.61万张(1.23%)和7828吨(1.11%),显现了规模扩张的趋势[565,660]。

14.2 桂川滇苏粤浙皖渝蚕区形成期

浙苏粤川蚕区形成期的后期，也是全国栽桑养蚕生产规模高速发展期结束之际。从新中国成立到此时，浙苏粤川蚕区虽然保持了相当的规模，但已呈现下降的趋势，其中四川相对稳定。2020 年全国桑园面积、蚕种发放量和蚕茧产量分别为 81.53 万公顷、1678.40 万张和 68.96 万吨。广西、四川、云南、江苏、广东、浙江、安徽和重庆成为主要产区，形成桂川滇苏粤浙皖渝蚕区。与浙苏粤川蚕区相比，桂川滇苏粤浙皖渝桑园面积的全国占比少 2.24%，但蚕种发放量和蚕茧产量占比明显提高，分别增加 15.63% 和 6.56%（表 14-1）。桂川滇苏粤浙皖渝蚕区形成中，广西和云南两个蚕区生产规模的发展最为明显。与 1995 年相比，2020 年广西的桑园面积、蚕种发放量和蚕茧产量分别增加 1320.04%、1174.38% 和 1675.94%，云南分别增加 292.58%、316.54% 和 615.38%[565,660]。

表 14-1　2020 年主要产区的生产规模和全国占比

省份	桑园面积/公顷	蚕种发放量/万张	蚕茧产量/吨
广西	198806(24.38%)	917.55(54.67%)	376500(54.60%)
四川	153333(18.81%)	210.00(12.51%)	83000(12.04%)
云南	91600(11.24%)	140.00(8.34%)	56000(8.12%)
江苏	34667(4.25%)	89.95(5.36%)	38300(5.55%)
广东	31200(3.83%)	69.92(4.17%)	27800(4.03%)
浙江	29440(3.61%)	36.61(2.18%)	18700(2.71%)
安徽	28713(3.52%)	36.31(2.16%)	18200(2.64%)
重庆	49807(6.11%)	33.31(1.98%)	13000(1.89%)
小计	438646(75.75%)	1564.34(91.37%)	631500(91.58%)

注：括号中为该省份的全国占比数据。

广西地处北纬 20°54′～26°23′，北回归线横贯其中部，属亚热带季风气候和热带季风气候区，气候温暖，雨水丰沛，光照充足，年平均气温 17.5～23.5℃，年降水量 1080～2760 毫米，中山、低山、丘陵和石山占全区土地的

70.8%，土壤条件虽然一般，但光热水的有利条件为该区域桑树的生长提供了十分有利的环境。在此期间，广西区内的重点蚕区逐渐北移。

云南地处北纬21°8′~29°15′，北回归线横贯南部，为亚热带高原季风区，立体气候特点显著，气候类型众多、年温差小、日温差大、干湿季节分明、气温随地势高低垂直变化异常明显，山地面积占全省土地的88.64%。

2010年，蚕茧产量1000吨以上县区（称为千吨县区）分布如下：广西有28个，宜州（3.48万吨）、横县（2.05万吨）、象州（1.83万吨）、宾阳（1.63万吨）、忻城（1.46万吨）和环江（1.13万吨）位居前六位，前七位都在万吨以上，较1990年的前四位（平南、合浦、浦北和横县，仅有500吨），在总体规模和集中度上都有显著增长；四川有18个，宁南（0.90万吨）、高县（0.56万吨）、乐至（0.46万吨）、珙县（0.46万吨）、会东（0.43万吨）和南部（0.39万吨）位居前六位，除宁南和高县外规模小于1990年的中江（0.65万吨）、三台（0.60万吨）和武胜（0.51万吨）；云南有9个，陆良（0.82万吨）、祥云（0.34万吨）、巧家（0.26万吨）、沾益（0.20万吨）、景东（0.20万吨）和鹤庆（0.18万吨），较1990年仅陆良0.12万吨，规模产区有明显的发展；江苏有9个，东台（1.90万吨）、海安（1.85万吨）、如皋（1.09万吨）、射阳（0.61万吨）、如东（0.34万吨）和睢宁（0.31万吨）位居前六位，与1990年的前三位海安（1.15万吨）、吴江（0.90万吨）和丹阳（0.88万吨）相比规模有所发展，产区转移也由此可见；广东有12个，化州（0.88万吨）、英德（0.81万吨）、郁南（0.51万吨）、阳春（0.35万吨）、罗定（0.35万吨）和遂溪（0.25万吨）位居前六位，主产区在区域上与1990年类似但规模有所发展，但与1980年居前三位的顺德（0.79万吨）、南海（0.39万吨）和中山（0.27万吨）的区域不同；浙江有15个，桐乡（1.29万吨）、海宁（0.81万吨）、淳安（0.62万吨）、南浔（0.60万吨）、桐庐（0.36万吨）和德清（0.33万吨）位居前六位，与1990年的主产区——湖州市区（包括现在南浔和吴兴两个市辖区，2.54万吨）、桐乡（2.21万吨）、海宁（1.40万吨）、德清（1.02万吨）、嘉兴城区（现为秀洲区和南湖区，0.67万吨）和海盐（0.40万吨）相比区域变化不大，但生产规模明显下降；安徽有9个，岳西（0.35万吨）、歙县（0.31万吨）、潜山（0.29万吨）、泾县（0.20万吨）、肥西（0.19万吨）和黟县（0.18万吨）位居前六位，与1990年的金寨（0.41万吨）、歙县（0.26万吨）和绩溪（0.19万吨）等相比，产区变化不大，但规模有所增加；重庆有6个，涪陵（0.31万吨）、黔江（0.23万吨）、云阳（0.16万吨）、丰都（0.12万吨）、铜梁（0.12万吨）和合川（0.10万吨）位居前六位，黔江和云阳为新发展规模产区，其他变化不大[565，660]。

从主要产区的区域和蚕茧产量规模变化，可以粗略了解中国栽桑养蚕业从高速发展期转变为稳定发展或徘徊期，产区从浙苏粤川蚕区演变为桂川滇苏粤浙皖渝蚕区的过程中，各省区市内部千吨以上主产区有较大的变化。1970年全国有24个千吨县区，16个分布在浙江和江苏。1980年全国有63个千吨县区，四川27个，浙江10个，江苏9个，重庆7个，广东6个，湖北、山西、安徽和山东各1个。1990年全国因蚕茧产量大幅增加而有111个千吨县区，四川32个，江苏28个，浙江19个，广东11个，重庆9个，安徽5个，湖北3个，山东2个，山西和云南各1个。2000年全国千吨县区有107个，江苏23个，四川19个，浙江18个，重庆12个，安徽9个，广西6个，陕西5个，湖北和山东各4个，广东和云南各2个，山西、江西和河南各1个。2010年全国千吨县区有130个，广西28个，四川18个，浙江15个，广东12个，江苏、安徽、云南和陕西各9个，重庆和山东各6个，江西和湖北各3个，山西2个，河南1个。在桂川滇苏粤浙皖渝蚕区，从1990年到2010年千吨县区也发生了明显的变化，广西从0发展到28个千吨县区；四川和江苏蚕区千吨县区数量明显下降，但主产县区的规模有较大发展；云南从1个增加到9个；广东增加1个，千吨县区的规模也有所增加；浙江虽然下降不多（4个），但千吨县区的规模下降；安徽增加4个，千吨县区的规模变化不大；重庆较2000年的12个下降了6个，千吨县区的规模变化不大（图14-3）[565，660]。

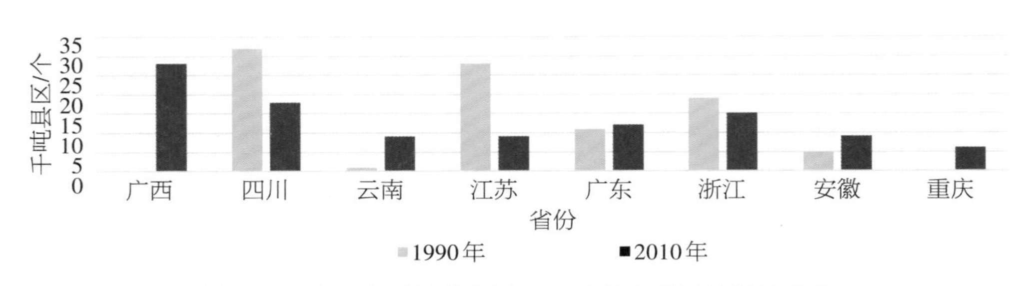

图14-3　主要产区蚕茧产量1000吨以上县区的数量变化

桂川滇苏粤浙皖渝蚕区单位土地饲养量、单位土地蚕茧产量和单位蚕种蚕茧产量的比较如图14-4所示[565,660]。全国平均单位土地饲养量较1994年更少，单位土地蚕茧产量和单位蚕种蚕茧产量较1994年明显增加，单位土地的产出和养蚕技术水平明显提高。

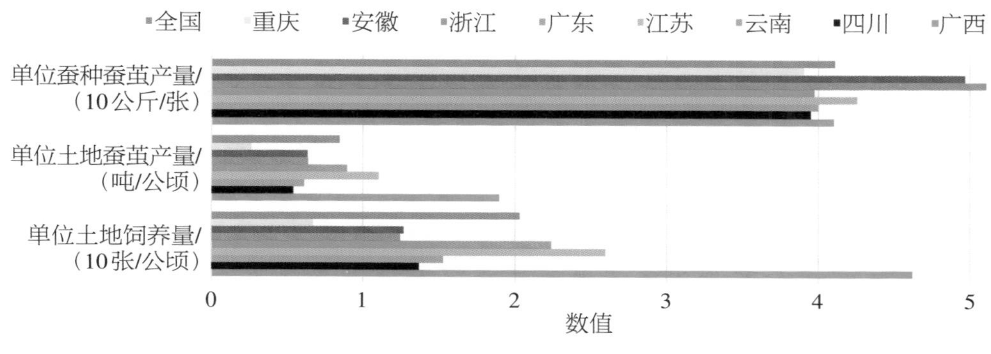

图14-4 桂川滇苏粤浙皖渝蚕区的生产指标（2020年）

主要蚕区单位土地饲养量反映了栽桑土地的利用率，与桑园栽培模式和技术水平及养蚕生产方式有关。全国平均单位土地饲养量从1960年的22.77张/公顷下降到2020年的20.34张/公顷，低于日本最高年份的21.70张/公顷。在高速发展期（1994年），主要产区浙江和江苏蚕区分别为38.46张/公顷和24.69张/公顷，杂交桑养蚕为主的广东为53.91张/公顷。在稳定发展或徘徊期（2020年），广西蚕区呈现了较高的利用率，达到46.20张/公顷，江苏和广东蚕区分别为25.95张/公顷和22.41张/公顷，其余都处于较低水平。

主要蚕区单位土地蚕茧产量直接反映了该区域栽桑养蚕的土地利用效率。在高速发展期，全国单位土地蚕茧产量平均值仍低于日本的747.9公斤/公顷，但主产区的浙江（1320.43公斤/公顷）、广东（1312.52公斤/公顷）和江苏（764.35公斤/公顷）已超越日本，三省占全国桑园面积的29.86%。2020年，全国单位土地蚕茧产量平均值超过日本，主产区的广西（1894公斤/公顷）、江苏（1105公斤/公顷）和广东（891公斤/公顷）超过日本，三省占全国桑园面积的32.46%。

主要蚕区单位蚕种蚕茧产量反映了养蚕的技术水平。高速发展期（1994年），主要蚕区单位蚕种蚕茧产量［浙江（34.33公斤/张）、山东（32.32公斤/

张)、安徽(31.60公斤/张)和江苏(30.96公斤/张)及全国平均值(27.41公斤/张)]虽然较1960年(全国平均值为11.09公斤/张)有很大的提高,但与日本的最高值(35.20公斤/张)仍有差距。2020年,单位蚕种蚕茧产量全国平均值达到41.09公斤/张,主要产区的8个省市区都超过日本,前三位的浙江、安徽和江苏分别达到51.08公斤/张、49.71公斤/张和42.58公斤/张。

上述三项生产指标虽然与生产技术水平直接有关,但也有诸多生产技术以外的因素影响,如桑园利用中非养蚕用途桑园的出现,单位蚕种蚕茧产量中蚕种的计量或张种蚕卵数量,以及其他非生产性社会因素。

14.3 主要的技术演变

新中国成立后栽桑养蚕经历恢复期、发展期、高速发展期和稳定发展或徘徊期,主要产区从浙苏粤川蚕区流变为桂川滇苏粤浙皖渝蚕区,在规模发展和蚕区变迁的同时,生产方式和技术也发生了明显的变化[671]。

14.3.1 桑园相关技术的演化

桑园相关技术主要涉及栽培密度、桑品种和桑苗繁育、桑园肥水管理和病虫害治理等方面。

在栽培密度方面,在新中国成立后逐渐向密植方向发展,密植程度的发展与桑园立地基础条件和肥水管理密切相关,密植的附生结果是树型的矮化。新中国成立初期,浙江、江苏及四川的桑园栽培密度为250~300株/亩,树型以乔木(1963年江苏有2000万株以上)和高干为主,桑叶质量尚可,但桑叶产量较低、采叶劳动效率低。浙江较早开始了密植和矮化的尝试,1956年德清县幸福农业社的430亩桑园亩栽600~650株,亩产春叶772.7公斤,全年亩桑产茧80公斤。20世纪50年代后期,根据农村经验,开始尝试和推广低干密植(1290~10000株/亩),1965年浙江省桑园栽培密度达到400~500株/亩。1964年江苏淮阴"一步成园"。1972年浙江海宁云龙大队亩栽709株,亩产春叶1027公斤,全年亩桑产茧154.1公斤。20世纪80年代,以亩栽700~

1000株中低干桑为主，因地制宜栽培低干桑（1000～2000株/亩）或无干速成桑（6000～7000条/亩，平均条长1米），配合肥水管理的基本栽培模式形成。江苏丹阳在1976年新栽8600亩密植（1000～1500株/亩）桑园和将2.23万亩老桑园加密到1000株/亩的试验取得成功后，开始大规模推广密植桑园。四川在20世纪80年代开始发展密植的“小桑园”。浙江在1993年实现了15.3万亩平均亩产蚕茧170.75公斤的记录。广东以栽培杂交桑为主，根据土地类型栽培密度在5000～10000株/亩，有效枝条在12000～20000条。桂川滇苏粤浙皖渝蚕区形成期，广西和云南两个主要发展蚕区根据所在区域土壤、气候和养蚕方式，形成了以密植和高产为基本特征的桑树栽培模式及肥水和病虫害控制技术[565,658,672-681]。桑树栽培的密植化是桑园速成和桑叶产量提高十分有效的技术途径，密植使桑树树型的矮化或低干化，提高了采叶的劳动效率，为多批次养蚕模式的发展和亩桑蚕茧产量的提高奠定了重要的基础。桑树修剪伐收等树型养成、肥水管理及病虫害治理等技术也随之得到发展，形成了科学高产桑园群体结构的栽培模式。同时，给桑树品种的选育提供了目标，也促进了桑苗产业的发展。

在桑品种和桑苗繁育方面，新中国成立初期就开始了桑树品种资源的调查和收集工作（资源保存和新品种选育的基础），持续在各蚕区开展，浙江蚕区在1953—1956年收集了207份，广东蚕区在1956—1957年收集了30多份，四川蚕区在1979—1984年收集了496份，全国共收集保存了3000余份。1975年，浙江蚕区通过对收集品种的系统整理、鉴定和区域试验，认定“荷叶白”“团头荷叶白”“桐乡青”和“湖桑197”为四大良种而大力推广。这些桑品种在长江中、下游和黄河流域蚕区被广泛栽培。1989—2001年国家蚕桑品种审定委员会审定通过27个品种，认定3个品种，其中包括引进的“新一之濑”，但不包括传统的四大良种。各省区市根据自身发展需要审定或认定了大量的桑品种。杂交育种、多倍体育种和辐射育种等方法成为新品种育成的主要方法。近年也出现果桑品种、饲料桑品种和药用桑品种等多元用途的桑品种选育，以及满足桑园机械化作业需求的桑品种选育等。桑品种的选育与栽培模式体系的演化及桑苗繁育技术在互动中发展。桑苗繁育主要在栽桑养蚕规模扩大的牵引下发展。浙江是全国最大的桑苗生产基地。新中国成立初，浙江的年产桑苗量仅为1000～2000株，随着桑苗繁育技术的发展（春播发展为春夏两季播种，点播和条播发展为散播，嫁接方法发展出广接、火培接、倒袋接、冬接、室内袋接及一苗多用等），桑苗繁育和出苗的效率大大提高，年桑苗生产量从1956年的1亿株增加到1970年2亿株，2007年嘉兴市（桐乡和海宁）有10亿株以上的桑苗繁育量。全国各蚕区在区域内栽桑养蚕快速发展时期，零星建设了一些桑苗繁育基地，但规模相对浙江桐乡和海宁要小。桑苗繁育产业也成为栽桑养蚕业商品化和市场化程度较高的领域[17,565,682-685]。

肥水管理和病虫害治理与栽桑养蚕区域的地理、气候、土壤、农作结构及耕作制度等有较大的关系，各蚕区根据区域内主要栽培桑树品种的特性建立对应的技术方法。

14.3.2 蚕品种和繁育技术的演化

20世纪20年代，中国已开始从日本引进改良和杂交蚕种技术，但实际普及程度十分低下。新中国成立初，在浙江和江苏等主要蚕区，农村养蚕依然以土种为主，改良蚕种和一代杂交蚕种的普及率较低。1950年，全国张种蚕茧产量仅为16.07公斤（浙江15.50公斤/张、江苏17.20公斤/张、广东11.76公斤/张和四川16.44公斤/张），出丝率约11%[561,602,610,623-624,660]。各地蚕种生产单位在改造和建设的同时，逐渐开始蚕品种的选育：20世纪50年代，通过对生产上使用的蚕品种进行整理，主要选出了“华8×瀛翰”“华9×瀛翰”“华10×瀛文”“南农7号”“306×华10”“华10×川1”和“镇3×镇4”；60年代，在整理筛选的同时开展系统育种，充分利用传统蚕品种资源和引进资源，育成了“苏17×苏16”“华合×东肥”“川蚕1号”“川蚕2号”和“东34×苏12”；70年代，民国遗留杂交组合逐渐淡出生产，在国内外资源收集的基础上自主育成品种逐渐增多，如“华合×东肥·671”“苏3×苏4”“苏3·秋3×苏4”“苏5×苏6”“东34×603”“浙农1号×苏12”“春3×春4”“杭7×杭8”“川蚕3号”“东34×603·苏12”“新9×8301”“新9×683”和“7401×育26”；80年代后，大量新蚕品种被育成，通过国家蚕品种审定和认定的杂交组合有46对和5对（1980—2002年），通过省级审定或其他组织机构认可而在生产上推广的杂交组合有188对，通过国家或省级或其他组织机构认可的杂交组合共计204对（2010年）。全国张种蚕茧平均产量从1960年的11.09公斤增加到1994年（高速发展期或浙苏川粤蚕区形成期）的27.41公斤，2000年、2010年和2020年分别为34.38公斤、41.04公斤和41.09公斤，考虑2000年以后蚕种卵量增加的因素，由此推测张种蚕茧产量接近并超越日本曾经的最高水平（1992年，35.2公斤/张）。育成蚕品种的数量与蚕茧产量同步增长，在促进张种蚕茧产量的提高中发挥了重要作用（图14-5）[565，624，686-688]。

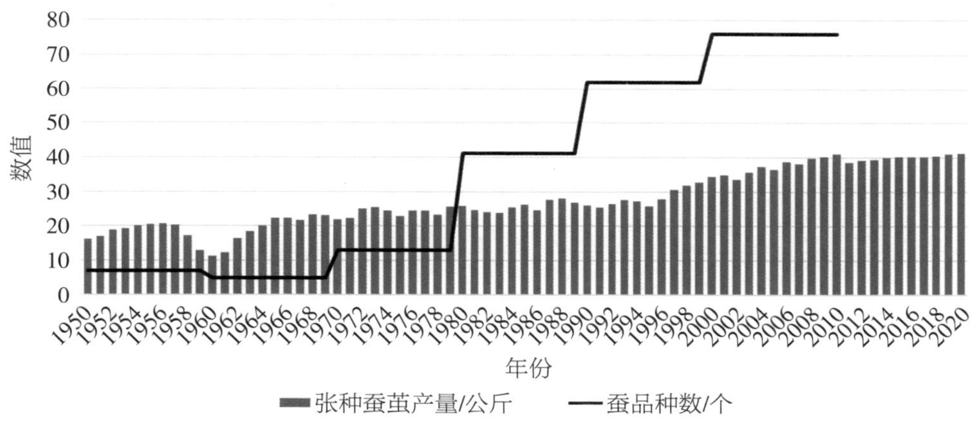

图14-5　历年张种蚕茧产量与蚕品种数量

在新中国成立后育成的204对一代杂交蚕种中，有9对累计推广量超过1000万张，其中“两广2号”有13194.4万张、“菁松×皓月”有8177.84万张、“781A·B×782·734”有4365.48万张、“苏5×苏6”有4289.67万张、“秋丰×白玉”有2115.62万张、“苏3·秋3×苏4·苏12”有1918.47万张、“洞庭×碧波”有1392.9万张、“浙农一号×苏12”有1226.21万张、“306×华10”有1014.62万张，合计37695.21万张。9对蚕品种的推广量占全国历年蚕种发放总量（1960—2020年）的48.79%，充分显示了育成蚕品种在养蚕技术水平提高和产业规模发展中的基础性支持作用[660，687-691]。在育成蚕品种（1980—2000年国家审定合格蚕品种）的主要经济性状技术指标方面，与日本1965—1968年指定的17对蚕品种（包括部分品种的正反交杂交组合）相比，除全茧量、出丝率、茧丝长和解舒率指标的最高值低于日本蚕品种的最高值外，其余5项指标的最高值都超过了日本蚕品种水平，可以认为当时中国的蚕品种选育已与世界最高水平相当（表14-2）[687,691]。

表14-2　蚕品种主要经济性状技术指标比较

指标	日本指定蚕品种	中国审定合格春用蚕品种	中国审定合格秋用蚕品种
万头收茧量/公斤	14.30～22.10	19.55～22.84	14.10～18.70
虫蛹率/%	91.60～96.80	94.16～97.63	81.89～97.12
全茧量/克	1.66～2.34	1.98～2.22	1.45～1.96
茧层率/%	20.90～24.80	24.52～26.81	20.74～23.63
出丝率/%	17.81～21.09	18.14～20.47	14.48～17.38
茧丝长/米	1097～1457	1337～1427	960～1239
解舒率/%	69.00～88.40	64.52～83.89	62.14～79.83
解舒丝长/米	817～1087	908～1154	673～920
净度/分	93.30～95.90	93.72～95.94	91.22～97.06

注：日本指定蚕品种为1965—1968年指定的17对杂交组合（包括部分品种的正反交），解舒丝长为8对组合的数据，虫蛹率为11对组合的数据；中国审定春用蚕品种为1980—2000年审定合格的17对杂交组合；中国审定秋用蚕品种为1980—2000年审定合格的27对杂交组合。

新中国成立初期，大力发展栽桑养蚕业，蚕种繁育得到高度重视。1950年全国有208家蚕种场，政府逐渐将官僚和私人资本的蚕种场改造为国营或集体所有的蚕种场，将生产、管理和销售纳入政府监制范围，蚕种生产能力和蚕种质量水平得到快速提高。1951年浙江第一家原蚕饲育蚕种场的成立，为满足栽桑养蚕快速扩张对蚕种的需求提供了良好的生产模式。1959年浙江有36家国营蚕种场。江苏将相对分散的103家蚕种场改造后，在1956年成立25家公私合营蚕种场。广东从92家改造成31家（1956年），四川从6家增加到7家（1951年），安徽从2家增加到4家（1954年）。在蚕种繁育制度上，在1955年实施四级繁育制度后，1959年全国蚕种繁育确定为三级繁育四级制种。原原种、原种和一代杂交蚕种生产分别采用单蛾育、1克蚁量育和4～5克蚁量育[565,658,660,692]。

蚕种繁育技术是栽桑养蚕业发展中作业技术种类最为繁多的部分，且对产业发展能力和技术水平的影响最为直接，浸酸技术为全年多批次养蚕的蚕种供应提供了保障，蚕种浴消在蚕种质量提高中具有明显成效。浙江和江苏在1956年全面实施一代杂交蚕种的散卵种生产方式，四川在1987年普及散卵蚕种，广东和广西蚕区保持平附种生产方式。在家蚕饲养环节的大致流程上，蚕种生产的原蚕饲养与农村养蚕（丝茧育）类似，但其以蚕种生产数量和质量为最终目标的特征，决定了饲养过程在桑园栽培与管理（栽培不同桑品种、摘芯、肥水管理和防虫害等）、家蚕饲养（分区饲养、催青日差和分区上蔟等）和家蚕微粒子病防控等方面有不同或更高的要求。在原蚕饲养获得种茧后的制种过程中，雌雄鉴别、交配制种、蚕种保护（洗落、夏布和蚕连纸等）、蚕种冷藏（多段复式冷藏）、浸酸处理、蚕种浴消、包装和运输等技术环节，对蚕种产量和质量都有明显影响。各蚕区因地制宜对蚕种各个生产环节开展了广泛的试验，在不断改进和提高各项技术水平的同时，为蚕种生产的标准化提供了良好的基础。在蚕种生产技术水平提高的过程中，社会经济和工业发展成果为蚕种生产的设施设备条件改善和各类技术的发展提供了条件[692-698]。

20世纪80年代，蚕种生产逐渐实行标准化生产和管理。从桑园到养蚕，从制种到蚕种质量检验，从部分蚕区到全国性的技术要求或标准相继出台。大部分的蚕种繁育技术参照日本的技术，但因时因地地进行改良和推广，在生产中发挥了重要的作用。如卵量的标准化，原原种为14蛾框制，原种为28蛾框制，一代杂交蚕种散卵张种卵量从20世纪60年代的春用24000粒和秋用23400粒统一为25000粒（1993年浙江，1997年农业部），在有效平衡蚕种饲养量与桑叶产量关系、提高单位土地效能及行政管理上发挥了积极作用。蚕种场数量在经过社会主义改造后为75家（1957年），之后逐渐增加，其中四川和广西增加的较多；1995年全国发展到337家，其后逐渐减少；2010年为173家，其中浙江、江苏和四川减少较多。蚕种场数量和分布的变化与蚕区的转移和蚕种产业技术管理体制有直接关系[696-706]。

家蚕微粒子病防控技术是蚕种繁育中的核心技术。围绕家蚕整个饲养过程中所涉及的各个环节（桑园虫害管理、桑叶质量、原种、器具和环境等），各蚕区或生产单位因地制宜，发展了多样化综合防治技术体系（包括家蚕微粒子虫和病害发生情况的监控、清洁和消毒技术等）。利用光学显微镜检测母蛾，淘汰有病母蛾所产蚕卵的技术在20世纪20年代已引入中国，但普及率和技术到位率十分低。新中国成立后，通过机构建设和蚕种场改造，加强技术的普及，蚕种主产区浙江和江苏很快改变了之前微粒子病泛滥的局面而步入正常生产。微粒子病检验技术（通过光学显微镜检测母蛾，阻止因蚕种携带家蚕微粒子病个体过多而饲养失败）的要点包括抽样和风险阈值（淘汰标准）。日本在20世纪40年代之前采用百分比抽样（1%）和1%的病蛾淘汰标准，但在蚕种生产量扩大后，母蛾检验量激增，检测的效率问题凸显。1953年，根据大岛格有关家蚕微粒子病流行病学调查和病蛾在样本中的几何分布特征研究，日本将一次抽样改为二次抽样，病蛾淘汰标准调整为0.5%，并在生产上得到较好的验证。1965年，石原廉等通过严重感染家蚕微粒子病蚁蚕与健康个体的混育试验，发现有病个体混入健康群体的风险阈值为0.5%，与大岛格的流行病学研究结果吻合，同时提出家蚕微粒子病的蚕座内传播规律。1968年，日本普及集团母蛾检验技术，制定了母蛾抽样方案、0.5%的允许病蛾率和1.5%误判风险率（风险阈值或淘汰标准）[431,484,488,491-495]。

20世纪50年代，我国不同蚕区母蛾显微镜检测的淘汰率标准并不一致，华东地区曾采用5%、0.4%和0.2%，四川曾采用5%、2%和0.5%，但采用这些淘汰标准的技术来源或具体试验性支撑依据文献未能检索到。20世纪70年代末，我国从日本引进集团母蛾检验设备，制定了类似的母蛾抽样方案和检测方法。在20世纪80年代，在母蛾检验技术相关的部分设备实现了国产化及技术熟化后，主要蚕区制定了技术标准。1997年，农业部颁布行业标准，在规定母蛾抽样方案、0.5%的允许病蛾率和1.5%误判风险率的同时，提出“0.15%的允许病卵率”的成品卵检测判断标准或风险阈值[496,699,707-708]。家蚕微粒子病母蛾检验技术在总体上属于技术模仿，在保障农村养蚕使用蚕种的安全性上取得了显著成效。由于对中国蚕区家蚕流行病学和生物学蚕座内传播规律的研究不够充分，或对已有研究结果的忽视，该技术标准不利于蚕种场或行业的效率提高和技术创新及行业整体的可持续发展。从模仿到理解技术主体的引进，再根据中国养蚕和制种方式、中国蚕区家蚕微粒子病流行规律和家蚕微粒子病蚕座内传播规律，创新发展出超越已有技术水准的家蚕微粒子病检验技术，是产业技术研发和可持续发展的重要内容[619,710]。

14.3.3 养蚕和防病技术的演化

养蚕技术的演进主要包括年度养蚕布局、养蚕设施设备条件的改善、基于家蚕生理学的饲养技术改良及生产组织形式的不断优化等方面。

在年度养蚕布局方面，快速摒弃了历史传统养蚕中全年只养春蚕、偶养夏秋蚕的布局，1950年夏秋蚕发种量占全年发种量的比例已达36.52%，1959年骤升到58.63%后下降到1961年的36.33%，1966年恢复到51.12%，1982年到1994年保持在59.81%～63.89%的水平，其后维持在51.47%～61.16%之间（图14-6）[660]。

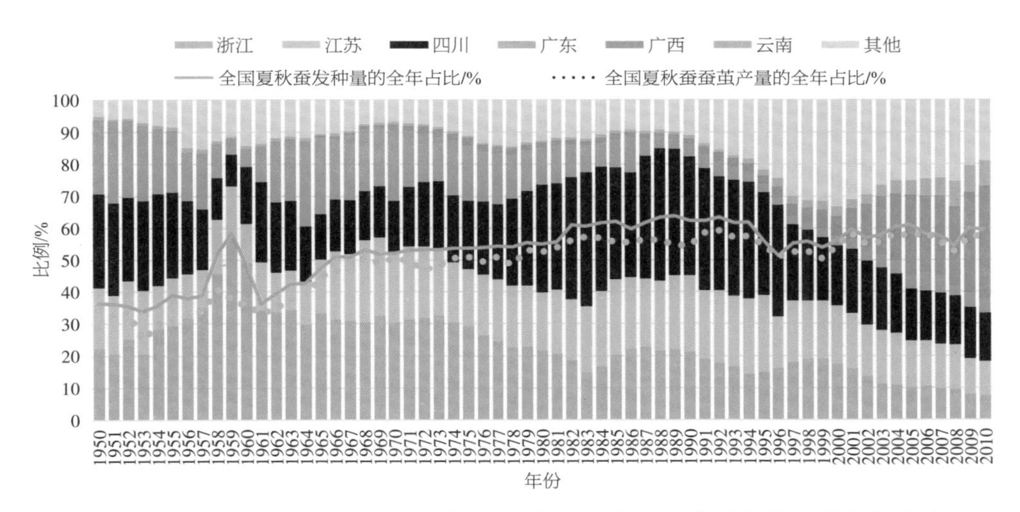

图14-6 主要产区夏秋蚕发种量的全国占比和全国夏秋蚕发种量的全年占比

在各省区夏秋蚕发种量占全国夏秋蚕发种量的比例中，在浙苏粤川蚕区形成期，四川占比最多为29.33%，其次为广东、浙江和江苏。四川蚕区夏秋蚕发种量的全国占比在20世纪50年代持续下降，在1959年仅占9.93%，其后又持续增加，在1983年达到最高的42.02%后再逐渐减少，但1995年仍占

32.18%；广东蚕区在20世纪初虽然占20%以上，1959年和1960年骤降为4.89%和5.78%，1961—1982年在10.02%至26.69%间波动，其后偶有达到10%，1995年仅为2.55%；浙江蚕区从1950年的22.55%快速增加到1959年的57.13%（历史最高），其后逐渐下降到1995年的15.19%，变化的波动较小；江苏蚕区变化相对较小，1959—1995年在11.80%到25.78%间波动，1983—1995年都占20%以上。在桂川滇苏粤浙皖渝蚕区形成期（1996—2010年），广西和云南两个蚕区夏秋蚕发种量的全国占比持续增长，广西的占比从3.21%快速增加到35.25%，云南从2.76%增加到7.82%；浙苏粤川蚕区形成期占比较高的四川、江苏和浙江都呈下降趋势，分别从35.01%、15.95%、16.50%下降为15.11%、10.59%、7.8%，3个蚕区合计在全国夏秋蚕发种量中的占比仅为33.50%而不及广西的35.25%；广东蚕区的占比则在2.43%和5.88%间波动（图14-6）[660]。

各省区夏秋蚕蚕茧产量占全国夏秋蚕蚕茧产量的比例与发种量呈相似变化趋势，总体上低于发种量占比，这种差距在20世纪50年代最为明显。1959年全国夏秋蚕发种量的全年占比虽然骤增到58.63%，但夏秋蚕蚕茧产量占全年蚕茧产量的比例仅为37.68%，两者相差20.95%，这显示了新中国成立初期浙苏川粤蚕区的夏秋季养蚕技术与春季尚有很大的差距，夏秋蚕养蚕技术尚未成熟；第二个出现落差较大的年度是1989年，全国夏秋蚕发种量的全年占比达历史最高的63.89%，夏秋蚕蚕茧产量的全年占比为54.82%，两者相差9.07%，这反映了高速发展期（1979—1994年）产业量的发展大于质的发展，或技术与规模不适应问题的出现。全国夏秋蚕蚕茧产量的全年占比在1968年超过50%，1979年后都在50%以上，1992年达到历史最高的59.39%，与夏秋蚕发种量的全年占比仅差4.08%（图14-7）[660]。

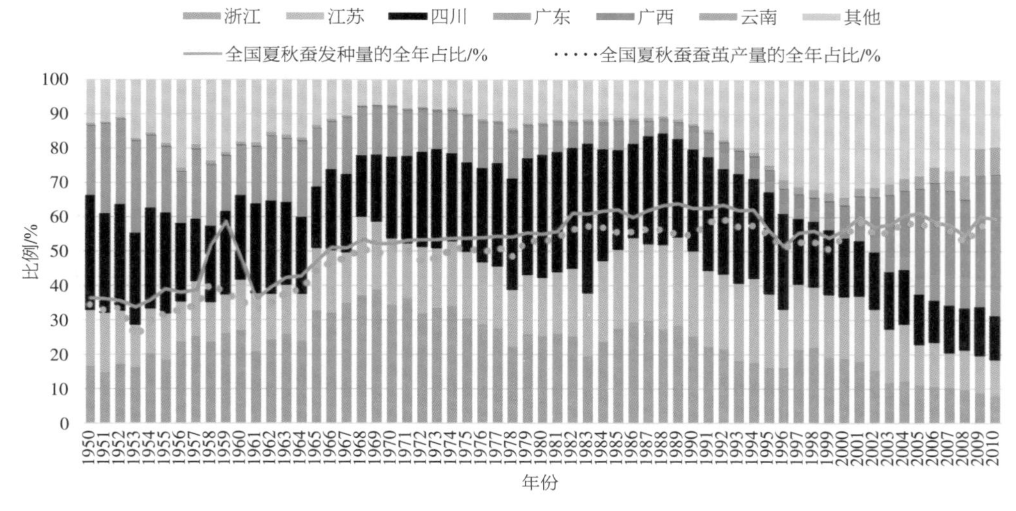

图14-7　主要产区夏秋蚕蚕茧产量的全国占比和全国夏秋蚕蚕茧产量的全年占比

全国夏秋蚕蚕茧产量的全年占比与发种量全年占比的差距缩小，显示了夏秋蚕饲养的技术困难逐渐得到解决，夏秋蚕饲养技术水平的提高。张种蚕茧产量反映了养蚕生产技术水平的基本状况。20世纪60年代与50年代、80年代和70年代、90年代和80年代间未见张种蚕茧产量的显著性增加，90年代和70年代间未见张种蚕茧产量的极显著差异（p=0.0198＜0.05）外，70年代较60年代及其他跨10年的张种蚕茧产量均极显著增加（p＜0.01）（表14-3），显示了夏秋蚕饲养技术水平的不断提高。因此，夏秋蚕发种量的全年占比的上升，是全年蚕茧产量提高的重要基础。夏秋蚕饲养对蚕品种和桑园栽培模式提出的新要求，促进了蚕品种和桑园栽培模式的改良、创新。夏秋蚕饲养技术与蚕品种及桑园栽培等技术协同发展，成为产业发展内涵提升的重要内容。

在夏秋蚕期张种蚕茧产量得到提高的同时，春蚕期张种蚕茧产量也持续增加，在增长幅度上虽然不及夏秋蚕，但也表明了养蚕技术水平的提高。张种蚕茧产量，在20世纪50年代和60年代间未见显著性变化（p=0.9999＞0.05）；在70年代极显著高于50年代和60年代（p=0.0009＜0.01）；在80年代极显著高于50年代和60年代，但与70年代的差异不显著（p=0.1581＞0.05）；在90年代极显著高于70年代之前，但与80年代的差异不显著（p=0.8356＞0.05）；21

世纪10年代的张种蚕茧产量极显著高于之前所有时期(表14-4)。21世纪后,春蚕期和夏秋蚕期的张种蚕茧产量都极显著高于其他时期(表14-3和表14-4)的现象除与养蚕技术水平提高相关外,还与产业技术管理指标或技术管理系统本身的缺陷有关(后述)。

表14-3 全国不同年代夏秋蚕期张种蚕茧产量的显著性分析

年代	平均产量/公斤	2000—2009年	1990—1999年	1980—1989年	1970—1979年	1960—1969年	1950—1959年
2000—2009年	35.700		<0.0001	<0.0001	<0.0001	<0.0001	<0.0001
1990—1999年	26.561	<0.0001		0.2537	0.0198	<0.0001	<0.0001
1980—1989年	23.761	<0.0001	<0.2537		0.8775	<0.0001	<0.0001
1970—1979年	22.357	<0.0001	0.0198	0.8775		0.0030	<0.0001
1960—1969年	17.341	<0.0001	<0.0001	<0.0001	0.0030		0.6430
1950—1959年	15.388	<0.0001	<0.0001	<0.0001	<0.0001	0.6430	

注:原始数据来自参考文献[660]。使用GraphPad Prism(9.0版)进行单因素方差分析(One-Way ANOVA)。

表14-4 全国不同年代春蚕期张种蚕茧产量的显著性分析

年代	平均产量/公斤	2000—2009年	1990—1999年	1980—1989年	1970—1979年	1960—1969年	1950—1959年
2000—2009年	38.558		<0.0001	<0.0001	<0.0001	<0.0001	<0.0001
1990—1999年	30.820	<0.0001		0.8356	0.0075	<0.0001	<0.0001
1980—1989年	29.268	<0.0001	0.8356		0.1581	<0.0001	<0.0001
1970—1979年	26.097	<0.0001	0.0075	0.1581		0.0009	0.0009
1960—1969年	20.500	<0.0001	<0.0001	<0.0001	0.0009		>0.9999
1950—1959年	20.503	<0.0001	<0.0001	<0.0001	0.0009	>0.9999	

注:原始数据来自参考文献[660]。使用GraphPad Prism(9.0版)进行单因素方差分析(One-Way ANOVA)。

年度养蚕布局的流变是养蚕规模发展的基础,夏秋蚕饲养技术的发展则为养蚕规模的发展提供了保障。饲养技术的发展是整个饲养过程中各个技术环节的改良或创新,主要包括催青、收蚁、饲养、温湿度控制和防病[21,565,658,711-739],以及设施设备和用具的改良或创新。养蚕技术改良或创新的主要目标可分为两个阶段，即浙苏粤川蚕区形成期（高速发展期之前）和桂川滇苏粤浙皖渝蚕区形成期（高速发展期之后的稳定发展或徘徊期）。在浙苏粤川蚕区形成期，养蚕技术的发展以提高质量和产量为基础，以持续提高劳动工效为主要目标，如引诱法收蚁、防干纸（或塑料薄膜）育及方格蔟等技术的发展。在桂川滇苏粤浙皖渝蚕区形成期，养蚕技术发展中提高劳动工效的技术发展要求更加迫切，部分蚕区与蚕茧质量、张种蚕茧产量和单位土地产出等相关的养蚕技术停滞，甚至倒退。这种现象是传统养蚕技术达到较高水准和社会经济发展中劳动力成本提高后，科技创新不足以支持质量和效率同步提升的结果。

在全国不同年代张种蚕茧产量的变化上，夏秋蚕期、春蚕期和全年的平均张种蚕茧产量在20世纪70年代和90年代（发展期和高速发展期）都快速增加，$p<0.01$（表14-3、表14-4和表14-5）。2000—2009年的平均张种蚕茧产量（夏秋蚕期、春蚕期和全年）显著高于1990—2000年或之前，但2010—2019年的全年平均张种蚕茧产量与2000—2009年并未有显著性差异（$p=0.0933$，表14-5），这种现象的出现与21世纪后张种蚕茧产量变化中掺入了非饲养技术性变量有关（后述）。

在饲养技术中，养蚕防病技术无疑是十分重要的保障性技术。20世纪70年代前，夏秋蚕饲养规模扩大中的基础问题也是养蚕病害防控技术水平的问题[21,740-743]。养蚕病害防控技术的主要发展是在不断加深对病原微生物及病害流行规律认识的基础上，改善和丰富了石灰粉、漂白粉和福尔马林的用途和用法[744-757]。针对真菌病研发的蚕体蚕座消毒剂——赛力散有效控制了病害的流行，“敌蚕病”和“毒消散”的研发明显降低了消毒药剂对操作人员的危害性，植物源消毒剂的使用则实现了使用者人身和养蚕生产的双安全。复合增效型蚕室蚕具消毒剂“消特灵”不仅在技术上实现了复合增效，还良好地平衡了消毒效果（广谱性和短时间）和低腐蚀性能。蝇蛆病防治药物“灭蚕蝇”（基于柞蚕生产重大问题，由多部门联合研发），在家蚕饲养中的推广应用，比原来使用清水或漂白粉溶液淘洗大蚕的防治方法的防控效率明显提高，是利用化学药物选择性毒性研发养蚕药物的上佳案例。此外，人用或畜用抗生素在家蚕细菌病防控上的使用，以及家蚕微粒子病检验技术的引进等，对养蚕传染性病害的防控做出了重要的贡献[758-765]。20世纪80年代出现的氟化物污染及其后日益频发的农药中毒问题，逐渐成为养蚕安全的风险因子。有关多种农药和化学污染物对家蚕的毒性及环境残留毒性等的研究丰富了对其危害的认知，在养蚕技术上也提出了不少的防范措施[766-773]，但此类问题的根本性解决路径在于整个社会或农业产业布局的改善。各蚕区因地制宜地开展了广泛的技术改良或创新[432,774-777]，建立了以控制养蚕环境污染为重要基础，做好养蚕消毒工作为技术关键，精心饲养、增强体质为有效保障原则的“预防为主、综合防治”的养蚕病害防控技术。

表14-5　全国不同年代全年张种蚕茧产量的显著性比较

年代	平均产量/公斤	2010—2019年	2000—2009年	1990—1999年	1980—1989年	1970—1979年	1960—1969年	1950—1959年
2010—2019年	39.976		0.0933	<0.0001	<0.0001	<0.0001	<0.0001	<0.0001
2000—2009年	36.881	0.0933		<0.0001	<0.0001	<0.0001	<0.0001	<0.0001
1990—1999年	28.265	<0.0001	<0.0001		0.3325	0.0063	<0.0001	<0.0001
1980—1989年	25.872	<0.0001	<0.0001	0.3325		0.6741	<0.0001	<0.0001
1970—1979年	24.083	<0.0001	<0.0001	0.0063	0.6741		0.0005	<0.0001
1960—1969年	19.065	<0.0001	<0.0001	<0.0001	<0.0001	0.0005		>0.9999
1950—1959年	18.265	<0.0001	<0.0001	<0.0001	<0.0001	<0.0001	0.9908	

注：原始数据来自参考文献[660]。使用GraphPad Prism（9.0版）进行单因素方差分析（One-Way ANOVA）。

14.4　两种养蚕生产模式的技术发展比较

新中国成立后，栽桑养蚕业生产规模在时间上经历了恢复期、发展期、高速发展期和稳定发展或徘徊期，区域上呈现了浙苏粤川和桂川滇苏粤浙皖渝两大蚕区。在两大蚕区（主要蚕茧生产区域）的基本技术模式和发展方式存在明显不同。在浙苏粤川蚕区形成期（高速发展期之前），浙江和江苏蚕区的生产规模(桑园面积、蚕种发种量和蚕茧产量)占全国一半及以上(图14-1),蚕区以栽培嫁接桑为主,多数一年饲养家蚕4次左右。在桂川滇苏粤浙皖渝蚕区形成期,广西蚕区的蚕种发种量和蚕茧产量占全国一半以上(表14-1),桑树栽培以栽培杂交桑为主,一年饲养家蚕8~14次。在时间和空间维度的流变中,形成了以江浙蚕区为代表的全年间隙式养蚕生产模式和以两广蚕区为代表的全年两段式连续养蚕生产模式。国家和区域社会、经济发展状况,以及养蚕生产技术自身的发展程度对两种模式生产蚕茧产量的全国占比具有重要影响。根据全国主要蚕区(浙江、江苏、四川、广东、广西和云南)在时间维度上张种蚕茧产量的变化,以及不同蚕区间张种蚕茧产量的比较,可以发现在不同发展时期和蚕区演变中两种模式综合性养蚕技术水平的变化及内在本质。

在不同蚕区,20世纪不同年代全年、春蚕期和夏秋蚕期的平均张种蚕茧产量显示了不同的演化形态。浙江蚕区在20世纪70年代全年平均张种蚕茧产量极显著增加,其后持续增加;江苏蚕区在70年代、80年代和90年代都极显著增加;四川蚕区在60年代极显著增加,在90年代则较60年代、70年代和80年代下降;广东蚕区在90年代有极显著增加;广西蚕区从80年代开始持续极显著增加;云南蚕区在60年代极显著增加,其后持续增加(表14-6),不同蚕区全年平均张种蚕茧产量的变化直接体现了综合生产技术水平的提高。除技术因素外,全年平均张种蚕茧产量的提高与行政区域内蚕区的流变、栽桑土地资源的改变和产业技术管理体系等有关。例如,江苏蚕区20世纪80年代从太湖流域向南通、盐城和徐州等长江以北区域转移,广东蚕区从珠江流域向粤西、粤北、西江和粤东转移,同一蚕区从山坡地栽桑向平地转移,以及技术管理上统制强度下降等。

表14-6 主要蚕区不同年代的全年平均张种蚕茧产量 单位:公斤

蚕区	1950—1959年	1960—1969年	1970—1979年	1980—1989年	1990—1999年	2000—2009年
浙江	17.788a	20.675ab	29.566ABc	34.675ABcd	34.207ABcde	41.827ABCDE
江苏	20.007a	21.857ab	24.659Abc	27.744ABcd	31.200ABCde	36.753ABCDE
四川	17.954a	23.454Ab	28.553Ac	23.743Abd	22.174abcde	30.179ABcDE

续表

蚕区	1950—1959年	1960—1969年	1970—1979年	1980—1989年	1990—1999年	2000—2009年
广东	16.448a	14.151ab	14.930abc	16.419abcd	27.027aBe	42.677ABCDE
广西		13.656b	10.442bc	16.729bCd	28.254BCDe	35.439BCDE
云南	12.867a	18.111Ab	20.944Abc	22.912ABcd	24.864ABde	32.156ABCDE

注：相同小写字母间无显著性差异($p \geq 0.05$)，相同字母大小写间有极显著差异($p \leq 0.01$)，在无相同字母大小写区别情况下的不同小写字母间差异显著($0.01 \leq p \leq 0.05$)。

浙江蚕区春蚕期平均张种蚕茧产量在20世纪70年代明显增加，夏秋蚕期平均张种蚕茧产量在70年代和80年代都持续增加；60年代不同年度间平均张种蚕茧产量呈现波动状，暗示了技术和技术管理体系演变的双重影响；90年代的平均张种蚕茧产量呈持平状，则是设施设备和器具等养蚕技术条件的改善、劳动力趋紧后的省力化或粗放化、区域工业化对养蚕生态环境的不利影响，以及生产技术管理体系与社会经济发展相协调等因素综合交互作用下的结果。江苏蚕区的春蚕期和夏秋蚕期平均张种蚕茧产量与浙江蚕区呈现类似的变化，但20世纪60年代的波动较小，90年代后平均张种蚕茧产量也持续增加；浙江蚕区遭遇的问题在江苏也有不同程度的反映。四川蚕区在20世纪60和70年代与江浙蚕区相似，80和90年代平均张种蚕茧产量则呈现持平或下降的状态，除遭遇江浙蚕区相同问题外，规模的扩大也是重要的影响因素；四川是唯一在两个蚕区形成期桑园面积、蚕种发放量和蚕茧产量都保持较大规模的蚕区(图14-1)。广东蚕区在20世纪90年代之前平均张种蚕茧产量都处于较低的水平，90年代出现极显著增加，在21世纪的增加更为突兀。广西蚕区从20世纪80年代开始春蚕期和夏秋蚕期平均张种蚕茧产量都呈现极显著的增加。云南蚕区在20世纪60年代出现较大的波动，从70年代开始春蚕期和夏秋蚕期平均张种蚕茧产量都呈现持续的增加(图14-8和图14-9)。

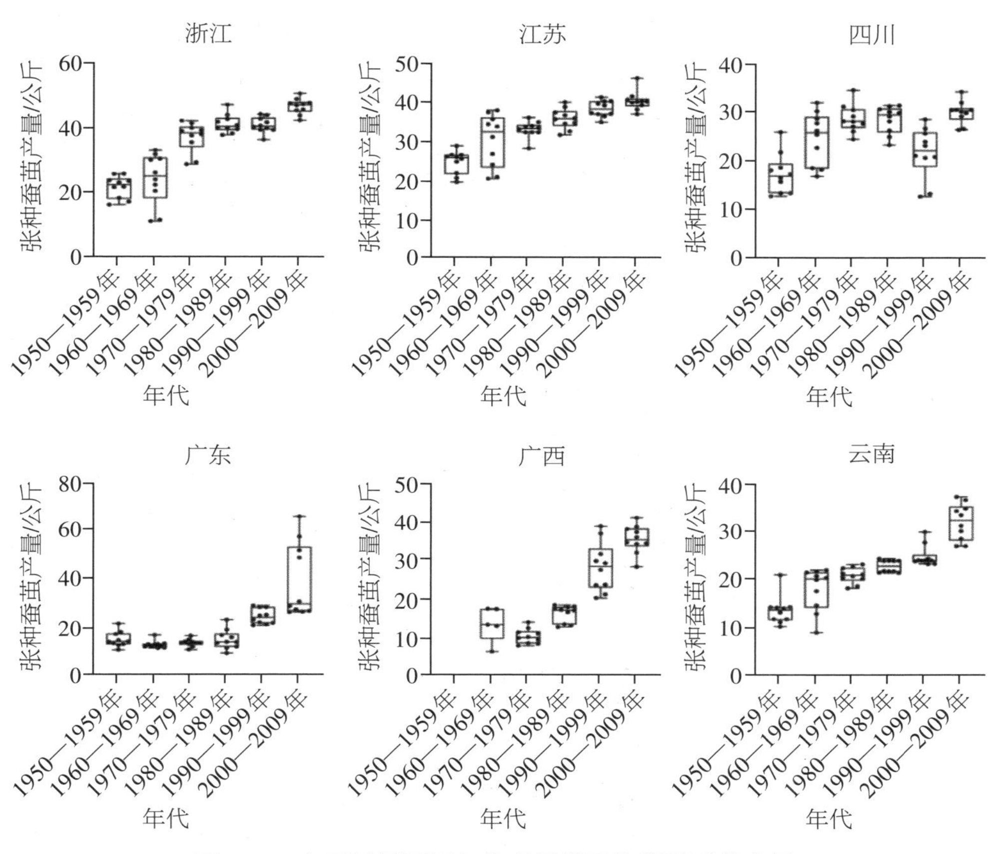

图 14-8　主要蚕区不同年代春蚕期平均张种蚕茧产量

平均张种蚕茧产量反映的综合性养蚕技术水平中也包括病害防控的技术水平。日本养蚕流行病学学者渡部仁认为在蚕品种水平基本相同的条件下，蚕茧产量下降的 80% 决定于病害防控技术水平，即蚕茧产量的差异中 80% 为病害发生所致。以此为依据分析时间和空间（蚕区）维度的平均张种蚕茧产量，可以发现我国养蚕病害发生的控制水平与日本尚有较大的差距。日本在 70 年代已将养蚕病害发生率控制在 3% 左右。我国长期缺乏系统规范的调查，以平均张种蚕茧产量差异的 80% 为病害所致来推算，则养蚕病害发生率明显高于日本。假设浙江为无病害蚕区，将其蚕茧产量作为参照进行全国比较，以高速发展期全国蚕茧产量最高的 1994 年为中心，1990 年、1994 年、1998 年浙江和全国平均张种蚕茧产量分别为 31.71 公斤和 26.16 公斤、

34.33 公斤和 27.41 公斤、38.06 公斤和 31.91 公斤，全国这三年的养蚕病害发生率分别为 14.00%、16.13% 和 12.93%；假设 1998 年为无病害年度，则较 1990 年、1994 年浙江和全国的养蚕病害发生率分别减少 13.35% 和 7.84%、14.42% 和 11.28%。中国蚕区分布较日本更为广泛，蚕区间桑叶质量和气候条件等差异非常明显；日本以全年间隙式养蚕生产模式为主，区域间生产基本条件较为接近[21，464，641，778]。渡部仁的学术观点虽然不完全符合中国蚕区的情况，但不能否认我国养蚕病害防控技术尚有很大提升空间。

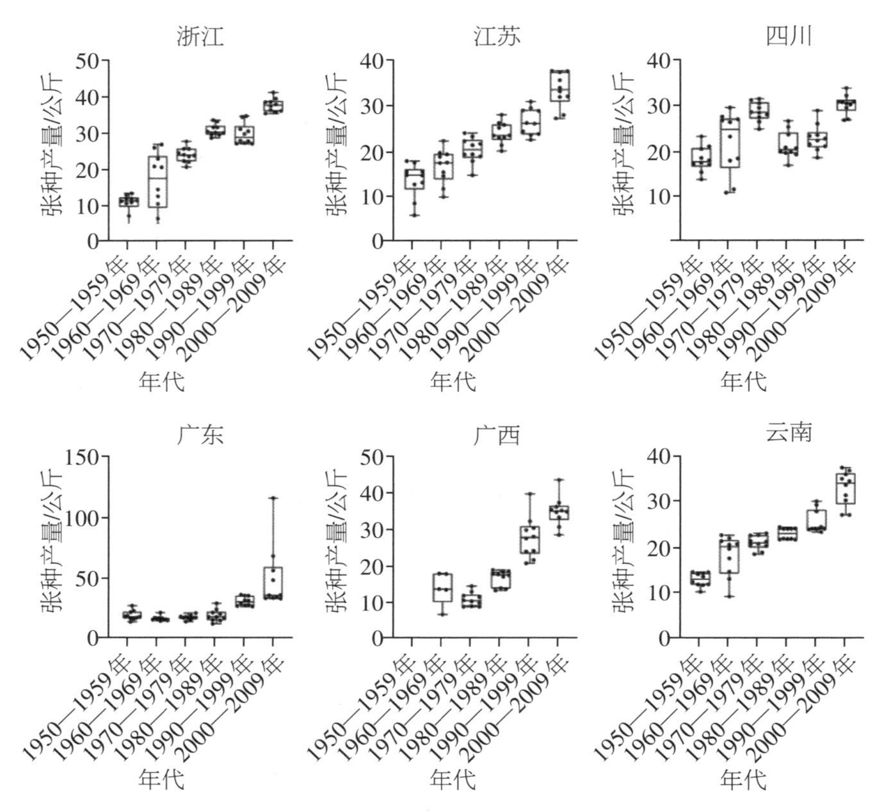

图 14-9　主要蚕区不同年代夏秋蚕期平均张种蚕茧产量

在分别代表两种养蚕生产模式的江浙蚕区和两广蚕区的比较中，两种模式在时间维度上都取得了明显的发展，但 2010—2019 年的平均张种蚕茧产量并未显著增加（表 14-5）。此外，进入 21 世纪后，已经明显出现张种卵量异常增加的现象。广东蚕区 2008 年全年和夏秋蚕期平均张种蚕茧产量分别为

75.81 公斤和 115.18 公斤（图 14-7 和图 14-9），这两者的异常，不外乎张种卵量异常或生产数据统计相关工作的差错所致。不论是卵量异常增加，还是统计差错，都暗示了生产技术管理体系与现实生产间矛盾的激化，张种蚕茧产量或用蚕卵数量为蚕种计量的管理标准正在被淘汰。

第15章　新中国栽桑养蚕业生产技术管理体系的演变

产业生产技术管理体系主要包括产业技术的管理机构、政策措施和技术主体等。产业生产技术管理体系的形成和演变与产业在社会经济发展中结构和功能的演变密切相关，对产业技术的创新和发展有重要影响。产业生产技术管理体系与国家社会经济发展趋势的吻合度及自身的现代化程度，决定了其在产业发展中呈现积极还是消极的影响。因此，建立基于国家社会经济发展规律和产业现代化要求的生产技术管理体系是产业可持续发展的必然要求。对新中国成立后栽桑养蚕业生产技术管理体系演变的认识与思考，可以为产业发展的未来提供有益的思考。

栽桑养蚕业产业规模的演变、产地的流变及养蚕模式的分化都与生产技术管理体系的演变密切相关。根据生产技术管理体系的演变，新中国栽桑养蚕业的发展可分为统制时期和多元化时期。该分期与栽桑养蚕业所在（行政）区域的社会经济发展状态及产业地位密切相关，在时间维度上不同蚕区的多元化进程不同，在特定蚕区和时期呈现统制或多元化的程度不同。

15.1　栽桑养蚕业社会经济地位的演变

在国家社会经济发展中，栽桑养蚕业在不同历史时期具有不同的功能和地位。栽桑养蚕业作为农业产业之一，增加农民收入或解决农民就业、维持生态环境、保障人民生活基本供应是其最为基本的特征。

新中国蚕茧和蚕种总产值在高速发展期（1994 年蚕茧总产值为 119.49 亿元）及之前，呈现持续的增加，其后出现较大的波动（图 15-1）；全国栽桑养蚕从业人口也呈现类似趋势，数量在 300.5 万人（1950 年）到 5030.0 万人（1994 年）之间[660]。栽桑养蚕业在增加农民收入或解决农民就业方面发挥了重要的作用，特别是在西部区域和脱贫攻坚战中发挥了十分积极而有效的作用。桑树具有强大的环境适应性而分布广泛，在栽桑养蚕业悠久的发展历史中，形成了各种类型的桑树或桑园生态分布，长江三角洲和珠江三角洲出现的“桑基鱼塘”农业生产模式成为生态循环农业的典范。2018 年“浙江湖州桑基鱼塘生态系统”被联合国粮食及农业组织授予全球重要农业文化遗产证书。蚕桑生态系统每年在提供原材料、涵养水源、土壤保护、吸收固定二氧化碳和释放氧气及废物处理等方面具有重要的生态功能[779-781]。

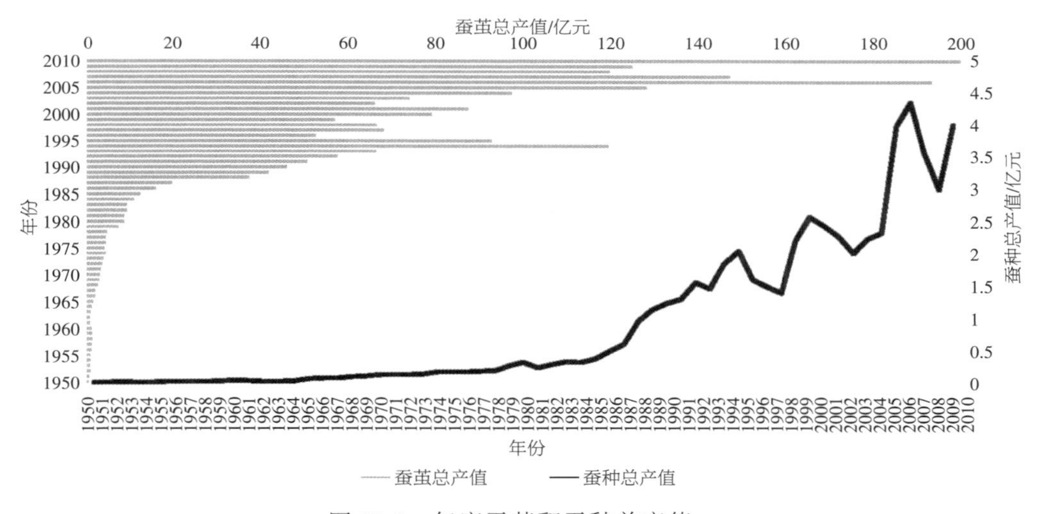

图 15-1　年度蚕茧和蚕种总产值

中国自古农桑并称，栽桑养蚕业具有十分重要的社会和经济地位。新中国成立后，相当长的历史时期内我国依然是农业国家（1980 年我国农业在 GDP 中仍然占 40% 以上）。栽桑养蚕业的主要产品——蚕茧是丝绸工业原料。丝绸出口在新中国初期占有重要的地位，1970 年丝绸出口额（14903 万美元）占全国出口总额的 6.46%（表 15-1），为国家工业化过程中进口相关先进国家设备等提供了重要的外汇基础[782-783]。随着国家的现代化发展，在国家外汇需求中丝绸出口的重要性明显弱化(初级产品向技术知识产品升级的必然趋势)。与其他农业类似,栽桑养蚕业在GDP的占比中呈下降趋势;与粮食生产相比,其战略重要性明显较低,在满足人类对美好生活向往中的舒适和美观等需求方面则具有更大的发展空间。

表15-1 丝绸出口额及其占比

年份	丝绸出口额/万美元	出口总额/万美元	丝绸出口占比/%
1950	2310	55000	4.20
1960	10280	257100	4.00
1970	14903	230700	6.46
1980	74312	1809900	4.11
1990	195043	6209100	3.14
2000	316000	24920300	1.27
2010	325800	157775400	0.21
2020	133300	258995200	0.05

在经历社会主义制度建立(新民主主义社会阶段)、全面探索社会主义建设和改革开放的社会主义建设后,我国基本实现工业化,成为世界第二大经济体和全球第一制造业大国。在中国特色社会主义新时代,以建成富强民主文明和谐美丽的社会主义现代化强国为目标。在经济体制方面,1978年开始经济体制的改革,探索符合国情的社会主义经济制度改革;1992年开启社会主义市场经济体制建设;2001年初步建立社会主义市场经济体制,加入世界贸易组织(WTO)并深度融入经济全球化的再改革和再创新;2012年基本建成社会主义市场经济体制,在新时代不断改进和发展。在农业方面,中共中央1982—1986年连续5年发布以农业、农村和农民为主题的中央一号文件,对农村改革和农业发展做出具体部署;2004—2022年又连续19年发布以"三农"(农业、农村、农民)为主题的中央一号文件,强调了"三农"问题在中国社会主义现代化时期"重中之重"的地位,实施乡村振兴战略,推进农业农村现代化步伐不断加快,确保粮食安全。1980年到2020年期间,农业及相关产业增加值从0.19万亿元增长到16.69万亿元,GDP从0.45万亿元增加到

101.60万亿元。2021年，我国脱贫攻坚战取得了全面胜利[784-787]。

新中国成立初期，百废待兴，工业基础十分薄弱，丝绸工业占有重要的地位。栽桑养蚕业作为丝绸工业的原料供应产业与其发展密切关联。在社会主义制度建立和计划经济体制时期，栽桑养蚕业生产技术管理体系以统制为基本特征，与国家的社会经济发展具有较高的契合度，因此栽桑养蚕业取得良好的发展。随着社会主义市场经济体制建设和完善，栽桑养蚕业逐渐从统制向多元化的特征转变，但与国家和农业现代化发展要求的差距巨大，与部分其他农业产业相比，产业生产技术管理体系的现代化程度也不高。栽桑养蚕业的演变，必然受到国家社会经济发展中体制机制演变的影响。顺应社会大环境的变化和国家及农业现代化的发展趋势，在产业生产技术管理体系上不断改革，科学和技术上不断创新，是栽桑养蚕业持续发展的必然要求。

15.2　生产技术管理体系从统制向多元化的演变

经过社会主义改造，中国的栽桑养蚕业从混乱走向有序。产业生产技术管理体系在经历20多年的统制管理后，随着国家经济体制改革，从统制向多元化演变，这种演变在生产技术管理机构、政策措施和生产主体的演变中都有呈现。

在新中国成立初期，旧政府栽桑养蚕业生产技术管理机构（包括中国蚕丝公司及各地办事处、蚕桑试验场、技术指导所、桑苗场、蚕种场和冷库设施设备等），多数由中国人民解放军的军事管制委员会及其财贸部等机构接管。随着社会主义改造的结束（从新民主主义进入社会主义建设时期），全国栽桑养蚕业生产管理机构体系建设基本完成，中央政府的农业部（农林部、农牧渔业部）、中国丝绸公司和中华全国供销合作总社等相继成立，各省区市也相继建立了农（林）业厅、供销社（或土产公司）和丝绸分公司等机构。各省区市社会经济发展和产业结构等不同，栽桑养蚕业生产技术管理机构的设置时间、机构大小及编制人数等都有不同。

在浙江，解放军华东军区杭州军事管制委员会财贸部实业处接管了省蚕业改进管理委员会、省蚕桑试验场、中国蚕业研究所和中国蚕丝公司所属杭州冷库、嘉兴第一蚕桑实验场、嘉兴蚕桑指导所、长安桑苗培育所、杭州上泗桑园第一处等机构。1949年，省人民政府实业厅及下属管理机构(包括蚕业改进所的4局2所)成立。1950年，实业厅改为农林厅，省财委会成立由商业厅、蚕丝公司、粮食公司和蚕桑改进所组成的春茧收购委员会。1951年，杭县、德清和吴兴等10地建成县级蚕业指导所。1952年，特产局设立，将蚕业、棉麻、茶叶和土产4个所改建为下属科。1953年，全省成立了29个县级蚕业指导所(组)，行政隶属从省改为地方各级人民政府，省级机构负责业务指导。1954年浙江省蚕种公司成立，负责全省蚕种场的统一管理。1958年省农业科学研究所建成，内设蚕桑系(1960年改组为省农科院蚕桑研究所)。在江苏，实业厅、农矿厅和建设厅下属的栽桑养蚕业生产技术管理机构(桑苗场圃，收茧站，浒关、镇江和高资等蚕种场)被改造，改为苏南供销合作总社、苏北供销合作社、中国蚕丝公司收茧处和苏南农水处蚕业管理局等机构(包括对皖南部分蚕区的管理)。1953年，苏南、苏北和南京行政区合并为江苏省建制，设立省农业厅蚕业管理局；在无锡成立蚕种检种站，负责全省蚕种母蛾微粒子病检验和无锡蚕种冷库的蚕种冷藏、浸酸工作。1954年，江苏省蚕种公司(无锡)成立(1970年曾改称江苏省蚕桑服务站)。在四川，蚕丝公司成为西南贸易部下属公私合营机构。1951年西南蚕丝局成立，管辖四川、重庆、西康、云南和贵州等蚕区，建立了17个蚕业指导所和77个蚕业指导站。1952年，西南蚕丝局改为纺织工业管理局，省农林厅协同开展蚕业改进推广工作。1955年省农业厅设置蚕桑事业管理局(1957年改称经济作物处)。1978年四川蚕业制种公司成立。在广东，1950年隶属省农林厅的省蚕业改进所在顺德县伦教镇成立，1954年省农林厅设置特产处负责蚕桑生产，1959年蚕业管理局成立。蚕茧相关机构归为纺织工业和贸易机构管辖。山东、安徽、江西和广西等也在不同栽桑养蚕发展时期成立了相关产业技术管理机构。在主要栽桑养蚕区域，20世纪80年代(高速发展期)的市县区的行政事业单位中都设置了蚕桑生产和技术管理部门，有的还设置了与农业局(科)并列的蚕桑局(科)，以及延伸到乡镇和村的由大量蚕桑指导员组成的庞大队伍。形成了从中央政府到栽桑养蚕生产基层的强大技术推广网络系统，为实施统制模式下的计划经济和栽桑养蚕业的发展提供了重要的保障[565,658]。

20世纪80年代，农村家庭联产承包责任制普遍化，乡镇企业和民营企业蓬勃发展，沿海经济开放区设立，国家开始全面探索社会主义市场经济体制的建设（1992年）。对栽桑养蚕业生产技术管理体系产生直接影响的机构改革是“贸工农一体化”。部分主要蚕区的省级机构归入省丝绸公司，部分蚕区的市县区也成立了农业、工业和外贸等多部门协调统一管理的丝绸公司，形成了栽桑养蚕产品端的工贸机构与农业主管系统共同管理的模式，不同蚕区农业和工贸机构对栽桑养蚕业生产技术管理的影响程度不同。“贸工农一体化”改革在解决当时蚕茧生产质量及产业发展等问题中发挥了积极的作用。随着政企分开改革的开始，政府和企业的职能权限被重新界定。栽桑养蚕业的农业基本特性决定了其生产技术管理体系相关的管理以政府的农业机构为主体，部分蚕区相关生产技术管理机构在归入丝绸公司后又回归农业系统。同时，由于栽桑养蚕业在区域社会经济结构演变中的地位变化，不同蚕区生产技术管理机构在政府中占据的位置也发生不同程度的变化，有的得到强化，有的则淡化（广东省在2000年将蚕桑蚕种行政管理职能移交省经济贸易委员会茧丝绸协调管理办公室）或淡出。随着蚕茧收购、蚕种生产、政府事业性收费及蚕丝产品出口贸易等相关政策和权限的演变，生产技术管理的统制性特征逐渐向多元化方向演变[565,658]。

作为栽桑养蚕业生产技术管理体系的末端，栽桑养蚕生产主体也随之不断演变。国家完成社会主义改造后，农民在人民公社（1958年）集体组织下开展栽桑养蚕等农业生产。20世纪70年代末开始，农村家庭联产承包责任制施行后，栽桑养蚕生产主体演变为千家万户的农民。20世纪80年代，乡镇缫丝（民营或集体）企业的大量出现、后期国营蚕丝企业的改制、蚕茧收购和外贸权力的下放等，间接或直接地对栽桑养蚕生产技术管理产生明显影响。20世纪90年代，不同蚕区不同形式的蚕种场改制，使蚕种生产主体从国营和集体演变为民营企业，少量蚕种场仍然保持国营或集体，或国资与民资混合的制度。生产主体的多元化,必然对生产技术的实施和产业发展产生显著的影响。在国家社会经济体制演变中,尽力维持栽桑养蚕业生产技术管理体系原有管理模式,以减缓社会变革对现状的影响,显然是一种消极的策略;以农业产业现代化为目标,建立符合产业发展需求的生产技术管理体系,则是更为积极的策略。

15.3 生产技术管理体系对产业技术发展的影响

生产技术管理体系主要依据法律法规和政策措施,对产业总体发展或不同蚕区地方性特征产生影响。新中国成立后,产生重要影响的政策法规及事件主要有蚕茧收购与蚕改费、"蚕茧大战"与"压绪"、品种审定、"东桑西移"等。

15.3.1 蚕茧收购与蚕改费

在新中国成立后,军事管制委员会的财经、贸易和工业等机构接管旧政府相关部门,开展国家统一的蚕茧收购。新中国初期或早期,蚕茧作为一种重要的工业或外贸原料在国家社会经济建设中占有重要地位,虽然不同蚕区栽桑养蚕或蚕茧生产的情况不同,但蚕茧收购受到国家的高度重视而实施统一收茧。主要蚕区采用了政府财政经济委员会(简称"财经委")负责、多部门或机构参与的蚕茧收购工作,蚕茧价格由国家统一制定。浙江省政府财经委指定商业厅、粮食公司、蚕业改进所和华东区蚕丝公司杭州分公司筹备处等机构组成蚕茧收购工作指导委员会,与中国蚕丝公司收茧办事处双重领导蚕茧收购。江苏省及部分皖南蚕区蚕茧由中国蚕丝公司苏南办事处、苏南供销合作总社和苏北供销合作社联社统一收购,政府财经委组织成立由中国人民银行苏南分行、苏南农水处蚕业管理局、中国粮食公司苏南分公司等其他机构共同参与的蚕茧收购工作委员会。四川省在西南财经委和西南贸易部领导下,由四川省蚕丝公司负责蚕茧收购。广东省由蚕丝公司收购蚕茧。其他省区或主产区的地市县产区,采用类似的形式完成国家统一的蚕茧收购工作[565,658]。

在实施国家统一蚕茧收购的同时，浙江和江苏等主要蚕区根据蚕茧（按蚕茧收购金额提缴3%）或蚕种收购和销售的价格差收取蚕改费，蚕改费主要用于蚕茧收购、桑苗和蚕种等栽桑养蚕相关设施设备的改造以及技术推广与普及等。1955年，外贸部和农业部明确蚕改费由外贸部门收缴，农业部统筹分配，专款专用。1958年，蚕改费由各蚕区省自收自用，主要用于桑苗繁育、桑园改造、蚕种催青、病虫测报、技术培训、技术革新、工具改革、科学试验和技术推广等栽桑养蚕业的规模发展和技术提高。20世纪80年代，国家开始清理用于特别支出的行政收费。1985年浙江省蚕改费改由省农业厅统一收取，再分配下发到基层蚕区，1995年由农业部门从蚕种生产单位（省）和蚕种销售单位（市县区）中收取，2006年被取消。2001年江苏省取消蚕改费，其他蚕区在21世纪初也都陆续取消蚕改费。21世纪60年代，国家为了发展栽桑养蚕业而采取蚕茧奖售政策，奖励栽桑养蚕业发展所需而当时十分紧张的物资，包括粮食、化肥、煤油、棉布，以及生产发展专项物资（木材、毛竹、水泥、煤和玻璃等）和资金（包括外汇指标）等。在奖励方面，从非稳定的一般性奖励逐渐转向超产奖励，如浙江省1979年实施"两定一奖"（定桑园面积和蚕茧产量，超产部分加价20%收购）的鼓励性政策[565,658,788-791]。

蚕改费和蚕茧奖售政策的实施，一方面，显示了栽桑养蚕业在新中国成立初期，在农业产业，甚至整个国家社会经济发展中的重要地位；另一方面，在栽桑养蚕生产（桑园灌溉、蚕种场、烘茧站、催青室和蚕室等）设施设备水平提高、新品种的推广、栽桑养蚕技术的普及和革新等过程中发挥了重要的作用，成为中国栽桑养蚕业快速恢复及蚕茧产量（1970年的12.15万吨）和生丝产量（1977年的1.8万吨）重回世界首位的重要支持。1972年主要产区浙江省的蚕茧产量达到5万吨，1979年江苏省蚕茧产量恢复到历史最高（3.22万吨），1978年四川省成为蚕茧产量全国第一的蚕区（5.19万吨）[660]。

在蚕茧产量大幅增加的同时，国家社会经济发展也取得了巨大的成就，国家整体上从计划经济转向社会主义市场经济，国家治理中法治化、政企和事企分开等现代治理体系的建设步伐不断加快。蚕改费和蚕茧奖售政策在支持产业发展中的强度相对弱化，支持产业技术发展的有效性欠佳，与社会主义市场经济的发展趋势失配。在工业和外贸领域经济体制的改革中，蚕丝加工的乡镇企业大量增加，原有蚕茧收购的统制管理及相关产业技术管理方法（蚕茧质量评价、蚕和桑品种推广等）面临新的改革问题。

15.3.2 “蚕茧大战”与“压绪”

20世纪80年代，蚕茧生产方式以蚕农生产为主，呈高度多元化或市场化；蚕茧收购则处于严格的统制管理中，主要表现为蚕茧收购价格的统一、省际和市县区蚕区间蚕茧收购的限制；蚕丝加工和贸易的统制管理强度（1986年允许企业自行收购蚕茧，1999年实施许可证制，2009年取消许可证制）明显低于蚕茧收购；乡镇缫丝企业大量增加，蚕丝生产利润丰厚，国家财税和价格管理体制改革。这些过程性问题导致部分蚕区企业或个人（蚕茧贩子）以较政府统一定价更高的价格从农户收购蚕茧的现象，即出现企业与政府竞争收购蚕茧的“蚕茧大战”。“蚕茧大战”是农民和蚕茧收购者之间市场经济的买卖关系与政府计划经济统制性政策的冲突，这种冲突在部分区域表现得尤为突出。一方面，“蚕茧大战”推动了蚕茧收购制度与国家整体经济体制改革的接轨。从20世纪90年代初期开始，蚕茧收购价格从政府规定到浮动价，再到行业指导价。蚕茧收购和茧丝绸经营权从国家或省市下放到县区，再到鲜茧收购资格认定制（1997年颁布《茧丝价格和流通管理办法》，2002年颁布《茧丝流通管理办法》），蚕茧收购和经营进入市场化、多元化和法制化阶段。另一方面，“蚕茧大战”使提高蚕茧质量的统制政策依赖性技术（肉眼评茧、干壳量和缫丝计价等）受到严重冲击，对提高蚕茧质量具有显著效果的方格蔟上蔟技术在许多蚕区逐渐淡出，“毛脚茧”大量出现于蚕茧收购市场[738-739,782-799]。

大量乡镇缫丝和丝织企业的出现对蚕茧收购产生明显影响。同时，蚕茧原料的消耗数量增加也拉动了栽桑养蚕规模的发展。中国栽桑养蚕业在1994年到达历史新高（73.1万吨蚕茧、123.8万公顷桑园和发放2667.27万张蚕种），在蚕茧用途未有新的拓展状态下，蚕茧成为剩余商品，蚕茧价格回落，栽桑养蚕规模在区域转移中缩小(1995年蚕茧产量为70.8万吨,1996年为43.3万吨,1997年为43.8万吨)。由于蚕茧产量下降,且大量缫丝和丝织企业生产水平低下,原料和加工间的矛盾日益加剧,大量企业效益下降。同期,亚洲金融危机爆发,国内需求不足。在此社会经济大背景下,1997年国务院和相关省区发出有关缫丝加工能力整顿的通知。1998年3月,浙江省德清县钟管镇第一丝厂敲响了全国压缩缫丝加工能力("压绪")、压台拆机的第一锤。浙江省拆除缫丝机12万台,缫丝加工能力压缩了近43%,缫丝加工实施许可证制度趋于法制化管理[660,800-801]。

"蚕茧大战"和"压绪"事件是国家经济体制改革中,栽桑养蚕相关的市场化发展与法治及行业管理配套政策不协调的一种表现。从统制向多元化和法制化发展的社会变革趋势,客观上对栽桑养蚕业生产技术管理体系变革提出了新的要求。

15.3.3　主要生产资料的技术管理

蚕种、蚕药、农药和肥料是栽桑养蚕中主要的生产资料,这些生产资料的技术管理对产业的发展具有重要影响。

15.3.3.1　品种审定

蚕种是栽桑养蚕业最为基础和重要的生产资料,蚕品种、蚕种繁育和蚕种经营的技术管理对生产技术的发展水平有明显的影响。新中国成立初期,蚕品种和蚕种数量严重缺乏,政府对此给予高度重视。1949年,军事管制委员会财贸部发布《浙江省蚕种制造管理暂行办法》《取缔蚕种贩卖办法》和《办理外省蚕种代销办法》,废除蚕种自由买卖,实行以销定产、统一配发和统一种价的制度。同时,在各蚕区蚕种场完成社会主义改造后,蚕种生产形成以国营专业场生产为主,集体生产为辅,以及少量原蚕区生产形式的基本格局。统制管理成为全国蚕种管理的基本模式,并维持相当长的时期。20世纪50年代末,蚕种繁育实行三级繁育四级制种的基本制度(1958年),一代杂交蚕种由框制平附种改为散卵种(1952年)。蚕品种从以日本引进蚕种为主,逐渐过渡到自主育成品种为主,浙江的"苏17×苏16""华合×东肥"和

“306×华10”，江苏的“苏5×苏6”“苏3×苏4”和“75新×7532”，四川的“川1×华10”“川蚕3号×华10”，广东的“306×华10”“东34×苏12”和“新9×8301”等相继在农村广泛使用。20世纪70年代浙江和江苏等主要蚕区开始建设家蚕新品种鉴定点，对新育成品种进行评价，形成了新品种推广前评价、蚕种繁育和经营技术管理的统制体系，在快速恢复栽桑养蚕业规模和提高产业技术水平中发挥了积极而重要的作用[565,658,688]。在社会经济演变中，传统栽桑养蚕业生产技术管理体系（品种管理与蚕种生产经营等统制模式）受到经济体制改革和社会主义市场经济体制建设等影响。

品种审定或登记制度是法制化管理品种的重要手段。不同农业现代化程度的国家采用了不同的制度形式，现代化程度较高的国家一般采用品种登记制，现代化程度较低的国家一般采用审定制或审定制与登记制相结合。品种登记制中还有自愿登记制（美国）和强制登记制（日本和欧盟）两种类型。品种审定制和登记制的基础目标都是保障使用者（种子质量基础）和育种者（知识产权）的利益，促进育种和繁育技术的不断创新和发展。栽桑养蚕业在新中国成立初期因重要的经济地位较早开始了品种审定制度的建设，农牧渔业部分别在1980年和1982年印发《桑蚕品种国家审定条例》和《全国桑树品种审定条例》。其他农业领域品种的审定制度建设相对较迟，如《全国农作物品种审定试行条例》（农牧渔业部，1982年）和《种畜禽管理条例实施细则》（农业部，1998年）。我国的品种审定采用国家和省区市两级审定方式。在农作物品种审定方面，国家（国务院或农业农村部）相继颁布了《中华人民共和国种子管理条例》《全国农作物品种审定办法（试行）》和《全国农作物品种审定委员会章程（试行）》（1989年），《中华人民共和国植物新品种保护条例》（1997年），《中华人民共和国种子法》（2000年，2015年修订），《全国农作物品种审定办法》（2001年，2007年修订），《非主要农作物品种登记办法》（2017年）。农作物品种审定相关制度的演变，体现了我国新品种培育和管理向“产业为主导、企业为主体、产学研结合”育繁推一体化现代种业的方向发展。国家审定品种限于水稻、小麦、玉米、棉花和大豆5种主要农作物（2015年），29种非主要农作物采用登记制（2017年）。新品种培育向多元市场主体方向发展，企业和个人育成品种数量超过教育科研单位（2011年），审定品种中市场化程度较高的杂交水稻和杂交玉米企业占据了绝对的主导地位（2019年占92.6%）。蚕品种审定制因实施过程中遭遇与农作物品种审定中试验点不够充分、试验成本不断增加、不利市场化发展、种子质量主体模糊和阻碍育种主体创新等相同或类似的问题，曾一度停止（2003—2010年）。蚕品种审定因在管理上与农作物品种审定的上位法不一致而转到畜禽种业下管理（农业农村部办公厅《关于调整国家畜禽遗传资源委员会组成人员与增补蚕专业委员会的通知》，2019年）[688，788，802-813]。

蚕品种审定制在创建初期无疑具有重要的创新性且发挥了巨大的产业价值，新中国成立以来有200多个蚕品种通过国家或省级审定。1980—2002年国家审定通过46对蚕品种和认定5对品种。其中，1992年广西审定通过、1995年全国认定的“两广2号（932·芙蓉×7532·湘晖）”是推广发种量最多的蚕品种（1.32亿张，1992—2020年）；其次为1982年国家审定通过的“菁松×皓月”，推广发种量为0.82亿张（1982—2020年）；推广发种量排第四位的“苏5×苏6”（0.43亿张，1977—2006年）于1994年通过全国审定；推广发种量排第五位的“秋丰×白玉”（0.21亿张，1977—2006年）于1989年通过全国审定；推广发种量排第七位的“洞·庭×碧·波”（0.14亿张，1996—2020年）于2000年通过全国审定。通过省级审定推广发种量在1000万张以上的有“川蚕15号（781A·781B×782·734）”（推广发种量排第三，四川省级审定）和“苏3·秋3×苏4·苏12”（推广发种量排第六，四川省级审定）。推广发种量排第九和第十的是审定制度前大量推广的“浙农1号×苏12”（0.12亿张，1975—1993年）和“306×华10”（0.10亿张，1960—1975年）。2015年国家农作物品种审定委员会审定通过3对蚕品种，2020年国家畜禽遗传资源委员会审定通过10对蚕品种。随着我国社会经济和农业现代化的发展，蚕品种审定制度在制度优势发挥和技术指标设定等技术管理上，明显落后于农作物品种的审定或登记制度。《中华人民共和国种子法》“鼓励种子企业与科研院所及高等院校构建技术研发平台，建立以市场为导向、资本为纽带、利益共享、风险共担的产学研相结合的种业技术创新体系”（2015年），而《蚕种管理办法》（2022年）仍停留在“支持企业、院校、科研机构和技术推广单位开展联合育种”的层面[688-689]。

15.3.3.2 蚕种生产经营的法制化及标准化

在新中国成立初期，蚕种生产经营被有效统制管理，蚕种供应得到保障。在蚕种生产能力和效率提高的同时，蚕种生产质量的技术管理被高度重视，其中包括在民国期间泛滥的家蚕微粒子病在短期内得到有效的控制。蚕种生产的前端是新品种培育，后端是广大蚕茧生产用户，蚕种生产的技术和管理水平也代表了全产业发展的状态。不论是计划经济的统制时期，还是社会主义市场经济的多元化时期，蚕种生产经营是栽桑养蚕业生产技术管理体系颁布相关法律、政策和技术标准（包括规则）最多的领域，在产业规模的恢复期、发展期和高速发展期都发挥了积极而重要的作用，对产业技术水平的提高做出了重要的贡献。在稳定发展或徘徊期，蚕种生产经营相关技术管理体系从统制转向社会主义市场经济多元化和法制化，法律、科技及生产中的诸多矛盾日益加剧，不利于技术创新和产业发展的问题日趋明显。在20世纪80年代以前，以日本蚕种生产及管理为主要参照模式，中国蚕种生产经营形成了较为完整的蚕种生产技术管理体系。在市场化改革背景下，蚕种生产经营出现了不少新问题。各蚕区开始探索新的蚕种管理方法，四川蚕区实施《四川省蚕种管理暂行条例》（1986年）和《四川省管理办法》（1997年）。农业部根据主要蚕区管理上改革的尝试及部分专家的意见，相继颁布了《蚕种管理暂行办法》（1997年）和《蚕种管理办法》（2006年，2022年修订），《蚕种管理办法》成为规范蚕种生产经营的法律基础和技术管理大纲[814-818]。

家蚕微粒子病的防控是《蚕种管理办法》中重要的技术管理内容之一，但该《蚕种管理办法》中与此相关的规定显得模糊或实施中较为混乱。《蚕种管理办法》中“蚕种检疫由省级以上人民政府农业（蚕业）行政主管部门确定的蚕种检验机构承担”中“蚕种检验机构”概念的解读就是一例。在统制时期，多数蚕区由省级、地市级专业机构或省政府行政主管部门制定相关规定并实施，个别蚕区由蚕种生产企业自行实施。在法制化和多元化时期，多数蚕区沿用甚至强化了对包括家蚕微粒子病检疫的蚕种质量检验统制，具体实施技术要求按照《桑蚕一代杂交种》(NY 326—1997,强制性行业标准)和《桑蚕一代杂交种检验规程》(NY/T 327—1997,推荐性标准),或早期各主要蚕区自行制定的蚕种检验办法。在法律上,《蚕种管理办法》依据的上位法是《中华人民共和国畜牧法》(2006年,2022年修订,以下简称《畜牧法》),该法将养蚕纳入其中(包括疫病防控),该法同时规定疫病防控按照其同位法《中华人民共和国动物防疫法》(1997年,2021年修订,以下简称《动物防疫法》)实施。《动物防疫法》中防疫病种和管理强度不同,防疫管理强度分为三类,"动物疫病具体病种名录由国务院农业农村主管部门制定并公布",但在农业部动物疫病名录公告(1999年96号到2013年1950号,共4个公告)中,被归为三类疫病的家蚕疫病仅有3种,没有家蚕微粒子病。在2022年农业农村部的573号公告中,家蚕微粒子病成为126种三类疫病之一(一类11种,二类37种)。动物疫病的检测由生产单位负责,县级政府主管部门负责监测,省区市级政府主管部门负责国家疫病监控计划落实,与家蚕微粒子病检疫的高强度统制存在明显反差。《畜牧法》和《动物防疫法》颁布后,家蚕微粒子病的检疫工作及机构设置在法律上和具体技术实施中一直处于十分尴尬的状态。现实生产中,在省级或省级政府指定机构的统制下,县市区政府缺乏对应的管理机构,蚕种生产企业也未能在社会经济体制改革的窗口期形成自身检疫家蚕微粒子病的能力,给蚕种生产的持续发展埋下了隐患[496,619,699-700,707-710]。

蚕种生产单位或企业是栽桑养蚕业中规模化程度相对较高的部分,生产技术管理体系主导制定的技术性管理政策和技术标准实施相对有效,也是技术创新较易推动生产水平提高的部分。但在产业和技术管理体系从统制转向多元化和法制化的进程中,蚕种生产企业对技术创新的需求逐渐减弱,更多的是通过减少生产成本相关技术的发展达到生产技术管理政策或标准的要求。形成该种状态的重要原因之一是蚕种价格的单一化。蚕种经营长期处于行政机构统制下,部分蚕区蚕种在2016年仍由政府行政机构经营。在统制时期,蚕种和其他多数农业生产资料一样处于价格管制和基本统一的状态。随着市场经济体制的改革,除粮食以外的多数农业种子价格开始市场化和多元化,部分农作物种子的价格差达到上百倍或上千倍,这种价格差对新品种育成和种子生产都产生了强大的牵引力，同时助推了种子企业的市场化和现代化发展及技术创新的主动性。蚕种的市场价格变化和价格差微小的现状是顽固继承统制期遗产的表现，是生产技术管理体系未能与社会经济演变相适应的典型案例。在统制转向多元化和法制化过程中，生产技术管理体系未能形成基于创新和技术水平提高的政策或标准，未能利用产品价格的作用促进蚕种企业的现代化发展[692, 698, 703-706, 819-822]。

15.3.3.3 蚕药和农药的困境

除蚕种外，蚕药、农药和肥料也是栽桑养蚕业重要的生产资料，其技术管理同样经历了从特殊性统制管理到法制化宏观统一管理的被动调整和适应过程。栽桑养蚕中肥料的特殊性程度相对较低，现有法律和有关规定与实际栽桑养蚕生产间未见明显的矛盾，但蚕药和农药的特殊化程度较高，因此出现了不少矛盾和问题，部分至今尚未得到有效解决。

蚕药是养蚕病害防控中重要的生产资料，有消毒和治疗两种类型。消毒类蚕药主要是保持养蚕环境（蚕室蚕具等）中病原微生物尽可能少的状态，属于环境消毒或疫源地消毒。对于消毒类蚕药的消毒效果，有特殊性要求，主要是对多角体病毒的有效杀灭，与畜禽养殖及预防医学的环境消毒有明显不同。对于消毒类蚕药，需要谨慎对待的是用药过程中对人体的安全和用药后对养蚕用具的腐蚀问题。因家蚕生命周期的短暂和家蚕免疫系统的不完全等因素，治疗类蚕药的实际防病效果十分有限，使用量也明显少于消毒类蚕药。对于蚕药技术管理，我国从20世纪80年代开始采用审批制度，国家（农业部）和省两级审批管理。1987年国务院颁布《兽药管理条例》，农业部相继公布《兽药管理条例实施细则》《核发〈兽药生产许可证〉、〈兽药经营许可证〉、〈兽药制剂许可〉管理办法》和《新兽药及兽药新制剂管理办法》等系列法规，建成兽药管理的法规体系，并将蚕药归入兽药的法规管理体系。2003年农业部完成兽药标准的整理和统一，将蚕药归为一、二、三类兽药，所有相关的地方标准被取消而统一为国家标准，且取消了新蚕药的省级审批。蚕药也称蚕用兽药，多数细分在兽药的化学药品中，按照兽药化学药品的要求实施新药的研发和审批、生产和经营，以及使用等管理。2009年国家实施

《执业兽医管理制度》，2013年农业部颁布《兽用处方药和非处方药管理办法》。在执业兽医师培养（高等教育的动物医学培养方案）和考试中都未包含栽桑养蚕业用药的内容，栽桑养蚕业和畜牧业技术管理分属政府的不同部门，栽桑养蚕业的技术管理人员对兽药管理缺乏了解。因此，蚕药管理存在畜牧和养蚕两边部门都不落实的问题。基于养蚕生产所提供的产品为服饰纤维原料（蚕茧）的特点，农业农村部以公告（2020年）的形式，将蚕用兽药归为非处方药，从而解决了该问题。但在养蚕用药的技术发展上，新药研发和生产主体缺失的基础性问题依然存在。在新药研发上，原有或现存蚕药生产企业的研发和资金能力严重不足，而蚕药市场偏小和用户主要为千家万户蚕农的特点，导致其难以吸引具有研发和资金能力的企业介入。因此，促使高校、研究机构的研究能力与企业的产业化能力有效结合或大规模养蚕生产单位实现自主研发等的激励性和创新性技术管理措施日趋重要[765,823-824]。

农药用于桑园虫害治理中的特殊性在于既要杀死桑园的害虫，又要对食用桑叶的家蚕无害。桑园施用农药的时间主要在非养蚕期，短期内用药桑园的桑叶不用于养蚕。桑园用农药必须对家蚕的毒性相对较低，在桑叶或桑树上的残留时间短，这决定了桑园用农药种类的有限性。桑园用农药主要是有机磷类农药，但随着社会对人身安全、食品安全和环境残留等问题日趋关注和重视，部分传统农药被列入禁（限）用农药目录，使桑园治虫的农药可选择范围更趋狭小。菊酯类、阿维菌素、氯虫苯甲酰胺、氟虫酰胺、吡虫啉和噻虫嗪等新农药虽然得到广泛应用，但这些农药对家蚕都具有剧毒作用。个别农药残留剂量在低于现有仪器检测能力时对家蚕仍有毒性，部分在桑叶或桑树上的残留时间很长，甚至超过桑叶在枝条上存在的时间，因此这些农药无法在桑园害虫治理中使用，或用药时间局限于冬季无桑叶期间。在养蚕密集地区，部分地方政府禁止所在区域使用该类农药。在非养蚕密集地区，桑园和其他农作（包括森林、绿化林木及花草等）间的边界广泛，其他农作使用的农药污染桑园，导致养蚕中毒的现象时有发生[769,771-772,825-830]。此外，《农药管理条例》规定，“第十三条　农药登记证应当载明农药名称、剂型、有效成分及其含量、毒性、使用范围、使用方法和剂量……第三十四条　农药使用者应当严格按照农药的标签标注的使用范围、使用方法和剂量……”在农药生产企业或市场现有的农药中,“使用范围”标注用于桑园的农药品种或剂型很少,除大量农药品种的标签标注了使用范围不包括桑树外,还有不少的标注为养蚕或桑园不得使用。因此,桑园害虫治理中可使用农药的选择范围很小,桑园害虫治理或将遭遇无药可选和可用的窘境。高特异性生物农药、性诱剂、灯诱法和农业治虫方法等技术与桑树栽培技术相结合的桑园害虫治理体系亟待建立。

15.3.4 “东桑西移”

20世纪80年代,随着改革开放和探索社会主义市场经济体系的不断深入,国家社会经济快速发展,区域间发展不平衡。珠江和长江三角洲区域发展更快,也是我国的主要蚕区(浙苏川粤蚕区)所在区域。在这些区域,城市化加快推进、土地资源日趋紧张、劳动力成本不断提高,而传统或近代栽桑养蚕技术体系未有明显突破性优化,区域内产业优势逐渐丧失。区域社会经济发展不平衡状态下,农业产地转移的自然经济规律引发栽桑养蚕区域的转移。江苏蚕区在80年代就从经济发达的太湖流域(苏锡常镇),向长江以北的南通、盐城、徐州和宿迁等区域转移。广东蚕区从顺德等老蚕区向粤西北等区域转移。浙江蚕区在80年代虽有向浙中(衢州等地)转移的政策支持,但未能成功;90年代向杭州西部淳安的转移发展则持续到21世纪初。20世纪90年代,省区内的蚕区转移无法遏制经济相对发达区域栽桑养蚕业规模缩小的趋势,从而出现更大区域范围转移的需求,即开始桂川滇苏粤浙皖渝蚕区形成期。2006年,商务部启动“东桑西移”工程,政府投入了大量资金,促进了广西、四川和云南等西部区域栽桑养蚕业的快速发展。其中,广西是“东桑西移”影响最大的区域,广西蚕区蚕茧产量全国占比从2000年6.02%,快速增长到2010年的32.40%和2020年的54.60%,在规模上占据全国的半壁江山(图14-1)[660,831]。

跨入21世纪后,传统或近代栽桑养蚕技术体系并未有明显变化,养蚕区域在自然经济规律的作用下出现“东桑西移”,即东部蚕区(主要为江苏和浙江等华东蚕区）转移向西部（主要为广西、云南及四川等蚕区）。广西等蚕区在初期，因未有江浙蚕区高度统制的生产技术管理体系，栽桑养蚕规模的发展更为接近市场经济模式的发展，出现了小蚕与大蚕饲养由不同农户进行，蚕种和蚕品种由蚕农自由选择，以及半机械化养蚕等专业化生产和市场化经营的良好态势。广西蚕区在充分利用自然气候和地理资源优势的基础上，用24.30%的桑园面积生产了54.60%的蚕茧（2020年全国占比），较高速发展期江浙传统蚕区[25.72%的桑园面积生产了42.09%的蚕茧（1995年全国占比）]有更为高效的土地产出或发展优势。广西蚕区特定的自然气候和地理资源优势十分有利于单位土地桑叶产量的提高和两段式连续养蚕模式的实施（全年较长蚕期），但桑叶营养的充实度相对较低，以及高温多湿气候下养蚕极易发生病害流行等因素，十分不利于蚕茧产量的稳定和品质的提高。在品种、饲养和多批次养蚕防病技术取得长足进展的基础上，广西栽桑养蚕业取得了令人瞩目的发展。但在传统或近代技术体系下，对于上述不利因素的影响，解决方法至今未见突破性发展，蚕茧生产技术水平仍明显低于传统的江浙等东部蚕区（图14-8和图14-9）[626,660,705]。

在世界范围内，主要有19世纪中叶欧洲栽桑养蚕业发展后和19世纪末20世纪中叶日本栽桑养蚕业发展后的两次蚕区大转移或大流变（从中国到欧洲和从欧洲到日本）。欧洲栽桑养蚕业的发展以受产品端生产技术（机器缫丝等）高速发展的牵引为基本特征，虽然开启了近代栽桑养蚕科学和技术的发展之路，但在区域社会经济结构快速流变和日本栽桑养蚕业崛起中，很快丧失竞争力而消退。日本栽桑养蚕业的发展则以近代栽桑养蚕科学和生产技术体系的建立为基本特征。在科学和生产技术发展的维度上，两次栽桑养蚕主要区域的转移都是从低水平区域向高水平区域的转移，或者说是科技牵引下的流变。20世纪70年代，日本栽桑养蚕规模快速消退，中国重回绝对主要蚕区，则是在社会经济高速发展中，日本栽桑养蚕业生产技术及其管理未能有效实现现代化（包括落后于其他农业产业），在自然经济规律作用下世界栽桑养蚕区域分布发生的流变，这是一次从高水平区域向低水平区域的转移。中国蚕区传统技术体系快速向近代技术体系演变，加快了这次转移，至今中国蚕区维持了栽桑养蚕规模世界第一的地位。

中国范围内的主要蚕区分布有古代(宋元时期基本结束)的“北桑南移”和21世纪初开始的“东桑西移”两次大转移。“北桑南移”是在社会经济发展、大规模战乱,以及对栽桑养蚕自然气候和土壤环境的人工选择等混合因素影响下的转移,在技术上是从高水平区域向低水平区域的转移,但太湖流域等蚕区栽桑养蚕技术快速发展,在单位土地产出、劳动生产率、蚕茧产量和质量等方面都明显超越传统的中原或北方蚕区。“东桑西移”则非常类似于日本蚕区向中国蚕区的转移,东部蚕区的栽桑养蚕未能有效顺应区域社会经济和现代化的快速发展,在区域内农业产业的竞争优势也明显弱化,产业发展偏离现代化发展之道而跌入自然经济之路。“东桑西移”在技术上也是从高水平区域向低水平区域的转移。从现有的认知而言,依靠传统或近代栽桑养蚕生产技术和生产技术管理体系,克服自然气候及社会经济发展等的不利影响,实现类似“北桑南移”的技术水平逆转,尚需付诸更为艰巨的努力[626,832-838]。

“东桑西移”在我国部分西部贫困或经济欠发达农村的经济改善和脱贫攻坚中,无疑发挥了积极的作用,其社会和经济意义都十分重大。另一方面,“东桑西移”维持了全国栽桑养蚕业的总量规模和社会经济地位,为产业的现代化提供了一个重要的缓冲期或窗口期,但这种缓冲期或窗口期也将随着广西等西部蚕区社会经济的发展而逐渐消失。因此,走出固守传统和特殊性及萧规曹随的思维茧房,充分认识国家社会经济发展的现状和未来,深刻理解世界和中国农业现代化的发展规律和趋势,重构栽桑养蚕业生产技术体系、生产技术管理体系及教育和科研体系,日趋紧迫。

第16章　新中国栽桑养蚕教育和科技体系的演变

教育和科技是栽桑养蚕业发展的核心所在，教育和科技的发展水平决定了产业技术水平，也是产业现代化的重要支柱。20世纪30年代开始，日本在欧美近代科学和技术体系的基础上，将以观察发现和试验归纳等经验科学为主的古代栽桑养蚕技术体系，逐渐发展成以科学实验为基础，归纳和演绎有机结合，从发现到技术或从理论到实践的科学和生产技术体系。中国虽然较早开启了引进欧洲和日本近代栽桑养蚕业技术的工作，但民国期间战争频发和政府腐败，栽桑养蚕业的科学、生产技术和生产技术管理体系零星散乱，未能得到有效的系统性发展。新中国成立后，政府高度重视人才培养的教育体系、科研体系、近代化的生产技术和生产技术管理体系的建立。随着国家社会、政治和经济等演变，教育、科研及技术研发等产业技术机构的形式和内容也发生巨大的变化。

16.1　教育和科研机构的演变

教育和科研体系是栽桑养蚕业技术体系的重要支持体系，在国家社会、政治和经济等演变中，教育和科研机构的设置和数量也不断演变。

在栽桑养蚕教育机构方面，在接管和整理民国政府遗留的教育机构后，1952年教育部根据“以培养工业建设人才和师资为重点，发展专门学院，整顿和加强综合性大学”的方针，全面展开高等院校的院系调整。其后，不同历史时期各院校在不同程度上进行调整，栽桑养蚕相关教育机构也发生了较大的变化[565, 839]。

在高等教育机构方面，1952年，原浙江大学的农学院独立建制成浙江农学院，浙江农学院初建时有农学、植保和蚕桑三个系，其他设为专修科；1953年，江苏浒墅关苏南蚕丝专科学校大专部部分教师和学生并入浙江农学院；1960年春，浙江农学院改为浙江农业大学，与新成立的省农科院一起由省政府统一领导；同年秋，蚕桑系与诸暨蚕桑学校合并成立诸暨蚕桑学院，分大学和中专两部；1962年，诸暨蚕桑学院撤销，蚕桑系返回杭州华家池，重回浙江农业大学蚕桑系建制；1964年，浙江农业大学与浙江省农业科学研究院建制分离和独立管理；1966年，学校停止招生，蚕桑系并入园艺系；1973年，招收工农兵学员；1974年，恢复蚕桑系建制；1986年，蚕桑专业改为蚕学专业，蚕桑系改称蚕学系；1998年，浙江农业大学等从原浙江大学（1952年）分离独立的四所高校重新合并为浙江大学；1999年，原浙江农业大学的蚕学系、动物科技学院和饲料研究所合并为动物科学学院，蚕学系改称蚕蜂系，2003年蚕蜂系增加水产相关内容后改称特种经济动物科学系至今[565]。

原江苏省立蚕丝专科学校改称苏南蚕丝专科学校（1949年），附设中专部；1953年，大专部并入浙江农学院，其他地区的部分中专类蚕桑和蚕丝教育机构并入学校，分别归入蚕桑科和蚕丝科；1956年，蚕丝部分独立，分别建成江苏省立浒墅关蚕桑学校和江苏省立丝绸工业学校；1958年，蚕桑学校恢复大专，改称苏州蚕桑专科学校；1962年，停止中专类的人才培养；1995年，并入苏州大学，设生物技术学院（蚕桑学院）；2001年，改称农业科学与技术学院；2005年，改称生命科学学院，蚕桑部分设在生物资源与环境科学系和城市园林与园艺学系；2008年，蚕桑部分归入医学部（院）基础医学与生物科学学院的应用生物学系[565]。

1952年和1953年期间，源自公立四川大学、云南大学和国立中央技艺专科学校的蚕丝相关部分，调入新成立的西南农学院，设立蚕桑系；1984年，蚕桑系更名为蚕学系；1985年，学校更名为西南农业大学；1992年，设立蚕桑丝绸学院；2002年，设立蚕学与生物技术学院；2005年，学校与西南师范大学合并为西南大学，蚕学与生物技术学院和原西南师范大学生命科学学院分属两个建制单位，实施统一管理；2020年，更名为蚕桑纺织与生物质科学学院[565]。

1952年，国立中山大学（1926年）农学院，独立建制为华南农学院，设蚕桑系；1984年，学校更名为华南农业大学，蚕桑系曾更名为蚕业服装系（1999年）和艺术设计学院（2001年）；2003年归入动物科学学院，定名为蚕业科学系。1952年，源自私立金陵大学和国立中央大学的部分蚕桑相关教职员工转入安徽大学农学院。1953年，农学院独立建制为安徽农学院；1995年更名为安徽农业大学；蚕学相关部分（蚕学与经济动物系）在几经调整后，成为生命科学学院（2004年）的一部分。

1952年，山东大学农学院调入其他高校部分农科；1958年，山东大学农学院与其他农业教育机构合并成立独立建制的山东农业大学；1959年更名为山东农学院；在1972年开始招收蚕桑专业本科生；1979年蚕桑系从农学院调整到林学院；1983年山东农学院更名为山东农业大学，至今。

此外，江苏科技大学、河北农业大学、江西农业大学和广西大学（包括其前身机构）等在不同时期，曾有短期招收蚕学（家蚕相关）专业本科或专科学生的情况[565]。

在新中国成立后，各蚕区（11个省区）接管或新建的中等专业教育机构曾有30多个，其中有高中中专和初中中专两类，这些教育机构存在的时间长短不一。在教育改革中，中等专业教育逐渐被归为职业教育大类，在此期间与栽桑养蚕相关的学校或专业大幅减少[565]。

在栽桑养蚕科研机构方面，国家农业科学研究和技术推广体系构建及产业自身发展的大背景对其数量和规模变化等也产生了明显的影响。新中国成立后，国家、省和地市三级农业科学研究机构形成了规模庞大的农业科研机构体系，为我国农业的发展及现代化做出重要的贡献，机构设置和职能内涵在不同时期发生了诸多的调整与变化[840-842]。中国农科院蚕业研究所（国家级研究机构）始于1951年的华东蚕业研究所，1957年并入中国农业科学院，2000年脱离中国农业科学院，与华东船舶工业学院合并成立江苏科技大学。主要栽桑养蚕省区（不包括家蚕以外绢丝昆虫为主的研究机构）先后建立了不同层级的科研机构。浙江蚕区于1960年建成省农业科学院及蚕桑研究所(2022年改称蚕桑茶叶研究所);江苏蚕区于1995年在原中国农业科学院蚕业所的基础上,增挂江苏省蚕业研究所;四川蚕区在原隶属农业厅的蚕桑试验站基础上,1977年成立了省农科院蚕桑研究所;广东蚕区于1972年在原省农业试验场蚕桑组(1952年)基础上,成立省农科院蚕业研究所(2003年改称蚕业与农产品加工研究所);广西蚕区在1964年创建的蚕业指导所基础上,成立蚕业指导总站(2001年),其后设立了广西蚕业科学研究院(隶属农业厅);云南蚕区在原有蚕桑相关机构基础上,于1973年成立了隶属省农业厅的蚕桑研究所(1976年归属省农科院,1990年改称蚕蜂研究所);重庆蚕区在2011年成立畜牧科学院蚕业研究所。其他省级研究机构还有陕西省蚕桑研究所(1958年,现为西北农林科技大学蚕桑丝绸研究所)、山东省农科院蚕业研究所(1959年)、河北省农林科学院蚕桑研究所(1959年,现为承德医学院蚕业研究所)、安徽省农科院蚕桑研究所(1960年)、江西省农科院蚕桑茶叶研究所(1975年)、福建省农科院蚕桑研究所(1976年)、湖北省农科院蚕业研究所(1978年)、湖南省蚕桑科学研究所(1978年,隶属省农业厅)、山西省蚕桑研究所(1979年,隶属省农业厅和科技厅)、河南省蚕业科学研究院(2007年,隶属省农业厅)、贵州省蚕业科学研究所(1983年,隶属省农业厅)及新疆和田蚕桑科学研究所(1979年)等。在部分地市也设有研究机构,如浙江湖州农科院蚕桑研究所(1958年)、晋东南地区蚕业科学研究所和陕西安康蚕桑研究所(1975年)等[565]。

16.2 人才培养与科学研究的演变

栽桑养蚕相关的专业人才培养和科学研究演变有两个直接相关的因素,其一是国家教育和科技体系的改革、发展和不断完善,其二是产业自身的发展及在社会经济或农业领域的角色定义,两个相关因素都是在国家及国际社会、政治、经济和文化演变的大背景下产生影响和作用。

在人才培养方面,学位制度体系的完善、教育理念的转变和人才梯队建设等改革和发展，对栽桑养蚕业产生了重要的影响。在新中国成立初期，高等专业教育中仅有本科和专科之分，尚未建立学位制度，但政府十分重视研究生教育，1950年开始在部分高校开始招收研究生，到1965年共招收了2.27万名研究生。1956年虽曾招收过1000多名副博士，但次年停招。在中断12年后，1978年重新开始招收研究生。浙江农业大学蚕桑系在1955年到1963年间曾招收了9名研究生，1978年重新开始招收研究生。1981年国家颁布《中华人民共和国学位条例》和《中华人民共和国学位条例暂行实施办法》，正式建立学士、硕士、博士三级学位制度体系[843]。1986年，“蚕桑”专业改称“蚕学”专业。教育部公布第一批硕士和博士学位授权点后，历经40年进行了13次学位授权点的审批。1981年，浙江农业大学、西南农业大学、华南农业大学和中国农业科学院等成为养蚕学硕士学位授权点，其后山东农业大学（1995年）等机构获得硕士学位授权点。养蚕学博士学位授权点有浙江农业大学和中国农科院（1983年，第二批），西南农业大学（1993年，第五批）及苏州大学（2003年，第九批）等。教育部学科设置调整后设有12个门类，88个一级学科和375个二级学科，与栽桑养蚕直接相关的学科归在农学8个一级学科中的畜牧学（有4个二级学科），养蚕学二级学科更名为特种经济动物饲养（含：蚕、蜂等）（1997年）。为培养应用型高级人才，1991年国家开始实行研究生的专业学位制度，栽桑养蚕领域包含在农业推广专业领域，现为农业专业硕士畜牧领域[565，843]。

高等教育中专业（本科）和学科（硕士和博士研究生）的设置及调整，与国家社会经济发展过程中高等教育的发展密切相关，三级学位中本科专业的调整较大。本科人才培养中，专业设置经历了多次调整，专业数量从1954年的257个专业，增加到2012年的506个专业，期间虽曾大幅下调（1998年为249个），但蚕学专业依然得以保留至今。在招生和培养规模上，全国本科生招生人数在1949年3.1万人基础上，逐渐增加到1960年的32.5万人后，1965年下降到16.5万人，1977年恢复招生时为27.3万人，其后逐渐增加，1997年突破100万人。2021年本（专）科毕业生达1001.3万人。2004年和2020年研究生招生人数中，硕士生从27.3万人增加到99.1万人，博士生从5.3万人增加到

11.6万人。栽桑养蚕相关本(专)科学生的招生和培养人数与国家高等教育人才培养规模的增加呈相反的状态。在20世纪80年代有6所大学每年招收或毕业200多名蚕学专业学生,但现在招生学校和人数大幅下降,全国每年招收蚕学专业本(专)科学生的人数不足百人。研究生的招生和培养人数则呈现增加状态,不仅特种经济动物饲养(含:蚕、蜂等)学位培养人数增加,而且部分高校在相近学科点设置与栽桑养蚕相关的专业,部分研究院所通过与高校联合办学的方式培养与栽桑养蚕直接相关的研究生。此外,在畜牧领域中也有部分与栽桑养蚕直接或间接相关的农业专业硕士人才培养。在高等教育招生和培养人数大幅增加的同时,本科人才培养从“专门”人才向“通识”人才转变,高校职能从以人才培养为中心向人才培养、科学研究、社会服务和文化传承转变。高校在学科知识结构、人才市场需求和个体发展期望等变化规律的影响下,人才培养的目标、理念和模式等发生了对应性变化。栽桑养蚕人才培养的规模和质量特征变化与高校人才培养发展趋势密切相关。人才市场需求规律对栽桑养蚕人才培养规模缩小的影响最为明显,也是导致栽桑养蚕相关中等教育几近消失的重要因素[565,844-849]。

新中国成立后,随着栽桑养蚕科技体系建设的发展,科研机构和队伍的规模和质量都得到明显提升。从20世纪90年代开始,科研设施设备条件进一步得到改善,并逐渐接近世界发达国家的水平。在科研内容上,20世纪90年代之前,栽桑养蚕的技术水平与相对先进的日本相比差距甚大,由此更多关注的是现实生产技术的改良、引进技术的本地化及技术创新。高校和科研机构及广大基层技术人员的广泛参与,以及各种生产实践不断反馈后的再试验等,大幅提高了栽桑养蚕的产量和质量技术水平(图13-5和图14-5,表14-5)。20世纪90年代后,在栽桑养蚕业高速发展期,部分蚕区的技术水平达到或超过日本曾经的最高水平,栽桑养蚕的基础科学或应用科学问题逐渐被关注和重视。2004年,西南农业大学成功绘制出家蚕的基因组框架图,建立了世界上最大的家蚕表达序列标签数据库,在功能基因群的发现、基因组结构特征及进化等方面取得重要的理论成果并在*Science*发表,在世界范围产生广泛影响。1990年到2022年期间期刊发表论文数量统计,以“*Bombyx mori*”为检索词从Web of Science检索平台获得的结果显示，全球发表家蚕相关论文总数不断增加，1990年为94篇，2022年增加到518篇；1990年中国仅有1篇（占1.06%），日本有60篇（占63.83%）；在2009年，中国有121篇（占28.88%），超过日本的117篇（占27.92%），成为世界第一；2022年，中国和日本的发文数量分别为236篇（占45.56%）和62篇（占11.97%），中国成为有关家蚕发表论文数量最多的国家，暗示了中国栽桑养蚕相关基础科学或应用基础研究规模已处于世界领先地位（图16-1）。

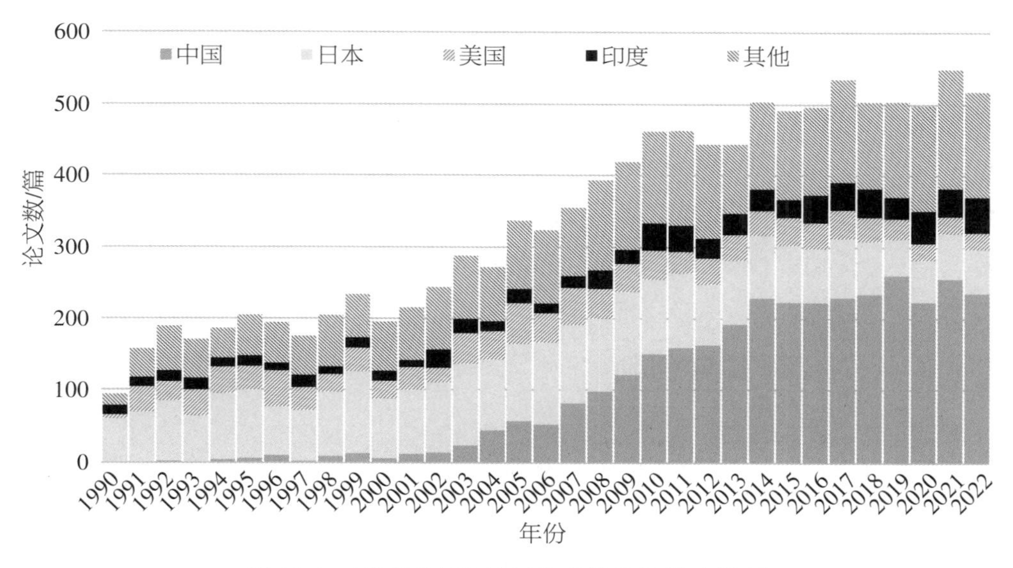

图16-1 不同国家和地区发表的家蚕论文数量

在基础科学或应用基础研究方面，高校栽桑养蚕相关在校研究生数量大幅增长，部分非蚕学专业和特种经济动物饲养（含：蚕、蜂等）学位点的学校也有不少实验室开展了以家蚕或桑为实验材料的科学研究。高校在栽桑养蚕的基础科学研究中发挥的作用更为明显，成为论文发表的主要机构。栽桑养蚕科研规模的大幅增长，与国家对科技的大力支持密切相关。政府主导在学术机构设立了国家级重点实验室（全国重点实验室）和省部级重点开放实验室，以及国家级和省级重点学科等。在科研项目上，国家“973”和“863”及重点研发项目，国家自然科学基金重点、面上和青年项目，以及各蚕区地方政府给予的各类科研经费和人才培养项目等，在推动栽桑养蚕科研中的作用十分明显。总体上，研究规模的增长主要体现在以下方面：对家蚕、桑树及病原微生物的各种生物学表征认识的不断深入，大量与生物学功能相关的基因和蛋白质（序列、结构、演化及调控等）、基因或蛋白质与生物学性状（经济性状、致病或抗病及生长发育等）的相关性或相互作用的发现，以及栽桑养蚕相关生物个体或部分器官及分子在生物医药等领域的应用研究（转基因家蚕、家蚕或桑的生物活性物质、生物材料等）。这些基于分子水平的研究，为人类认识栽桑养蚕相关生物个体、生物与环境、生物演化等做出了巨大的贡献，为栽桑养蚕业技术的发展提供了大量可供参考的依据，或可能促进产业技术突变发展。从强大的基础研究顺接到提高生产水平的技术，既是产业发展所热切之期待，也是国家赋予之职责。从"发散性问题"研究或堆砌式"现象学"研究的发展中，强化创新研究和"汇聚性问题"研究，有效发挥科学和技术在推动产业可持续发展中的作用，是业界感知国家和社会及农业现代化发展趋势、认知现代科学和技术发展规律后的"破茧"和践行。

16.3 技术研发与创新

新中国成立后，随着高校和科研院所的建设与发展，"高校-院所-基层农技推广"三位一体的技术研发和推广普及体系在栽桑养蚕技术的发展中取得了显著的成效。在栽桑养蚕业发展的恢复期、发展期和高速发展期（1949—1994年），技术研发工作主要的两个方向是传统技术的升华和以日本为主的国外近代产业技术的消化及本土化。传统技术的升华主要是对历史传统技术的再认知和不同蚕区地方经验的再试验后，广泛开展的技术改良和创新发展。以日本为主的国外近代产业技术不只是来源于书籍和资料的技术，还包括一大批著名蚕桑专家（诸星静次郎、吉武成美、向山文雄、伊藤智夫、岩下嘉光和小林正彦等）到中国访问和讲学交流的技术。向山文雄被浙江农业大学聘为蚕学系的专职教授（1988—1991年）。不少中国高等院校聘请了日本等国家的蚕学专家为客座教授，学术交流十分活跃。1978年，国家首批公派人员赴美留学，开启了留学欧美日的大潮。至1995年，国家公派留学人员有5万多人，其中栽桑养蚕相关学科领域短期进修、访问，攻读本科学士学位、硕士和博士学位的人员不少于百人，还有少量自费留学的人员，这些人员主要前往日本留学或进修。多数留日青年或学者回到国内在栽桑养蚕领域从事教学、科研和生产技术管理。此外，栽桑养蚕领域的技术或行政管理部门也有大量的考察团前往日本，考察栽桑养蚕生产和技术管理等。中日间蚕品种和蚕种繁育、桑树品种和栽培、养蚕和防病技术，以及各类栽桑养蚕器具等方面的广泛交流，为中国栽桑养蚕技术的近代化发展提供了重要的借鉴。

在中国栽桑养蚕业稳定发展或徘徊期（1995—至今），国家社会经济快速发展，国家现代化进程同步加快，农业现代化作为所有现代化国家必须完成的任务得到高度重视。中共中央和国务院在1982—1986年和2004—2023年的中央一号文件中，始终强调农业是重中之重，1992年提出在经济发达地区率先实现农业现代化，1993年将家庭联产承包责任制列入宪法，2002年提出全面推进农业现代化，2007年提出农业的“五个现代”（物质条件、科学技术、产业体系、经营形式和发展理念），2012年提出中国特色农业现代化，2021年提出推进农业农村现代化是全面建设社会主义现代化国家的重大任务。农业现代化进程不断加快。在农业现代化发展过程中，不同农业产业的现代化发展程度有所不同，这种差异对产业的发展产生了不同程度的影响，产业的现代化程度在很大程度上决定了农业产业间的竞争力及其在社会经济结构中的地位。栽桑养蚕业在近30年中保持了较为稳定的产业规模，蚕茧产量在49.0~77.7万吨（2000—2021年），蚕茧和蚕种的总产值也保持了相当的水平（图15-1）。栽桑养蚕业在近年的脱贫攻坚中虽然发挥了十分积极的作用，产业技术水平也有所发展，但产业现代化、竞争力提升和高质量发展的任务十分艰巨。

与栽桑养蚕业生产技术直接相关的问题主要有工业化和城市化推进后的劳动力短缺或老龄化，机械化和自动化（或智能化）程度较低状态下的规模化生产受限，这些问题在我国农业产业中普遍存在。在传统或近代技术模式下，栽桑养蚕业相较于其他农业产业则问题更为突出或日趋严重。业内不少专业人士认为栽桑养蚕只能“适度规模”,“2~4公顷和上百张蚕种”的经验规模是传统或近代生产技术模式下的上限(多数蚕茧生产的规模小于此规模)。显然,这与现代化产业的规模要求相去甚远。蚕种生产是目前栽桑养蚕业中生产和经营规模最大的一个群体。据2010年的调查,全国拥有桑园面积最大的10家蚕种场平均桑园面积为74.79公顷,总资产最大的10家蚕种场的平均资产总额为0.64亿元,年度蚕种产量最多的10家蚕种场的平均蚕种产量为38.4万张,产值最大的蚕种场的产值为0.63亿元。2021年,全国农业第五百强企业的年度营销额达10亿元以上。企业间规模上的差距巨大。农村生产中栽桑养蚕的业主大多数为单家独户的农户。近年来,家庭农场等形式的养蚕规模取得了一定的发展,但与同为经济作物或小宗农业产业相比,还是差距不小。传统或近代生产技术模式决定了生产规模的有限性,在以单家独户为主要生产形式的情况下,业主对科技的需求弱化,基于科技需求的市场对产业技术研发和创新的拉力更为软弱或缺失。技术研发和创新主体明显落后于农业现代化要求,与从业群体农业现代化思维不足和产业生产技术管理体系落后有着密切的关系。在农业现代化思维方面,为提高农民劳动效率或降低养蚕劳动成本,有人提出并尝试将家蚕在桑树上饲养,该试验案例完全背离了现代农业的发展方向(减少自然环境对农业生产过程的影响)。此等极端案例及其他落后思维都严重影响了栽桑养蚕业的现代化。在产业生产技术管理体系方面,蚕种价格差异市场的缺失,导致家蚕品种选育动力不足甚至偏离;蚕种价格和蚕种质量技术标准等迫使蚕种生产企业以降低生产成本为主要技术目标,缺少提高技术水平的动力;以张种卵粒数为计量单位的技术管理指标,不仅不符合计量的标准化,也不利于生产实际,而且容易导致蚕种经营的混乱和蚕茧产量统计的偏差,等等。规模产业主体的缺失不仅导致技术研发和创新主体的缺位及专业人才需求市场的消失,而且次生了高等教育和中等职业教育中栽桑养蚕领域人才培养规模萎缩的现象[850-851]。

浙江巴贝集团(陌桑高科)人工饲料工厂化养蚕的案例,可能是栽桑养蚕产业技术模式发生变革的案例,对传统产业思维和产业生产技术管理体系改革产生重大影响。巴贝集团(陌桑高科)人工饲料工厂化养蚕的技术模式(简称陌桑模式)是基于人工饲料、环境控制和高度自动化的模式,减少了劳动力使用量,实现了设施设备高效利用(包括蚕种周年孵化的传统技术),降低了对土地资源的依赖程度,同时为栽桑养蚕产业在食品和医药等领域的多元化发展提供了可能。陌桑模式的实践或初步成功(2022年年产蚕茧约1.5万吨),符合农业现代化一般在经济发达国家或地区出现的规律。经济相对发达地区,在资本、人才和产业配套等方面的有利因素,必然促进现代农业的诞生;创新氛围浓郁的地方文化和个人及团队执着的个性因素,触发了该案例。基于人工饲料养蚕的科学发现和日本多年尝试而未能实现产业化的教训,陌桑模式充分利用现代工业发展的基础,是高度集成工业、农业和生物技术的创新成果。陌桑模式是一次产业技术创新,基于该类蚕茧生产模式的蚕种(品种、繁育和质检等)、饲料(原料、配方和加工等)、微生物(有害和有益等)及设施设备效能等都有待于进一步提高。

技术研发和创新是所有产业可持续发展的核心与关键,需要产业生产技术管理体系的支持作用,需要发挥技术研发和创新主体(生产业主及高校院所)的作用。技术研发和创新是基础科学或应用基础研究从"写意图"迈向"工笔画"的过程,为人类更为广泛和深刻地认识及理解自然世界(桑、蚕和相关生物或物质等)提供知识和理论;需要对各种表征与内在"万物相关"的发散性哲学类问题进行研究。技术研发和创新成果在产业中应呈现"样品-产品-商品"的连续性和完整性。中国栽桑养蚕业需要避免日本20世纪80年代后栽桑养蚕技术立项层出不穷,持续研发案例不多;新概念提出万紫千红,产业应用多似月下美人之昙花,而少有月季花或扶桑花的现象。栽桑养蚕业稳定发展或徘徊期,"东桑西移"和基于菜市场经济的"多元化"实践,虽然不符合现代农业高质量产品生产和生产专业化的特征,但可维持产业规模或为产业再生提供喘息的机会,具有重要的历史意义。国家蚕桑产业技术体系的建设(2009年),在维持栽桑养蚕科学研究和技术研发队伍的稳定中,无疑发挥了重要的作用。在政府对科技的推动力之下,栽桑养蚕科技体系如何定位或认识工作重点之所在,明确应用科学、技术研发与创新、技术推广与服务的重点，使其协调发展，对体系自身的发展至关重要，也会对产业和国家的发展产生重要影响。

从科学和技术的相互关系演化的维度思考，第一次科技革命的主要特征是技术对科学产生了强大牵引力，第二次科技革命的主要特征是科学对技术的强大推动，第三次科技革命的主要特征则是科学和技术高度融合下对产业发展的重大影响。因此，在科学和技术高度细分与综合协同演化的今天，非连续性科技革命特征不断呈现，我们必须摆脱传统产业思维的禁锢，清醒认识到偏离或落后于社会经济发展和农业现代化的大潮趋势，必然导致产业“下调悲”或“消散”或“淡出”的结局，必须坚定探索以产业为主线，将其他学科和产业发展成果有效融入自身产业的发展之路。从五千年栽桑养蚕历史中汲取产业持续发展的内在精神，充分利用现代社会产业需求的牵引力和政府科技政策等推动力，思考栽桑养蚕业为人类服务的基本功能，以“集香木而自焚”的勇气，依托教育与科研的学科重构、产业生产技术管理体系的变革及技术研发和创新重塑产业，以“凤凰涅槃”的智慧，实现栽桑养蚕业的“高张引”和永续发展。

参考文献

[1]李良.宇宙探索纵横谈[J].现代物理知识,2009,21(1):3-15.

[2]陈雄.论地球演化与银河系的关系—宇宙地球观刍议[J].地球化学,1984,13(3):256-268.

[3]安德鲁·迪克森·怀特.基督教世界科学与神学论战史(上、下卷)[M].鲁旭东,译.桂林:广西师范大学出版社,2006.

[4]黄芬.生命起源的研究进展[J].生物学通报,1980,15(3):26-30.

[5]王孔江.生命起源问题[J].中国科学基金,2006,(4):227-232.

[6]尤瓦尔·赫拉利.人类简史[M].林俊宏,译.北京:中信出版社,2017.

[7]伦纳德·蒙洛迪诺.思维简史[M].龚瑞,译.北京:中信出版社,2018.

[8]斯塔夫里阿诺斯.全球通史:从史前史到21世纪(上、下册)[M].吴象婴等,译.北京:北京大学出版社,2005.

[9]郝守刚,马学平,董熙平,等.生命的起源与演化[M].北京:高等教育出版社,2000.

[10]吴耀利.中国史前农业在世界史前农业中的地位[J].农业考古,2000,(3):93-99.

[11]任式楠.中国史前农业的发生与发展[J].学术探索,2005,(6):110-123.

[12]中国科学院考古研究所实验室.放射性碳素测定年代报告(二)[J].考古,1972,(5):56-58.

[13]徐辉,区秋明,李茂松,等.对钱山漾出土丝织品的验证[J].丝绸,1981,

(3):43-45.

[14]吕鸿声.栽桑学原理[M].上海:上海科技出版社,2008.

[15]王鑫,刘仲健.侏罗纪的花化石与被子植物起源[J].自然杂志,2015,37(6):435-440.

[16]南澤吉三郎.栽桑学:基礎と応用[M].東京:鳴鳳社出版,1984.

[17]中国农业科学院蚕业研究所,江苏科技大学.中国桑树栽培学[M].上海:上海科学技术出版社,2020.

[18]Jiao F, Luo RS, Dai XL, et al. Chromosome-level reference genome and population genomic analysis provide insights into the evolution and improvement of domesticated mulberry(*Morus alba*)[J]. Molecular Plant, 2020, 13(7): 1001-1012.

[19]杨光伟.中国桑属(*Morus* L.)植物遗传结构及系统发育分析[D].重庆:西南农业大学,2003.

[20]陈仁芳.桑属系统学研究[D].广州:华南农业大学,2010.

[21]中国农业科学院蚕业研究所.中国养蚕学[M].上海:上海科学技术出版社,1991.

[22]谭娟杰.昆虫的地质历史[J].动物分类学报,1980,5(1):1-13.

[23]尚玉昌.昆虫的起源和进化[J].化石,1979,(4):10-12.

[24]王佳佳,张维婷.鳞翅目昆虫化石研究进展[J].环境昆虫学报,2018,40(2):348-362.

[25]Engel MS, Grimaldi DA. New light shed on the oldest insect[J]. Nature, 2004, 427(12): 627-630.

[26]吉武成美.種々酵素型からみたワコとカイコの類縁関係について[J]. Japan J Genetics, 1966, 41(4): 259-267.

[27]吉武成美.家蚕日本種の起原に関する一考察[J].日蚕雑,1968,37(2):83-87.

[28]吉武成美,蒋猷龙.家蚕的起源和分化研究(续)[J].农业考古,1988,(4):268-279.

[29]吉武成美.蒋猷龙氏的家蚕起源学说[J].蚕学通讯,1983,3(2):57-58.

[30]鲁成,余红仕,向仲怀.中国野桑蚕和家蚕的分子系统学研究[J].中国农业科学,2002,35(1):94-101.

[31]Arunkumar KP, Metta M, Nagaraju J. Molecular phylogeny of silkmoths reveals the origin of domesticated silkmoth, *Bombyx mori* from Chinese *Bombyx mandarina* and paternal inheritance of *Antheraea proylei* mitochondrial DNA [J]. Mol Phylogenet Evol, 2006, 40: 419-427.

[32]Li D, Guo YR, Shao HJ, et al. Genetic diversity, molecular phylogeny and selection evidence of the silkworm mitochondria implicated by complete resequencing of 41 genomes[J]. BMC Evol Biol, 2010, 10: 81.

[33]Li YP, Song W, Shi SL, et al. Mitochondrial genome nucleotide substitution pattern between domesticated silkmoth, *Bombyx mori*, and its wild ancestors, Chinese *Bombyx mandarina* and Japanese *Bombyx mandarina*[J]. Genet Mol Biol, 2010, 33: 186-189.

[34]王维,孟智启,石放雄,等.鳞翅目昆虫比较线粒体基因组学研究进展[J].科学通报,2013,58(30):3017-3029.

[35]Wahlberg N, Wheat CW, Peňa C. Timing and patterns in the taxonomic diversification of Lepidoptera (butterflies and moths)[J]. PLoS One, 2013, 8(11): e80875.

[36]Pan MH, Yu QY, Xia YL, et al. Characterization of mitochondrial genome of Chinese wild mulberry silkworm, *Bomyx mandarina* (Lepidoptera: Bombycidae) [J]. Sci China Ser C: Life Sci, 2008, 51(8): 693-701.

[37]孙伟,余红松,沈以红,等.蚕系统发生及进化历史分析[J].中国科学(生命科学),2012,42(6):489-502.

[38]Xiang H, Liu XJ, Li MW, et al. The evolutionary road from wild moth to domestic silkworm[J]. Nature Ecology & Evolution, 2018, 2: 1268-1279.

[39]Misof B, Liu S, Meusemann K, et al. Phylogenomics resolves the timing and pattern of insect evolution[J]. Science, 2014, 346(6210): 763-767.

[40]贡成良，蜷木里，原和二郎．家蚕和野蚕杂交后线粒体的异质性[J]．苏州大学学报（工科版），2005，25（1）：19-22.

[41]李兵，浜野国胜，蜷木理，等．中日野桑蚕杂交后代线粒体的遗传初探[J]．蚕业科学，2006，32（2）：166-168.

[42]李兵，沈卫德．家蚕和野桑蚕的起源研究进展[J]．中国蚕业，2008，（2）：11-13.

[43]钦俊德，王琛柱．论昆虫与植物的相互作用和进化关系[J]．昆虫学报，2001，44（3）：360-365.

[44]王琛柱，钦俊德．昆虫与植物的协同进化：寄主植物-铃夜蛾-寄生蜂相互作用[J]．昆虫知识，2007，44（3）：311-319.

[45]鲁兴萌．蚕桑高新技术研究进展[M]．北京：中国农业大学出版社，2012.

[46]李卫国，张乐伟，王超，等．桑叶挥发性成分的静态顶空-气相色谱-质谱分析[J]．蚕业科学，2009，35（2）：355-361.

[47]Zhang ZJ，Zhang SS，Niu BL，et al. A determining factor for insect feeding preference in the silkworm，*Bombyx mori*[J]. PLoS Biol，2019，17（2）：e3000162.

[48]张剑，徐桂霞，薛皓月，等．植物进化发育生物学的形成与研究进展[J]．植物学通报，2007，24（1）：1-30.

[49]Wang H，Hu H，Xiang Z，et al. Identification and characterization of a new long noncoding RNA *iab-1* in the Hox cluster of silkworm *Bombyx mori* identification of *iab-1*[J]. J Cell Biochem，2019，120：17283-17292.

[50]贾思勰．齐民要术[M]．石声汉，校注．石定枎，谭光万，补订．北京：中华书局，2015.

[51]徐光启．农政全书校注[M]．石声汉，校注．石定枎，补订．北京：中华书局，2020.

[52]宋应星．天工开物[M]．上海：世界书局，1936.

[53]薛英伟，涂增，万永继，等．用柘树叶饲养家蚕对蚕体生长发育及3种代谢酶活性的影响[J]．蚕业科学，2009，35（2）：408-411.

[54]谢洪霞,涂增,万永继,等.不同饲料饲养对家蚕抗核型多角体病毒病的能力以及体内3种代谢酶活性的影响[J].蚕业科学,2009,35(3):642-647.
[55]向芸庆,王晓强,冯伟,等.不同饲料饲养家蚕其肠道微生态优势菌群类型的组成及差异性[J].生态学报,2010,30(14):3875-3882.
[56]夏克本.桑蚕五龄柘叶饲育试验[J].蚕桑通报,1995,26(1):32-33.
[57]楼文美,陈洪建.柘叶在养蚕生产上的利用[J].蚕桑通报,1995,26(3):56,54.
[58]汤国彬.用莴苣叶养蚕获得成功[J].生物学通报,1957,3(3):62-63.
[59]李本固,王绍祝.养蚕草饲蚕的研讨[J].蚕学通讯,1990,10(4):34-36.
[60]何奕昆,何伟.山莴苣离体培养形成植株[J].植物生理学通讯,1990,(12):45.
[61]马恩凤.榆树情结[J].国土绿化,2002,(10):45.
[62]蒋先芝,杨恩策,刘杏忠.真菌和昆虫的互作关系及协同进化[J].前沿科学,2009,3(1):12-21.
[63]张强,韩永翔,宋连春.全球气候变化及其影响因素研究进展综述[J].地球科学进展,2005,20(9):990-998.
[64]肖国桥,张仲石,姚政权.始新世—渐新世气候转变研究进展[J].地质评论,2012,58(1):91-105.
[65]杨怀仁.第四纪气候变化[J].冰川冻土,1979,1(2):25-34.
[66]江湉,贾建忠,邓丽君,等.古近纪重大气候事件及其生物响应[J].地质科技情报,2012,31(3):31-38.
[67]王宇飞,杨健,徐景先,等.中国新生代植物演化及古气候、古环境重建研究进展[J].古生物学报,2009,48(3):569-576.
[68]农业大词典编辑委员会.农业大词典[M].北京:中国农业出版社,1998.
[69]宋方洲,向仲怀.绢丝昆虫染色体研究进展(续)[J].蚕学通讯,1996,16(3):28-35.
[70]吉武成美.关于蒋猷龙先生的家蚕起源说[J].吴清,译.农业考古,

1983,(7):303-305.

[71]布目顺郎.对吉武博士讲演的意见[J].黄君霆,译.农业考古,1983,(7):306-308.

[72]蒋猷龙.就家蚕的起源和分化答日本学者并海内诸公[J].农业考古,1984,(4):146-149.

[73]吉武成美,蒋猷龙.家蚕的起源和分化研究[J].农业考古,1987,(7):316-324、418.

[74]高一陵.有关家蚕的生物学起源问题的讨论[J].广东蚕丝通讯,1985,(21):52-55.

[75]蒋猷龙.家蚕的起源和分化[M].南京:江苏科学技术出版社,1982.

[76]彭秀良.安阳殷墟发掘的前前后后[J].文史精华,2011,249:37-43.

[77]杨宝成.殷墟发掘80年的学术成就:纪念殷墟发掘80周年[J].殷都学刊,2008,(3):1-4.

[78]王宇信.甲骨学研究一百年[J].殷都学刊,1999,(2):1-14.

[79]王宇信.甲骨学研究的发展与胡厚宣教授的贡献[J].郑州大学学报(哲学社会科学版),1991,(4):1-11.

[80]郭小武.胡厚宣先生学术述论[J].史学史研究,1992,(1):50-57,73.

[81]李爱民.甲骨文字考释汇纂[D].长春:吉林大学,2015.

[82]严志斌.甲骨文、金文研究综述[M].北京:中国考古学年鉴,2016.

[83]胡厚宣.殷代的蚕桑和丝织[J].文物,1972,(11):2-7,36.

[84]蒋猷龙.浙江认知的中国蚕丝业文化[M].杭州:西泠印社出版社,2007.

[85]李发,向仲怀.甲骨文中的“丝”及相关诸字试析[J].丝绸,2013,50(8):1-5,12.

[86]周匡明,刘挺.夏、商、周蚕桑丝织技术科技成就探测(二):甲骨文揭开华夏蚕文化的崭新一页[J].中国蚕业,2012,33(4):84-88.

[87]李艳红,方成军.试论中国蚕业的起源及其在殷商时期的发展[J].农业考古,2007,(2):166-168,204.

[88]夏鼐.我国古代蚕、桑、丝、绸的历史[J].考古,1972,(2):12-27.

[89]赵丰.丝绸起源的文化契机[J].东南文化,1996,(1):67-74.
[90]夏鼐.考古学和科技史:最近我国有关科技史的考古新发现[J].考古,1977,(2):81-91.
[91]胡厚宣.从甲骨文字看殷代农业的发展[J].中国农史,1988,(4):27-30.
[92]王贵民.商代农业概述[J].农业考古,1985,(4):25-36.
[93]彭邦炯.商代农业新探[J].农业考古,1988,(4):47-57.
[94]彭邦炯.商代农业新探(续)[J].农业考古,1989,(2):124-133.
[95]周尧.中国古代昆虫学史的新探索[J].昆虫知识,1979,(3):237-240,230.
[96]朱睿,杨飞,周波,等.中国苎麻的起源、分布与栽培利用史[J].中国农学通报,2014,30(12):258-266.
[97]廖江波,陈东生.先秦葛麻服饰及其等级考[J].服装学报,2017,2(6):536-541.
[98]曙.蚕桑茧[J].文字改革,1964,(4):23.
[99]闵齐汲,毕弘述.订正六书通[M].上海:上海书店出版社,1981.
[100]李济.山西南部汾河流域考古调查[J].考古,1983,(8):759-766.
[101]李济.安阳[M].上海:上海人民出版社,2019.
[102]冯人.考古学家李济传略[J].晋阳学刊,1981,(12):54-58,65.
[103]王世民.李济先生的生平和学术贡献[J].考古,1982,(9):335,333.
[104]韩俊红.追忆中国考古学之父李济先生[J].学术界,2008,(3):233-236.
[105]岱峻.半个蚕茧包含的历史风云[J].粤海风,2006,(3):35-42.
[106]蒋猷龙.西阴村半个茧壳的剖析[J].蚕业科学,1982,8(1):39-40.
[107]布目顺郎.山西省西陰村の出土仰韶期繭について[J].日蚕雑,1968,37(3):187-194.
[108]大村清之助.桑蚕の生態習性及び繭に関する調査[J].蠶絲試験場報告,1950,13(3):79-130.
[109]赵承泽,李也贞,陈方全,等.关于西周丝织品(岐山和朝阳出土)的初

步探讨[J].北京纺织,1979,(5):11-15.
[110]杨希哲,蒋同庆,虎锡山.家蚕与桑蚕(野)一些数量形质的比较与进化[J].蚕学通讯,1984,(3):42-58.
[111]浙江省文物管理委员会.吴兴钱山漾遗址第一、二次发掘报告[J].考古学报,1960,(6):73-91.
[112]汪齐英,牟永抗.关于吴兴钱山漾遗址的发掘[J].考古,1980,(4):353-360.
[113]中国科学院考古研究所实验室.放射性碳素测定年代报告(四)[J].考古,1977,(5):200-204.
[114]安志敏.略论三十年来我国的新石器时代考古[J].考古,1977,(5):393-403.
[115]安志敏.略论我国新石器时代文化的年代问题[J].考古,1979,(6):35-43,47.
[116]陈星灿.安特生与中国史前考古学的早期研究:为纪念仰韶文化发现七十周年而作[J].华夏考古,1991,(4):39-50.
[117]李少兵,索秀芬.建国前辽西区新石器时代考古学文化发现与研究[J].内蒙古文物考古,2006,(2):89-95.
[118]高汉玉.从出土文物追溯蚕丝业的起源[J].蚕桑通报,1981,12(2):17-24.
[119]马德志,周永珍,张云鹏.一九五三年安阳大司空村发掘报告[J].考古学报,1955,(1):25-90.
[120]江苏省文物工作队.江苏吴江梅堰新石器时代遗址[J].考古,1963,(6):308-318.
[121]中国科学院考古研究所山西工作队.山西芮城东庄村和西庄村遗址的发掘[J].考古学报,1973,(1):1-63.
[122]河北省文物管理处台西考古队.河北藁城台西村商代遗址发掘简报[J].文物,1979,(6):33-44.
[123]高汉玉,王任曹,陈云昌.台西村商代遗址出土的纺织品[J].文物,

1979,(6)44–48.

[124]中国社会科学院考古研究所实验室.放射性碳素测定年代报告(一四)[J].考古,1987,(7):653–659.

[125]江西省博物馆,清江县博物馆,厦门大学历史系考古专业.江西清江筑卫城遗址第二次发掘[J].考古,1982,(2):131–138.

[126]宝鸡茹家庄西周墓发掘队.陕西省宝鸡茹家庄西周墓发掘简报[J].文物,1976,(4):34–56.

[127]巨万仓.陕西岐山王家嘴、衙里西周墓发掘简报[J].文博,1985,(5):1–7.

[128]河姆渡遗址考古队.浙江河姆渡遗址第二期发掘的主要收获[J].文物,1980,(5):1–12.

[129]中国社会科学院考古研究所实验室.放射性碳素测定年代报告(八)[J].考古,1981,(4):363–659.

[130]福建省博物馆,崇安县文化馆.福建崇安武夷山白岩崖洞墓清理简报[J].文物,1980,(6):12–20.

[131]高汉玉,王裕中.崇安武夷山船棺出土纺织品的研究[J].民族学研究,1982,(4):192–202.

[132]山东省文物考古研究所.山东济阳刘台子西周六号墓清理报告[J].文物,1996,(12):4–25.

[133]郑州市文物考古研究所.荥阳青台遗址出土纺织物的报告[J].中原文物,1999,(3):4–9.

[134]张松林,高汉玉.荥阳青台遗址出土丝麻织品观察与研究[J].中原文物,1999,(3):10–16.

[135]巴林右旗博物馆.内蒙古巴林右旗那斯台遗址调查[J].考古,1987,(6):507–518.

[136]江西省文物考古研究所.江西靖安县李洲坳东洲墓葬[J].考古,2008,(7):47–53.

[137]江西省文物考古研究所,靖安县博物馆.江西靖安李洲坳东周墓发掘

简报[J].文物,2009,(2):4-17.

[138]河南省文物考古研究院,中国科学技术大学科技史与科技考古系,舞阳县博物馆.河南舞阳县贾湖遗址2013年发掘简报[J].考古,2017,(12):3-20.

[139]李力.贾湖遗址墓葬土壤中蚕丝蛋白残留物的鉴定与分析[D].中国科学技术大学,2015.

[140]Zhang J,Harbottle G,Wang C,et al. Oldest playable musical instruments found at Jiahu early Neolithic site in China[J]. Nature,1999,(401):366-368.

[141]Lubec G,Holaubec J,Feidl C,et al. Use of silk in ancient Egypt [J]. Nature,1993,(362):25.

[142]赖咏.四库全书(精注精译版)[M].北京:中国书店,2013.

[143]崔寔.四民月令校注[M].石声汉,校注.北京:中华书局,1965.

[144]陈旉.陈旉农书校译[M].刘铭,校译.北京:中国农业出版社,2015.

[145]石声汉,校注.西北农学院古农学研究室,整理.农桑辑要校注[M].北京:中华书局,2014.

[146]雅斯贝尔斯.论历史的起源与目标[M].李雪涛,译.上海:华东师范大学出版社,2018.

[147]竺可桢.中国近五千年来气候变迁的初步研究[J].考古学报,1972,(1):15-38.

[148]杨正瓴,杨正颖.中国的气温变化与历史变迁关系的初步研究[J].天津大学学报(社会科学版),2002,4(1):57-60.

[149]罗素.哲学简史[M].伯庸,译.北京:台海出版社,2017.

[150]弗朗西斯·福山.政治次序的起源:从前人类时代到法国大革命[M].毛俊杰,译.桂林:广西师范大学出版社,2014.

[151]吴国盛.科学的历程[M].长沙:湖南科学技术出版社,2018.

[152]休斯顿·史密斯.人的宗教[M].刘安云,译.海口:海南出版社,2020.

[153]冯友兰.中国哲学简史[M].北京:北京大学出版社,2013.

[154]冯友兰.新原道(中国哲学之精神)[M].北京:北京大学出版社,2014.
[155]赵丰.中国丝绸通史[M].苏州:苏州大学出版社,2005.
[156]吕鸿声.西域丝绸之路[M].上海:上海科学技术出版社,2015.
[157]徐朗."丝绸之路"概念的提出与拓展[J].西域研究,2020,(1):140-151,172.
[158]邹近.张骞传说研究[D].成都:四川师范大学,2016.
[159]新疆维吾尔自治区博物馆.新疆民丰县北大沙漠中古遗址墓葬区东汉合葬墓清理简报[J].文物,1960,(3):9-12.
[160]肖小勇.楼兰鄯善考古研究综述[J].西域研究,2006,(4):82-119.
[161]史树青.谈新疆民丰尼雅遗址[J].文物,1962,(7-8):20-27.
[162]卞坤.吐鲁番地区公元前6世纪～公元1世纪墓葬研究[D].兰州:西北师范大学,2017.
[163]新疆维吾尔自治区博物馆,巴音郭楞蒙古自治州文物管理所,且末县文物管理所.新疆且末扎滚鲁克一号墓发掘报告[J].考古学报,2003,(1):89-136.
[164]邓家倍,任建芬.广州不是汉代海上丝绸之路始发港[J].广州社会主义学院学报,2004,(1):59-64.
[165]刘庆柱."丝绸之路"的考古认知[J].经济社会史评论,2015,(2):44-127.
[166]刘进宝."丝绸之路"概念的形成及其在中国的传播[J].中国社会科学,2018,(11):181-202,207.
[167]王三三.丝绸贸易:起源与特征[J].学术研究,2019,(6):127-137.
[168]葛剑雄.丝绸之路的历史地理背景:据作者多次讲演整理[J].西北工业大学学报(社会科学版),2020,(1):58-65.
[169]夏鼐.新疆新发现的古代丝织品:绮、锦和刺绣[J].考古学报,1963,(1):45-76.
[170]武威市文物考古研究所.甘肃武威磨嘴子汉墓发掘简报[J].文物,2011,(6):4-11.

[171]米小强.黄金之丘墓出土与丝绸之路文化交流[D].兰州:兰州大学,2021.
[172]董莉莉.丝绸之路与汉王朝的兴盛[D].济南:山东大学,2021.
[173]彼得·弗兰科潘.丝绸之路[M].邵旭东,孙芳,译.徐文堪,审校.杭州:浙江大学出版社,2016.
[174]王子今.中国古代交通系统的特征:以秦汉文物资料为中心[J].社会科学,2009,(7):132-140,191.
[175]张弘.略论秦汉时期的交通与贩运商业[J].社会科学家,1998,(2):40-45.
[176]刘璐.秦汉水运交通研究[D].湘潭:湘潭大学,2019.
[177]夏金梅.秦汉交通运输能力提高的原因分析[J].全国商情(理论研究),2014,(1):10.
[178]黄尧慧.两汉时期中央王朝与西域关系之演变[D].湘潭:湘潭大学,2018.
[179]《考古》编辑部.关于长沙马王堆一号汉墓的座谈纪要[J].考古,1972,(5):37-42.
[180]湖南省博物馆,中国科学院考古研究所.长沙马王堆二、三号汉墓发掘简报[J].文物,1974,(7):39-48,63.
[181]中国科学院考古研究所实验室.放射性碳素测定年代报告(三)[J].考古,1974,(5):333-338.
[182]侯良.汉代的丝绸宝库[J].丝绸,1992,(4):44-47.
[183]周世荣.马王堆汉墓发掘报告和有关图文浅说[N].中国文物报,2015-9-25.
[184]蒋猷龙.法家路线对我国古代蚕业生产的促进[J].中国农业科学,1976,(1):91-94.
[185]张维慎,张红娟.鎏金铜蚕与秦汉关中蚕桑业[J].石河子大学学报(哲学社会科学版),2019,33(6):87-97.
[186]李海菊.试论蚕桑业在汉代社会生活中的地位[J].新西部,2008,

(16):128-129.

[187]吴琼.秦汉蚕桑丝织技术和早期丝绸之路[J].科学技术哲学研究,2015,32(1):75-81.

[188]李砚卓.战国秦汉时期丝织品的发现与研究[D].长春:吉林大学,2010.

[189]王玉姗.秦汉魏晋南北朝时期主要经济作物的地理分布研究[D].西安:陕西师范大学,2016.

[190]蒋猷龙.秦汉时期的蚕业(上)[J].蚕桑通报,2018,49(1):62-64.

[191]王士舫,董自励.科学技术发展简史[M].北京:北京大学出版社,1997.

[192]丹丕尔惠商.科学与科学思想发展史(上、下册)[M].任鸿隽,李珩,吴学周,译.郑州:河南人民出版社,2016.

[193]陈文华.从出土文物看汉代农业生产技术[J].文物,1985,(8):41-48.

[194]陆宜新,张金虎.论汉代农业科学技术[J].南都学坛(哲学社会科学版),1997,17(4):12-15.

[195]朱宏斌.浅析秦汉农业科技文化交流的内在基础与动力[J].农业考古,2002,(2):115-121,190.

[196]康丽娜.秦汉农学文献研究[D].郑州:河南大学,2009.

[197]刘仰智.秦汉与古罗马农业历史比较研究[D].咸阳:西北农林科技大学,2009.

[198]张捷.秦汉时期财政运作研究[D].上海:华东师范大学,2012.

[199]吴适.汉代税收制度的意义及教训分析[J].兰台世界,2013,(11):30-31.

[200]马瑞江.从多元到一体的动因与机制:长城内外游牧与农耕族群演进的历史研究[D].天津:天津师范大学,2008.

[201]林剑鸣.秦汉文明发展的特点[J].学术月刊,1984,(5):49-54.

[202]冯契.秦汉哲学的特点与民族传统[J].哲学研究,1992,(9):47-50,77.

[203]庞天佑.秦汉魏晋南北朝历史哲学思想研究[D].郑州:郑州大学,2000.

[204]刘成林.轴心时代先秦哲学与古希腊哲学比较研究[D].四平:吉林师范大学,2013.

[205]朱宏斌.战国秦汉时期中外农业科技文化交流研究[D].咸阳:西北农林科技大学,2001.
[206]范明生.东西方哲学产生的比较研究[J].上海社会科学院学术季刊,1994,(3):56-65.
[207]倪梁康.东西方哲学思维中的现象学、本体论与形而上学[J].哲学研究,2016,(8):65-72,128.
[208]任继愈.中国哲学的过去与未来[J].中国哲学史,1993,(10):3-10.
[209]程起骏.打开吐谷浑古国之门的钥匙:关于都兰热水古墓群札记之一[J].柴达木开发研究,2001,(2):71-74.
[210]李世莉.青海都兰地区出土丝织品图案研究[D].兰州:西北师范大学,2020.
[211]周毛先,宗喀·漾正冈布.都兰吐蕃墓考古研究综述[J].西藏研究,2016,(4):107-113.
[212]新疆维吾尔自治区博物馆考古部,吐鲁番地区文物局阿斯塔那文物管理所.新疆吐鲁番阿斯塔那古墓群西区考古发掘报告[J].考古与文物,2016,(5):31-50.
[213]新疆文物考古研究所.新疆尉犁县营盘墓地1995年发掘简报[J].文物,2002,(6):4-45.
[214]甘肃省敦煌县博物馆.敦煌佛爷庙湾五凉时期墓葬发掘简报[J].文物,1983,(10):51-60.
[215]武敏.新疆出土汉至唐丝织物概说[J].文博,1991,(3):40-46,66.
[216]杨馨.敦煌莫高窟北区石窟出土西夏至元代丝绸的研究[D].东华大学,2013.
[217]新疆维吾尔自治区博物馆.吐鲁番县阿斯塔那—哈拉和卓古墓群发掘简报(1963—1965)[J].文物,1973,(10):7-27,82.
[218]周金玲.新疆尉犁营盘古墓群考古论述[J].西域研究,1999,(3):59-66.
[219]敦煌文物研究所考古所.敦煌晋墓[J].考古,1974,(3):191-199.

[220]张学君.论“西南丝绸之路”的贸易活动[J].文史杂志,2018,(4):35-42.

[221]覃主元.汉代合浦港在南海丝绸之路中的特殊地位和作用[J].社会科学战线,2006,(1):168-171.

[222]孟原召.关于海上丝绸之路的几个问题[J].考古学研究,2020,(9):379-404.

[223]娄建红.汉代广州与海上丝路:探究广州在海上丝绸之路中的地位和作用[J].人民论坛(文史哲),2012,(1):138-139.

[224]石云涛.魏晋南北朝时期海上丝路的利用[J].国家航海,2014,(1)132-147.

[225]郭勤华.隋炀帝的开放政策与丝绸之路经济的开发[J].宁夏社会科学,2014,(6):105-107.

[226]朱德军.逐鹿北疆:隋代文炀二帝经营突厥战略述论——兼论草原丝绸之路的兴衰[J].宁夏社会科学,2017,(1):197-203.

[227]袁楠.海上丝绸之路(南海段)历史线路分析及其历史地理信息系统构建研究[D].北京:北京建筑大学,2018.

[228]张玉忠.伊犁河流域的文物考古新发现[J].文博,1991,44-49.

[229]朱亚非.古代京杭运河与中外文化交流[J].淮阴工学院学报,2008,17(4):14-18.

[230]陈习刚.隋唐大运河研究评述[J].武汉交通职业学院学报,2020,22(2):1-21.

[231]吕娟.中国大运河河道变迁基本脉络及历史作用[J].河北水利电力学院学报,2022,32(2):1-7.

[232]汪艳.水网格局影响下的大运河—长江三角洲地区历史城镇发展与变迁[D].南京:东南大学,2019.

[233]郭林生.南北朝和隋朝人口研究[D].郑州:郑州大学,2006.

[234]汤志诚.中国历史地理环境变迁与三次大规模人口迁移的关系研究[D].杭州:浙江大学,2014.

[235]李映发.隋朝在中国通史上的地位[J].西华大学学报(哲学社会科学版),2010,29(2):32-40.
[236]雷依群.隋朝的殷富与隋政府的农业政策[J].唐都学刊,2001,17(2):45-48.
[237]牟重行.南北朝气候考[J].浙江气象科技,1987,8(3):5-9.
[238]尚群昌.气候变化与魏晋南北朝农耕技术的发展[J].农业考古,2014,(6):26-29.
[239]郑景云,满志敏,方修琦,等.魏晋南北朝时期的中国东部温度变换[J].第四纪研究,2005,25(2):129-140.
[240]孙程九,张勤勤.气候变迁、政府能力与王朝兴衰:基于中国两千年来历史经验的实证研究[J].经济学(季刊),2018,18(1):311-336.
[241]顾国达.世界蚕丝业经济与丝绸贸易[M].北京:中国农业科技出版社,2001.
[242]中国农业科学院蚕业研究所.世界蚕丝业[M].南昌:江西科学技术出版社,1992.
[243]张爽.公元前3—公元6世纪亚欧大陆丝绸贸易:以罗马—拜占庭、中国为中心[D].吉林:东北师范大学,2009.
[244]杨共乐."丝绸西销导致罗马帝国经济衰落说"源流辨析[J].史学集刊,2011,(1):69-74.
[245]曹慧玲,杨虎,桂仲争.《齐民要术》中的蚕桑科技述评[J].蚕业科学,2020,46(5):636-641.
[246]张婉仪,李荣华.21世纪以来《齐民要术》研究综述[J].农业考古,2019,(6):265-272.
[247]孙金荣.《齐民要术》研究[D].济南:山东大学,2014.
[248]逯宇.中国运输业官民关系的历史分析[D].北京:北京交通大学,2016.
[249]丁超.唐代贾耽的地理(地图)著述及其地图学成绩再评价[J].中国历史地理论丛,2012,27(3):146-156.
[250]蓝勇.近70年来中国历史交通地理研究的回顾与思考[J].2019,34

(7):5-17.

[251]李天舒.唐宋交通发展对文化交流影响几何[J].人民论坛,2016,(11):140-141.

[252]申慧青.简论北宋对丝绸之路的经营与利用[C].宋史研究论丛,2016,537-547.

[253]杨蕤.五代、宋时期陆上丝绸之路研究评述[J].西域研究,2011,(3):126-142.

[254]黄兴.中国指南针史研究文献综述[J].自然辩证法,2017,39(1):85-94.

[255]贺琛.水密隔舱海船文化遗产研究[D].北京:中央民族大学,2012.

[256]王煜.唐宋南海航线物流通道的嬗变:基于港口物流网络视角的回望[J].中国港口,2020,(6)14-26.

[257]陈忠海.宋朝的市舶司[J].中国发展观察,2019,(7):63-64.

[258]胡家庆,丁辉君.市舶使与市舶司[J].广州对外贸易学院学报,1987,(5):84,78.

[259]李亚平.盛唐时期(712—755年)丝织品外贸及其借鉴研究[D].武汉大学,2015.

[260]吴毅.杜环《经行记》及其重要价值[J].西北大学学报(自然科学版),2008,38(6):1029-1033.

[261]何国卫."南海一号"与"海上丝绸之路"[J].中国船检,2019,(10):112-116.

[262]包春磊."华光礁Ⅰ号"南宋沉船的发现与保护[J].大众考古,2014,(1):35-41.

[263]马建春.公元7—15世纪"海上丝绸之路"的中东商旅[J].中国史研究,2019,(1):183-189.

[264]邓炳权.海上丝绸之路与相关文物古迹的认定[J].广州文博,2008,(12):18-40.

[265]赵丰.从敦煌出土丝绸文物看唐代夹缬图案[J].丝绸,2013,50(8):

22–35.
[266]杨宗万.意大利蚕丝业的过去和近况[J].广东蚕丝通讯,1962,(1):30–35.
[267]吉武成美.蚕与日本[J].徐照宏,译.蚕学通讯,1984,(2):39–41.
[268]杨泓.从考古学看唐代中日文化交流[J].考古,1988,(4):358–365.
[269]高立保.中日蚕丝文化关系溯源[J].日本研究,1993,(1):43–47.
[270]蒋猷龙.中日蚕丝业科技和文化的交流[J].农业考古,1983,(7):290–302.
[271]顾希佳.吴越蚕丝文化向日本的流播及其比较[J].农业考古,2002,(9):92–133.
[272]高媛媛.试论遣唐使与日本科技文化的发展[D].武汉:华中师范大学,2016.
[273]赵莹波.宋日贸易研究:以在日宋商为中心[D].南京:南京大学,2012.
[274]陈国灿.宋朝海商与中日关系[J].江西社会科学,2013,(11):98–104.
[275]卢苇.宋代以前长江中下游经济发展和海上丝路的繁荣[J].海交史研究,1992,(2):42–49.
[276]张欣."安史之乱"引发的人口迁徙与技术革新及影响[J].陕西理工大学学报(社会科学版),2020,38(5):70–76.
[277]费省.论唐代的人口迁移[J].中国历史地理论丛,1989,(3):49–88.
[278]郑学檬,陈衍德.略论唐宋时期自然环境的变化对经济重心南移的影响[J].厦门大学学报(哲社版),1991,(4):104–113.
[279]张晓蕾.中国古代耕织图诗研究[D].南京:南京师范大学,2015.
[280]郭庆彬.南宋初期临安府於潜县农业文明初探:以楼璹的《耕织图》为例[J].山东农业大学学报(社会科学版),2019,(3):117–120.
[281]黄世瑞.我国历史上蚕业中心南移问题的探讨[J].农业考古,1985,(7):324–331.
[282]黄世瑞.我国历史上蚕业中心南移问题的探讨(续)[J].农业考古,1986,(4):360–365.

[283]黄世瑞.我国历史上蚕业中心南移问题的探讨(续完)[J].农业考古,1987,(7):326-335.

[284]秦观,黄省曾,沈公练.蚕书、蚕经、广蚕桑说辑补[M].上海:商务印书馆,1936.

[285]张新民.儒释之间:唐宋时期中国哲学思想的发展特征:以儒学的佛化与佛教的儒化为中心[J].文史哲,2016,(6):87-23,162.

[286]胡静.唐宋八大家论说文思想研究[D].西安:西北大学,2015.

[287]王颜.唐代科技与世界文明:兼论唐代科技的世界地位[D].西安:陕西师范大学,2010.

[288]何勇强.宋代科技成就的历史地位刍议[J].浙江学刊,2022,(1):22-28.

[289]吕变庭.北宋科技思想研究[D].保定:河北大学,2006.

[290]周尚兵.唐代的技术进步与社会变化[D].北京:首都师范大学,2005.

[291]赵瞳.北宋农业研究[D].郑州:郑州大学,2017.

[292]贾勃.《梦溪笔谈》科技内容注释之比较研究[D].太原:山西大学,2015.

[293]邱志诚.宋代农书考论[J].中国农史,2010,(9):20-34.

[294]蒋成忠.秦观《蚕书》释义(一)[J].中国蚕业,2012,33(1):80-84.

[295]蒋成忠.秦观《蚕书》释义(二)[J].中国蚕业,2012,33(2):79-82.

[296]魏东.论秦观《蚕书》[J].中国农史,1987,(2):82-88.

[297]袁名泽.《陈旉农书》之农史地位[J].农业考古,2013,(3):316-320.

[298]刘铭.论陈旉《农书》对《齐民要术》的继承和发展[J].农业考古,2013,(4):291-297.

[299]程军.13—14世纪陆上丝绸之路交通线复原研究[D].西安:陕西师范大学,2017.

[300]杨富学.明代陆路丝绸之路及其贸易[J].中国边疆史地研究,1997,(2):10-18.

[301]张连杰.明朝与中亚、西亚陆上交通路线考[J].唐山师范学院学报,2004,26(3):78-80.

[302]田澍.陆路丝绸之路上的明朝角色[J].中国边疆史研究,2017,27(3):30-39.
[303]王炳华.盐湖古墓[J].文物,1973,(10):28-36.
[304]张凤荣.论缎[J].丝绸,1992,(8):56-58.
[305]尚刚.蒙元御容[J].故宫博物院院刊,2004,(5):31-59.
[306]戴霄霞.缂丝在元代的发展[J].纺织报告,2020,(5):67-68.
[307]沙海昂.马可波罗行纪[M].冯承钧,译.上海:上海古籍出版社,2014.
[308]刘珂艳.元代纺织品纹样研究[D].上海:东华大学,2014.
[309]苏雪童.元代蒙古族刺绣的艺术特征及造物思想[J].中国民族博览,2020,(11):173-175.
[310]白秀梅.元代宫廷服饰制度匠户管理保障因素的研究[J].西部蒙古论坛,2017,(4):53-56.
[311]区秋明,黄赞雄.明代丝绸生产技术发展初探[J].浙江丝绸工学院学报,1984,1(2):60-66.
[312]廖军.试论明代锦缎纹样的艺术形式及发展[J].苏州大学学报(哲学社会科学版),2000,(4):94-96.
[313]王丽娜.明定陵出土丝织品纹样初探[J].故宫学刊,2012,132-145.
[314]赵丰.元代蚕业区域初探[J].中国历史地理论丛,1987,(2):77-94.
[315]汪兴和.元代劝农机构研究[D].广州:暨南大学,2004.
[316]王培华.元代司农司和劝农使的建置及功过评价[J].古今农业,2005,(3):55-63.
[317]崔婷婷.元代农官制度研究[D].咸阳:西北农林科技大学,2017.
[318]夏如兵.气候剧变与元代黄河流域蚕桑业的兴衰[J].中国农史,2020,(2):105-116.
[319]田冰.论明代农业生产发展的特色[J].郑州航空工业管理学院学报(社会科学版),2004,23(6):18-21.
[320]管汉晖,李稻葵.明代GDP及结构试探[J].经济学(季刊),2010,9(3):787-828.

[321]赵潞.明代农本思想究要[D].昆明:云南大学,2013.
[322]张明山.明代农具设计研究[D].南京:南京艺术学院,2014.
[323]陈忠海.明代经济结构转型的机遇与错失[J].中国发展观察,2015,(5):92-93.
[324]赵轶峰.明代经济的结构性变化[J].求是学刊,2016,43(2):140-152.
[325]庞勃.明代国家劝农研究[D].咸阳:西北农林科技大学,2017.
[326]范金民.明代丝织品加派论述[J].中国社会经济史研究,1986,(12):61-69.
[327]陈志刚.从"重农减征"到竭农重征:明代农业政策运行的系统性反思[J].社会科学辑刊,2009,(6):169-175.
[328]熊昭明.汉代海上丝绸之路航线的考古观察[J].社会科学家,2017,(11):34-40.
[329]王珍曙.元朝水路交通的拓展及对经济发展的影响[D].昆明:云南师范大学,2004.
[330]朱年志.元代山东运河的开辟与沿岸社会经济发展[J].华北水利水电大学学报(社会科学版),2014,30(3):13-16.
[331]钱克金.明代京杭大运河研究[D].长沙:湖南师范大学,2003.
[332]孙秋燕.京杭运河与明代经济[J].菏泽学院学报,2006,28(1):108-111.
[333]李德楠.从海洋走向运河,明代漕运方式的嬗变[J].聊城大学学报(社会科学版),2012,(1):6-10.
[334]吴士勇.明代总漕研究[D].南京:南京大学,2013.
[335]蔡宏恩.明代京杭运河通航效率研究:基于通航状况的成本分析[D].北京:清华大学,2014.
[336]郑永华.试论通州运河与元代以来的南北文化交流[J].北京史学论丛,2017,(4):351-364.
[337]王文淑.明代京杭大运河研究综述[J].乐山师范学院学报,2014,29(4):85-88.

[338]朱子彦.元代的南北海运[J].上海海运学院学报,1983,(4):79-86.

[339]程晓.我国古代造船技术的兴衰及其启示[D].武汉:武汉科技大学,2007.

[340]孟繁清.元代的海船户[J].蒙古史研究(第九辑),2007:107-119.

[341]罗小霞,王元林.近二十年来明代造船与航海技术研究综述[J].中国史研究动态,2015,(4):51-60.

[342]张洁.明代造船技术的社会动力探析:基于明代造船技术文献的考察[D].太原:山西大学,2019.

[343]杨晓波.明朝海上外贸管理法制研究[D].上海:华东政法大学,2015.

[344]段卫宇.试论明代互市贸易形式[D].昆明:云南师范大学,2016.

[345]季晨阳.明中期海外贸易研究(1491—1572)[D].昆明:云南师范大学,2019.

[346]方楫.明代的海运与造船工业[J].文史哲,1957,(5):46-52.

[347]王丹妮.论明代漕粮海运、河运之争[D].大连:辽宁师范大学,2018.

[348]韩庆.明朝实行海禁政策的原因探究[J].大连海事大学学报(社会科学版),2011,10(5):87-91.

[349]杨彦杰.一六五〇——一六六二年郑成功海外贸易的贸易额和利润额估算[J].福建论坛,1982,(5):80-88.

[350]邓辉.郑和船队下西洋航线及其相关的季风航海问题[J].中国航海,2005,(3):1-7.

[351]刘军.明代海上贸易的出口商品[J].财经问题研究,2010,(12):24-29.

[352]邹吕辉.从政治地理学的角度论析郑和下西洋的历史作用及其现实启示[D].杭州:浙江大学,2015.

[353]万明.全球史视野下的郑和下西洋路[J].中国史研究动态,2019,(2):46-51.

[354]昆廷斯金纳.剑桥文艺复兴哲学史[M].徐卫翔,译.上海:华东师范大学出版社,2020.

[355]彼得·哈里森.科学与宗教的领地[M].张卜天,译.北京:商务印书馆,2019.

[356]亚·沃尔夫.十六、十七世纪科学、技术和哲学史(上、下册)[M].周昌忠,苗以顺,毛荣运,等译.北京:商务印书馆,1991.
[357]王毓瑚.关于“农桑辑要”[J].北京农业大学学报,1956,2(2):77-84.
[358]毛晔翎.《农桑辑要》文献研究[D].武汉:华中师范大学,2018.
[359]周匡民,刘挺.《农桑辑要》中凸出的蚕桑科技成就[J].蚕业科学,2014,40(2):307-316.
[360]石声汉.元代的三部农书[J].生物学通报,1957,(10):20-25.
[361]王祯.王祯农书[M].杭州:浙江人民美术出版社,2015.
[362]章步青.读《王祯农书》与《天工开物》谈该两书中的养蚕技术[J].江苏蚕业,1989,(2):27-29.
[363]章楷.杀蛹杂谈:读古蚕书随笔之一[J].蚕业科技,1979,(4):53-55.
[364]金远.我国古代的贮茧技术[J].丝绸,1985,(1):56-58.
[365]潘云.王祯《农书》农业生态思想研究[D].南京:南京农业大学,2007.
[366]鲁明善.农桑衣食撮要[M].王毓瑚,校注.北京:农业出版社,1962.
[367]汤慧玲.《农桑衣食撮要》对元代农业经济的影响[J].农业考古,2015,(3):291-293.
[368]曾令香.元代农书农业词汇研究[D].济南:山东师范大学,2012.
[369]高栋梁.鲁明善与《农桑撮要》研究[D].北京:中央民族大学,2007.
[370]赵美岚,黎康.徐光启农学研究中的科学方法辨析:以《农政全书》为中心的考察[J].农业考古,2012,(12):111-115.
[371]韩兴勇.《农政全书》在近世日本的影响和传播:中日农书的比较研究[J].农业考古,2003,(1):221-229.
[372]游修龄.从大型农书体系的比较试论《农政全书》的特色和成就[J].中国农史,1983,(10):9-18.
[373]蒋猷龙.宋应星在总结蚕业科技上的贡献[J].农业考古,1987,(4):347-353.
[374]李悦.从《天工开物》试探中国古代技术知识[D].西安:西安建筑科技大学,2016.

[375]丁愫卿.从《天工开物》看明代杭嘉湖丝绸文化[J].中国民族博览，2019,(12):97-98.
[376]马月飞.《天工开物》传播历程研究:一本科技巨著在明清时期的传播枯荣[D].保定:河北大学,2017.
[377]闵宗殿.试论清代农业的成就[J].中国农史,2005,(1):60-66.
[378]史志宏.清代农业生产指标的估计[J].中国经济史研究,2015,(5):5-30,143.
[379]彭凯翔.人口增长下的粮食生产与经济发展:由史志宏研究员的清代农业产出测算谈起[J].中国经济史研究,2015,(5):38-49,143.
[380]孙任以都.清代的蚕丝和丝织生产[J].娄尔品,译.上海经济研究，1981,(9):41-48.
[381]范虹珏.太湖地区的产业生产技术发展研究(1368—1937)[D].南京:南京农业大学,2012.
[382]蒋猷龙.清代的蚕业(上)[J].蚕桑通报,2020,51(4):57-62.
[383]陈学文.明清时期杭嘉湖地区的蚕桑业[J].中国经济史研究,1991,(4):91-103.
[384]周晴.明清时期嘉湖平原的植桑生态[D].上海:复旦大学,2008.
[385]周晴.河网、湿地与蚕桑:嘉湖平原生态史研究(9—17世纪)[D].上海:复旦大学,2011.
[386]谭光万.中国古代农业商品化研究[D].咸阳:西北农林科技大学,2013.
[387]华德公.中国蚕桑书录[M].北京:农业出版社,1990.
[388]章楷.漫谈历史上江苏的蚕业[J].蚕业科技,1979,(1):44-46.
[389]章楷.漫谈历史上江苏的蚕业(续一)[J].蚕业科技,1979,(2):54-56.
[390]章楷.漫谈历史上的江苏蚕业(续二)[J].蚕业科技,1979,(4):53-56.
[391]章楷.江浙近代养蚕的经济收益和蚕业兴衰[J].中国经济史研究，1995,(2):97-102.
[392]马雪芹.明清河南桑麻业的兴衰[J].中国农史,2000,19(3):53-56,72.
[393]郭声波.历史时期四川蚕桑事业的兴衰[J].中国农史,2002,21(3):9-

17,67.

[394]蒋猷龙.清代的蚕业(下)[J].蚕桑通报,2020,52(1):56-63.

[395]嵇发根.丝绸之府湖州与丝绸文化[M].北京:中国国际广播出版社,1994.

[396]嵇发根.丝绸之府五千年:湖州丝绸文化研究[M].杭州:杭州出版社,2007.

[397]李伯重.明清江南蚕桑亩产考[J].农业考古,1996,(2):196-201,212.

[398]李伯重.明清江南蚕桑亩产考(续)[J].农业考古,1996,(5):239-249,256.

[399]王洪伟,盛邦跃.明清时期江南蚕桑业发展的若干因素(1368—1840)[J].中国农史,2018,(1):69-74,42.

[400]曲从规.陈启沅与中国近代机器缫丝业[J].史学月刊,1985,(3):47-50.

[401]吴建新.陈启沅和继昌隆若干史实的辩证和陈启沅思想研究[J].广州文博,2021,(12):247-258.

[402]钦定四库全书荟要.钦定授时通考[M].长春:吉林出版集团,2005.

[403]马宗申.中国古代农学百科全书——《授时通考》[J].中国农史,1989,(4):93-95.

[404]杨际平.唐田令的"户内永业田课植桑五十根以上":兼谈唐宋间桑园的植桑密度[J].中国农史,1998,17(3):25-31.

[405]陈祥.《齐民要术》生态农业思想及其当代价值研究[D].咸阳:西北农林科技大学,2020.

[406]王勇.再论北魏均田令中的桑田:基于农学视角的考察[J].史学集刊,2023,(2):97-107.

[407]沈秉成.蚕桑辑要[M].郑辟疆,校注.北京:农业出版社,1960.

[408]汪日桢.湖蚕述注释[M].蒋猷龙,注释.北京:农业出版社,1987.

[409]沈炼.广蚕桑说辑补[M].仲昂庭,辑补.郑辟疆,郑宗元,校注.北京:农业出版社,1960.

[410]赵敬如,张行孚,黄省曾,等.蚕桑说、蚕事要略、养鱼经、捕蝗考、捕蝗集要、伐蛟说[M].北京:中华书局,1991.
[411]卫杰.蚕桑萃编[M].北京:中华书局,1956.
[412]陈开沚.裨农最要[M].北京:中华书局,1956.
[413]陈启沅.蚕桑谱[M].桂林:广西师范大学出版社,2015.
[414]杨巩.农学合编[M].北京:农业出版社,1963.
[415]章楷.中国古代栽桑技术史料研究[M].北京:农业出版社,1982.
[416]章楷,余秀茹.中国古代养蚕技术史料选编[M].北京:农业出版社,1985.
[417]焦秉贞.康熙御制耕织图[M].天津:天津人民美术出版社,2006.
[418]吉川安.科学的社会史:从文艺复兴到20世纪[M].杨舰,梁波,译.北京:科学出版社,2011.
[419]莱昂·罗斑.希腊思想和科学精神的起源[M].陈修斋,译.段德智,修订.北京:商务印书馆,2020.
[420]玛格丽特·J·奥斯勒.重构世界[M].张卜天,译.北京:商务印书馆,2019.
[421]理查德·韦斯特福尔.近代科学的建构[M].张卜天,译.北京:商务印书馆,2020.
[422]托马斯·库恩.科学革命的结构[M].金吾伦,胡新和,译.北京:北京大学出版社,2012.
[423]约翰·亨利.科学革命与现代科学的起源[M].杨俊杰,译.北京:北京大学出版社,2013.
[424]戴维·林德伯格.西方科学的起源[M].张卜天,译.北京:商务印书馆,2019.
[425]弗洛里斯·科恩.科学革命的编史学研究[M].张卜天,译.北京:商务印书馆,2022.
[426]远得玉,王建吉,赵研.自然科学发展简史[M].北京:中央广播电视大学出版社,2000.

[427]亚·沃尔夫.十八世纪科学、技术和哲学史(上、下册)[M].周昌忠,苗以顺,毛荣运,译.北京:商务印书馆,1991.

[428]石川金太郎.蚕体病理学[M].東京:明文堂,1936.

[429]齐赫男.《意大利蚕书》研究[D].合肥:中国科学技术大学,2011.

[430]杨宗万.意大利养蚕业衰退的原因:意大利罗马社会科学研究所农业专家帕拉迪努的调查研究[J].广东蚕丝通讯,1963,(2):40-41.

[431]三谷贤三郎.蚕病学(上卷)[M].東京:明文堂,1928.

[432]浙江大学.家蚕病理学[M].北京:中国农业出版社,2001.

[433]Franzen C. Microsporidia: A review of 150 years of research[J]. Open Parasitol J,2008,2:1-34.

[434]吴廷璆.日本史通论[M].南京:江苏人民出版社,2019.

[435]廖正衡.关于日本科技发展分期的新尝试:兼及两千年来日本科技发展的历史轨迹[J].自然辩证法研究,1995,11(1):43-50.

[436]叶磊.日本江户时期的农学成就研究[D].南京:南京农业大学,2013.

[437]王秋菊.日本德川时代西方科技传播研究[D].沈阳:东北大学,2008.

[438]山本义隆.日本科技150年:从黑船来航到福岛事故[M].蒋奇武,译.杭州:浙江人民出版社,2020.

[439]丸山真男.日本的思想[M].新北:远足文化,2019.

[440]陈露.战争推动下的日本经济现代化(1868—1918)[D].郑州:郑州大学,2011.

[441]杨栋梁.日本近代产业革命的特点[J].南开学报(哲学社会科学版),2008,(1):104-112.

[442]管宁.日本近代棉纺织业的发展与海外市场[J].日本研究,1995,(2):50-51.

[443]管宁.日本近代棉纺织业的成立:"十基纺"与"大阪纺"[J].日本研究,1994,(4):31-42.

[444]李一翔.论日本棉纺织业第一次对华扩张高潮[J].上海经济研究,1991,(5):64-70.

[445]秦瑛，方宪堂.日本产业革命和资本主义近代化过程中的纺织工业[J].上海经济研究，1981，(5)：30-35.

[446]徐作耀.自动缫丝机的发展史[J].丝绸，1983，(5)：22-24.

[447]陈健，孙小平.中国和日本近代蚕丝经济发展史的比较[J].上海经济研究，1984，(6)：33-38，45.

[448]汪敬虞.从中国生丝对外贸易的变迁看缫丝业中资本主义的产生和发展[J].中国经济史研究，2001，(2)：23-38.

[449]岳恒.外国专家与日本近代化[D].苏州：苏州科技学院，2010.

[450]梁旻.约瑟夫·C.格鲁与美日关系(1932—1945)[D].苏州：苏州科技学院，2010.

[451]周启乾.日本近代科技人才的产生及其作用[J].天津社会科学，1985，(2)：59-63.

[452]李红，衣保中.日本明治时期农业科技近代化及其启示[J].现代日本经济，2011，(3)：55-61.

[453]张明国.从中日科技比较看近代中国科技落后的原因[J].自然辩证法通讯，2003，25(1)：16-22.

[454]李文英.模仿、自立与创新：近代日本学习欧美教育研究[D].保定：河北大学，2000.

[455]胡燕.中日两国近代科技发展道路比较研究[D].武汉：华中师范大学，2013.

[456]邵龙宝.中日近代科技发展的社会条件比较[J].同济大学学报(社会科学版)，2003，14(1)：28-36.

[457]河合孝.日本蚕丝教育研究机构现状[J].国外农学：蚕业，1982，(12)：64-65.

[458]蒋国宏.日本近代蚕种改良及对中国的影响初探[J].兰州学刊，2011，(9)：157-162.

[459]叶夏裕.日本农林水产省蚕丝试验场研究课题[J].国外农学：蚕业，1986，(7)：46-55.

[460]姚祥.日本蚕丝试验场七十年的主要研究成果[J].江苏蚕业,1987,(4):54-55.

[461]马静,王强.从《格致汇编》看晚清时期日本蚕业改革[J].西部学刊,2013,(4):63-65.

[462]卡斯特拉尼.中国养蚕法:在湖州的实践与观察[M].马蒂尼,英译.楼杭燕,余楠楠,中译.杭州:浙江大学出版社,2016.

[463]王翔.十九世纪中日丝绸业近代化比较研究[J].中国社会科学,1995,(6):169-186.

[464]福田纪文.综合蚕糸学[M].東京:日本蚕糸新闻社,1979.

[465]大井秀夫.蚕品种溯源[J].李奕仁,译.国外农学:蚕业,1981,(12):13-16.

[466]大井秀夫.蚕的品种[J].倪洪同,译.蚕桑通报,1981,(4):45-49.

[467]石黑武重.日本蚕品种改良和蚕种业法规[J].广西蚕业通讯,1990,27(3):49-51,46.

[468]石黑武重.日本蚕品种改良和蚕种业法规(续1)[J].广西蚕业通讯,1991,28(2):41-45.

[469]石黑武重.日本蚕品种改良和蚕种业法规(续2)[J].广西蚕业通讯,1991,28(2):62-64.

[470]石黑武重.日本蚕品种改良和蚕种业法规(续3)[J].广西蚕业通讯,1992,29(3):107-111.

[471]吕鸿声.蚕种学原理[M].上海:上海科学技术出版社,2011.

[472]平塚英吉.日本蚕品種実用系譜[M].東京:大日本蚕糸会蚕糸科学研究所,1969.

[473]石黑武重.日本蚕品种改良和蚕种业法规(续4)[J].广西蚕业通讯,1993,30(1):47-53.

[474]石黑武重.日本蚕品种改良和蚕种业法规(续5)[J].广西蚕业通讯,1993,30(1):59-64.

[475]石黑武重.日本蚕品种改良和蚕种业法规(续7)[J].广西蚕业,1994,

31(2):83.

[476]石黑武重.日本蚕品种改良和蚕种业法规(续8)[J].广西蚕业,1995,32(1):85-86.

[477]顾国达,冯家新.日本蚕种业的宏观管理[J].国外农学:蚕业,1994,(4):2-7.

[478]袁之平,周安泳.日本的蚕茧收购和茧检定办法[J].丝绸,1984,(1):27-28.

[479]陆旋.日本蚕茧买卖和历年茧检定的改进[J].蚕桑通报,1987,18(2):61-64.

[480]胡祚忠,杜周和,沈则宏,等.论日本茧检定与我国蚕茧标准[J].中国蚕业,2005,26(1):96-99.

[481]蚕品种变迁研究班(吉武成美,长岛荣一,中岛诚,等).蚕品种改良和指定制度25年历程[C].日本,1982.

[482]三谷贤三郎.蚕病学(中卷)[M].東京:明文堂,1929.

[483]Ishihara R, Fujiwara T. The spread of pebrine within a colony of the silkworm, *Bombyx mori* (Linnaeus)[J]. J Invertebr Pathol, 1965, 7: 126-131.

[484]Ishihara R, Fujiwara T, Sawada N. Regression of the numbers of infected moths and died larvae in the pebrine infection of the silkworm, *Bombyx mori* L.[J]. J Sericult Sci Japan, 1965, 34(2): 121-124.

[485]Ishihara R. Stimuli causing extrusion of polar filaments of *Glucose Fumiferanae* spores[J]. Can J Micrbiol, 1967, 13: 1321-1332.

[486]Ishihara R, Hayashi Y. Some properties of ribosomes from the sporoplasm of *Nosema bombycis*[J]. J Invertebr Pathol, 1968, 11(3): 377-385.

[487]Ishihara R. Some observations on the fine structure of sporoplasm discharged from spores of a microsporidian, *Nosema bombycis*[J]. J Invertebr Pathol, 1968, 12(3): 245-258.

[488]藤原公.蚕微粒子病の集団蛾検査法に関する研究[J].蚕糸試験場彙報,1984,(120):113-160.

[489] Fujiwara T. Microsporida from silkworm morths in egg-production sericulture [J]. J Seric Sci Jpn, 1985, 54(2): 108-111.

[490] Ishihara R, Iwano H. The lawn grass cutworm, *Spodoptera depravata* Butler, as a natural reservoir of *Nosema bombycis* Naegeli[J]. J Seric Sci Jpn, 1991, 60(3): 236-237.

[491] 大島格.家蚕の微粒子病駆除に対する母蛾検査法の合理的簡素化に関する研究[J].蚕糸試验場試验報告, 1949, 13: 1-61.

[492] 農林省蚕糸試験場微粒子病研究室.微粒子病の検査法と防除対策[M].東京:全国蚕种协会, 1965, 1-20.

[493] 栗栖弌彦.母蛾検査における抜取検査特性の簡易算定法について[J].日蚕雑, 1986, 55(4): 351-352.

[494] 栗栖弌彦,今西博朗,濱崎実.母蛾検査の群逐次抜取検査表について[J].日蚕雑, 1986, 55(6): 525-526.

[495] 栗栖弌彦.普通蚕種の母蛾検査に関する研究(5)補遺及び総括[J].京都工芸繊維大学繊維学部学術報告, 1987, 11(3): 285-295.

[496] 四川省蚕业制种公司,四川省蚕学会蚕种专业委员会.家蚕微粒子病资料选编[M].成都:成都科技大学出版社, 1991.

[497] 西川砂.蠶の胃腸病論:近時違蠶の原因と其豫防法[M].東京:明文堂, 1926.

[498] 川瀬茂実.ウイルスと昆虫[M].東京:南江堂, 1976.

[499] 板谷健吾.蚕体生理学[M].東京:文明堂, 1936.

[500] 福田纪文.日本蚕丝技术的现状和将来[J].国外农学:蚕业, 1983, (7): 5-9.

[501] 诸星静次郎.蚕的发育机制[M].葛景贤,译.北京:科学出版社, 1962.

[502] 诸星静次郎.昆虫的成长与发育[M].蒋同庆,等译.重庆:重庆出版社, 1984.

[503] 吴大洋.家蚕滞育的生理学研究:滞育激素对家蚕卵脂质、碳水化合物代谢的影响与滞育卵长期保存[D].重庆:西南农业大学, 2002.

[504]凌永乐.人造纤维的诞生[J].化学教育,1995,(10):44-46.
[505]程博文.化学纤维发展简史[J].合成纤维工业,1994,17(2):36,45.
[506]万启春,钱保功.尼龙发明五十周年[J].高分子材料科学与工程,1988,(5):1-8.
[507]曲宗禄,姜化文.化学纤维的发展、竞争及前景(上)[J].中国纺织经济,1996,(9):23-27.
[508]郭曼丽.世界化学纤维生产的概况与发展趋势[J].国外纺织技术(化纤、染整、环境保护),1987,(1):1-5.
[509]Chaeles Wfryer.世界合成纤维工业发展回顾[J].石油化工动态,1998,6(5):18-23.
[510]上海合成纤维研究所.国外合成纤维发展概况[J].石油化工,1973,(6):573-581.
[511]董垠红,彭蜀晋.纺织纤维发展历程概观[J].化学教育,2017,38(8):76-81.
[512]石井寛治.日本蚕糸業史分析[M].東京:東京大学出版会,1972.
[513]许宁宁."三环节"贸易与日本侵略战争的演进(1929—1945)[D].湘潭:湘潭大学,2013.
[514]杨小凯.民国经济史[J].开放时代,2001,(9):61-68.
[515]岁有生.财政制度近代化的尝试:论民国初年周学熙的财政整理[D].郑州:郑州大学,2004.
[516]孙智君.民国时期产业经济思想研究[D].武汉:武汉大学,2006.
[517]龚会莲.变迁中的民国工业史(1912—1936):一种制度分析的视角[D].西安:西北大学,2007.
[518]陈雷.国民政府战时统制经济研究[D].石家庄:河北师范大学,2008.
[519]易棉阳.抗战时期中国经济的三个特点[J].江西财经大学学报,2009,(2):80-85.
[520]杨福林.国民政府战时贸易统制政策研究[D].南昌:江西财经大学,2010.

[521]伍操.战时国民政府金融法律制度研究(1937—1945)[D].重庆:西南政法大学,2011.

[522]罗红希.民国时期对外贸易政策研究[D].长沙:湖南师范大学,2014.

[523]郝明超.1927-1937年中国金融制度现代化研究[D].哈尔滨:哈尔滨工业大学,2014.

[524]王丰顺.民国时期国民财政金融政府政策概略[J].东南大学学报(哲学社会科学版),2015,17(增刊):33-34.

[525]久保亨.关于民国时期工业生产总值的几个问题[J].历史研究,2001,(5):30-40,188.

[526]长野朗.民国财政[J].王晓华,译.民国档案,1994,(1):118-124.

[527]李明建.论民国时期思想文化的变迁[J].文化学刊,2017,(11):219-222.

[528]李海龙.大学为何兴起于西方[D].南京:南京师范大学,2016.

[529]刘铁.我国现行大学制度的历史演进及特征[J].黑龙江高教研究,2003,(2):4-6.

[530]李均.民国时期高等教育研究论述[J].学术研究,2004,(10):108-111.

[531]刘颖.简析国民党统治时期的民国高等教育[J].湖北社会科学,2009,(1):172-175.

[532]黄馨馨,罗克文.民国时期教会大学的发展研究[J].中国电力教育,2010,(16):176-178.

[533]张玥.抗战时期国立大学校长的治校方略研究[D].南京:南京大学,2013.

[534]孟江寅.民国时期高等教育的特征及启示[J].黑龙江教育(高教研究与评估),2017,(2):66-67.

[535]许丽华.民国高等教育研究的进展:以《教育杂志》刊文为例[D].南京:南京师范大学,2017.

[536]王美.民国时期高等教育政策变迁研究(1912—1949)[D].长春:东北师范大学,2021.

[537]谢长法.民国时期的留学生与高等教育近代化[J].河北大学学报(哲学社会科学版),2005,30(4):100-104.
[538]郑林.中国近代农业技术创新三元结构分析[D].南京:南京农业大学,2004.
[539]周谷平,赵师红.民国时期的农学研究生教育初探(1935-1949年)[J].学位与研究生教育,2009,(4):26-31.
[540]陈元.民国时期我国大学研究院所研究[D].武汉:华中师范大学,2012.
[541]陈元.民国大学农科研究所的发展及其研究生教育特征[J].教育评论,2015,(2):161-164.
[542]时赟.中国高等农业教育近代化研究(1897—1937)[D].保定:河北大学,2007.
[543]李瑛.民国时期大学农业推广研究[D].上海:华东师范大学,2011.
[544]朱世桂.中国农业科技体制百年变迁研究[D].南京:南京农业大学,2012.
[545]曹雪,金晓斌,王金朔,等.近300年中国耕地数据集重建与耕地变化分析[J].地理学报,2014,69(7):896-906.
[546]乔浩风.中国近代大学研究院所的发展及其职能研究(1902—1945)[D].苏州:苏州大学,2016.
[547]谢记虎.清至民国人口性别比例地域研究[D].重庆:西南大学,2020.
[548]徐鼎新.试论清末民初的上海(江浙皖)丝厂茧业总公所[J].中国经济史研究,1986,(2):61-75.
[549]肖爱丽,杨小明.上海近代缫丝业兴衰研究[J].科学技术哲学研究,2011,28(5):91-96.
[550]陶士和.近代浙江资本家对发展民族经济的贡献[J].杭州师范学院学报,1990,(2):68-74.
[551]张增香.简析华资机器缫丝业产生的几个有利条件[J].东疆学刊哲学社会科学版,1996,(2):16-19.
[552]郭小虎.1929—1933年大萧条对中国缫丝业的影响[D].天津:南开大

学,2010.

[553]李灿.近代锡沪缫丝工业比较研究[D].上海:华东师范大学,2009.

[554]Li M.近代中国蚕丝业的出口贸易[J].屠晏清,译.上海经济研究,1982,(11):44,46-50.

[555]Li M.近代中国蚕丝业的出口贸易与农村经济[J].屠晏清,译.李必樟,校.上海经济研究,1982,(12):44-48.

[556]张茂元.近代中国机器缫丝技术应用与社会结构变迁:长江三角洲和珠江三角洲的比较研究(1860—1936)[D].北京:北京大学,2008.

[557]郑琬琼.民国生丝出口贸易日渐衰败之原因新探[D].济南:山东大学,2018.

[558]王姗.1895—1927年中国民族工业发展问题研究[D].长春:吉林大学,2015.

[559]王丽丽.江苏近代生丝出口贸易及对农村经济的影响[D].南京:南京农业大学,2004.

[560]张会会.中国近代丝绸商品出口竞争力与影响因素分析[D].郑州:河南大学,2019.

[561]蒋国宏.江浙地区的蚕种改良研究(1898—1937)[D].上海:华东师范大学,2008.

[562]赵伟.近代苏南企业集团的一体化战略研究(1895—1937):以近代中国企业战略史为视角的探讨[D].苏州:苏州大学,2011.

[563]董惠民.论近代浔商衰弱之原因[J].西南民族大学学报(人文社科版),2004,25(4):286-289.

[564]何妮燕.民国时期南浔富商群体迅速衰微的原因探析[J].江南论坛,2004,(12):57-60.

[565]浙江大学.中国蚕业史(上、下册)[M].上海:上海人民出版社,2010.

[566]陈英.近代四川蚕桑丝业的发展(1891—1930):以三台、合川为中心的考察[D].成都:四川师范大学,2011.

[567]李皇凰.经济统制政策视野下的四川丝业公司(1936—1946)[D].重

庆:西南大学,2019.
[568]沈剑.简论近代中国蚕丝教育[J].华东师范大学学报(教育科学版),1987,(2):37-43.
[569]吴玉伦.清末实业教育制度研究[D].上海:华中师范大学,2006.
[570]蒋猷龙.我国最早创始的蚕业教育机构[J].蚕桑通报,1982,(2):4.
[571]饶锡鸿,蒋美伦.关于中国近代农业教育起点问题的探讨:高安蚕桑学堂并未创办起来[J].南京农业大学学报,1985,(2):107-113.
[572]李富强.中国蚕桑科技传承模式及演变研究[D].重庆:西南大学,2010.
[573]鲁彦.金陵大学农学院对中国近代农业的影响[D].南京:南京农业大学,2005.
[574]葛明宇.中央大学农学院和金陵大学农学院的比较研究[D].南京:南京农业大学,2013.
[575]刘亚龙.中华农学会对桑蚕技术的改良与推广(1917—1937):以江苏省为中心的考察[D].郑州:郑州大学,2019.
[576]赵晓阳.思想与实践:农业传教士与中国农业现代化:以金陵大学农学院为中心[J].中国农史,2015,(4):36-48.
[577]童肖.民国时期国立中央大学农学家群体研究[D].南京:南京农业大学,2018.
[578]谭浩然.春风不言语南国自芬芳:记抗战前岭南大学农科对广东农业近代化的历史贡献[C].岭南大学上海校友会,2010.
[579]朱昌平.广东蚕丝改良局研究(1923—1939)[D].广州:暨南大学,2010.
[580]曾繁烨.岭南大学农科史考察(1908—1952年)[D].南宁:广西民族大学,2015.
[581]罗璇,罗琳.民国广东高校农科学生团体活动对当今的启示:以中大农科与岭大农科为中心[J].农业考古,2012,(3):318-321.
[582]蒋超,夏泉.私立岭南大学蚕丝科发展史论[J].岭南学报,2018,(6):227-247.
[583]张晓辉,朱昌平.民国时期广东蚕丝改良局论述[J].中国农史,2009,

(2):39-46.

[584]周德华.本有蚕桑利田野,行看衣被遍寰瀛:纪念郑辟疆先生诞辰110周年[J].丝绸,1990,(6):45-49.

[585]赵庆长,余述人.缅怀郑辟疆校长办学和创业的事迹[J].四川蚕业,1991,(3):57-60.

[586]费达先,曹鄂.经纶天下衣被苍生挽回权利谁之任?我国现代蚕丝科技革新的先驱者:郑辟疆[J].学会,1994,(7):43-44.

[587]薛黎萍.20世纪苏州地区蚕丝高等教育发展历程研究:基于行业高校服务于产业的视角[D].苏州:苏州大学,2020.

[588]钟华英."从繁荣到衰败":民国四川蚕丝业的演进历程——以南充为例[D].成都:四川大学,2005.

[589]李龙,窦永群,任永利,等.民国时期中国蚕业的教育科研情况[J].丝绸,2006,(2):48-51.

[590]夏庆艳,贺俊杰.林启与杭州蚕学馆首批官派留学生[J].绍兴文理学院学报,2014,34(3):103-106.

[591]康兆庆.抗战时期管理中英庚款董事会科研资助研究[D].济南:山东大学,2016.

[592]孔祥贤.爱国老人常宗会先生记略[J].安徽史学,1984,(12):74-79.

[593]汤建华,魏毅.江西农业大学教育溯源[J].江西农业大学学报(社会科学版),2010,(2):35.

[594]蒋国宏.现代农业科技的引入与生长:以清末民初东南精英的蚕种改良为视角[J].南京农业大学学报(社会科学版),2011,11(3):103-107,142.

[595]吴佩林,季玉章.关于中国近代农业教育起点问题的探讨:浙江蚕学馆是我国近代最早的一所农业职业学校[J].南京农业大学学报,1985,(3):104-113.

[596]何少白.与李夙根同志商榷[J].蚕桑茶叶通讯,1985,(3):28-29.

[597]蒋国宏.康发达对我国近代蚕种改良的贡献[J].南京农业大学学报(社

会科学版),2014,14(3):105-112.

[598]董伟丽.浙江蚕学馆与中国近代蚕业科技的发展[D].杭州:浙江大学,2006.

[599]张英利.近代中日蚕业科技发展历程的比较[D].北京:中国农业大学,2006.

[600]徐俊良.浙江大学的蚕业高等教育[J].蚕桑通报,2017,48(1):62-64.

[601]蒋猷龙.中国近现代蚕业高等教育[J].蚕桑通报,2021,52(3):66-68.

[602]范虹珏,盛邦跃.近代太湖地区的蚕业教育与蚕种改良(1897—1937)[J].中国农史,2012,(1):37-46.

[603]段雪玉.锦纶堂:近代蚕丝业行会组织的社会史考察[J].海洋史研究,2012,(3):191-221.

[604]郑琬琮.民国生丝出口贸易日渐衰败之原因新探[D].济南:山东大学,2018.

[605]叶昌林.四川蚕桑公社始末[J].蚕学通讯,1987,(2):53-63.

[606]王笛.清末四川农业改良[J].中国农史,1986,(3):38-49.

[607]吴洪成.张森楷与四川蚕桑公社:一位历史学家的实业教育探求[J].职业技术教育,2008,29(25):77-80.

[608]王晨.中国合众蚕桑改良会研究(1918—1937)[D].武汉:华中师范大学,2016.

[609]李鹏鑫.近代重庆地区蚕丝生产与销售研究(1891—1937)[D].重庆:重庆师范大学,2018.

[610]黎建军.尹良莹与民国四川省蚕桑改良(1936—1949)[D].成都:四川师范大学,2013.

[611]胡茂胜,曹幸穗.试论中国合众蚕桑改良会在江浙地区的蚕业改良(1918—1936)[J].中国农史,2011,(2):31-39.

[612]胡茂胜,曹幸穗.中国合众蚕桑改良会述论[J].西南大学学报(社会科学版),2011,37(3):172-179.

[613]胡茂胜,曹幸穗.试论中国合众蚕桑改良会在江浙地区的蚕业改良[J].

社会科学战线,2010,(6):65-69.
[614]王福海,黄为民.中国合众蚕桑改良会镇江蚕种制造场的创建及在历史上的作用[J].中国蚕业,2007,28(3):85-87.
[615]章楷.我国近代农业机关的设置和沿革[J].古今农业,1988,(2):71-76.
[616]章楷.中国近代中央级的蚕业机构[J].江苏蚕业,1997,(1):64.
[617]魏文享.行业意识、组织网络与社会资本:江浙皖丝茧公所的兴起与运作(1910—1930)[J].近代史学刊,2005,(2):171-183.
[618]中华人民共和国农业部.桑蚕一代杂交种检验规程:NY/T 327-1997[S].北京:中国标准出版社,1997.
[619]鲁兴萌,呼思瑞,邵勇奇,等.家蚕胚胎期感染微粒子病的个体对健康群体的影响[J].蚕业科学,2017,43(1):68-76.
[620]胡明.民国苏南蚕业生产改进研究(1912—1937)[D].南京:南京农业大学,2011.
[621]胡明.近代江浙蚕种育种技术改良研究[J].中国农学通报,2012,28(11):43-46.
[622]李平生.论民初蚕丝业改良[J].中国经济史研究,1993,(3):100-106.
[623]范虹珏,盛邦跃.国民政府蚕种统制政策下的苏南蚕种改良[J].社会科学家,2012,(7):144-148,152.
[624]章楷.江苏蚕桑生产发展概述[J].蚕桑通报,1983,(3):37-44.
[625]孟智启.浙江家蚕种质资源[M].北京:中国农业出版社,2014.
[626]李建琴,顾国达.世界蚕丝业发展规律及其对中国的启示[J].中国蚕业,2014,35(3):11-18.
[627]曲宗禄,姜化文.化学纤维的发展、竞争及前景(下)[J].中国纺织经济,1996,(9):23-27.
[628]骆岷.2003年世界纺织纤维消费量将达50Mt[J].石油化工动态,2000,8(3):28.
[629]叶琳.日本经济国际化与经济体制变迁:国际政治经济学视角下的互

动关系研究[D].北京:外交学院,2019.
[630]陈悦.中日经济增长与产业结构演进比较研究[D].沈阳:辽宁大学,2016.
[631]谷征.东亚典型经济体农业支持政策演变比较分析[D].北京:中国农业大学,2015.
[632]朱大伟.第二次世界大战与战后世界发展模式转换[D].武汉:武汉大学,2010.
[633]谈建中.桑树组织培养研究综述[J].江苏蚕业,1991,(4):1-5.
[634]谈建中.桑树育种与栽培技术的进步[J].江苏蚕业,1999,(2):5-8.
[635]本间慎.栽桑技术及其展望[J].孙小平,译.国外农学:蚕业,1982,(10):39-41.
[636]冯家新.1989年日本蚕品种[J].国外农学:蚕业,1990,(7):46-53.
[637]蔡幼民.家蚕人工饲料育研究工作回顾[J].蚕业科学,2022,48(1):1-6.
[638]Ito T. Sterol requirements of the silkworm, *Bombyx mori* L. [J]. Nature, 1961, 191: 882-883.
[639]Ito T. Effect of dietary ascorbic acid on the silkworm, *Bombyx mori* L. [J]. Nature, 1961, 192: 951-952.
[640]王先裕,崔秋英,陶劲,等.日本家蚕人工饲料育现状[J].广西产业,2010,47(1):28-32.
[641]渡部仁.家蚕病毒病的流行病学[C].李奕仁,译.钱元骏,校.农牧渔业部科技司,中国农业科学院蚕业研究所,1986.
[642]楼程富,谈建中.植物转基因技术及其在桑树上的应用[J].中国蚕业,1997,(2):26-28.
[643]王洪利.桑树转水稻半胱氨酸蛋白酶抑制剂(Oryzacystatin)基因的研究[D].杭州:浙江大学,2002.
[644]黄君霆.家蚕遗传学的主要研究进展和趋向[J].国外农学:蚕业,1986,(7):1-9,21.

[645]黄君霆.家蚕滞育分子机制的研究[J].蚕业科学,2003,29(1):1-6.
[646]陈秀.外源基因在家蚕中的插入与表达研究[D].北京:中国农业科学院,2000.
[647]马三垣.基于基因编辑的家蚕丝腺遗传改良与应用研究[D].重庆:西南大学,2014.
[648]徐卫华.家蚕滞育激素:性信息素合成激活肽基因表达的调控[J].中国生物化学与分子生物学报,1998,14(5):557-561.
[649]顾世红.家蚕蜕皮与变态的内分泌调控[J].昆虫知识,1999,36(2):71-74.
[650]顾世红.调控昆虫生长与发育的内分泌体系[J].国外农学:蚕业,1993,(4):6-11.
[651]徐卫华.昆虫滞育研究进展[J].昆虫知识,2008,45(4):512-517.
[652]徐世清.盐酸刺激活化家蚕滞育卵的机理研究进展[J].江苏蚕业,1991,(8):1-5.
[653]鲁兴萌,邵勇奇.家蚕微粒子病防控技术研究的发展与趋势[J].蚕业科学,2016,42(6):945-952.
[654]张耀洲,吴祥甫.家蚕生物反应器[M].杭州:浙江大学出版社,2008.
[655]吴玉澄.新改组的日本蚕丝昆虫农业技术研究所[J].国外农学:蚕业,1994,(7):60-61.
[656]包月红,赵芝俊.日本农业科研体制改革特点与启示[J].中国科技论坛,2016,(6):140-147.
[657]刘婵娟.日本国立农业科研机构改革[J].世界农业,1997,(7):50-52.
[658]浙江省蚕桑志编纂委员会.浙江省蚕桑志[M].杭州:浙江大学出版社,2004.
[659]王福海.朱德视察中国农科院蚕业研究所[J].党史文汇,2012,(4):22-23.
[660]农业部种植业管理司.新中国60年蚕桑生产情况资料汇编[M].北京:中国农业出版社,2014.

[661]顾国达.印度蚕业的发展与现状[J].中国蚕业,1998,(4):47-48.
[662]李龙.印度蚕业发展研究[D].重庆:西南大学,2008.
[663]饭塚英策.当今印度蚕丝业[J].国外农学:蚕业,1990,(4):50-52.
[664]霍永康,李林山,邱国祥.印度蚕业生产和科研发展近况[J].广东蚕业,2002,36,(4):37-41.
[665]夏建国.巴西蚕丝业的现状与发展趋势[J].国外农学:蚕业,1993,(4):56-58.
[666]李栋高.中国蚕丝产业的抉择[J].苏州丝绸工学院学报,2000,20(1):82-88.
[667]沈斌.乌兹别克斯坦、柬埔寨蚕业考察报告[J].蚕桑通报,2017,48(3):50-53.
[668]顾国达.巴西生丝生产和贸易的分析[J].蚕业科学,1997,23(4):226-229.
[669]李有江.乌兹别克斯坦蚕桑产业的现状与发展对策[J].蚕桑通报,2018,49(2):45-47.
[670]许刚.乌兹别克斯坦蚕桑茧丝绸产业考察报告[J].江苏蚕业,2016,(4):39-42.
[671]鲁兴萌.养蚕业分布与影响因素[J].蚕桑通报,2010,41(3):1-5.
[672]浙江省农业厅特产局.建立单双行高低干密植快速桑园[J].蚕桑通报,1959,(4):18.
[673]胡介泓,王湖.关于桑园密植程度的商讨[J].蚕桑通报,1959,(2):23.
[674]蔡介候.密植速生高产桑园试验初报[J].蚕桑通报,1978,(2):26-27.
[675]杨今后,李作舟,蒋松荣.无干密植形式桑园持续高产性能分析[J].蚕桑通报,1982,(3):7-11.
[676]王龙生,朱云峰,任夕南.大面积密植桑园快速丰产试验(续报)[J].江苏蚕业,1984,(2):4-5.
[677]蒙庆裕.矮干密植小桑园的栽培技术[J].四川农业科技,1984,(3):38-39.

[678]杨今后，蒋松荣，王丕承，等.浙江桑树栽培技术体系的革新[J].中国蚕业，1995，(2)：14-17.
[679]胡乐山，何彬，郭沛云，等.广西石山地区10万亩桑园高产、优质、高效综合技术实施总结[J].广西蚕业，2000，37(2)：46-48.
[680]杨建设，朱树桢，罗智明.云南山地桑树高产栽培技术[J].云南农业科技，2011，(2)：33-34.
[681]谢桂萍，夏跃明.云南高产密植桑园栽培管理技术[J].2016，(3)：22-26.
[682]沈国新，楼程富，吕志强，等.浙江省桑树新品种的选育与推广[J].中国蚕业，2002，23(2)：67-70.
[683]潘一乐.桑树良种化与蚕业发展[J].蚕业科学，2003，29(1)：7-13.
[684]周占梅，钱竹亭.三十年的浙江桑苗生产[J].蚕桑通报，1982，(3)：1-3
[685]姚李军.嘉兴市桑苗产业发展现状与对策[J].蚕桑通报，2009，(2)：50-52.
[686]鲁成，徐安英.中国家蚕实用品种系谱[M].重庆：西南师范大学出版社，2014.
[687]冯家新，王永强.中国家蚕育种与繁育论文精编(上、下册)[M].杭州：浙江大学出版社，2019.
[688]沈兴家，张美蓉，陈涛，等.蚕品种国家审定40年的回顾与展望[J].中国蚕业，2021，42(1)：69-72.
[689]冯家新，叶夏裕.全国家蚕发种饲养量超1千万张(盒)以上的9对杂交组合[J].蚕桑通报，2021，52(3)：4-6，17.
[690]冯家新.浙江省1949—2000年的蚕种及蚕品种概况[J].蚕桑通报，2005，36(1)：1-5.
[691]冯家新.浙江省1949—2010年蚕品种推广情况与分析[J].蚕桑通报，2011，42(4)：1-3，18.
[692]钱振钧，胡元恺.建国三十年来的江苏省蚕种生产[J].蚕业科技，1979，(4)：9-12.
[693]胡元恺.关于蚕种冷藏与浸酸上若干问题的讨论[J].蚕业科学，1963，1

(2):74-77,81.

[694]陈钦培,陶涛,李水林,等.越年蚕种三段复式冷藏研究[J].蚕桑通报,1994,25(1):11-14.

[695]冯家新,李大楠.蚕种复式冷藏温度探讨[J].蚕桑通报,1980,(3):36,27.

[696]蒋志俊,夏建国,冯家新.浙江省蚕种生产的回顾与展望[J].蚕桑通报,1979,(2):4-8.

[697]冯永德,于海源.四川蚕种业[J].四川蚕业,2005,(2):51-56.

[698]周金钱.浙江蚕种70年(Ⅱ)[J].蚕桑通报,2020,51(1):1-15.

[699]周金钱,谷利群.浙江省蚕种质量标准的修订与实施[J].蚕桑通报,2015,46(2):5-10.

[700]浙江省质量技术监督局.蚕种质量及检验检疫:DB33/T217-2015[S].2015.

[701]周金钱.改革开放以来的浙江蚕业(续Ⅲ):蚕种生产技术的发展(繁育、质检)[J].蚕桑通报,2018,49(2):1-10.

[702]陶鸣.江苏蚕种科技进步回顾与展望[J].江苏蚕业,2005,(1):11-14.

[703]李奕仁.我国蚕种场的现状与改革前景[J].中国蚕业,2005,26(4):4-8.

[704]蒋满贯,汤庆坤.广西蚕种业的现状剖析及思考[J].广西蚕业,2006,43(3):41-45.

[705]蒋满贯,李乙.广西蚕种业十年成效与发展思考[J].广西蚕业,2015,52(4):73-78.

[706]李建琴,顾国达,封槐松.我国蚕种场的生产经营状况分析:基于全国136家蚕种场的问卷调查[J].蚕业科学,2013,39(1):119-128.

[707]杨明观,钟伯雄,陈钦培.集团母蛾检查抽样方案的改进[J]. 蚕桑通报,1986,17(3):4-8.

[708]江苏省家蚕一代杂交种微粒子疫病检验标准研究课题组.桑蚕一代杂交蚕种病卵率检疫指标的探讨[J].中国蚕业,2005,26(3):54-56.

[709]鲁兴萌，邵勇奇．家蚕微粒子病检验技术综述[J]．蚕业科学，2016，42（4）：717-721.

[710]鲁兴萌．家蚕微粒子病防控技术[M]．北京：中国科学技术出版社，2023.

[711]汪协如，黄韻湘．对饲养夏秋蚕的几点意见[J]．蚕桑通报，1959，（2）：12.

[712]钱忠兵．智能化蚕种催青技术的研发及应用[D]．苏州：苏州大学，2011.

[713]顾飞．用穿孔塑料薄膜收蚁[J]．蚕桑通报，1976，（3）：45.

[714]海宁辛江公社新德大队．散卵收蚁方法的改进[J]．蚕桑通报，1976，（3）：44-45.

[715]何春华．防止蚁蚕爬散的几种方法[J]．蚕桑通报，1976，（3）：44.

[716]杨开治．蚕种场收蚁有没有比纸引法更好的办法？[J]．蚕桑通报，1980，（1）：46.

[717]黄峰．纸包法收蚁[J]．江苏蚕业，1982，（2）：20.

[718]蒋笑珍，曹忱．散卵收蚁框收益法介绍[J]．江苏蚕业，1985，（3）：35.

[719]文多春．家蚕散卵收蚁[J]．蚕学通讯，1988，（3）：38.

[720]郑子国，郑子银．蚕种散卵定座网收蚁法的应用[J]．四川蚕业，2003，（4）：34-36.

[721]祁正浪．蚕用黑暗收蚁袋的应用[J]．北方蚕业，2003，24（4）：37.

[722]陈朝阳，王伦．散卵蚕种收蚁新方法：白纸袋收法[J]．北方蚕业，2021，36（1）：46-48.

[723]陆星垣．在农村条件下稚蚕防干纸育和薄饲多回育的比较试验[J]．浙江农学院学报，1956，1（2）：281-287.

[724]中国农业科学院蚕业研究所．稚蚕防干纸育技术操作规程[J]．蚕桑通报，1960，（2）：16-21.

[725]怀培淑，徐允信．塑料薄膜育蚕试验[J]．山西农业科学，1965，（4）：43.

[726]夏玉如，求相超．春季稚蚕防干纸育、五龄地蚕条桑育的经济效果和技术探讨[J]．蚕业科学，1966，4（1）：25-28.

[727]中国农业科学院蚕业研究所．壮蚕条桑育技术操作规程[J]．蚕桑通报，

1960,(2):22-25.

[728]桐乡县洲泉人民公社,浙江农业大学,浙江农业科学院桐乡工作组.五龄蚕条桑育和全芽育对比试验报告[J].浙江农业科学,1960,(4):39-40.

[729]化州家蚕原种场.大面积少回育丰产成绩总结[J].广东蚕丝通讯,1960,(3):16-17.

[730]钱纪放,沙启云,曹贤甫,等.地蚕条桑育试验[J].蚕业科学,1963,1(1):22-26.

[731]许心义,陈瑞玢,徐希宓,等.全龄每日三回育的研究[J].蚕业科学,1963,1(2):88-94.

[732]许心义,钱万楣,钱纪放,等.壮蚕屋外饲育的研究[J].蚕业科学,1964,2(2):119-127.

[733]萧山县革委会农业局,浙江农业大学蚕桑系.全年桑蚕全龄少回育初报[J].蚕桑通报,1976,(1):24-28,35.

[734]东台县富安公社蚕桑科学实验小组,江苏省蚕业研究所病理生理室驻点工作组.家蚕少回育硬网养蚕法[J].江苏蚕业,1976,(4):21-26.

[735]徐桂兰.原蚕少回育对蚕儿发育和茧质的影响[J].蚕桑通报,1984,(1):12-13.

[736]徐孟奎.中日蚕业生产技术比较[J].中国蚕业,1995,(4):45-46.

[737]顾全甫,陈志银.蔟室小气候对解舒率影响的探讨[J].蚕业科学,1982,8(1):26-30.

[738]陆松平.湖州市推广方格蔟的成效与体会[J].丝绸,1993,(6):11-12.

[739]马秀康.积极推广方格蔟实行缫丝计价[J].中国蚕业,1995,(2):23-24.

[740]倪金兰.小蚕吃好大蚕吃饱严防蚕病[J].蚕桑通报,1977,(2):4-5.

[741]金伟.谈谈夏秋蚕的防病问题[J].蚕桑通报,1980,(2):12-16.

[742]周若梅.夏秋蚕饲养技术分析[J].蚕桑通报,1980,(2):9-12.

[743]刘之元,丁菊芳,陈锡潮.试论生态环境与茧丝质量的关系[J].蚕业科

学，1983，9（1）：7-11.

［744］孙承铣，王红林．家蚕核型多角体定量经口感染与发病的研究［J］．蚕业科学，1963，1（1）：39-42，14.

［745］王坤荣．家蚕空头性软化病与胃肠型脓病的混合感染［J］．蚕业科学，1963，1（2）：95-97，87.

［746］高尚荫，蔡宜权．家蚕脓病病毒脱氧核糖核酸感染性的初步探讨［J］．微生物学报，1964，10（2）：284-286.

［747］曹诒孙，钱元骏，王坤荣．家蚕脓病软化病的环境诱发与病毒感染关系的研究：（Ⅰ）五龄起蚕低温冲击及福尔马林药液添食后的蚕病发生与病毒感染的关系［J］．蚕业科学，1965，3（2）：73-80.

［748］卢蕴良，卢铿明，黄自然．桑蚕中肠型脓病蚕座传染的规律及石灰消毒蚕座的效果（初报）［J］．蚕业科学，1966，4（2）：116-121.

［749］钱元骏，胡雪芳，孙玉昆，等．家蚕浓核病毒的研究［J］．蚕业科学，1986，12（2）：89-94.

［750］鲁兴萌，陆奇能．家蚕病毒性软化病的研究进展［J］．蚕桑通报，2006，37（4）：1-8.

［751］陆奇能，朱宏杰，洪健，等．一株传染性软化病病毒的分离和鉴定［J］．病毒学报，2007，23（2）：143-147.

［752］浙农大蚕桑系养蚕教研组．桑蚕病原的存在及其杀灭途径［J］．蚕桑通报，1976，（2）：35-40.

［753］省农科院蚕桑所蚕病组．我省蚕病发生和防治的现状［J］．蚕桑通报，1977，（2）：19-22.

［754］广东省农科院蚕业研究所蚕病组．谈谈我省的蚕病［J］．广东蚕丝通讯，1979，（2）：49-54.

［755］广西蚕业指导所蚕病研究室．广西桑蚕病害调查报告［J］．广西蚕业通讯，1979，（4）：19-25.

［756］华南农学院，佛山地区农业局，顺德县农林局家蚕微粒子病研究小组．家蚕微粒子病的发生规律及防治研究（初报）［J］．广东蚕丝通讯，1981，

(2):21-27.

[757]鲁兴萌,吴海平,李奕仁.家蚕微粒子病流行因子的分析[J].蚕业科学,2000,26(3):165-171.

[758]吴隆宗.赛力散与西力生[J].农业科学通讯,1956,(6):348-349.

[759]杨大桢,李惠康,沈以沧.家蚕蛹期白僵病病原侵入时期和预防消毒试验初报[J].浙江农业科学,1962,(2):180-182.

[760]中国农业科学院柞蚕研究所,辽宁省蚕业科学研究所柞蚕寄生蝇防治研究组.柞蚕饰腹蝇的初步研究Ⅱ.饰腹寄蝇的防治研究[J].蚕业科学,1963,1(2):112-116.

[761]王卫华,黄月娟.灭蚕蝇药效试验和示范情况[J].安徽农业科学,1964,(2):83-85.

[762]曹诒孙,李荣琪,陆雪芳."毒消散"蚕室蚕具消毒法的研究[J].蚕业科学,1965,3(1):1-8.

[763]陈难先.怎样提高蚕座消毒剂"敌蚕病"的防僵效果[J].蚕桑通报,1981,(2):43.

[764]金伟,陈难先,鲁兴萌,等.新型蚕室蚕具消毒剂——消特灵[J].蚕桑通报,1990,21(4):1-5.

[765]鲁兴萌.蚕用兽药的现状与应用[J].蚕桑通报,2009,40(2):1-5.

[766]华有群.农药残效对桑蚕毒性(初报)[J].广东蚕丝通讯,1980,(1):24-26.

[767]浙江农业大学蚕桑系,桐乡县农林局.氟污染桑叶养蚕技术农村推广试验[J].蚕桑通报,1986,17(1):19-22.

[768]何碧芳.桑蚕"杀虫双"中毒的调查和分析[J].蚕桑通报,1987,18(4):42-44.

[769]鲁兴萌,吴勇军.吡虫啉对家蚕的毒性[J].蚕业科学,2000,26(2):81-86.

[770]孙克坊,周勤,周金钱,等.微量菊酯类农药对家蚕毒性的调查初报[J].蚕桑通报,2002,33(3):27-29.

[771]张海燕,周勤,潘美良,等.阿维菌素对家蚕毒性的试验[J].蚕桑通报,2006,37(1):18-20.
[772]鲁兴萌.养蚕中毒的原因分析和防范[J].蚕桑通报,2008,39(1):1-5.
[773]潘美良,杨一平,戴建忠,等.溴氰虫酰胺和氯虫苯甲酰胺对家蚕的急性毒性及残毒期比较[J].蚕业科学,2021,47(6):589-594.
[774]刘仕贤.蚕病防治研究途径综述[J].蚕业科学,1981,7(2):126-130.
[775]鲁兴萌,钱永华,金伟.蚕病理学及防病技术研究进展[J].西北农业学报,1998,7(6):162-166.
[776]鲁兴萌,汪方炜,石彦.对我国养蚕业中传染性软化病的思考[J].蚕桑通报,2002,33(3):6-8.
[777]鲁兴萌.家蚕传染病的流行与控制[J].蚕桑通报,2008,39(4):5-8.
[778]顾家栋.中国南亚热带蚕丝学[M].南宁:广西科学技术出版社,2012.
[779]陈敏刚,金佩华,鲁兴萌,等.蚕桑生态系统服务功能价值的初步评估[J].蚕业科学,2005,31(3):316-320.
[780]吴海平,周金钱.蚕桑产业的生态价值[J].蚕桑通报,2015,46(1):1-4.
[781]莫荣利,李勇,于翠,等.桑树生态服务功能研究进展[J].湖北农业科学,2016,55(23):6023-6028.
[782]王丽君.中国出口贸易结构及比较优势分析[D].北京:对外经济贸易大学,2016.
[783]翁建平.中国丝绸出口贸易的研究[D].杭州:浙江大学,2008.
[784]莫兰琼.中国社会主义工业化建设的历程及经验[J].上海经济研究,2022,(9):87-99.
[785]于鸿君.从中国工业化历程看“两个时期互不否定”[J].社会科学家,2022,(4):8-14.
[786]张道根.奋力开创中国特色社会主义经济制度创新之路:新中国成立以来经济制度创新的历史路径和实践逻辑(3)[J].上海经济研究,2022,(10):13-29.
[787]农业资源与可持续发展关系研究课题组.农业资源优化配置与社会主

义市场经济发展[J].中国农业资源与区划,2002,23(5):40-44.
[788]周金钱.改革开放以来浙江蚕业(I):蚕桑生产的发展(发展阶段、蚕业政策)[J].蚕桑通报,2017,48(3):1-8,14.
[789]陕西省经贸委,陕西省财政厅.蚕桑技术改进费、茧灶费提取使用管理暂行办法[J].陕西政报,1999,(16):31-32.
[790]国家发展和改革委员会,财政部.行政事业性收费标准管理办法[J].国务院公报,2018,(33):89-92.
[791]贾小雷.行政事业性收费清理之理论、效力及制度完善[J].首都师范大学学报(社会科学版),2018,(4):48-55.
[792]李建琴.中国蚕茧价格管制研究[D].杭州:浙江大学,2005.
[793]外经贸部.蚕丝类出口经营管理暂行办法(1999)外经贸管发第714号[J].司法业务文选,2000,(4):2-4.
[794]刘荣,黎原.关于"蚕茧大战"问题的调查报告[J].四川蚕业,1988,(3):48-51.
[795]李建琴."蚕茧大战"的经济学分析[J].丝绸,2005,(5):4-9.
[796]李桂珍.浙江省召开1991年推广"组合售茧、缫丝计价"工作总结会[J].纤维标准与检验,1992,(1):39.
[797]朱建华.政策引导技术配套提高效益:湖州市推广"组合售茧、缫丝计价"成效显著[J].蚕桑通报,1992,23(3):18-20.
[798]陈兰霞.结合组合售茧缫丝计价推广方格蔟[J].江苏蚕业,1995,(3):26-27.
[799]浙江省丝绸协会,江苏省丝绸协会.关于不收毛脚茧的倡议和呼吁[J].江苏丝绸,2014,(3):46.
[800]中国丝绸协会,中国丝绸工业总公司.以压绪为重点,推动结构调整实现丝绸行业产业升级[J].丝绸,2000,(1):1-3.
[801]浙江省丝绸联合公司行管办.上下一心合力攻坚:浙江省整顿压缩缫丝加工能力工作总结[J].丝绸,1999,(11):6-9.
[802]邓文奎.亚洲金融危机鸟瞰[J].中国经济评论,2021,(8):72-77.

[803]沈兴家，李奕仁，唐顺明，等.蚕品种国家审定标准及其合理性探讨[J].中国蚕业，2002，23(3)：4-6.

[804]沈兴家，曾波，谷铁城.2014年新版《蚕品种审定标准》解读：桑蚕品种审定标准[J].中国蚕业，2015，36(1)：82-84.

[805]王欣，沈兴家.特殊蚕品种培育现状及审定指标探讨[J].中国蚕业，2017，38(3)：63-67.

[806]农业农村部办公厅.关于进一步规范国家级蚕品种审定工作的通知(农办种[2019]19号)[C].中华人民共和国农业农村部公报，2019，(11)：57-62.

[807]周金钱.改革开放以来的浙江蚕业(Ⅲ)：蚕种生产技术的发展(品种选育与审定、生产设施)[J].蚕桑通报，2018，49(1)：1-9.

[808]聂明建，张雁雯.品种审定制与品种登记制的比较分析[J].中国种业，2015，(10)：1-6.

[809]张志刚，李瑞云，马宾生，等.对《非主要农作物品种登记办法》的几点认识[J].中国种业，2017，(11)：13-17.

[810]石学彬，刘康.我国农作物品种审定制度变革与现代种业发展刍议[J].农业科技管理，2018，37(3)：62-65.

[811]李荣德，郭利磊，史梦雅，等.我国品种管理制度发展现状、问题与建议[J].种子，2018，37(5)：63-66，105.

[812]陈应志，孙海燕，史梦雅，等.设置非主要农作物品种登记制的历史必然与现实实践[J].中国种业，2018，(1)：4-8.

[813]马志强，张延秋.我国品种审定制度改革回眸[J].中国种业，2020，(8)：1-4.

[814]四川蚕业编辑部.四川蚕种管理条例[J].四川蚕业，1996，(1)：46-49.

[815]广西蚕业编辑部.《蚕种管理暂行办法》正式出台[J].广西蚕业，1998，35(1)：51-54.

[816]蚕桑通报编辑部.浙江省蚕种管理条例[J].蚕桑通报，2006，37(4)：63-65.

[817]江苏丝绸编辑部.江苏省蚕种管理办法[J].江苏丝绸,2021,(2):4-7.
[818]沈兴家,李奕仁.桑蚕一代杂交种行业标准研究[J].中国蚕业,1998,(3):32-33.
[819]王丕承.蚕业的发展与市场化[J].蚕桑通报,2004,35(1):1-5.
[820]周金钱.改革开放以来的浙江蚕业(Ⅳ):蚕业管理[J].蚕桑通报,2018,49(4):1-14,31.
[821]周金钱.改革开放以来的浙江蚕业(Ⅳ):蚕业管理与科技[J].蚕桑通报,2019,50(1):1-5.
[822]吴怀民,钱文春,金杏丽.蚕种经营权下放的实践与建议[J].蚕桑通报,2017,48(4):35-37.
[823]于康震.中国兽药管理[J].中国禽业导刊,2003,20(2):2-3.
[824]鲁兴萌,金伟.蚕室蚕具消毒剂的实验室评价[J].蚕桑通报,1996,27(4):6-8.
[825]张立新.新农药研发进展与趋势[J].沈阳化工大学学报,2017,31(2):97-104.
[826]朱春雨,张楠,聂东兴.全球农药贸易分析与绿色发展趋势[J].世界农药,2022,44(11):19-26.
[827]鲁兴萌,周勤,周金钱,等.微量氯氰菊酯对家蚕的毒性[J].蚕桑通报,2003,5(4):42-46.
[828]陈伟国,董瑞华,孙海燕,等.农用杀虫剂氯虫苯甲酰胺对家蚕的毒性研究[J].蚕业科学,2010,36(1):84-90.
[829]陈伟国,杨一平,林蔚红,等.氟啶虫酰胺对家蚕的毒性测定[J].蚕桑通报,2019,50(4):21-32.
[830]柳新菊,吴声敢,安雪花,等.新烟碱类杀虫剂对家蚕的急性毒性与风险评估[J].浙江农业学报,2021,33(10):1931-1938.
[831]小若.商务部启动“东桑西移”工程[N].中国服饰报,2006-10-20.
[832]向仲怀.论“东桑西移”与东西部合作[J].广西蚕业,2005,42(增刊):21-25.

[833]徐瑞,陈有禄.东西部茧丝绸产业对接机制研究[J].改革与战略,2011,27(9):142-144,159.

[834]李莉.广西蚕桑产业政策分析[J].广西蚕业,2015,52(3):78-82.

[835]何玉成,闫桂权,杨雪."东桑西移"背景下中国桑蚕茧生产效率时空分异与动态演进[J].农业经济与管理,2019,(2):24-36.

[836]王谢,杨德乾,郭海霞,等.我国桑园时空格局演变特征及驱动机制研究[J].西南农业学报,2020,33(2):381-388.

[837]汪本学,沈琳婕.东桑西移背景下我国蚕桑产业时空格局演变及区域比较优势分析[J].农村经济与科技,2021,32(13):1-6.

[838]李建琴,顾国达.蚕桑产业精准扶贫的机理与成效[J].中国蚕业,2018,39(4):1-9.

[839]王瑜.50年代院系调整对江苏高等教育的影响[D].苏州:苏州大学,2017.

[840]胡乐真,刘敏,高忻,等.关于我国农业科研机构调整问题的研究[J].科研管理,1993,14(5):1-10.

[841]王天生,邝世煌,宋章娣,等.关于农业科研机构调整问题的探讨:兼与胡乐真等四同志商榷[J].科研管理,1994,15(3):23-27,57.

[842]张朝华.制度变迁视角下我国农业科技政策发展及展望[J].科技进步与对策,2013,30(10):119-123.

[843]徐雷.我国研究生学位授权审核的演进特征、现实挑战与优化路径[J].高校教育管理,2022,16(2):12-21.

[844]刘海涛.新中国高校本科专业设置的历史演变与未来走向[J].黑龙江高教研究,2022,(12):13-21.

[845]刘海涛.新中国高校本科专业设置研究:以研究型大学为例[D].厦门:厦门大学,2019.

[846]王晓玲.高等学校专业动态调整机制研究[D].大连:大连理工大学,2019.

[847]胡鹏扬,杨院.我国博士生招生规模及结构的演进历程、逻辑与展望

[J].山东高等教育,2020,(5):39-46.
[848]梁传杰,丁一杰.我国硕士研究生招生制度:演变轨迹与演进逻辑[J].研究生教育研究,2021,(4):59-65,84.
[849]罗敏.基于资源配置的研究生招生机制研究[D].武汉:华中科技大学,2011.
[850]黄祖辉,林坚,张冬平,等.农业现代化:理论、进程与途径[M].北京:中国农业出版社,2003.
[851]鲁兴萌.蚕桑产业的现代化与可持续发展[J].中国蚕业,2015,36(1):1-5.

后　记

栽桑养蚕五千年悠久而灿烂的历史，给从业者及相关人士带来无尽的荣光与自豪。

栽桑养蚕能有五千年经久不衰的历史，必然有其“杀不死我的，使我更强大”（What does not kill me，makes me stronger）的精神内涵，这种精神内涵随着历史进程更为强大。站在历史的今天，我们发现栽桑养蚕业没有像我们预料的那样持续前进（包括规模和质量），虽然我们竭尽全力地根据自己的认知和观念缔造未来，但结果却与之截然相悖。怨天尤人而不自问是摆脱窘境的心理良方，但自问则会觉醒。回顾欧洲部分国家或区域和日本曾经的辉煌，以及中国栽桑养蚕地域大规模转移事件，摆脱栽桑养蚕业在我国存在五千年的外在形式，从科学和技术视角及认知思维演变维度思考其持续发展的精神内涵，探寻走出今日困局的创见，踏上产业现代化发展的道路，迈向更加灿烂的明天，也是多数从业者的期许。

科学和技术具有明显的累进演化特征。笔者在构思和动笔写作的初始，试图将话题局限于科学和技术的范畴，利用累进演化和因素相对单一的特征优势，从栽桑养蚕历史演变中提炼出一些产业发展与科学和技术相关的内在规律、存续至今的精神内涵及永续发展的核心基因。但在写作过程和成稿后，却深感初始的想法过于简单，以及自身历史学功底的单薄。写作中最为困难或难以把握的两大问题是对历史演化的认知把握和对科学与技术的内涵界定。

从对历史演化的认知而言，虽有大量的考古发现和文献记载，但相较于所处历史时期，今天所具有的信息显然是有限的。在时间维度上，对不同历史时期的描述和理解上的归一之难也无可避免。距今越远，考古实证和文献记载越少。不论是考古实证还是文献记载，无疑多有释义中意象与真像之偏离，如何厘清和辨正需要扎实的历史学功底。技术性古籍是一类相对可靠的信息来源，因此也成为本书描述的主线和重要依据。前人的大量研究，为后来者从宏观上把握和微观上细琢，以及避免出现较大偏离提供了方便。后来者犹如登高望远，可以期“雾开楼阙近，日迥烟波长”之眺望。距今越近，新的考古和古籍发现及后人研究文献越多，信息海量，但未经历史沉淀，难免让当事者无从取舍而跌入井底观天的狭隘，抑或缺乏认知思维的穿透力，浮于表象而无法入木三分。栽桑养蚕业基本数据记载的不断完善，则为“穿杨贯虱以巧胜”的透视提供了便捷。充分、有效利用有限信息，客观辨析后人对历史研究解读的成果，从而形成独特的认知，则需要太多的智慧。

科学和技术对栽桑养蚕业演化的影响是较为直接的一类因素，但社会、政治、战争、经济、文化（包括认知思维或哲学思想）和自然等因素的演化对栽桑养蚕业的影响更为宏大，对科学和技术的演化也有重要的影响。由此，厘清科学和技术与不同维度或类型因素间的边界和交错，形成一个逻辑上自洽的认知闭环，不仅需要收放有度的勇气，同样需要很多的智慧。

科学的内涵界定是一件十分复杂而困难的事件。科学一词进入中国已是19世纪末的事情，其内涵界定在学术界作为一门学问被研究，《科学的历程》（吴国盛）、《科学与科学思想发展史》（上下册）（丹丕尔惠商）、《希腊思想和科学精神的起源》（莱昂·罗斑）、《科学哲学》（萨米尔·奥卡沙）、《科学的社会史：从文艺复兴到20世纪》（古川安）、《科学革命与现代科学的起源》（约翰·亨利）、《科学革命的编史学研究》（佛洛里斯·科恩）、《自然科学与社会科学的互动》（I. 伯纳德·科恩）、《科学与宗教的领地》（彼得·哈里森）、《重构世界》（玛格丽特·J. 奥斯勒）、《近代科学的建构》（理查德·韦斯特福尔）、《科学革命的结构》（托马斯·库恩）及《西方科学的起源》（戴维·林德伯格）等一大批著作对科学的内涵做了广泛而深入的论述。科学包括了自然科学、社会科学、思维科学和形式科学等广泛的内容，本书主要从自然科学维度对栽桑养蚕的历史展开论述。技术是人类为了满足自身需求，遵循自然规律而创造并有效解决问题的事物，其内涵界定的歧义相对较少。在中国古代，就有法术和技艺等类似的词。五千年栽桑养蚕的历史，从古代到近代，再到今天，其中的科学和技术充满了传承和创新的不断交替与融合，闪烁着人类文明的光芒。

科学和技术的演化是一个协同渐变的过程，基于后人易于理解的需要，这个连续性历史过程在时间维度上被分为古代、近代和现代三个阶段。古代和近代的分界是文艺复兴和第一次科技革命后实验科学的兴起，人类在对自然规律认识的方法上发生了明显的变化。在古代，人类利用自身感官的能力直接观察和发现自然规律，不断尝试各种方法而形成改变世界的技术。其后，人类利用发明的各种仪器或设备观察和发现自然规律，并发明新的技术。前者因人为因素十分明显也常被称为经验科学和传统技术，而后者被称为实验科学和技术。站在今天的历史位点，则可以将古代至今缺乏可持续发展趋势和今天正在蓬勃兴起而具有良好未来发展趋势的技术作为近代和现代的分界，与此密切相关或者融合重叠的科学也可进行类似的分界。第一次科技革命是技术主导驱动科学发展的过程。第二次科技革命是科学主导驱动技术和产业发展的过程。第三次科技革命是科学和技术高度融合、科学领域不断细分的过程。第四次科技革命是细分科学和技术领域多维度交叉融合，发现自然规律，形成新的技术，并快速推动传统产业发展和新兴产业的诞生的时代。

从古代与近代科学和技术的分界思考栽桑养蚕业的演变，可以发现古代中国栽桑养蚕的科学和技术及栽桑养蚕业在整个世界中一枝独秀。起源于欧洲的第一次科技革命发生后，欧洲部分国家或区域的栽桑养蚕业兴起，机器缫丝技术从产品端拉动栽桑养蚕业。基于实验科学的蚕品种纯系分离和改良蚕种，温湿度控制下的家蚕饲养，家蚕微粒子病等多种病原微生物的发现、传染和传播规律的发现及对应防控技术的发明等近代科学和技术在欧洲发端。欧洲部分国家栽桑养蚕业的兴起，是世界范围内第一次产地大规模转移的重要原因,也是科学和技术驱动下的一种产业产地转移。日本在第一次和第二次科技革命期间,栽桑养蚕科学和技术全面发展,并建立了近代栽桑养蚕业的生产技术和生产技术管理体系,超越中国而成为世界第一蚕茧和生丝生产大国。日本栽桑养蚕业的兴起是世界范围内第二次产地的大规模转移,这与科学和技术的演化密切相关。在第三次科技革命兴起后,日本栽桑养蚕业开始走向衰退,在缺失科学和技术现代化的有效支持下,在产区自然经济规律作用下,世界栽桑养蚕主产区域重新转移到中国。欧洲部分国家和日本栽桑养蚕业的兴起和衰退,无疑与所在区域的社会政治、经济、自然和人文等因素有关,与科学和技术的发展同样密切相关。

从欧洲部分国家与日本栽桑养蚕业的兴起和衰退(世界范围内产区的两次大转移),到中国产区21世纪的"东桑西移",更多被关注的是经济发展的影响。中国栽桑养蚕业在经历快速发展期后进入徘徊期,产区从浙苏粤川蚕区向桂川滇苏粤浙皖渝蚕区流变,同样被简单地归咎于区域经济发展的差异。栽桑养蚕业从业人员的老龄化、生产作业的机械化程度低和生产单元难以规模化等普遍被认为是经济效益不够的主因,从而导致产区从经济发达区域向相对欠发达区域转移(自然经济规律),日本向中国的转移和中国的"东桑西移"都是如此。本质上,这是科学和技术上的问题。依据农业现代化在经济相对发达区域率先实现的规律,这种转移是否由日本或中国太湖流域等蚕区未能从传统和近代栽桑养蚕业跃迁到现代化农业所致,是一个非常值得思考的问题。

在第四次科技革命的浪潮和中国社会经济高质量发展及农业现代化日趋加快的今天,中国栽桑养蚕相关科学和技术的研究人员及论文产出数量与蚕茧产量一样,占据世界的绝对主角地位,相对于其他农业产业的现代化进程,栽桑养蚕业的现代化问题日趋紧迫。

因此,笔者从科学和技术演化的维度思考栽桑养蚕历史,试图从"悠久"和"转移"两个特征中发现些许对明天有益的思考,但在分析和思考过往科学和技术的贡献时,难免会轻视所处历史背景下的意义和价值而跌入辉格史观(Whiggish history)泥潭。基于当下,科学要向"万物皆理""万物皆数"和

“万物相关”等哲学思维的层面发展，科学知识和自然规律更快地成为技术发明的直接来源，两者同样十分重要。我们期待技术不仅能创造实验室极端能力，也能解决产业问题和推动产业跃升，从而更好地印证科学的价值和意义，或实现科学的完整性。重温和思考德性（arete）范畴下“宗教”（religio）和“科学”（scientia）两种不同习性，发现在自然科学（science）从“宗教”及“自然哲学”中分化、独立和持续成长的演化历程中“致良知”的价值和意义，为从业者或后来者“彷徨乎冯闳，大知入焉，而不知其所穷”而尽微薄之力，是笔者创作本书的主观意愿。

最后，坚信栽桑养蚕业“从明天起，面朝大海，春暖花开”。

鲁兴萌　谨　识

癸卯春于启真湖畔